Der Pauli-Jung-Dialog
und seine Bedeutung für die moderne Wissenschaft

Der Pauli-Jung-Dialog und seine Bedeutung für die moderne Wissenschaft

Herausgegeben von

H. Atmanspacher   H. Primas
E. Wertenschlag-Birkhäuser

Mit 46 Abbildungen

Springer

Dr. Harald Atmanspacher
Max-Planck-Institut für extraterrestrische Physik, D-85740 Garching, Deutschland

Professor Hans Primas
Laboratorium für physikalische Chemie, ETH-Zentrum, CH-8092 Zürich, Schweiz

Eva Wertenschlag-Birkhäuser
Halen 30, CH-3037 Herrenschwanden, Schweiz

ISBN 978-3-642-79324-0   ISBN 978-3-642-79323-3 (eBook)
DOI 10.1007/978-3-642-79323-3

CIP-Eintrag beantragt

Dieses Werk ist urheberrechtlich geschützt. Die dadurch begründeten Rechte, insbesondere die der Übersetzung, des Nachdrucks, des Vortrags, der Entnahme von Abbildungen und Tabellen, der Funksendung, der Mikroverfilmung oder der Vervielfältigung auf anderen Wegen und der Speicherung in Datenverarbeitungsanlagen, bleiben, auch bei nur auszugsweiser Verwertung, vorbehalten. Eine Vervielfältigung dieses Werkes oder von Teilen dieses Werkes ist auch im Einzelfall nur in den Grenzen der gesetzlichen Bestimmungen des Urheberrechtsgesetzes der Bundesrepublik Deutschland vom 9. September 1965 in der jeweils geltenden Fassung zulässig. Sie ist grundsätzlich vergütungspflichtig. Zuwiderhandlungen unterliegen den Strafbestimmungen des Urheberrechtsgesetzes.

© Springer-Verlag Berlin Heidelberg 1995
Ursprünglich erchienen bei Springer-Verlag Berlin Heidelberg New York 1995
Softcover reprint of the hardcover 1st edition 1995

Die Wiedergabe von Gebrauchsnamen, Handelsnamen, Warenbezeichnungen usw. in diesem Werk berechtigt auch ohne besondere Kennzeichnung nicht zu der Annahme, daß solche Namen im Sinne der Warenzeichen- und Markenschutz-Gesetzgebung als frei zu betrachten wären und daher von jedermann benutzt werden dürften.

Satz:Reproduktionsfähige Vorlagen von den Autoren/Herausgebern
SPIN 10426591   55/3140 – 5 4 3 2 1 0 – Gedruckt auf säurefreiem Papier

Vorwort

Der vorliegende Band enthält eine Sammlung von Beiträgen zum Problem der Wechselwirkung zwischen Geist und Materie, einem der zentralen Probleme europäischer Geistesgeschichte. Die Blickwinkel, die dabei eingenommen werden, sind vorrangig die der Physik und der Psychologie. Die Wechselwirkung dieser Gebiete wird so deutlich wie nie zuvor im Dialog zwischen zwei Forscherpersönlichkeiten dieses Jahrhunderts sichtbar: dem Physiker Wolfgang Pauli (1900–1958) und dem Psychologen Carl Gustav Jung (1875–1961). In zahlreichen Briefen und Manuskripten Paulis, die erst in den letzten Jahren allgemein zugänglich wurden, finden sich bemerkenswerte und wichtige Beiträge zu diesem Dialog, die das Verständnis des Zusammenhanges von Geist und Materie in einem neuen Licht erscheinen lassen.

Um den durch Pauli und Jung begonnenen Dialog fortzusetzen und weiter fruchtbar zu machen, ist das interdisziplinäre Gespräch zwischen Physikern und Psychologen nötig. Diesem Zweck diente eine von der Eidgenössischen Technischen Hochschule Zürich (der Hochschule, an der Pauli tätig war) und dem C.G. Jung-Institut Zürich (das Jung gegründet hat) gemeinsam veranstaltete Tagung im *Centro Stefano Franscini* (Monte Verità, Ascona) vom 13. bis 18. Juni 1993. Sie stand unter dem Thema *Das Irrationale in den Naturwissenschaften: Wolfgang Paulis Begegnung mit dem Geist der Materie* und wurde von Pier Luigi Luisi initiiert und organisiert. Als Berater fungierten Paul Brutsche, Hans Primas und Eva Wertenschlag-Birkhäuser. Berichte und Kommentare zu dieser Tagung wurden in Heft 4/1993 der Zeitschrift *Gaia* veröffentlicht.

Sämtliche Tagungsbeiträge (und darüber hinaus im Anhang ein bisher unpubliziertes Manuskript von herausragender Bedeutung für den Pauli-Jung-Dialog) sind in überarbeiteter Form im hier vorliegenden Band zusammengestellt. Die Artikel haben biographische, psychologische, physikalische und philosophische Schwerpunkte und enthalten etliche überraschende und inspirierende Querverbindungen zwischen diesen Gebieten. Auf der Basis neuer wissenschaftlicher Erkenntnisse und Konzepte scheint ein besseres Verständnis der Geist-Materie-Wechselwirkung heute mehr denn je zuvor möglich. Auf der anderen Seite finden jedoch auch wissenschaftskritische Argumente ihren deutlichen Ausdruck. Eine abschließende, ausgewogene Bewertung beider Seiten, sofern eine solche überhaupt denkbar erscheint, ist nicht Gegenstand dieses Bandes. Ebensowenig enthält er die gesammelten Stellungnahmen und Kurzreferate der Teilnehmer zu speziellen Themen. Sie sind als Sonderdruck beim C.G. Jung-Institut Zürich (CH-8700 Küsnacht, Hornweg 28) erhältlich.

Die Tagung selbst war in zweierlei Hinsicht ein Pionierereignis: Zum ersten gelang es, eine ganze Reihe von Kennern der brisanten Pauli-Thematik, sowohl aus der Physik als auch aus der Psychologie, als Referenten zu gewinnen. Zweitens wurde während der Tagung zunehmend deutlich, daß eine rein intellektuelle Behandlung des Themas am Ziel vorbeigeht. Die konkrete Beschäftigung, auf welche Weise auch immer, ist unabdingbar für ein adäquates Verständnis der Wechselwirkung von Geist und Materie: erst durch sie wird der Geist in der Materie lebendig. Die damit verbundene Atmosphäre – und das damit verbundene Risiko des Mißverständnisses – mag im einen oder anderen der Beiträge anklingen.

Außer den Autoren haben eine Reihe von Personen und Institutionen dazu beigetragen, daß dieser Band zustande kam. In erster Linie sind dabei Marie-Louise von Franz, Markus Fierz, das Pauli-Komitee (CERN, Genf), Beat Glaus (*Wissenschaftshistorische Sammlungen* der ETH-Bibliothek Zürich) und Alfred Ribi (Psychologischer Club, Zürich) zu nennen, die uns bei Literaturrecherchen behilflich waren und die Genehmigung erteilten, privates Pauli-Material zu diskutieren und zu publizieren. Eine wesentliche Bereicherung der Tagung war eine begleitende Ausstellung von Bildern des Malers Peter Birkhäuser. Konrad Osterwalder hat dafür gesorgt, daß die Tagung im *Centro Stefano Franscini* der ETH Zürich auf dem Monte Verità stattfinden konnte. Die ETH Zürich, das C. G. Jung-Institut Zürich und Branco Weiss (Zürich) haben die dazu notwendigen, nicht unerheblichen finanziellen Mittel bereitgestellt. Weiter danken wir Monika Schiessl Błyszczuk für ihre hilfreichen Kommentare, mehrmalige Durchsicht und sorgfältige Korrektur des Manuskripts. Der Springer-Verlag hat mit seiner «Pauli-Serie» ein ideales geistiges Umfeld für die Publikation zur Verfügung gestellt.

Garching/Zürich/Herrenschwanden   *Harald Atmanspacher*
Juli 1994   *Hans Primas*
           Eva Wertenschlag-Birkhäuser

Inhalt

HARALD ATMANSPACHER, HANS PRIMAS
UND EVA WERTENSCHLAG-BIRKHÄUSER
Einführung — 1

GERHARD HUBER
Zur kategorialen Unterscheidung von «rational» und «irrational» — 9

CHARLES P. ENZ
Rationales und Irrationales im Leben Wolfgang Paulis — 21

HERBERT PIETSCHMANN
Die Physik und die Persönlichkeit von Wolfgang Pauli — 33

JÖRG RASCHE
Kinderszenen: Irrationales in der Musik — 49

HERBERT VAN ERKELENS
Pauli und Jungs *Antwort auf Hiob* — 67

EVA WERTENSCHLAG-BIRKHÄUSER
Die Begegnung des Menschen mit dem «Liecht der Natur» — 89

THEODOR ABT
Archetypische Träume zur Beziehung zwischen Psyche und Materie — 109

RIGMOR ROBÈRT
Wissenschaft, Körperpolaritäten und Seele — 137

ULRICH MÜLLER-HEROLD
Vom Sinn im Zufall: Überlegungen zu Wolfgang Paulis
«Vorlesung an die fremden Leute» — 159

WILHELM JUST
Schatten und Ganzheit — 179

HANS PRIMAS
Über dunkle Aspekte der Naturwissenschaft — 205

HARALD ATMANSPACHER
Raum, Zeit und psychische Funktionen — 239

K. ALEX MÜLLER
Einiges zur Symmetrie und Symbolik der Zahl Fünf — 275

Anhang A: Kepler-Arbeit

WOLFGANG PAULI
Der Einfluss archetypischer Vorstellungen auf die Bildung
naturwissenschaftlicher Theorien bei Kepler (Autoreferat)   295

EVA WERTENSCHLAG-BIRKHÄUSER
Kepler und Fludd: Überlegungen zu Wolfgang Paulis Kepler-Aufsatz   301

Anhang B: Klavierstunde

WOLFGANG PAULI
Die Klavierstunde. Eine aktive Phantasie über das Unbewußte   317

MARIE-LOUISE VON FRANZ
Reflexionen zum «Ring i»   331

HERBERT VAN ERKELENS
Kommentare zur «Klavierstunde»   333

HERAUSGEBER
Erläuterungen zur «Klavierstunde»   339

Liste der Autoren   345

Stichwortverzeichnis   347

Einführung

Harald Atmanspacher, Hans Primas und Eva Wertenschlag-Birkhäuser

Was ist Geist? Was ist Materie? Wo fängt das eine an, wo hört das andere auf? Wie hängen beide miteinander zusammen? Fragen dieser Art sind in allen Kulturen in der einen oder anderen Form gestellt worden. Im Rahmen der europäischen Geistesgeschichte wurden sie beispielsweise im Kontext der Polaritäten von Idee und Natur, Freiheit und Schicksal, Leben und Tod, Gut und Böse diskutiert. Als philosophische Fragen im ursprünglichen Sinn tragen sie zugleich theoretische und praktische Züge. Erst im Lauf der letzten Jahrhunderte haben sich diese beiden Bereiche zunehmend auseinander entwickelt. Heute gibt es in den Naturwissenschaften wieder Theorien der Materie, die versuchen, in der Materie abstrakte Strukturen des Geistes zu erkennen. Auf der anderen Seite liegen in Erkenntnistheorie, kognitiven Wissenschaften und Tiefenpsychologie Bereiche vor, in denen es umgekehrt um den Geist und seine materielle Realisierung geht.

Nun ist jegliche Wissenschaft notwendigerweise theorielastig, indem sie prinzipiell an geistige Tätigkeit gekoppelt ist. In den angesprochenen Bereichen lassen sich jedoch zunehmende Tendenzen erkennen, auch das Verhältnis von Theorie und Praxis, von Abstraktion und Konkretion, von Geist und Materie, selbst zum Thema zu machen. Es handelt sich dabei um den Versuch, dieses Verhältnis gewissermassen aus höherer Warte, aus einer Meta-Perspektive, zu studieren, ohne dabei den Kontakt zur Empirie zu verlieren. Dieser Versuch hat historische Vorläufer – etwa die mittelalterliche Alchemie; er unterscheidet sich von ihnen allerdings dadurch, dass er auf einer Wissensbasis aufbaut, die noch nie so umfangreich gewesen ist wie heute. Ein wichtiges Element dieser Basis ist das Eingeständnis eines unvermeidlichen Bestandes an Nichtwissen, der jede wissenschaftliche Arbeit begleitet. Vielleicht ist es erst dadurch möglich, bewusst verschiedenen Problemen zu begegnen, ja sie überhaupt zu sehen.

Der Dialog zwischen dem Physiker Wolfgang Pauli und dem Psychologen Carl Gustav Jung, der in den 30er Jahren dieses Jahrhunderts begann und nahezu drei Jahrzehnte dauerte, ist in diesem Zusammenhang ein entscheidendes Ereignis.[1] Er

---

[1] Die *Gesammelten Werke* von Carl Gustav Jung [6] und die *Collected Scientific Papers* von Wolfgang Pauli [36] erlauben einen bequemen Zugang zu allen Originalpublikationen. Wichtige Ergänzungen findet man in dem umfangreichen Briefwechsel der beiden Gelehrten. Jungs Briefwechsel ist zu einem grossen Teil bereits publiziert [1, 10, 11, 12], während die Publikation von Paulis Briefwechsel erst die Jahre 1919 bis 1949 erfasst [3, 16, 17]; mehrere Bände für die Jahre von 1950 bis 1958 sind in Vorbereitung. Weitere

hat eine explizite Auseinandersetzung mit einer ganzen Reihe von Punkten zum Inhalt, die um das «psychophysische Problem» – das Problem der Wechselwirkung von Geist und Materie – kreisen. Sowohl Jung [7] als auch Pauli [2, 33] haben von einer Wiederbelebung des alchemistischen Versuches gesprochen, um den Zusammenhang zwischen Geist und Materie zu verstehen. Jungs Konzepte des «kollektiven Unbewussten», der «Archetypen» [8], der «Synchronizität» [9], sowie Paulis Auffassung der Archetypen als unanschauliche Anordner, für die es die Unterscheidung «physisch–psychisch» nicht gibt[2], und seine Suche nach einer «neutralen Einheitssprache», welche „auf höherer Ebene den alten psychophysischen Einheitstraum der Alchemie ... durch Schaffung einer einheitlichen begrifflichen Grundlage für die naturwissenschaftliche Erfassung des Physischen wie des Psychischen" [33] verwirklichen könnte, sind unübersehbare Hinweise darauf.

Wolfgang Pauli war ebenso wie etliche andere grosse Physiker unseres Jahrhunderts – etwa Bohr, Einstein oder Heisenberg – sehr daran interessiert, die mit der Entwicklung der Physik verbundene Veränderung unseres Weltbildes in einen umfassenderen Kontext zu stellen. Im Unterschied zu den meisten seiner Fachkollegen versuchte er dies allerdings nicht nur unter erkenntnistheoretischem Vorzeichen, sondern eben auch durch seine theoretische und persönliche Auseinandersetzung mit der Psychologie Jungs. Wie bedeutsam diese Seite Paulis ist, wird im gleichen Masse immer deutlicher erkennbar, wie seine immens umfangreiche Korrespondenz und diverse, zu seinen Lebzeiten unveröffentlichte Manuskripte zugänglich werden.

Das Bild, das auf diese Weise bereits heute von der Person Wolfgang Paulis entstanden ist, ist ausgesprochen facettenreich. Neben der Bedeutung von Pauli als Physiker sind es vor allem seine ausserphysikalischen Interessen, die mehr und mehr in den Blickpunkt rücken. Eine Bewertung des dazu von ihm hinterlassenen Materials ist ungemein schwierig. Pauli schrieb in seinen Briefen und unveröffentlichten Manuskripten sehr viel spekulativer und privater als in seinen zur Publika-

---

wichtige Briefe resp. Briefauszüge finden sich im Buch von K. V. Laurikainen, *Beyond the Atom. The Philosophical Thought of Wolfgang Pauli* [14], in seinem Artikel *Wolfgang Pauli and Philosophy* [13], sowie in dem Buch *Nochmals Dialogik* von Hermann Levin Goldschmidt [27]. Die verfügbaren Originalmanuskripte befinden sich in der *Pauli Letter Collection* im CERN, Genf [18] und in den *Wissenschaftshistorischen Sammlungen* der ETH-Bibliothek (Rämistr. 101, CH-8092 Zürich, Dr. B. Glaus). Einige wichtige Quellen sind nicht erschlossen oder noch nicht zugänglich. Von speziellem Interesse ist der kürzlich erschienene Band *Wolfgang Pauli und C.G. Jung. Ein Briefwechsel 1932–1958* [15]. Ein Teil der nicht publizierten Korrespondenz mit seinem Kollegen Markus Fierz [23, 26] und mit Carl Gustav Jung und seinen Mitarbeiterinnen [19, 20, 21, 22, 24, 25] befindet sich in den *Wissenschaftshistorischen Sammlungen der ETH-Bibliothek, Zürich*.

[2] Vergleiche dazu Paulis Briefe vom 7. Januar 1948 und 26. November 1949 an Markus Fierz (in: *Wolfgang Pauli. Wissenschaftlicher Briefwechsel, Band III: 1940–1949* [17], Brief Nr. 929, S. 496–497 und Brief Nr. 1058, S. 710).

tion vorgesehenen Arbeiten[3]. Wenn dieser Unterschied nicht angemessen berücksichtigt wird, so können leicht falsche Eindrücke oder sogar drastische Fehleinschätzungen seiner Einstellung entstehen. Als Beispiel seien bloss seine Äusserungen zum Beobachterproblem in der Quantenmechanik genannt. Nirgendwo bei Pauli steht expressis verbis, die Quantenmechanik in ihrer bestehenden Form erfordere es, die Psyche eines Beobachters einzuschliessen – ganz im Gegenteil. Allerdings drückt er expressis verbis und wiederholt sein Unbehagen angesichts dieses Zustandes aus. Man sieht, wie sorgfältig man hier mit den Quellen umgehen muss, um sich nicht leichthin zu falschen Behauptungen verführen zu lassen.

Was eine ausgewogene Darstellung des vorhandenen Materials zusätzlich erschwert, ist die Tatsache, dass Pauli nicht nur in seinen schriftlichen Äusserungen sehr differenziert argumentierte, sondern dass er darüber hinaus auch persönlich gegenpolige Auffassungen in sich trug. Auf der einen Seite war er der streng rationale, geniale, mathematische Physiker, als den ihn die meisten seiner Kollegen kennenlernten und als der er auch heute noch vorwiegend bekannt ist. Auf der anderen Seite litt er auch unter der für schöpferische Menschen typischen Instabilität; er war häufig nicht-rationalen Einflüssen ausgesetzt, produzierte unglaubliche Mengen von archaischem Traummaterial und machte so Bekanntschaft mit psychischen Dingen, die er „*Eigentätigkeit der Seele*"[4] nannte. Pauli selbst sah es als sein zentrales Lebensproblem (und als das zentrale Problem der kulturgeschichtlichen Situation der Gegenwart) an, mit diesen beiden widerstreitenden Seiten in sich umgehen zu lernen.[5] Das damit für ihn verbundene wissenschaftliche Problem war das einer theoretischen Verbindung von Physik und Psychologie.

Es ist unmöglich, allen diesen Aspekten gerecht zu werden, solange ein solcher Versuch auf eine der möglichen unterschiedlichen Perspektiven beschränkt bleibt. Der vorliegende Band ist daher in einer Weise konzipiert, die eine derartige vorgetäuschte Einheitsdarstellung gezielt und konsequent vermeidet. Er enthält nach einer philosophischen Einführung in die Begriffe «rational» und «irrational» von

---

[3] Im Vergleich zu seinen fachwissenschaftlichen Publikationen und seinem privaten Briefwechsel hat Pauli nur wenige erkenntnistheoretisch orientierte Arbeiten publiziert. Die in unserem Kontext wichtigsten Publikationen sind: *Die philosophische Bedeutung der Komplementarität* [28], *Der Einfluss archetypischer Vorstellungen auf die Bildung naturwissenschaftlicher Theorien bei Kepler* [29], *Wahrscheinlichkeit und Physik* [31], *Naturwissenschaftliche und erkenntnistheoretische Aspekte der Ideen vom Unbewussten* [30], *Matter* [32], *Die Wissenschaft und das abendländische Denken* [33], *Phänomen und physikalische Realität* [34]. Ausser [29] sind sie alle in W. Pauli, *Aufsätze und Vorträge über Physik und Erkenntnistheorie* [35] abgedruckt; Nachdruck unter dem Titel *Physik und Erkenntnistheorie* [37]. Eine erweiterte, englische Version ist unter dem Titel *Writings on Physics and Philosophy* [38] erschienen, die auch [29] enthält.

[4] Pauli in einem Brief vom 3. August 1934 an Kronig (Brief Nr. 380 in [16], S. 340).

[5] Brief von Pauli an Jung vom 24. Mai 1939 (Brief Nr. 30 in [15], S. 31–32).

Gerhard Huber zunächst eine Reihe von Beiträgen mit biographisch-psychologischem Schwerpunkt. An sie schliesst sich ein Teil an, der zusätzlich naturwissenschaftlich-erkenntnistheoretische Themen behandelt. Selbst diese Grobgliederung ist allerdings letztlich nicht mehr als ein unzulänglicher Strukturierungsversuch: geht man durch die einzelnen Aufsätze, so wird man feststellen, dass die Vielfalt der jeweils angesprochenen Fragen und Probleme eine rigorose Einteilung eigentlich gar nicht zulässt.

Der biographisch-psychologische Teil beginnt mit Beiträgen von Charles Enz, Paulis letztem Assistenten an der ETH Zürich, und Herbert Pietschmann. Sie beleuchten die Person, das Leben und das Werk Paulis im wesentlichen aus historischer Sicht. Die psychologische Komponente, die diesen Fakten Interpretationen zuordnet, setzt mit den Beiträgen von Jörg Rasche und Herbert van Erkelens ein, in denen es um bestimmte Ereignisse beziehungsweise Phasen in Paulis Leben und deren mögliche psychologische Bedeutung geht.

Die Beiträge von Eva Wertenschlag-Birkhäuser und Theodor Abt leiten von Pauli-spezifischen, individualpsychologischen Erörterungen zu deren kollektiver Bedeutung für die gegenwärtige zeitgeschichtliche Situation über. Insbesondere ist damit die Rolle des Unbewussten und des Nicht-Rationalen in der naturwissenschaftlich geprägten Grundhaltung der Moderne angesprochen. Hier geht es um grundsätzliche Ansätze, die die Jungsche Psychologie im Hinblick auf das Problem der Wechselwirkung zwischen Bewusstsein und Unbewusstem einerseits sowie der psycho-physischen Wechselwirkung andererseits anbietet.

Rigmor Robèrt schliesst daran mit einer an Jung orientierten Darstellung psychischer Prozesse und deren biologischer Entsprechung an, gewissermassen also mit Aspekten des psycho-somatischen Spezialfalls des psycho-physischen Problems. Damit ist bereits eine Thematik angesprochen, die einen ausdrücklichen Kontakt mit der Naturwissenschaft, hier der Biologie, herstellt. Ein weiterer Beitrag, der in dieser Disziplin beheimatet ist, behandelt das Thema zielgerichteter Evolution als aktuelles Thema der modernen Entwicklungsbiologie und stammt von Ulrich Müller-Herold.

Wir sind damit innerhalb dieses Bandes an einer Stelle angekommen, an der die Naturwissenschaften beginnen, eine merkliche Rolle zu spielen. Die folgenden Aufsätze bewegen sich durchweg in der so entstandenen «Grauzone», die neben psychologischen Elementen auch solche der Naturwissenschaften und schliesslich auch der Erkenntnistheorie enthält. Während die bisherigen Beiträge vorwiegend im Persönlichen und im Erlebten (bzw. Erlebnisfähigen) verankert sind, liegt der Schwerpunkt von nun an bei Paulis und Jungs Vorstellungen darüber, welche allgemeinen Konzepte und Modelle dafür als Beschreibung in Frage kommen. Dieser Wechsel der Perspektive impliziert ein zunehmendes Mass an Abstraktion.

Die Artikel von Wilhelm Just und Hans Primas enthalten bereits im Titel die Begriffe des Schattens bzw. des Dunklen, mit dem die mehr oder minder unentwickelten Bereiche der Psyche (individuell wie kollektiv) gemeint sind. Just spannt dabei den Bogen von der Psychologie zu einem Kapitel der höheren Mathematik: dem Gödelschen Theorem. Primas behandelt die historische Entwicklung naturwissenschaftlicher Grundprinzipien und stellt die Frage, inwieweit diese Entwicklung auch Auswahleffekte für die psychische Struktur des praktizierenden Wissenschaftlers bewirkt hat. Das Dunkle in der Psyche des Wissenschaftlers wären dann die Bereiche, die den Grundprinzipien der Wissenschaft entgegenstehen, aber deswegen in ihrer unter Umständen auch destruktiven Wirkung nicht geschmälert sind.

Im Beitrag von Harald Atmanspacher wird der Versuch unternommen, einen systematischen Ansatzpunkt für das Miteinander von Physik und Psychologie anhand des Beispiels verschiedener Vorstellungen von Raum und Zeit (Physik) und der psychischen Funktionen nach Jung (Psychologie) zu skizzieren. Dabei spielt die Bedeutung der Zahl Vier (Quaternität), eines der Hauptthemen des Pauli-Jung-Dialogs, eine entscheidende Rolle. Pauli und Jung führten ausgedehnte Diskussionen darüber, inwieweit eine quaternäre Einstellung auf eine traditionell trinitätsbezogene Einstellung zu folgen bzw. diese zu ergänzen habe. Alex Müller schliesst an diese Thematik mit einem Aufsatz über die Zahl Fünf an. Er stellt dar, auf welche Weise die Fünf in speziellen Bereichen der Naturwissenschaften vorkommt, und skizziert Korrespondenzen mit Symbolen, die von mythologischen Bildern bis zur Gestaltung der Flaggen moderner Staaten reichen.

Die letztgenannten Gesichtspunkte einer Symbolik der Zahlen mögen auch deswegen von Interesse sein, weil Jung in der Zahl wichtige archetypische Qualitäten gesehen hat. Daran hat sich bei den heutigen Vertretern Jungscher Psychologie nichts geändert. Auch Pauli hat mit einer derartigen Ansicht deutlich sympathisiert, etwa wenn er in seinem Manuskript *Moderne Beispiele zur Hintergrundsphysik*[6] von 1948 das Problem der Vereinigung von Physik und Psychologie als das Problem einer quaternären psychischen Einstellung bezeichnet. Noch weiter geht er in seiner Kepler-Arbeit [29], die zusammen mit Jungs Arbeit über Synchronizität [9] 1952 publiziert wurde. Hier geht es nicht nur um das Erreichen der quaternären Einstellung, sondern darüber hinaus noch um eine Versöhnung mit der Trinität. Eine in ihrer Kürze sehr prägnante Zusammenfassung, die Pauli von seiner Kepler-Arbeit verfasst hat, ist in Teil A des Anhangs abgedruckt. Den Kommentar dazu hat Eva Wertenschlag-Birkhäuser geschrieben.

Ein weiteres bedeutendes Manuskript Paulis, das bisher nicht in publizierter Form vorlag, ist die sogenannte *Klavierstunde* vom Oktober 1953. Der Titel lautet in vollem Wortlaut: *Die Klavierstunde – Eine aktive Phantasie über das Unbewusste* und ist *Marie-Louise von Franz in Freundschaft* gewidmet. Dieses Manuskript ist sicher eines der am weitesten von Paulis wissenschaftlichem Alltag entfernten Dokumente, die von ihm überliefert sind. Zusammen mit einem von

---

[6] Dieses von Pauli nicht zur Veröffentlichung vorgesehene Manuskript wurde von C. A. Meier als Appendix 3 in *Wolfgang Pauli und C. G. Jung. Ein Briefwechsel 1932–1958* [15], S. 176–192, publiziert. Vergleiche dazu den Brief von Pauli vom 12. August 1948 an Markus Fierz (Brief Nr. 971 in [17], S. 558–562).

heute aus rückblickenden, aber auch kritischen Beitrag von Marie-Louise von Franz ist es in Teil B des Anhangs wiedergegeben. Ausserdem finden sich dort eine Reihe zusätzlicher Quellentexte zur Entstehung der Klavierstunde, Kommentare von Herbert van Erkelens, sowie Erläuterungen der Herausgeber.

Alles in allem enthält der vorliegende Band eine ganze Reihe von Fragen und Problemen, die von mathematisch-physikalischen Themen bis zu solchen der Philosophie und Psychologie reichen und darüber hinaus notwendigerweise auch die Gebiete der Ethik und der Religion berühren. In einer ganzheitlichen Weltsicht kann Ethik nicht als separate Kategorie behandelt werden. Versteht man unter ihr etwas, das Menschenwürde und Ehrfurcht vor der Natur zum zentralen Thema hat, dann kann eine vertiefte Diskussion der neuzeitlichen Rationalität und Metaphysik nicht ausgeklammert werden. Da sie in diesem Band nicht angesprochen werden, sei hier exemplarisch auf die Arbeiten von Hans Jonas [5] und Vittorio Hösle [4] verwiesen.

Aus den folgenden Beiträgen sollte der Leser im allgemeinen weder klare Antworten noch endgültige Lösungen erwarten. Die meisten der angesprochenen problematischen Punkte lassen sich durch abstraktes Nachdenken letztlich nicht erschöpfend abhandeln – nämlich insoweit, als erst konkretes Erleben und Handeln ihre Substanz offenbaren kann. Das heisst keineswegs, dass Nachdenken überflüssig ist. Nichts wäre abwegiger, als die Errungenschaften, die sich mit Ratio, Logik und Intellekt erzielen lassen, zu unterschätzen oder gar abzuwerten. Es geht vielmehr darum, die Grenzen dessen, was sich mit ihnen erreichen lässt, zu erkennen und besser zu verstehen. Auf das, was jenseits dieser Grenzen liegt, kann so nur hingewiesen werden; doch gerade diese Hinweise sind es, durch die rationale, intellektuelle Reflexion auch dort ihren Wert behält.

Pauli hat den Unterschied zwischen der rationalen, objektiven, symbolischen Beschreibung der Möglichkeiten des Einmaligen und der „irrationalen, einmaligen Aktualität" immer wieder ausdrücklich betont [31]. Um diese *Aktualität des Einmaligen* nicht auszugrenzen, ist es erforderlich, sich dem Lebensprozess als solchem, mit seinen sämtlichen Höhen und Tiefen, zu öffnen: dem, was ist – nicht dem, was sein könnte. Die normative Kraft, die dem Leben Grundlage und Substanz verleihen kann, ist ohne Gefühl und ohne eigenes Erleben nicht erreichbar.

Literaturhinweise

[1] S. Freud und C. G. Jung: *Sigmund Freud – C. G. Jung. Briefwechsel.* Hg. von W. McGuire und W. Sauerländer. Frankfurt. Fischer. 1974.

[2] W. Heisenberg: *Wolfgang Paulis philosophische Auffassungen.* Naturwissenschaften **46**, 661–663 (1959).

[3] A. Hermann, K. v. Meyenn und V. F. Weisskopf: *Wolfgang Pauli. Wissenschaftlicher Briefwechsel. Band I: 1919-1929.* New York. Springer. 1979.

[4] V. Hösle: *Praktische Philosophie in der modernen Welt.* München. Verlag C. H. Beck. 1992.

[5] H. Jonas: *Das Prinzip Verantwortung.* Frankfurt. Suhrkamp. 1984.

[6] C. G. Jung: *Die gesammelten Werke von C. G. Jung.* 20 Bände. Rascher-Verlag, Zürich (1958–1970); Walter-Verlag, Olten (1971ff).

[7] C. G. Jung: *Psychologie und Alchemie.* Zürich. Rascher Verlag. 1944. Zweite, revidierte Auflage, Zürich, Rascher Verlag 1952. Nachdruck: C. G. Jung, *Gesammelte Werke. Zwölfter Band. Psychologie und Alchemie,* Olten, Walter-Verlag, 1972.

[8] C. G. Jung: *Der Geist der Psychologie.* In: *Eranos–Jahrbuch 1946. Band XIV.* Hg. von O. Fröbe–Kapteyen. Zürich. Rhein-Verlag. 1947. S. 385–490. Überarbeitete Version publiziert als: *Theoretische Überlegungen zum Wesen des Psychischen,* in: C. G. Jung, *Von den Wurzeln des Bewusstseins,* Zürich, Rascher Verlag, 1954, Kap.8. Nachdruck: C. G. Jung: *Gesammelte Werke. Achter Band. Die Dynamik des Unbewussten.* Olten, Walter-Verlag, 1971, Kap.8.

[9] C. G. Jung: *Synchronizität als ein Prinzip akausaler Zusammenhänge.* In: *Naturerklärung und Psyche.* Hg. von C. G. Jung und W. Pauli. Zürich. Rascher Verlag. 1952. S. 109–194. Nachdruck: C. G. Jung: *Gesammelte Werke. Achter Band. Die Dynamik des Unbewussten.* Olten, Walter-Verlag, 1971, Kap.18.

[10] C. G. Jung: *Briefe. Erster Band. 1906–1945.* Olten. Walter-Verlag. 1972.

[11] C. G. Jung: *Briefe. Zweiter Band. 1946–1955.* Olten. Walter-Verlag. 1972.

[12] C. G. Jung: *Briefe. Dritter Band. 1956–1961.* Olten. Walter-Verlag. 1973.

[13] K. V. Laurikainen: *Wolfgang Pauli and Philosophy.* Gesnerus **41,** 213–241 (1984).

[14] K. V. Laurikainen: *Beyond the Atom. The Philosophical Thought of Wolfgang Pauli.* Berlin. Springer. 1988.

[15] C. A. Meier (Hg.): *Wolfgang Pauli und C. G. Jung. Ein Briefwechsel 1932–1958.* Berlin. Springer. 1992.

[16] K. von Meyenn (Hg.): *Wolfgang Pauli. Wissenschaftlicher Briefwechsel, Band II: 1930–1939.* Berlin. Springer. 1985.

[17] K. von Meyenn (Hg.): *Wolfgang Pauli. Wissenschaftlicher Briefwechsel, Band III: 1940–1949.* Berlin. Springer. 1993.

[18] W. Pauli: *Briefe von und an Pauli.* Pauli-Letter-Collection (PLC) im CERN Archiv (European Organization for Nuclear Research, CH-1211 Genève 23).

[19] W. Pauli: *Briefwechsel mit Aniela Jaffé, 1948–1958.* Die Originalmanuskripte befinden sich in den *Wissenschaftshistorischen Sammlungen der ETH-Bibliothek, Zürich,* Hs 1091:278–378. [Darunter die Manuskripte: *Kommentar zu Jaffés Artikel über den «goldenen Topf»,* Hs 1091:282; Drei Gedichte: *Indian Summer* (1942), *Quantenmechanik und I Ging* (1943), *Polemik* (1944), sowie eine «märchenartige kleine Phantasiegeschichte»: *Die rote u. d. weisse Rose* (1944), Hs 1091:290; „ ... *Absage an Kankeleit",* Hs 1091:342a.]

[20] W. Pauli: *Briefwechsel mit Carl Gustav Jung, 1932–1958.* Die Originalmanuskripte befinden sich in den *Wissenschaftshistorischen Sammlungen der ETH-Bibliothek, Zürich,* Hs 1056 (Briefarchiv C. G. Jung). Abschriften und Kopien aus dem Besitz von A. Jaffé: Hs 1091: 381–399.

[21] W. Pauli: *Briefwechsel mit Marie-Louise von Franz, 1947–1955.* Die Originalmanuskripte befinden sich in den *Wissenschaftshistorischen Sammlungen der ETH-Bibliothek, Zürich,* Hs 176:4–86. [Darunter die *Manuskripte: Plauderei über Alchemie,* Hs 176:36; *Über Descartes,* Hs 176:43; *Zur Geschichte der Optik,* Hs 176:44; *Der Kampf der Geschlechter (kl. Komödie),* Hs 176:46; *Die Klavierstunde. Eine aktive Phantasie über das Unbewusste. Frl. Dr. Marie Louise v. Franz in Freundschaft gewidmet. 1953,* Hs 176:85.]

[22] W. Pauli: *Kopien von Briefen an Erna Rosenbaum, 1932.* Die Manuskripte befinden sich in den *Wissenschaftshistorischen Sammlungen der ETH-Bibliothek, Zürich,* Hs 178:94–105. [Die Originale im Jung-Archiv sind z. Zt. noch unbearbeitet.]

[23] W. Pauli: *Korrespondenz mit Markus Fierz, 1940–1958*. Die Originalmanuskripte befinden sich in den *Wissenschaftshistorischen Sammlungen der ETH-Bibliothek, Zürich*, Hs 351: 78–298. (Grossenteils Briefe von Pauli, Mikrofilm der im CERN deponierten Briefe von Markus Fierz an Wolfgang Pauli: Hs 351:299.)

[24] W. Pauli: *Manuskripte aus dem Besitz von Aniela Jaffé*. Die Originalmanuskripte befinden sich in den *Wissenschaftshistorischen Sammlungen der ETH-Bibliothek, Zürich*, Hs 1090. [*Moderne Beispiele zur «Hintergrunds-Physik»*, Hs 1090:66; *Zur Diskussion: Die Polemik zwischen Kepler und Fludd* ... , Hs 1090:67; *Aus meinen Notizen vom letzten Sommer über die geistesgeschichtliche Situation der deutschen Romantik*, Hs 1090:68; *Theorie und Experiment*, Hs 1090:69; Chung-Yuan Chang, Ph D: *The Meaning of TE in Chinese Philosophy* (Inhaltsangaben, vermutlich von W. Pauli) Hs 1090:70; *Träume* (Vermerk Jaffé: «WP») *a. d. Jahren 1947–1951*, Hs 1090:71–74.]

[25] W. Pauli: *Traumaufzeichnungen* (ca.1930–1950). Deponiert in den *Wissenschaftshistorischen Sammlungen der ETH-Bibliothek, Zürich*, Hs 1056. [Auswertungen der Pauli-Träume durch C. G. Jung. Aus dem Familienarchiv C. G. Jung, z. Zt. noch in Bearbeitung.]

[26] W. Pauli: *Träume, mit psychologischen Kommentaren, für Markus Fierz aufgezeichnet, 1954*. Das Originalmanuskript befindet sich in den *Wissenschaftshistorischen Sammlungen der ETH-Bibliothek, Zürich*, Hs 351:297, ist aber unter Verschluss. Gemäss einer persönlichen Mitteilung von Professor Fierz handelt es sich dabei um ausführliche Kommentare zu Träumen, die auch in dem von C. A. Meier herausgegebenen Briefwechsel *Wolfgang Pauli und C. G. Jung* diskutiert sind (Brief No. [69] vom 23. Oktober 1956).

[27] W. Pauli: *Briefe vom 19. Februar 1949 und 2. März 1949 an Hermann Levin Goldschmidt*. In: *Nochmals Dialogik*. Hg. von H. L. Goldschmidt. Zürich, 1990. ETH Stiftung Dialogik. 1949. S. 23 55.

[28] W. Pauli: *Die philosophische Bedeutung der Komplementarität*. Experientia **6,** 72–81 (1950).

[29] W. Pauli: *Der Einfluss archetypischer Vorstellungen auf die Bildung naturwissenschaftlicher Theorien bei Kepler*. In: *Naturerklärung und Psyche*. Hg. von C. G. Jung und W. Pauli. Zürich. Rascher. 1952. S. 109–194. Reprinted in: *Collected Scientific Papers by Wolfgang Pauli*. Edited by R. Kronig and V. F. Weisskopf. New York. Interscience. 1964, Vol.1, S.1023–1114.

[30] W. Pauli: *Naturwissenschaftliche und erkenntnistheoretische Aspekte der Ideen vom Unbewussten*. Dialectica **8,** 283–301 (1954).

[31] W. Pauli: *Wahrscheinlichkeit und Physik*. Dialectica **8,** 112–124 (1954).

[32] W. Pauli: *Matter*. In: *Man's Right to Knowledge*. Ed. by H. Muschel. New York. Columbia University Press. 1955. S. 10–18.

[33] W. Pauli: *Die Wissenschaft und das abendländische Denken*. In: *Europa – Erbe und Aufgabe. Internationaler Gelehrtenkongress, Mainz 1955*. Hg. von M. Göhring. Wiesbaden. Franz Steiner Verlag. 1956. S. 71–79.

[34] W. Pauli: *Phänomen und physikalische Realität*. Dialectica **11,** 36–48 (1957).

[35] W. Pauli: *Aufsätze und Vorträge über Physik und Erkenntnistheorie*. Braunschweig. Vieweg. 1961.

[36] W. Pauli: *Collected Scientific Papers*. In Two Volumes. Ed. by R. Kronig and V. F. Weisskopf. New York. Interscience. 1964.

[37] W. Pauli: *Physik und Erkenntnistheorie*. Mit einleitenden Bemerkungen von Karl von Meyenn. Braunschweig. Vieweg. 1984.

[38] W. Pauli: *Writings on Physics and Philosophy*. Ed. by C. P. Enz and K. von Meyenn. Berlin. Springer. 1994.

Zur kategorialen Unterscheidung von «rational» und «irrational»

Gerhard Huber

1. Einleitung

Vergleicht man die geschichtlich in Erscheinung getretenen Hochkulturen im Hinblick auf die Art ihrer Geistigkeit miteinander, so scheint für den abendländisch-europäischen Bereich seit den Griechen kennzeichnend zu sein, dass das Moment des Rationalen eine besondere Rolle spielt und in unterschiedlicher Gestalt immer wieder einen Vorrang beansprucht. Heute wird unsere Zivilisation, mindestens an der Oberfläche, in stets noch wachsendem Masse durch die Mächte der rationalen Wissenschaft und der darauf basierten Technik geformt, und sie breitet sich als jene globale Kultur über den Erdball aus, die alle andern autochthonen Lebensformen zunehmend aushöhlt und unaufhaltsam zum Verschwinden bringt.

Wenn wir von «Rationalität» sprechen, so tun wir das dank den Lateinern, die mit dem Wort *ratio* das griechische *logos* übersetzt haben. «Logos» ist ein Grundwort griechischer Philosophie, das ihr Denken von den Anfängen her begleitet und führt. Es bedeutet in einem und untrennbar «sprachlich artikuliertes Reden» und «vernünftiges Erkennen». Die abendländische Geistesgeschichte könnte als Prozess der Differenzierung und des immer wieder neu Verstehens dessen geschrieben werden, was im griechischen Ansatz des Denkens beim Logos enthalten war. Auch die neuzeitliche Wissenschaft hat dort eine ihrer wesentlichen geschichtlichen Wurzeln.

Zentral für das Gespräch, das wir hier führen wollen, ist die Kategorie des Irrationalen. Dessen Begriff wird durch die Negation des Rationalen bestimmt und wird also selber so viele Bedeutungen haben, wie sie in positivem Sinne der Rationalität zugeschrieben werden. Wir müssen uns deshalb zuerst um eine gewisse Klärung unseres Verständnisses von «Rationalität» bemühen.

2. Begriffsgeschichtlicher Hintergrund

2.1 Denken

Sucht man nach einem möglichst unbelasteten Begriff, mit dem das Problemfeld bezeichnet werden kann, auf dem wir uns bewegen, so bietet sich zunächst der Begriff des *Denkens* an. Zum Rationalen gehört, dass es im Denken oder jedenfalls nicht ohne ein solches erfasst werden kann. Aber was heisst «Denken»? Eine genauere Bestimmung ist nötig; doch darf sie nicht vorschnell aufgrund irgendwelcher «Selbstverständlichkeiten» erfolgen, die in Wahrheit gar keine sind.

Platon ist darum der massgebende Instaurator der abendländischen Philosophie, weil er an diesem Punkt die wesentlichen Fragen gestellt und sie auch zu beantworten versucht hat: in puncto des Denkens. Man mag seine Antworten bezweifeln – die Fragen, die dahinterstehen, lassen sich nicht umgehen.

«Denken» bedeutet im Sinne Platons keineswegs das, was uns bei der Nennung dieses Wortes unmittelbar einfällt, sondern etwas wesentlich anderes. Mindestens zwei charakteristische Unterschiede müssen genannt werden.

Erstens: Denken ist nicht primär die Funktion eines «erkennenden Subjektes», das «Seele» oder «Bewusstsein» oder anderswie genannt würde. Vielmehr muss das Denken aus seiner es konstituierenden Beziehung zu dem verstanden werden, was Platon nach dem Vorgang des Parmenides das «Sein» (*to on*) nennt und näherhin als «Idee» oder «Eidos» kennzeichnet. Denken ist Denken des Seins, weil und sofern im Vollzug des Denkens das *gestalthafte Sein* der kosmisch geordneten Wirklichkeit in ihrer wesentlichen Struktur zur Erkenntnis kommt und anschaulich erfasst wird. Die Ideen sind nicht Produkte des Denkens; sondern eigentliches Denken führt hin zur geistigen Anschauung der Wesensgestalten dessen, was ist – soweit es Menschen gelingt, dieser «Hinführung», die eine «Rückführung» zum Ursprünglichen ist, zu folgen.

Damit habe ich auch schon den zweiten Wesenszug genannt, der Platons Verständnis des Denkens von dem unsern unterscheidet. Denken erschöpft sich für ihn nicht in der diskursiven Verbindung von Begriffen innerhalb logisch bestimmter formaler Strukturen. Vielmehr gehört dazu wesentlich auch das Moment der *anschaulichen Erfassung* inhaltlicher Gegebenheiten nicht-sinnlicher Art – eben der «Ideen» als eidetischer Formen, auf deren Bedeutung sich die sprachlichen Bezeichnungen letztlich beziehen. Wenn ich z.B. von «Lebewesen» spreche, so meine ich damit nicht nur eine unbestimmte Anzahl von Dingen, die gemeinsam haben, dass sie alle lebendig sind, sondern ich beziehe mich (falls ich überhaupt «etwas sage» und nicht nur ein leeres Wort ausspreche) auf dieses Gemeinsame selber, das das Wesen des Lebendigseins als eines solchen im Unterschied zum Nichtlebendigen ausmacht: die Idee oder Wesensgestalt (eben das Eidos) des Lebendigen selbst.

Unter dem Namen der *Dialektik* hat Platon versucht, seinen philosophischen Grundgedanken methodisch als eine Art von «Ideenwissenschaft» auszuarbeiten. Daraus hat sich in der philosophischen Tradition die folgende grobe Charakterisierung dessen, was der Logos als Wirklichkeit des Denkens ist, ergeben. Zwei konstitutive Aspekte sind zu unterscheiden: das *Intuitive* der unmittelbar anschaulichen Erfassung eidetischer Bestimmtheit in den sinnlichen Gegebenheiten und das *Diskursive* der zeitlichen Bewegung des Gedankens, der die am Ganzen einer Gestalt sich zeigenden Teile unterscheidet und sie miteinander wie auch mit dem Ganzen verbindet. Nehmen wir ein elementares Beispiel. Der Botaniker bestimmt eine Pflanze, indem er ihre Gesamtgestalt ins Auge fasst, sie in ihre Einzelteile (analytisch) zerlegt, aus den Teilen die spezifische Struktur (synthetisch) wieder zusammenfügt und diese schliesslich mit den Gestalten anderer Pflanzen systematisch vergleicht. Form- oder Gestalterkenntnis kommt dadurch zustande, dass ein anschaulich erfasstes Ganzes abwechselnd der diskursiven Analyse in seine Teile und diese Teile wiederum der zusammenschauenden Synthese unterworfen werden. Die Logik, für die schon bei Platon neben der Erkenntnis der Naturformen vor allem auch die mathematischen Verfahrensweisen vorbildlich sind, entwickelt die formalen ontologischen Strukturen der diskursiven Zusammenhänge. Doch bleibt entscheidend, dass bei jedem Erkenntnisschritt die geistige Anschauung der jeweiligen Gestalt in zunehmend sich differenzierender Weise immer wieder neu vollzogen wird.

Wenn wir nun in einem gewaltigen historischen Sprung die Frage nach dem spezifischen Charakter der *Rationalität neuzeitlicher Wissenschaft* stellen, so kann man mit dem Mut fast unzulässiger Vereinfachung etwa folgendes sagen:

Das Neue liegt einesteils im Einbezug *technisch instrumentierter* Beobachtung und systematischer experimenteller *Empirie*. Das Neue der neuen Wissenschaft hängt aber vor allem auch damit zusammen, dass aufgrund komplexer Entwicklungen in der mittelalterlichen Philosophie die kognitive Relevanz sich immer mehr vom intuitiven Aspekt des Erkenntnisprozesses auf die Seite des Diskursiven verschiebt. Zwar spielt im Wissenschaftsverständnis Descartes' die intellektuelle Anschauung der geometrischen Strukturen noch immer eine grundlegende Rolle; aber mit der Algebraisierung der analytischen Geometrie ist die Bevorzugung des Zugangs zum *quantitativen* Aspekt der Naturwirklichkeit, dem Mess- und Zählbaren an ihr, schon eingeleitet. Und die im Spätmittelalter primär aus theologischen Gründen sich vollziehende Verdrängung des Universalienrealismus (in dem der platonische Ansatz fortlebt) durch den *Nominalismus* geht damit zusammen, dass in empiristischer Weise die Anschauung als solche tendenziell auf die sinnliche Erfahrung eingeschränkt wird; und so bleibt im Bereich des Denkens schliesslich nur die *Diskursivität* einer Vernunft übrig, die ihre Erkenntnisinhalte einzig aus den *quantifizierten* Daten der sinnlichen Welterfahrung beziehen kann.

Als Resultat können wir festhalten: Diese auf die Diskursivität des Denkens *reduzierte Ratio* ist es, was heute im Kern die der neuzeitlichen Wissenschaft eigentümliche Rationalität ausmacht. Die qualitativen Momente der Wirklichkeitserfahrung und vollends das Eidetische verschwinden aus ihrem Erkenntnishorizont.

2.2 Das Irrationale

Aufgrund des Gesagten lässt sich nun wohl auch der Begriff des «Irrationalen» näher bestimmen. Irrational ist, was am «vernünftigen Denken» nicht teilhat oder sich ihm dergestalt entzieht, dass es von ihm in dem, was es ist, nicht erfasst und nicht gelenkt werden kann. Das aber wird höchst verschiedenes sein, je nach dem Rationalitätsverständnis, auf dessen Grund die Abgrenzung erfolgt.

Als wesentlich irrational gelten seit Platon die *sinnlichen Gegebenheiten* und Erfahrungen, welche aus dem menschlichen Weltbezug, soweit er durch den Leib vermittelt wird, hervorgehen; irrational darum, weil sie als solche ungeordnet sind und widersprüchlich bleiben.

Mit den Sinnesempfindungen aufs engste verbunden ist sodann, was griechisch *pathos* heisst: die der Leiblichkeit des Menschen (wie aller Lebewesen) entstammenden physischen Bedürfnisse und Begehrungen, welche das Lebendige zu einem Strebenden machen, das sich selber erlebt und ständig auf neue Befriedigung aus ist – also die mehr oder weniger bewussten *Antriebe* und *Gefühle*, Stimmungen und Affekte, die stets auch als *leibliche* Zustände und Befindlichkeiten erlebt werden: das alles gehört in die Kategorie des Irrationalen, weil es dem Rationalen voraus- und zugrundeliegt.

Nimmt man nun aber die auf das Diskursive reduzierte neuzeitliche Rationalität zum Massstab, dann ist einleuchtend, dass nun auch das Moment des Intuitiven dem Verdikt der Irrationalität verfallen kann – jenes Moment also, das bei Platon als *nous* (lat. *intellectus*) im Unterschied zur *dianoia* (*ratio* im engern Sinn) die nichtsinnliche Anschauung des Eidetischen war und deshalb die höhere Stufe vernünftigen Denkens ausmachte. Und eben dies ist in der Tat geschehen. Im Zuge der radikalen Psychologisierung der Erkenntnis- und Seinsproblematik, zu der im 19. Jahrhundert angesetzt wurde, finden wir dieses Resultat in aller Ausdrücklichkeit bei Carl Gustav Jung: Was bei Platon die «Ideen» waren, deren Anschauung als ganzheitlicher Wesensgestalten der Dinge die Erkenntnis dessen, was ist, letztlich ermöglicht und begründet, das wird bei Jung zu den «Archetypen», welche als instinktartige Kräfte und Mächte («Operatoren») aus der Vorrationalität des Unbewussten den psychischen Prozess strukturieren und vorantreiben. Wobei sich sogar (vielleicht kompensatorisch) die exquisite Paradoxie ergibt, dass die Jungsche Systematik des psychischen Geschehens das Gefühl zu einer rationalen Funktion macht, ebenso ausdrücklich wie die Intuition als «Ahnung» zu einer irrationalen.

Ein besonderer Fall von Irrationalität ist der *mathematische*, aber für unsern Zusammenhang nicht unwichtig, gibt er doch weiteren Aufschluss über das griechische Vernunftverständnis. Es war eine grundlegende Entdeckung der Pythagoreer, dass den Intervallen der Tonleiter einfache, ganzzahlige Verhältnisse der Längen schwingender Saiten von Musikinstrumenten entsprechen, die für die Harmonie der Klanggestalt einer Melodie verantwortlich sind. Dies erstaunliche Phänomen wurde auf den Kosmos übertragen, und man versuchte, dessen Aufbau nach Analogie zum mathematischen Gesetz musikalischer Harmonie zu verstehen, indem man, philosophisch verallgemeinernd, die natürlichen Zahlen und ihre Verhältnisse zum eigentlichen Wesen der Dinge erklärte. (Bei welcher Gelegenheit der Terminus *logos* die zusätzliche Bedeutung von «Zahlverhältnis», «Proportion» erhielt.) Der pythagoreische Gedanke von der Zahlenharmonie wurde jedoch schon bald durch die weitere Entdeckung grundsätzlich in Frage gestellt, dass bei elementaren geometrischen Figuren wesentliche Bestimmungsstücke auftreten (so beim Quadrat die Diagonale oder beim Kreis der Durchmesser), die in keinem ganzzahligen Verhältnis zu andern Teilen derselben Figur stehen und sich durch noch so weit getriebene Unterteilung in kein solches bringen lassen: stets entsteht beim Vergleich «inkommensurabler» Strecken (wie man sie nannte) ein Rest, dem keine ganze Zahl zugeordnet werden kann und der also unbestimmt bleiben muss. Diese Irrationalitäten wurden griechisch mit dem Adjektiv *alogos* charakterisiert: als etwas, was *ohne Logos* ist; «un-vernünftig», weil ohne genaue Bestimmtheit dessen, was es sein soll: ein Zahlenverhältnis, das sich aber durch Zahlen nicht mathematisch exakt bestimmen, sondern höchstens in einem Näherungsverfahren, welches nie an ein Ende kommt, approximieren lässt. (Das war denn auch der Ausweg, den die Mathematiker zu gehen versuchten: der Anfang der Infinitesimalrechnung.)

Hier verrät der griechisch gedachte *Logos* eine wesentliche Seite seiner Bedeutung. In ihm liegt grundsätzlich der Anspruch, eine Sache so zu erkennen, dass das, was sie ist, vollständig bestimmt werden und schliesslich in der Definition, der «Umgrenzung» ihres Wesens, ausgesprochen werden kann. Der Logos sucht das, was ist, in dem, was es ist, zu umgrenzen und artikuliert auszusprechen. Wo er auf das Nichteingrenzbare, Unendliche stösst, da trifft er auf seine eigene Grenze. Die Griechen nennen das Unendliche *apeiron*. Dies ist die Negation von *peras*, welches «Grenze» bedeutet. Die Grenze gibt einer Sache ihre Bestimmtheit. Und dies nicht nur im quantitativen, sondern vor allem auch im qualitativen Sinne der Gestalt. Und damit sind wir wieder bei der platonisch verstandenen Idee.

In der Platonischen Prinzipienlehre sind Peras und Apeiron die beiden dialektisch aufeinander bezogenen Grundelemente, die die Konstitution des Seienden ausmachen: Peras, das *Begrenzend-Bestimmende*, das den Dingen Gestalt und Form gibt, und Apeiron, das *Unbegrenzt-Unbestimmte*, das gleichsam Materiale der Natur, sofern sie als Geformtes die Wesensgestalten der Dinge durchscheinen lässt. In der Wirklichkeit der Welt und des Menschen, der ein Teil des lebendigen Kosmos ist, durchdringen sich diese beiden metaphysischen Aspekte wechselseitig. Dem *Menschen* aber, der sich von den andern Lebewesen dadurch unterscheidet, dass er, insofern er «vernünftige Seele» ist, am Prinzip des Logos direkten Anteil hat, sieht die klassische Philosophie die wesentliche Aufgabe gestellt, diesen Logos – gemäss der umfassenden Bedeutung der Vernunft – in seiner eigenen Weltbeziehung auf der höchsten Stufe zu verwirklichen.

3. Zur wissenschaftlichen Irrationalitätsproblematik

Mit dem bisher Gesagten habe ich versucht – zugegebenermassen schematisierend und vereinfachend –, die Rationalität der Wissenschaft, die sich in der abendländischen Neuzeit mehr oder weniger durchgesetzt hat, aus dem geschichtlichen Wandel des griechischen Logos zu verstehen. Dieser Wandel besteht im wesentlichen darin, dass das Moment der Intuition, der intellektuellen Anschauung ganzheitlicher Zusammenhänge, aus dem Begriff des vernünftigen Denkens ausgeschieden und das Denken tendenziell auf die Diskursivität gedanklicher Verbindung von Inhalten reduziert wird, die der sinnlichen Erfahrung entstammen. Erkenntnis wird so zur *rationalen Bearbeitung* eines auf *irrationale* Weise gegebenen *Materials*, das durch quantifizierende Abstraktion von den Qualitäten der Welterfahrung für die mathematische Bearbeitung zubereitet worden ist. Demgegenüber war jene antike Vernunft von der Art, dass sie die im Seienden selbst liegende «Vernünftigkeit», die intelligiblen Strukturen und Inhalte der kosmischen Wirklichkeit, vernünftig zu erkennen versuchte.

Ist aber die wissenschaftliche Rationalität jener Wirklichkeit wirklich Herr geworden, mit der es der Mensch ursprünglich zu tun hat, die zu erkennen und zu beherrschen die szientifische Ratio sich versprach und mit ihren technischen Realisationen immer noch verspricht? Damit sind wir endlich zum Kern der Problematik vorgedrungen, in die wir uns während der kommenden Tage diskutierend vertiefen wollen.

3.1 Überwindung des Irrationalen durch Wissenschaft?

Was also ist die Bedeutung des Irrationalen im wissenschaftlichen Forschungsprozess? Von aussen betrachtet scheint die *Grundtendenz* zu sein, dass so etwas wie eine «Überwindung» des Irrationalen oder wenigstens dessen «Domestizierung» Platz greift. Der Wissenschafter als Mensch wird im Gang seiner Ausbildung zunehmend gegen die Wahrnehmung der irrationalen Aspekte der Wirklichkeit «immunisiert» – Aspekte, die doch im Alltag (und das heisst für den Forscher: auch in seiner täglichen Forschungsarbeit) den Lauf der Dinge in hohem Masse mitbestimmen.

Diese zu einem übertreibenden Rationalismus neigende Domestizierung des Irrationalen kann in mannigfacher Weise geschehen und verschiedenste Auswirkungen haben. Innerhalb der einzelwissenschaftlichen Arbeit wird das Irrationale an die Peripherie von Wahrnehmung und Interesse gedrängt, wenn nicht gar vermöge des methodischen Ansatzes von vornherein aus dem Erkenntnishorizont verbannt. (Wofür das mathematisch-quantifizierende Verfahren der experimentellen Naturwissenschaften das geschichtlich so überaus wirksame grosse Beispiel ist.) Forschende Menschen können dadurch verführt werden, ihre ganze Lebensenergie auf die Bearbeitung der von ihnen methodisch beherrschten Teildisziplin zu konzentrieren. Meist geschieht dies unbewusst oder jedenfalls nicht im Bewusstsein der ganzen Tragweite dieses vielberufenen «Rückzugs in den wissenschaftlichen

Elfenbeinturm». In Wirklichkeit kann sich aber der Mensch niemals aus der primären Welt seiner Alltagserfahrung zurückziehen, mit der er durch alle Fasern seiner Vitalität von Anfang an verbunden ist und verbunden bleibt. Der versuchte Rückzug in eine von der Alltagswirklichkeit abgehobene Rationalität birgt die Gefahr einer *Persönlichkeitsspaltung* in sich, die aber als solche nicht wahrgenommen wird. Das unbewältigte Irrationale schlägt dann etwa in der persönlichen Lebensführung durch: in einer velleitären Gestaltung der mitmenschlichen Beziehungen, im unentschiedenen Sichtreibenlassen durch äussere Umstände und Zufälligkeiten, die gerade eine momentane Stimmung oder Laune ansprechen – kurz: in der existentiellen Verantwortungslosigkeit eines anscheinend beliebigen Dahinlebens, das mit der Disziplin bei der Verfolgung rational eingeschränkter Erkenntnisziele aufs schärfste kontrastiert.

3.2 Philosophie und Wissenschaft

Wie ist dieser Situation zu begegnen? Ich habe von der Philosophie her keine einfachen Antworten vorzuschlagen; und wir werden wohl auch in der gemeinsamen Bemühung dieser Tage keine solchen finden. Im Augenblick kann ich lediglich ein paar *Stichwörter* nennen, die in meiner philosophischen Perspektive auf Wichtigstes andeutend hinweisen.

Wenn wir die Diskussion auf einem im guten Sinne akademischen Niveau führen wollen, dann bedürfte es nach meiner Überzeugung zunächst einer *kritischen Besinnung* auf das, was *Wissenschaft* heute ist und morgen sein könnte – einer Besinnung, die grundsätzlich *philosophischen* Charakter hat, aber nicht von den «professionellen Philosophen» allein geführt werden darf, an der vielmehr möglichst viele Fachwissenschafter, die philosophisch interessiert sind, sich ernsthaft beteiligen sollten. Dabei verstehe ich unter «Philosophie» nicht eine weitere akademische Teildisziplin, die in modisch wechselnder Gestalt – sei es selber mit fachwissenschaftlichem Anspruch, sei es im skeptischen Rückzug auf blosse Philosophiehistorie oder gar in essayistisch-literarischem Gewande – neben den etablierten Wissenschaften um Anerkennung ringt. Vielmehr verstehe ich unter dem «Philosophischen» ein heutiges Denken, das im Unterschied zu den Einzelwissenschaften die ursprüngliche Intention der Philosophie auf das Ganze der Wirklichkeit (oder sagen wir bescheidener: die Intention auf die grösseren Zusammenhänge, in denen die disparaten Teile unserer Welt- und Selbsterfahrung stehen) bewahrt und weiterzuführen versucht.

Das wichtigste Ergebnis, zu dem eine solche philosophisch-kritische Besinnung auf die *Tragweite der wissenschaftlichen Erkenntnis* zu führen hätte, wäre die Einsicht in deren methodisch bedingte prinzipielle Beschränktheit. Im wissenschaftlichen Erkenntniszusammenhang habe ich es nie mit der Wirklichkeit als ganzer zu tun, sondern bestenfalls mit einem Aspekt, dessen inhaltliche Bestimmtheit durchaus vom methodischen Ansatz der einzelnen Fachwissenschaft abhängt. *Physik* ist dadurch möglich, dass die mathematisch-quantifizierende Abstraktion von vornherein die Naturwirklichkeit auf das Mess- und Zählbare an ihr eingeschränkt hat und nur das zur Kenntnis nimmt, was mit den technischen Mitteln der Beobachtung registriert oder experimentell hergestellt werden kann und sich beliebig oft reproduzieren lässt. Das Denken folgt dabei den kategorialen Schemata raumzeitlicher dynamischer Prozesse, in denen sich zwar noch etwas von der primären Wirklichkeit der menschlichen Naturerfahrung spiegelt, aber nun reduziert auf eine teilhafte Realität, aus der die leibhaft-lebendige Wirklichkeitsfülle der qualitativen Welterfahrung sorgfältig ausgeschieden ist zugunsten der Erkenntnis abstrakter Gesetze der mathematischen Invarianz. Innerhalb ihres kategorialen Rahmens eröffnet diese Erkenntnis die grossartigsten Perspektiven über die Enge der menschlichen Sinneserfahrung hinaus. Und sie zeichnet sich aus durch eine innere Stringenz des rationalen Erkenntniszusammenhanges, von der die Faszination einer Erkenntnisgewissheit ausgehen kann, die es sonst nirgends gibt. Aber der andere, ebenso wesentliche Aspekt, der qualitative Gehalt ursprünglicher Welterfahrung des Menschen, bleibt ein für allemal draussen – zusammen mit dem, was das Besondere und Einmalige der konkreten Ereignisse ist.

Was für die Physik gilt (deren quantentheoretische Gestalt heute grundsätzlich auch die Chemie abdeckt), gilt analog für alle andern fachwissenschaftlichen Disziplinen. Die Phänomene, mit denen es die Forschung zu tun hat, lassen sich jeweils in Abhängigkeit von den Methoden, die zur Anwendung kommen, näher bestimmen. So etwa in der *Biologie* die Lebenserscheinungen im Hinblick auf die physiologischen Prozesse, die im kategorialen Horizont von Physik und Chemie gedeutet werden, unter Abstraktion von den Qualitäten des Verhaltens und Erlebens, die mindestens auf den höheren Stufen der Entwicklung ganz offensichtlich zur Wirklichkeit des Lebendigen wesentlich mit hinzugehören. Was wissenschaftlich erkennbar wird, ist eine aufgrund von Erfahrung und Nachdenken methodisch konstruierte, modellhafte Realität, die der eigentlichen Wirklichkeit nicht substituiert werden darf, weil sie lediglich einen teilhaften Aspekt des Lebensgeschehens im ganzen darstellt. Und dasselbe wäre von der *Psychologie* zu sagen, die sich mit dem Verhalten und Erleben des Menschen befasst: je nach der methodischen Zugangsart (behavioristisch, psychoanalytisch und analytisch, phänomenologisch-verstehend, kognitivistisch usf.) wird dieser oder jener Aspekt der menschlichen Wirklichkeit sichtbar, ohne dass sich – auch bei intensivierter Frage nach den Zusammenhängen der verschiedenen psychologischen Teilaspekte – dem wissenschaftlichen Blick je ein rundes Ganzes des Menschseins ergeben würde. Der Zusammenhang kann nur einer von Fragmenten aus unterschiedlichen Perspektiven sein.

Gleichwohl ist es nun aber eine eigentümliche Versuchung für manche Wissenschafter, das Rationalitätsmodell ihrer eigenen Disziplin in quasiphilosophischer Verallgemeinerung auf die Welt als ganze zu übertragen und in unkritischer Überschreitung der fachwissenschaftlichen Grenzen ein Welt- und Menschenbild zu entwerfen, das beansprucht, wissenschaftlich begründet zu sein. Man denke etwa an die heute beliebten Welterklärungsmodelle, die durch Kombination von hypothetischen Teilerkenntnissen aus Mathematik, kosmologisch orientierter Physik,

Biologie (einschliesslich Neurophysiologie und Hirnforschung) die Geschichte des Universums vom Urknall bis zur Entstehung und Entwicklung des heutigen Menschen auf mehr oder weniger plausible Weise, aber mit dem ernsthaften Anspruch auf «Wissenschaftlichkeit» darstellen wollen. Nicht nur Wissenschaftsjournalisten, selbst Nobelpreisträger sind gegen Versuchungen zu solch *szientifischer Mythenbildung* (z.B. unter dem imponierenden Titel einer «fraktalen Evolution») nicht durchwegs gefeit. Hohe wissenschaftliche Reputation zusammen mit philosophischer Unbedarftheit genügt hier indessen nicht.

Zwar wirken in der Tiefe wohl jeder wissenschaftlichen Erkenntnisbemühung auch philosophische Impulse, die über das fachliche Interesse an der exakten Lösung wohlumschriebener Teilprobleme hinaus auf das grössere Ganze des Zusammenhanges zielen, in den das jeweilige Teilproblem eingebettet ist. Doch sind Philosophie und Wissenschaft nach Einstellung und Methode auch wesentlich verschieden. *Wissenschaft* sucht Erkenntnisse, deren «Objektivität» durch möglichst weitgehende Ausschaltung der menschlichen «Subjektivität» erreicht wird; wogegen die *Philosophie*, ausgehend vom Beziehungsganzen zwischen Mensch und Welt, nach dem jeweiligen Anteil des einen am andern fragt und schliesslich dieses Beziehungsganze als eine in sich differenzierte, aber unaufspaltbare Einheit sichtbar zu machen hätte. Gerade wegen dieser Verschiedenheit ist es umso nötiger, dass diese Probleme von Vertretern der Wissenschaft und der Philosophie, die sich dafür mit einer gewissen Leidenschaft interessieren, gemeinsam angegangen werden. Es ist überaus selten, dass sich die doppelte Interessenrichtung mit angemessener Qualifikation in ein und derselben Person zusammenfindet. Vielleicht war dies bei Wolfgang Pauli der Fall. Für gewöhnlich sind wir aber auf intensivierte Zusammenarbeit von geeigneten Vertretern der verschiedenen Disziplinen angewiesen.

3.3 Irrationale Steuerung des wissenschaftlichen Erkennens?

Die bewusst gestellte Grundfrage unseres Seminars ist vermutlich die Frage, inwiefern irrationale Faktoren den Verlauf des wissenschaftlichen Erkenntnisprozesses beim Einzelnen und im Kollektiv der Forschenden mit bestimmen und auf welche Weise sie das allenfalls tun. Darüber könnte das von Wolfgang Pauli stammende Material, das uns hier zur Verfügung steht, in der Tat höchst bedeutsame Aufschlüsse liefern. Allerdings sollten wir uns von allem Anfang an die nicht zu überschätzende Bedeutung der Tatsache klarmachen, dass Pauli das, was er erlebt hat und was er darüber berichtet, von vorneherein im Erkenntnishorizont der Jungschen Psychologie erlebt und dann – wenn auch nicht unkritisch – gedeutet hat. Dies sollte unser eigenes kritisches Mitdenken anregen und wird es hoffentlich auch tun.

3.4 Wie irrational ist die Wirklichkeit?

Schliesslich eine letzte Bemerkung. Die massiv substantivierende Rede von «dem Irrationalen» hat ihre eigentümlichen Gefahren, auf die wir aufmerksam sein sollten, damit wir ihnen nicht zum Opfer fallen. Erst seit dem Ende des vorigen Jahrhunderts wird diese Redeweise geläufig, und sie beruht darauf, dass komplexe philosophische Grundanschauungen vereinfachend auf gegensätzliche «Ismen» abgezogen und damit zu ideologischen Positionen gemacht werden, die als solche miteinander im Streite liegen (Idealismus contra Realismus, Materialismus contra Spiritualismus usf.). So kann es dann auf dieser Ebene im Gegensatz zum klassischen «Rationalismus» der Neuzeit aus Zusammenhängen der «Romantik» auch einen «Irrationalismus» geben, der «das Irrationale» gegen dessen Verdrängung durch eine subjekthaft verstandene, übergewichtige Ratio verteidigt. Die wissenschaftliche Irrationalitätsproblematik betrifft aber nicht nur die psychologischen Eigenschaften des erkennenden Subjektes (bei Jung etwa die «psychischen Funktionen»), sondern auch die Realität, mit der es die Erkenntnis jeweils zu tun hat. Wie weit und in welchem Sinne ist die Welt, in der wir leben, rational erkennbar, und inwiefern entzieht sie sich der vernünftigen Erkenntnis, weil ihre Seinsart als solche eine «irrationale» ist? Hier steht der *ontologisch* gemeinte Sinn von «Rationalität» und «Irrationalität» in Frage: die *Intelligibilität* des Seins selber. Ist das, was wir wissenschaftlich und vielleicht auch philosophisch erkennen, mehr als eine schematische Konstruktion unseres Geistes, die wir an die Stelle des primär Erfahrenen und anschaulich Gegebenen setzen, weil uns dieses erkenntnismässig unzugänglich bleibt – oder ist das Erkennbare und schliesslich Erkannte in der ursprünglichen Weltbeziehung des Menschen als zunächst noch verborgener Gehalt irgendwie beschlossen, der darin aber entdeckt, gefunden und aufgeschlossen werden kann? Ich denke, dass wir uns in dieser Frage für den zweiten Teil der Alternative – und damit im Philosophisch-Prinzipiellen für Platon gegen Kant – zu entscheiden haben. Im Sinne des Erkennens liegt, dass es Seiendes erkennt: Mögliches und Wirkliches erfasst. Nur wenn und soweit dies der Fall ist, ist Erkenntnis wahr, und das heisst: überhaupt Erkenntnis. Darum kann es auch keine Rationalität der Wissenschaft ohne eine entsprechende Intelligibilität des Seins geben, das die Wissenschaft zu erkennen versucht. Jene methodische Rationalität gründet in der seinsmässigen Intelligibilität des betreffenden Wirklichkeitsaspektes. Rationalität und Irrationalität sind also ihrerseits gegensätzliche, aufeinander bezogene und zueinander komplementäre Grundaspekte des möglichen und wirklichen Seins; und je nach dem Realitätsbereich, in dem wir uns bewegen, ist ihr verhältnismässiger Anteil ein unterschiedlicher.

Zum Schluss ist aber nochmals an die ursprüngliche Bedeutung des griechischen «Logos» zu erinnern: an die Einheit von Denken und *Sprache*. Ihr zufolge bezeichnet die Grenze der sprachlichen Ausdrucksmöglichkeit auch eine Schranke der jeweiligen «Rationalität». Nur mit Hilfe der Sprache können wir sagen, was ist, und uns und andern davon Rechenschaft zu geben versuchen. Nur im Medium der Sprache kann eine Erkenntnis jene artikulierte Bestimmtheit gewinnen, deren die «Rationalität» jeder Art bedarf. Dabei kann es sich allenfalls auch um eine «künstliche» Sprache handeln. Doch darf eine solche um der eigenen Verständlichkeit willen den hermeneutischen Zusammenhang mit der nicht hintergehbaren Alltagssprache unter gar keinen Umständen verlieren. Von der Wichtigkeit dieses Zusammenhanges können wir in den nun folgenden Diskussionen gleich eine Probe aufs Exempel machen. Denn von unserer Fähigkeit, einander in den unterschiedlichen Sprechweisen, die uns eigen sind, zu verstehen, wird es wesentlich abhängen, ob wir überhaupt in der Lage sind, eine wirkliche Diskussion zu führen, die uns gemeinsam weiterbringt.

Zur Begründung des hier in äusserster Verkürzung Dargestellten verweise ich auf die bevorstehende Publikation meines Buches: *Eidos und Existenz, Umrisse einer Philosophie der Gegenwärtigkeit*, Schwabe Verlag Basel, 1995. Vorläufig wäre zu vergleichen: G. Huber: *Gegenwärtigkeit der Philosophie, Vorträge und Aufsätze,* poly 2, Birkhäuser Verlag Basel, 1975, besonders Teil 1 und 3.

Rationales und Irrationales im Leben Wolfgang Paulis

Charles P. Enz

1. Die Familie

Wolfgang Paulis Grossvater Jacob W. Pascheles erbte von seinem Vater Wolf einen Buchladen in Prag, den er erfolgreich weiterführte. Dies erlaubte ihm, ein Haus am alten Stadtplatz von Prag zu erwerben. Jacob Pascheles war lange Vorsteher der Kongregation der bekannten Zigeuner-Synagoge von Prag. Als solcher leitete er unter anderem die Bar-Mizwa-Feier («Konfirmation») von Franz Kafka, dessen Familie ebenfalls am alten Stadtplatz wohnte. Jacobs Sohn Wolfgang Josef, genannt Wolf, der Vater Wolfgang Paulis, wurde am 11. September 1869 geboren und studierte mit Ernst Machs Sohn Ludwig Medizin an der Karls-Universität in Prag, wo Ernst Mach Professor für Experimentalphysik war, bis er 1895 an die Universität Wien wechselte. [28] Wolfgang Pascheles kam schon 1892 nach Wien, wo er eine Assistentenstelle an der Universität erhielt und wo er sich 1898 für innere Medizin habilitierte. [29] Wien wurde seine Heimatstadt, dort liess er sich katholisch taufen, nahm den Namen Pauli an, was ihm am 28. Juli 1898 gewährt wurde, und heiratete am 2. Mai 1899 Bertha Camilla Schütz, die ihm am 25. April 1900 seinen einzigen Sohn Wolfgang gebar. Am 31. Mai 1900 wurde der Neugeborene auf die Namen Wolfgang Ernst Friedrich katholisch getauft. Taufpate war Ernst Mach.

So wurde Wolfgang jun. in den neuen Namen und den Katholizismus hineingeboren. Seine wahren Wurzeln wurden ihm lange verschwiegen.[1] In Anbetracht von Machs Atheismus zeugt seine Patenschaft für grosszügigen, undogmatischen väterlichen Beistand an den aufstrebenden Freund seines Sohnes. Pauli hat diese seine Wurzeln viel später in einem seiner faszinierenden Briefe an Carl Gustav Jung (vom 31. März 1953, Nr. 60 in [14], hier «Taufbecher-Brief» genannt) dargestellt. Ein Auszug davon ist im Pauli-Zimmer im CERN in Genf zusammen mit dem Taufbecher und der Visitenkarte Machs ausgestellt. Dort liest man: „Es kam so, dass mein Vater sehr mit seiner Familie befreundet war, damals geistig ganz unter seinem Einfluss stand und er (Mach) sich freundlicherweise bereit erklärt

---

[1] Vergleiche [13], Fussnote 633, S. 377.

hatte, die Rolle des Taufpaten bei mir zu übernehmen. ... Er war wohl eine stärkere Persönlichkeit als der katholische Geistliche, und das Resultat scheint zu sein, dass ich auf diese Weise antimetaphysisch statt katholisch getauft bin. Jedenfalls bleibt die Karte im Becher und trotz meiner grösseren geistigen Wandlungen in späterer Zeit bleibt sie doch eine Etikette, die ich selber trage, nämlich: «von antimetaphysischer Herkunft»." [2]

Paulis zweiter Vorname Ernst war zu Ehren Machs gewählt, während der dritte, Friedrich, derjenige des Grossvaters Friedrich Schütz ist. Paulis Grossmutter mütterlicherseits, Bertha geb. Dillner von Dillnersdorf, entstammte einer Adelsfamilie und war Sängerin und später Ehrenmitglied der k.u.k. Hofoper in Wien. Sie sang und spielte für den jungen Wolfi stundenlang Klavier [2] und hat so durchaus die Züge der würdigen Dame in der «Klavierstunde» [17]. Dieses Idyll wurde 1909 durch die Geburt der Schwester Hertha Ernestine gestört. In einem Brief vom 28. Februar 1936 an Jung (Nr. 16 in [14]) gibt Pauli den Altersunterschied zwischen ihm und seiner Schwester mit 7 Jahren an, während dieser in Wahrheit 9 Jahre beträgt. Dies war wohl ein «Schwindel» des Unbewussten, denn Pauli verknüpft damit die folgende Assoziation:[3]

„*Die 7 ist also ein Hinweis auf die Geburt der Anima. (Die dann auch in späteren Träumen eintraf.) Ich kann die Beziehung der 7 zur Anima bei mir auch sonst belegen. In einem sehr viel späteren Traum kam die Spielkarte Caro 7 vor, die so aussah:*

$$\begin{array}{ccc} \times & & \times \\ \times & \times & \times \\ \times & & \times \end{array}$$

Und dann erklärte mir der «Weise» im Traum, dies bedeute auch M und beziehe sich auf Mutter u. Maria. Und der Schritt von der personifizierten Maria zu Caro 7 gehe eben über den Katholizismus wesentlich hinaus."

2. Die Lebenskrise

Der sinngeladene Brief Paulis an Jung vom 23. Oktober 1955 (Nr. 69 in [14]) trägt den Titel „Aussagen der Psyche" und enthält am Ende „Ein privates Nachspiel von Tod und Wiedergeburt". Der Tod bezieht sich auf den am 4. November 1955 in Zürich im Alter von 86 Jahren verstorbenen Vater. Zu dessen Tod schreibt Pauli: „ ... ich vermute, dass es bei mir eine Wandlung des Schattens bedeutet. Denn der Schatten war bei mir lange auf den Vater projiziert gewesen. ... Dementsprechend erschien früher oft die Bindung der lichten Anima an den Schatten oder Teufel ...

---

[2] Vergleiche C. P. Enz: *W. Pauli's scientific work* [3], Fussnote 2, S. 792.

[3] Brief von Pauli an Jung, Princeton, 28.2.36, Nr. 16 in [14], S. 20.

projiziert auf die «böse Stiefmutter» ... " ([14], S. 150). Paulis evangelische Mutter war am 15. November 1927 48-jährig durch eine Vergiftung aus dem Leben geschieden.[4] Sein Vater hatte sich von ihr getrennt und heiratete später die wesentlich jüngere Bildhauerin Maria Rottler [29].

Paulis Schilderung des eben zitierten «privaten Nachspiels» geht folgendermassen weiter: „Die drei Tage 29., 30. Nov. und 1. Dez. [1955] verbrachte ich in Hamburg, wo ich lange nicht mehr gewesen war. Ich hielt dort auf Einladung einen Vortrag und in einer Zeitung stand mein Name und das Hotel, wo ich wohnte. Dies gab Anlass zu einem romantischen Erlebnis: eine Frau, die ich vor 30 Jahren in Hamburg wohl kannte, die ich aber völlig vergessen hatte, meldete sich daraufhin. Ich hatte sie ganz aus den Augen verloren als sie damals als junges Mädchen dem Morphinismus verfiel und hielt sie für verloren. ... Damals vor 30 Jahren war meine Neurose schon deutlich vorgezeichnet in der vollkommenen Spaltung zwischen Tag- und Nachtleben in meiner Beziehung zu Frauen. Jetzt aber war es sehr menschlich und als wir uns am Bahnsteig verabschiedeten, schien es mir wie eine Conjunctio. Allein im schnellen Zug nach Zürich erinnerte ich mich, wie ich 1928 auf dem gleichen Weg meiner neuen Professur und meiner grossen Neurose entgegenfuhr." ([14], S. 150)

Nach einem einjährigen Aufenthalt im berühmten Institut von Niels Bohr in Kopenhagen war Pauli von 1922 bis 1928 wissenschaftlicher Mitarbeiter, dann Privatdozent und Titularprofessor an der Universität Hamburg. Dort schloss er viele Freundschaften fürs Leben, so mit dem Experimentalphysiker Otto Stern, dem Astrophysiker Walter Baade und dem Mathematiker Erich Hecke ([15], S. 598). In diese Zeit fiel Paulis Entdeckung des Ausschliessungsprinzips (1925), für das ihm der Nobelpreis des Jahres 1945 verliehen wurde. Dazu schrieb Pauli am 3. Oktober 1951 an Fierz: „Übrigens möchte ich bemerken, dass einst (in Hamburg) mein Weg zum Ausschliessungsprinzip eben mit dem schwierigen Übergang von 3 zu 4 zu tun hatte: nämlich mit der Notwendigkeit, dem Elektron statt der *drei* Translationen noch einen weiteren *vierten* Freiheitsgrad ... zuzuschreiben. Mich dazu durchzuringen, dass entgegen der naiven «Anschauung» auch die vierte Quantenzahl die Eigenschaft eines und desselben Elektrons ist ... – das war eigentlich die Hauptarbeit ... " ([8], S. 509). 25 Jahre danach sah Pauli darin eine Parallele zu seinem Kepler-Artikel mit dem Übergang vom Trinitarier Kepler zu dem Quaternarier Fludd. [20]

In Hamburg entstand auch die Legende des Pauli-Effekts, über den Fierz folgendes schreibt: „ ... auch ganz nüchterne Experimentalphysiker waren der Ansicht, dass von Pauli seltsame Wirkungen ausgingen. Man glaubte z.B., seine blosse Anwesenheit in einem Laboratorium erzeuge allerhand experimentelles Missgeschick, er erwecke gleichsam die Tücke des Objektes. Das war der «Pauli-Effekt». Darum hat ihn z.B. sein Freund Otto Stern, der berühmte Künstler der

---

[4] Amtliches Dokument.

Molekularstrahlen, nie in sein Institut hereingelassen. Das ist keine Legende, ich habe Pauli und Stern beide sehr gut gekannt! Pauli selber hat an seinen Effekt durchaus geglaubt. Er hat mir gesagt, er spüre das Unheil schon vorher als unangenehme Spannung, und treffe dann tatsächlich – einen anderen! – das erahnte Missgeschick, so fühlte er sich merkwürdig befreit und erleichtert. Man kann den «Pauli-Effekt» durchaus als synchronistische Erscheinung, so wie sie Jung in unserem Buch beschreibt, auffassen." ([10], S. 190–191)

Am 1. April 1928 trat Pauli, kaum 28-jährig, die Professur für theoretische Physik an der ETH an. Am 6. Mai 1929 trat er aus der katholischen Kirche aus und heiratete am 23. Dezember 1929 in Berlin eine junge Tänzerin der Tanzschule Trudi Tschopp in Zürich,[5] Käthe Deppner (geb. 29. August 1906) ([15], S. 726), die unwillkürlich an die tanzende, ungreifbare Chinesin in Paulis Träumen erinnert. Denn im Brief Paulis an Jung vom 27. Februar 53 (Nr. 58 in [14], S, 90) lesen wir: „Ihre Bewegungen sind eigentümlich tänzerisch, sie spricht nicht, sondern drückt sich stets pantomimisch aus, etwa so wie in einem Ballett. ... Die Chinesin winkt mir weiter, ich solle auf das Podium steigen und zu den Leuten sprechen, ihnen offenbar eine Vorlesung halten. Während ich nun noch warte, «tanzt» sie fortwährend rhythmisch von unten wieder die Treppe hinauf, durch die offene Tür in's Freie und dann wieder hinunter."

Tatsächlich scheint diese Ehe von Anfang an nicht sehr stabil gewesen zu sein. Denn Pauli schreibt an seinen Freund und Kollegen Oskar Klein am 10. Februar 1930: „Falls mir meine Frau einmal davonlaufen sollte, bekommst Du (ebenso wie alle meine anderen Freunde) eine gedruckte Anzeige" und am 11. März 1930): „... wenn ich schon verheiratet bin, so bin ich es wenigstens locker!" ([15], S. 4 und S. 7). Pauli war nicht Käthes Auserwählter, sie weilte hauptsächlich in Berlin ([15], S. 62) und hatte schon vor der Heirat den Chemiker Paul Goldfinger kennen gelernt [2], den sie später heiratete. Paulis Scheidung fand am 26. November 1930 in Wien statt. Dazu kommentierte Pauli: „Hätte sie einen Stierkämpfer genommen, hätt' ich's verstanden, aber so einen gewöhnlichen Chemiker ... " [2].

Damit war die Krise da. In seiner Verzweiflung fing Pauli an zu trinken und zu rauchen und verkehrte in Mary's Oldtimer Bar [2]. Er fragte seinen Vater um Rat, der ihm Professor Jung empfahl. Zur Begegnung Pauli–Jung schreibt C. A. Meier: „ ... J. hatte P. zu seiner Schülerin Erna Rosenbaum (†) zur Analyse delegiert. Diese Behandlung dauerte von 1931–1934 und war erfolgreich. Jung motivierte P. gegenüber diese Entscheidung mit der Begründung, dass P. Schwierigkeiten mit Frauen habe. ... Mir erklärte J., er habe in Anbetracht der ausserordentlichen Persönlichkeit P's eine Entwicklung haben wollen, die ganz objektiv und ohne seinen persönlichen Einfluss verlaufen sollte." ([14], Fussnote S. 9) Schon am 4. April 1934 heiratete Pauli Franca Bertram (geb. 16. Dezember 1901 in München) ([15], S. 306), welche ihn für den Rest seines Lebens treu umsorgte.

---

[5] Für eine andere Version vergleiche [13], Fussnote 636, S. 378,

3. Das Neutrino

Das Erstaunliche ist, dass man von der Krise in Paulis Schaffen gar nichts spürt. Wenige Tage nach der Scheidung schreibt Pauli am 4. Dezember 1930 den bekannten Brief «an die radioaktiven Damen und Herren» an einer Physiker-Tagung in Tübingen, in dem er sich entschuldigt, wegen eines in Zürich stattfindenden Balles unabkömmlich zu sein ([26], S. 159). Pauli erwähnte diesen Brief in seinem Zürcher Vortrag vom 21. Dezember 1957, [6] von dem noch die Rede sein wird. Der Inhalt des Briefes aber war so revolutionär, dass sich Pauli erst im Oktober 1933 entschliessen konnte, die in dem Brief dargelegte Neutrino-Idee zu publizieren. Rational war diese Idee eines schwer nachweisbaren leichten Teilchens für Pauli die zwingende Schlussfolgerung aus den experimentellen Fakten, die ein Energie-Defizit im Beta-Zerfall von Radon (Radium Emanation) auswiesen. Während Bohr in Anlehnung an frühere Spekulationen bereit war, das Gesetz der Energieerhaltung im subatomaren Bereich zu opfern, war dieses Gesetz für Pauli einer der Grundpfeiler der modernen Physik. Dabei handelte es sich nicht einfach um ein Credo, sondern, wie Pauli in seinem Moskauer Vortrag vom 27. Oktober 1937 [7] meisterhaft darlegt, spielt die Energieerhaltung im Rahmen der allgemeinen Relativitätstheorie Einsteins formal dieselbe Rolle wie die Ladungserhaltung in der Elektrodynamik Maxwells. Da Verletzungen der Ladungserhaltung niemals festgestellt worden sind, kann die Verletzung der Energieerhaltung auch nicht akzeptiert werden ([8], S. 439).

Irrational hat dieses Teilchen für Pauli, dem leibliche Kinder versagt geblieben waren, die Rolle des geistigen Kindes gespielt, das seiner Lebenskrise entsprossen war. Dies schreibt er in einem seiner letzten Briefe, in denen oft vom Tode die Rede ist, hier an seinen jüngeren Freund, den Biophysiker Max Delbrück, datiert 6. Oktober 1958: „Die Geschichte dieses närrischen Kindes meiner Lebenskrise (1930/31) – das sich auch weiter recht närrisch aufgeführt hat – beginnt ja mit jenen heftigen Diskussionen zwischen ihr [Lise Meitner] und Ellis über das kontinuierliche β-Spektrum, die gleich mein Interesse geweckt haben." ([15], S. 38) Der Nachweis der wirklichen Existenz des Neutrinos liess allerdings lange auf sich warten: Am 15. Juni 1956 kam ein Telegramm aus Los Alamos, dem Forschungszentrum, wo während des Krieges die Atombombe entwickelt worden war, während Pauli, der nichts damit zu tun haben wollte, in Princeton weilte. Das Telegramm kündigte den Nachweis des Neutrinos an, worauf Pauli am selben Tag zurücktelegraphierte: „Thanks for message. Everything comes to him who knows how to wait." ([3], S. 786)

Doch kaum erkannt, hat sich dieses Kind eben „recht närrisch aufgeführt", indem es Paulis unerschütterlichem Glauben an die Erhaltungsgesetze der Physik

---

[6] *Zur älteren und neueren Geschichte des Neutrinos* [25]. Abgedruckt in [26], S. 156.
[7] *Die Erhaltungssätze in der Relativitätstheorie und in der Kernphysik*. Eine Rückübersetzung aus dem Russischen erschien in [8], S. 439–453.

doch noch einen Streich spielte: Am 21. Dezember 1957, dem Tage, an dem abends in der Zürcher Physikalischen Gesellschaft der schon erwähnte Vortrag über die Geschichte des Neutrinos [25] stattfand, erreichte ihn die Nachricht, dass in den Teilchen-Zerfallsprozessen, an denen ein Neutrino beteiligt ist, eine Verletzung des Erhaltungsgesetzes der Rechts/Links-Symmetrie (Parität) nachgewiesen worden sei. Sechs Tage später schreibt Pauli seinem früheren Assistenten Weisskopf: „Nun ist der erste Schock vorüber und ich beginne, mich wieder «zusammenzuklauben» (wie die Leute in München sagten). ... Gut, dass ich keine Wette gemacht habe, das hätte schwer ins Geld gehen können (was ich mir nicht leisten kann), so habe ich mich nur blamiert (was ich mir, glaube ich, leisten kann)." ([16], S. xiii)

Die Sache ging jedoch weiter, indem es Ende 1957 Heisenberg gelang, Pauli für seine «Weltformel» zu begeistern. Diese sollte nicht nur das Neutrino, sondern im Prinzip alle Elementarteilchen beschreiben. Was Pauli daran attraktiv fand, war unter anderem Heisenbergs Erweiterung der Formel durch Einbau einer Drehsymmetrie. Diese letzte gemeinsame Arbeit von Pauli und Heisenberg stiess jedoch auf heftige Kritik und ist nie publiziert worden. In einem Scenario, das an die Situation beim Vorschlag der Neutrino-Idee 27 Jahre vorher erinnert, bemerkte Pauli Ende Januar 1958 vor einem eilig einberufenen Theoretiker-Gremium an der Columbia Universität in New York, die Theorie sei vielleicht etwas verrückt, worauf Bohr einwendete, die Frage wäre nicht, dass sie verrückt sei, sondern, ob sie verrückt genug sei. So endete diese Zusammenarbeit mit Heisenberg für Pauli in einem Zusammenbruch der rationalen Basis dieser Theorie [7].

Gleichzeitig aber wurde die irrationale Basis *„für jene andere, umfassendere Conjunctio"* [8] durch Paulis Hemmungen, mit der «Vorlesung an die fremden Leute» [9] ernst zu machen, in Frage gestellt. Dies war eine gefährliche Situation, für welche die Bezeichnung «tiefer innerer Konflikt» wohl angebracht ist [9]; wenige Monate später starb Pauli an Krebs des Pankreas. Man sollte aber nicht vergessen, dass einerseits einige der Ideen dieser Zusammenarbeit wie das entartete Vakuum und die damit verbundene Symmetriebrechung heute noch weiterleben. Anderseits aber geht von Paulis Bemühungen *„für jene andere, umfassendere Conjunctio"* gerade heute eine ungeheure Wirkung aus.

4. Der losgelöste Beobachter

Die eben erwähnte «Vorlesung an die fremden Leute» [17] führt gleich zu Beginn den Begriff des «losgelösten Beobachters» ein. Dazu schreibt Pauli in seinem Kepler-Artikel: „Die Beobachter oder Beobachtungsmittel, welche die moderne

---

[8] Brief von Pauli an Jung vom 27. Februar 1953 (Nr. 58 in [14], S. 92–93).
[9] In der «Klavierstunde» [17], Abschnitte 32–43.

Mikrophysik in Betracht ziehen muss, unterscheiden sich nun wesentlich von dem losgelösten Beobachter der klassischen Physik. Unter letzterem verstehe ich einen solchen, der zwar nicht notwendig ohne Wirkung auf das beobachtete System ist, dessen Einwirkung aber jedenfalls durch determinierbare Korrekturen eliminiert werden kann. In der Mikrophysik sind dagegen die Naturgesetze von solcher Art, dass jeder bei einer Messung erworbene Gewinn von Kenntnissen mit dem Verlust von anderen komplementären Kenntnissen bezahlt werden muss. Jede Beobachtung ... unterbricht den kausalen Zusammenhang ... ." ([20], S.165) Dieser Sachverhalt schien allgemein anerkannt zu sein, als Bohr in seinem Vortrag zur 200-Jahrfeier der Columbia Universität 1954 und später wieder mehr den «losgelösten Beobachter» betonte. Nach Laurikainen wollte Bohr damit unnötigen Schwierigkeiten mit den sowjetischen Physikern, namentlich mit Fock, aus dem Wege gehen, die den probabilistischen und subjektivistischen Aspekt der Kopenhagener Interpretation verwarfen ([11], S.280). Bohrs Formulierung provozierte sogleich die Kritik Paulis, die im Brief an Bohr vom 15.Februar 1955 enthalten ist ([11], S.281–282). Pauli hatte nämlich kurz vorher am internationalen Philosophenkongress 1954 in Zürich[10] erklärt: „Ich selbst vermute sogar, dass der Beobachter in der heutigen Physik noch immer zu stark losgelöst ist und diese sich noch weiter von jenem klassischen Vorbild entfernen wird."([26], S.98)

Dies ist eine rätselhafte Aussage. Denn wenn man z.B. versucht, die Rolle des Beobachters in modernen quantenphysikalischen Experimenten zu analysieren [6], stellt man bald fest, dass der Beobachter um so mehr «losgelöst» erscheint, je mehr das Experiment durch Computer automatisiert ist. Pauli selbst schreibt: „Die Mikrophysik zeigt, dass das Beobachtungsmittel auch aus automatischen Registrierapparaten bestehen kann ... ." ([20], S.165) Paulis Motive müssen also anders gewesen sein. Die rationale Erklärung scheint mir die, dass Pauli im obigen Zitat mit „der heutigen Physik" spezieller die Quantenfeldtheorie im Auge hatte. [6] An dem schon erwähnten Philosophenkongress 1954 [23] sagt er: „Eine befriedigende Theorie müsste unseres Erachtens das Feld und den zu seiner Messung dienenden Probekörper als komplementäre Gegensätze aufzufassen erlauben." ([26], S.97) Der Beobachter hätte also wieder die Wahl zwischen komplementären Versuchsanordnungen, die hier aber nicht mehr die makroskopische Stabilität hätten, welche in der Quantenmechanik objektive Messresultate garantieren, sondern mehr dem Beobachtungsproblem in der Psychologie ähnlich sind.

Trotz dieses Versuches einer Rationalisierung bleibt aber der Eindruck bestehen, dass uns Pauli seine irrationalen Gedanken verschwiegen hat; er hat «die Vorlesung an die fremden Leute» zu diesem Punkt eben nicht gehalten. Dieser Eindruck wird auch nicht beseitigt, wenn uns Pauli im Aufsatz zu Jungs 80. Geburtstag (26.Juli 1955) [21] versichert: „Hat der physikalische Beobachter einmal seine Versuchsanordnung gewählt, so hat er keinen Einfluss mehr auf das Resultat der

---

[10] *Phänomen und physikalische Realität* [23]. Abgedruckt in [26], S.93.

Messung, das objektiv registriert allgemein zugänglich vorliegt. Subjektive Eigenschaften des Beobachters oder sein psychischer Zustand gehen in die Naturgesetze der Quantenmechanik ebensowenig ein wie in die der klassischen Physik." ([26], S. 115)

Paulis irrationale Gedanken kann man aus folgender Stelle seines wohl bedeutendsten Essays, dem Kepler-Artikel, erraten: „Wenn auch auf Kosten der Bewusstheit der quantitativen Seite der Natur und ihrer Gesetzmässigkeiten, versuchen die «hieroglyphischen» Figuren Fludds eine *Einheit* des inneren Erlebens des «Beobachters» (wie wir heute sagen würden) mit dem äusseren Naturlauf und damit eine *Ganzheit* der Naturbetrachtung festzuhalten, die früher in der Idee der Analogie des Mikrokosmos zum Makrokosmos enthalten war, die jedoch bei Kepler bereits zu fehlen scheint und im Weltbild der klassischen Naturwissenschaft verloren gegangen ist." ([20], S. 162)

Die Stelle, wo Paulis irrationale Motive am deutlichsten zu Tage treten, findet sich jedoch in der «Klavierstunde». Dort lesen wir in der Tat: „Als Reaktion auf diese neueren Einsichten wollen einige Physiker wieder zum alten Ideal des losgelösten Beobachters zurückkehren, was mir aber als negativ-regressive Utopie erscheint. Demgegenüber möchte ich den entgegengesetzten Standpunkt vertreten, dass von diesen Einsichten aus nur ein Vorwärtsgehen möglich ist und dass dieses direkt zu den Lebenserscheinungen führt. So verschieden nämlich von der älteren «klassischen» Art der Naturbeschreibung die heutige Physik auch ist, so macht doch auch diese stillschweigende Konzessionen an die traditionelle Form der «Objektivität» der Naturgesetze ... ." ([17], Abschnitt 33) Der letzte Satz sagt es ganz klar: *Durch seine Objektivität* ist der Beobachter „noch immer zu stark losgelöst".

Diese Konzession an die Objektivität suchte Pauli durch seine «Hintergrundsphysik» zu kompensieren; dort schreibt er: „Die finale Betrachtungsweise muss in der Produktion der «Hintergrundsphysik» durch das Unbewusste des modernen Menschen eine Zielrichtung auf eine künftige, Physis und Psyche einheitlich umfassende Naturbeschreibung erblicken, von der wir heute aber nur eine vorwissenschaftliche Stufe erleben. Zur Erreichung einer solchen einheitlichen Naturbeschreibung scheint zunächst ein *Rückgriff* auf die archetypischen *Hintergründe der naturwissenschaftlichen Begriffe* notwendig zu sein." ([14], S. 177)

Dass Bohr Pauli auf diesem Wege nicht folgen konnte, wird klar aus folgendem Kommentar Paulis zu seinem Aufsatz «Hintergrundsphysik», im Brief vom 3. November 1948 an Fierz: „Bohr verwendet den Begriff des Unbewussten nie; dieser Begriff liegt ihm so ferne, dass er seine Bedeutung nie erfasst hat. ... Zusammenfassend betrachte ich also den Standpunkt meines Aufsatzes als wesentliche Modifikation und Ergänzung von Bohr's Analogien betreffend Physik–Psychologie, die sich ergibt durch *Akzeptieren des Begriffes des «Unbewussten»*, wie er von modernen Psychologien Jungscher u. auch anderer Richtung verwendet wird." ([12], S. 74)

5. Die Zahl 137

Das oben erwähnte Problem der Komplementarität zwischen Feld und Probekörper war ein zentrales Anliegen in Paulis rationalem Leben. Schon in seiner dritten Publikation, die der 19jährige Pauli vom Sommerfeldschen Institut in München aus einreichte, schreibt er: „Wir operieren in Weyls Theorie fortwährend mit der Feldstärke im Innern des Elektrons. Für den Physiker ist diese aber nur als die Kraft auf einen Probekörper definiert, und da es keine kleineren Probekörper gibt als das Elektron selbst, scheint der Begriff der elektrischen Feldstärke in einem mathematischen Punkte eine leere, inhaltslose Fiktion zu sein. Man möchte doch gern daran festhalten, in der Physik nur prinzipiell beobachtbare Grössen einzuführen. Sollten wir überhaupt mit den Kontinuumstheorien für das Feld im Innern des Elektrons auf einer falschen Fährte sein?" ([18], S.749)

Es ist eindrücklich zu sehen, dass Pauli, ungeachtet der im «Taufbecher-Brief» erwähnten „grösseren geistigen Wandlungen", an der rein positivistischen Aussage des 19jährigen Zeit seines Lebens festgehalten hat. Man ist versucht, diesen Positivismus, der ja auch der Formulierung der Quantenmechanik zugrunde lag, bei Pauli dem Einfluss seines Taufpaten Ernst Mach zuzuschreiben. Dies ist jedoch nur beschränkt wahr, wie der folgende Passus aus dem «Taufbecher-Brief» zeigt: „Es ist ja auch gar nichts gegen diese Etiketten für die Vorstellungen und die entsprechende Definition der Physik einzuwenden, zumal sie auch im besten Einklang ist mit der idealistischen Philosophie Schopenhauers, der bewusst «Vorstellung» und «Objekt» synonym verwendet. Es kommt aber alles darauf an, *wie man dann weitergeht.*" ([14], S.106) Dies ist durchaus im Einklang mit der Ansicht des 22jährigen: „Ich habe mir Ihre Einwände gegen den Positivismus dabei nochmals überlegt und kann sie *nicht mehr* als stichhaltig anerkennen. Ich halte jetzt den Positivismus für eine vollkommen einwandfreie und widerspruchsfreie Weltansicht. Natürlich ist es aber nicht die einzig mögliche." [11]

Die Atomistik der elektrischen Ladung, die schon der 19jährige anspricht, hatte für Pauli nicht nur eine rationale physikalische, sondern auch eine irrationale magisch-symbolische Bedeutung in der Form von Sommerfelds Feinstrukturkonstanten $\alpha \approx 1/137$. Immer wieder wies er darauf hin, dass die Erklärung dieses numerischen Wertes der eigentliche Prüfstein einer Feldtheorie sei. Die erste Erwähnung dieses Problems findet sich in der Arbeit von Pauli und Weisskopf von 1934, wo wir lesen: „Ein weiterer Fortschritt ... dürfte daher wohl erst durch ein theoretisches Verständnis des numerischen Wertes der Sommerfeld'schen Feinstrukturkonstanten zu erwarten sein." ([27], S.713) Fast mit denselben Worten drückt er sich 22 Jahre später aus in den 1956 geschriebenen *Supplementary Notes* zur englischen Übersetzung des berühmten Übersichtsartikels zur Relativitätstheorie, den er mit 20 Jahren verfasst hatte: „ ... it should be remembered that the

---

[11] Postkarte Paulis an Moritz Schlick, den Gründer des «Wiener Kreises» ([15], S.55) vom 21. August 1922. Zitiert nach [15], S.692.

atomicity of electric charge had already found its expression in the specific numerical value of the fine structure constant, a theoretical understanding of which is still missing today." ([24], S. 225)

Seinen Lehrer Arnold Sommerfeld, nach dem diese Zahl α benannt ist, verehrte Pauli sehr. Zu dessen 80. Geburtstag (5. Dezember 1948) [19] schrieb er: „Dieser über viele Länder diesseits und jenseits des Atlantik verbreitete Schülerkreis, zu dem auch ich mich dankbar zählen darf, sorgt dafür, dass die geistige Tradition, die Sommerfeld uns vermittelt hat, an die akademische Jugend und damit an die Nachwelt weitergegeben wird. Diese Tradition geht auf Sommerfelds Lehrer Felix Klein und damit auch auf Riemann zurück." ([26], S. 39) Riemann aber hat mit seiner zeta-Funktion die tiefschürfendste Analyse der Verteilung der Primzahlen geleistet [1], und 137 ist die 33. Primzahl.

Sommerfeld war es auch, der Keplers Ellipsen im Atom wieder aufleben liess und der das Rydbergsche Gesetz der Periodenlängen im System der chemischen Elemente, welches durch Paulis Ausschliessungsprinzip die Erklärung fand, «kabbalistisch» bezeichnet hatte.[12] Kabbala, die doktrinäre jüdische Tradition, aber entspricht in Hebräisch von rechts nach links und ohne Vokale geschrieben *HLBQ*. Da ferner jedem hebräischen Buchstaben eine Zahl zugeordnet ist und speziell $Q = 100, B = 2, L = 30, H = 5$ bedeutet, hat Kabbala wiederum den Wert 137. [4] Als ich Pauli nach seiner plötzlichen Erkrankung am 8. Dezember 1958 im Rotkreuzspital in Zürich besuchte, fragte er mich sichtlich beunruhigt: „Haben Sie die Zimmernummer gesehen?" (ich hatte sie nicht beachtet) „137!". Dort starb er am 15. Dezember 1958.[13]

Danksagung

Ich danke Frau Dr. Marie-Louise von Franz und dem Pauli-Komitee, CERN, Genf, für die Erlaubnis, Zitate aus der *Klavierstunde* [17] verwenden zu dürfen.

Literaturhinweise

[1] E. Bombieri: *Prime territory. Exploring the infinite landscape at the base of the number system.* The Sciences (New York) **Sept./Okt. 1992**, 30–36 (1992).

[2] C. P. Enz: *Private Mitteilung von Franca Pauli an C. P. Enz.*

[3] C. P. Enz: *W. Pauli's scientific work.* In: *The Physicist's Conception of Nature.* Ed. by J. Mehra. Dordrecht. Reidel. 1973. S. 766–799.

---

[12] *Rydberg and the periodic system of the elements* [22]. Nachdruck in [26], S. 45.
[13] Vergleiche [5], S. 110; [3], S. 791–792; [4], S. 251.

[4] C. P. Enz: *Wolfgang Pauli, physicist and philosopher.* In: *Symposium on the Foundations of Modern Physics. 50 Years of the Einstein-Podolsky-Rosen Gedankenexperiment.* Ed. by P. Lahti and P. Mittelstaedt. Singapore. World Scientific. 1985. S. 241–255.

[5] C. P. Enz: *Paulis Schaffen der letzten Lebensjahre.* In: *Wolfgang Pauli. Das Gewissen der Physik.* Hg. von C. P. Enz und K. v. Meyenn. Braunschweig. Vieweg. 1988. S. 105–114.

[6] C. P. Enz: *Quantum theory in the light of modern experiments.* In: *Advances in Scientific Philosophy.* Ed. by G. Schurz and G. J. W. Dorn. Amsterdam. Rodopi. 1991. S. 191–201.

[7] C. P. Enz: *Wolfgang Pauli between quantum reality and the royal path of dreams.* In: *Symposia on the Foundations of Modern Physics 1992. The Copenhagen Interpretation and Wolfgang Pauli.* Ed. by K. V. Laurikainen and C. Montonen. Singapore. World Scientific. 1993. S. 195–205.

[8] C. P. Enz und K. v. Meyenn (Hg.): *Wolfgang Pauli. Das Gewissen der Physik.* Braunschweig. Vieweg. 1988.

[9] H. v. Erkelens: *Wolfgang Pauli and the spirit of matter.* In: *Symposium on the Foundations of Modern Physics 1990. Quantum Theory of Measurement and Related Philosophical Problems.* Ed. by P. Lahti and P. Mittelstaedt. Singapore. World Scientific. 1991. S. 425–439.

[10] M. Fierz: *Naturwissenschaft und Geschichte. Vorträge und Aufsätze.* Basel. Birkhäuser. 1988.

[11] K. V. Laurikainen: *Wolfgang Pauli and the Copenhagen philosophy.* In: *Symposium on the Foundations of Modern Physics. 50 Years of the Einstein-Podolsky-Rosen Gedankenexperiment.* Ed. by P. Lahti and P. Mittelstaedt. Singapore. World Scientific. 1985. S. 273–287.

[12] K. V. Laurikainen: *Beyond the Atom. The Philosophical Thought of Wolfgang Pauli.* Berlin. Springer. 1988.

[13] J. Mehra and H. Rechenberg: *The Historical Development of Quantum Theory. Vol.1, Part 2.* New York. Springer. 1982.

[14] C. A. Meier (Hg.): *Wolfgang Pauli und C. G. Jung. Ein Briefwechsel 1932–1958.* Berlin. Springer. 1992.

[15] K. v. Meyenn (Hg.): *Wolfgang Pauli. Wissenschaftlicher Briefwechsel, Band II: 1930–1939.* Berlin. Springer. 1985.

[16] W. Pauli: *Brief vom 27. Januar 1957 an Victor Weisskopf.* Publiziert in: *Collected Scientific Papers by Wolfgang Pauli.* Edited by R. Kronig and V. F. Weisskopf. New York. Interscience. Vol. 1, pp. xiii–xvi.

[17] W. Pauli: *Die Klavierstunde. Eine aktive Phantasie über das Unbewusste. Frl. Dr. Marie-Louise v. Franz in Freundschaft gewidmet.* 1953. Ein bisher unpubliziertes Dokument. Erstpublikation in diesem Band. Das Originalmanuskript befindet sich in den *Wissenschaftshistorischen Sammlungen der ETH-Bibliothek, Zürich,* Hs 176.

[18] W. Pauli: *Merkurperihelbewegung und Strahlenablenkung in Weyls Gravitationstheorie.* Verhandlungen der Deutschen Physikalischen Gesellschaft **21**, 742–750 (1919).

[19] W. Pauli: *Sommerfelds Beiträge zu Quantentheorie.* Naturwissenschaften **35**, 129–132 (1948).

[20] W. Pauli: *Der Einfluss archetypischer Vorstellungen auf die Bildung naturwissenschaftlicher Theorien bei Kepler.* In: *Naturerklärung und Psyche.* Hg. von C. G. Jung und W. Pauli. Zürich. Rascher. 1952. S. 109–194. Reprinted in: Collected Scientific Papers by Wolfgang Pauli. Edited by R. Kronig and V. F. Weisskopf. New York. Interscience. 1964. Vol. 1, S. 1023–1114.

[21] W. Pauli: *Naturwissenschaftliche und erkenntnistheoretische Aspekte der Ideen vom Unbewussten.* Dialectica **8**, 283–301 (1954).

[22] W. Pauli: *Rydberg and the periodic system of the elements.* Proceedings of the Rydberg Centennial Conference on Atomic Spectroscopy (Lund 1954), 22–26 (1955).

[23] W. Pauli: *Phänomen und physikalische Realität.* Dialectica **11**, 36–48 (1957).

[24] W. Pauli: *Theory of Relativity. Translated from the German by G. Field. With Supplementary Notes by the Author.* London. Pergamon Press. 1958.

[25] W. Pauli: *Zur älteren und neueren Geschichte des Neutrinos.* In: *Wolfgang Pauli. Aufsätze und Vorträge über Physik und Erkenntnistheorie.* Hg. von W. Westphal. Braunschweig. Vieweg. 1961. S. 156–180.

[26] W. Pauli: *Physik und Erkenntnistheorie.* Mit einleitenden Bemerkungen von Karl von Meyenn. Braunschweig. Vieweg. 1984.

[27] W. Pauli und V. Weisskopf: *Über die Quantisierung der skalaren relativistischen Wellengleichung.* Helvetica Physica Acta **7**, 709–731 (1934).

[28] F. Smutný: *Ernst Mach and Professor Wolfgang Pauli's ancestors in Prague. With a preamble by C. P. Enz.* Gesnerus **46**, 183–194 (1989).

[29] E. I. Valko: *Professor Wolfgang Pauli zum achtzigsten Geburtstag.* Österreichische Chemiker-Zeitung **50**, 183–184 (1949).

Die Physik und die Persönlichkeit von Wolfgang Pauli

Herbert Pietschmann

1. Einleitung

Als ich im Frühjahr 1968 an die Universität Wien zurückberufen wurde, war eine meiner ersten «offiziellen» Handlungen die Teilnahme an einer Feier zur Enthüllung einer Gedenktafel. Anläßlich des 50-jährigen Jubiläums des Maturajahrganges 1918 wurde am Döblinger Gymnasium eine Ehrentafel angebracht, die darauf hinweist, daß in dieser Klasse zwei künftige Nobelpreisträger gemeinsam die Schulbank drückten. Im Jahre 1939 erhielt R. Kuhn (damals Professor in Heidelberg) den Nobelpreis für Chemie des Jahres 1938 „für seine Arbeiten über Carotinoide und Vitamine"; im Jahre 1945 erhielt Wolfgang Pauli (damals Professor in Zürich) den Nobelpreis für Physik „für die Entdeckung des Pauli-Prinzips".

Schon im Jahr nach der Matura (1919) veröffentlichte Wolfgang Pauli seine erste wissenschaftliche Arbeit „über die Energiekomponenten des Gravitationsfeldes" in der angesehenen *Zeitschrift für Physik;* zwei weitere Arbeiten folgten im selben Jahr. Und bereits drei Jahre nach der Matura (1921) wurde Wolfgang Pauli eingeladen, einen Artikel über Relativitätstheorie in der *Encyklopädie der Mathematischen Wissenschaften* zu verfassen. Das Erstaunen der Fachkollegen über die Breite und Tiefe dieses Artikels war groß; bis heute ist er lesenswert und eine gute Einführung in die Relativitätstheorie geblieben. Albert Einstein schrieb am 30. Dezember 1921 an Max Born: „Pauli ist ein feiner Kerl mit seinen 21 Jahren; er kann auf seinen Encyklopädie-Artikel stolz sein". Und im Jahr darauf lobte er das Werk mit den Worten:

„Wer dieses reife und groß angelegte Werk studiert, möchte nicht glauben, daß der Verfasser ein Mann von einundzwanzig Jahren ist. Man weiß nicht, was man am meisten bewundern soll, das psychologische Verständnis für die Ideenentwicklung, die Sicherheit der mathematischen Deduktion, den tiefen physikalischen Blick, das Vermögen übersichtlicher mathematischer Darstellung, die Literaturkenntnis, die sachliche Vollständigkeit, die Sicherheit der Kritik. ... *Paulis* Bearbeitung sollte jeder zu Rate ziehen, der auf dem Gebiete der Relativität schöpferisch arbeitet, ebenso jeder, der sich in prinzipiellen Fragen authentisch orientieren will." [1]

Fred Hoyle [7] erinnert sich, daß ursprünglich Sommerfeld oder Einstein selbst für diesen Artikel vorgesehen waren, daß beide aber abgelehnt hatten. Sommerfeld schlug daraufhin dem Direktor des Hamburger Observatoriums den jungen Wolfgang Pauli als Autor vor. Der Astronom Walter Baade, damals junger Assistent in Hamburg, sollte Pauli vom Bahnhof in Hamburg abholen, hätte ihn aber beinahe verfehlt, weil er sich unter dem Halbwüchsigen in kurzen Hosen nun wirklich nicht den künftigen Autor eines Handbuchartikels über Relativitätstheorie vorstellen konnte. Aus dieser ersten Begegnung zwischen Pauli und Baade entwickelte sich aber eine tiefe Freundschaft, die später noch von Bedeutung werden sollte.

Ehe wir uns nun den wichtigsten physikalischen Leistungen Wolfgang Paulis und seiner Bedeutung für die Entwicklung physikalischer Ideen im allgemeinen zuwenden, sollte noch eingangs erwähnt werden, daß Wolfgang Pauli sich in seinem – allzu kurzen – Leben eine Kritikalität und Unabhängigkeit des Denkens zu eigen machte, die von seinen Kollegen einerseits gefürchtet, andererseits aber geschätzt und bewundert worden ist. Er wurde daher oft als «das Gewissen der Physik» bezeichnet, und unter diesem Titel ist ein sehr lesenswerter und lehrreicher Band mit Erinnerungen, Briefen, Originalarbeiten und Kommentaren zu Wolfgang Paulis Leben und Werk erschienen. [4]

In einem Nachruf für Wolfgang Pauli schrieb der schwedische theoretische Physiker Oskar Klein:

„Er war allmählich zu einer Art Institution geworden, der man seine Einfälle vorlegte, ohne ausweichende Höflichkeit befürchten zu müssen. Es geschah wohl, daß er mit seiner Kritik den einen oder anderen jungen, schüchternen Physiker zum Verlassen einer unfertigen aber fruchtbaren Idee bewog. Aber selbst wollte er keineswegs als unfehlbare Autorität betrachtet werden, sondern nur seine Freiheit bewahren, das zu meinen, was er meinte, und es zu sagen. ... Auch wenn Paulis Unabhängigkeit und Ehrlichkeit manchmal etwas gewaltsamen Ausdruck annahm – nicht gerade geeignet als Beispiel für bewundernde Schüler – so trugen dieselben Eigenschaften zu dem Gefühl von Sicherheit bei, das er seinen Freunden einflößte." [1]

2. Paulis wichtigste Beiträge zur Physik

Es ist wohl ganz unmöglich, hier auf sämtliche Beiträge Wolfgang Paulis zur Entwicklung der Physik auch nur annähernd einzugehen. Immerhin umfaßt sein Arbeitenverzeichnis über 170 Eintragungen! Ich möchte daher drei Bereiche auswählen, mit denen Paulis Name für immer verbunden bleiben wird und die auch über

---

[1] O. Klein, *Wolfgang Pauli* [8]. Zitiert nach der deutschen Übersetzung in: C. P. Enz und K. v. Meyenn, *Wolfgang Pauli. Das Gewissen der Physik* [4], S.49.

den engeren Fachkreis hinaus verständlich gemacht werden können und Bedeutung erlangt haben.

2.1 Der Spin

Als erstes seien die *Paulischen Spin-Matrizen* erwähnt. Jeder Student, jede Studentin, die sich nur ganz wenig unter die Oberfläche der Physik einarbeiten, werden sie kennenlernen und ihnen immer wieder begegnen. Da die Paulischen Spin-Matrizen neben ihrer Bedeutung für die theoretische Physik auch eine gewisse Ästhetik für den Betrachter aufweisen, möchte ich sie zunächst hier aufzeichnen:

$$\sigma_x = \begin{pmatrix} 0 & 1 \\ 1 & 0 \end{pmatrix}, \quad \sigma_y = \begin{pmatrix} 0 & -i \\ i & 0 \end{pmatrix}, \quad \sigma_x = \begin{pmatrix} 1 & 0 \\ 0 & -1 \end{pmatrix}.$$

Pauli hat sie in einer Arbeit *Zur Quantenmechanik des magnetischen Elektrons* im Jahre 1927 in der Zeitschrift für Physik veröffentlicht. [10]

Um die Bedeutung der Paulischen Spin-Matrizen verständlich zu machen, muß ich zuerst erklären, daß der Physiker die verwirrende Vielfalt des Geschehens in der materiellen Welt dadurch zu ordnen versucht, daß er sich besonders einfache Vorgänge auswählt und diese mathematisch beschreibt. So kennen wir zwar seit dem Beginn der neuzeitlichen Physik die Fallgesetze, diese gelten aber (wegen des Luftwiderstandes auch das nur näherungsweise) nur für den Fall schwerer und kleiner Gegenstände, also etwa Steinen oder Metallkügelchen. Wir können auch heute mit den größten Computern etwa den Fall eines Blattes noch nicht vorherberechnen.

Ein typisches Beispiel, das in allen Grundvorlesungen der Physik immer wieder herangezogen wird, ist etwa der Stoß von zwei Billardkugeln auf einem Billard-Tisch. Um das Ergebnis eines solchen Stoßes bei gegebenen Anfangsbedingungen berechnen zu können, fragt der Physiker zunächst nach dem, was trotz der Veränderung beim Vorgang erhalten bleibt, nach den sogenannten Erhaltungsgrößen. Viele werden sich erinnern können, in der Schule wenigstens etwas vom Satz von der Erhaltung der Energie gehört zu haben. In einem abgeschlossenen System kann Energie verwandelt, aber weder vermehrt noch verringert werden. Das gleiche gilt für den Impuls, der für eine einzelne Billardkugel im Gegensatz zur Energie nicht nur vom Betrag ihrer Geschwindigkeit, sondern auch von deren Richtung abhängt. Eine dritte, vielleicht weniger bekannte Erhaltungsgröße ist der sogenannte Drehimpuls. Dieser Erhaltungssatz beschreibt unter anderem die Tatsache, daß eine Eistänzerin bei einer Pirouette ihre Rotationsgeschwindigkeit erhöht, wenn sie die Arme anzieht und wieder erniedrigt, wenn sie die Arme ausstreckt.

Nun stellen die Physiker fest, daß im Mikrokosmos der Erhaltungssatz des Drehimpulses nur dann aufrecht bleibt, wenn man Elektronen einen «Eigendrehimpuls» (eben den oben genannten «Spin») von ganz bestimmter Größe zuschreibt. Wir dürfen uns die Elektronen aber nicht so wie rotierende Billardkugeln vorstellen, da im Mikrokosmos das Teilchenbild allein versagt und wir immer in zwei einander ausschließenden Bildern zugleich denken müssen, im sogenannten

Teilchen- und im sogenannten Wellenbild. Das Elektron kann also durchaus auch als ein «ausgeschmiertes» Objekt betrachtet werden, das z.B. das ganze Volumen eines Atomkügelchens erfüllt. Ein derartiges ausgeschmiertes Elektron kann aber nicht rotieren, weil das der Rotation des ganzen Atomes gleichkäme. Der Spin ist also in dieser Hinsicht zugleich aufzufassen als abstrakte Eigenschaft mit der Dimension des Drehimpulses und als Eigenrotation eines Teilchens. Wem es gelingt, diese beiden Vorstellungen miteinander zu vereinen, dem sei gesagt, daß er sicher irgendeinen Fehler gemacht hat, weil eine Vereinigung in einem vorstellbaren Bild ganz einfach nicht möglich ist. Wolfgang Pauli selbst hat einmal einem Kollegen, der ein einfaches Modell vorgeschlagen hat und darauf auch noch stolz war, entgegnet: „Einfach ist es schon, aber auch falsch!".[2]

Gerade aber weil es unmöglich ist, im Mikrokosmos mechanistische Modellvorstellungen aufrechtzuerhalten, erlangt die mathematische Beschreibung besondere Bedeutung, und wenn sie so einfach und für den einigermaßen Geschulten auch einleuchtend ist wie im Falle der Paulischen Spin-Matrizen, so hat dies für die weitere Entwicklung der Physik ganz besondere Bedeutung.

2.2 Zur Interpretation der Quantenmechanik

Wenn ich soeben versucht habe, etwas Unvorstellbares zu beschreiben (daß Objekte im Mikrokosmos zugleich diskret und kontinuierlich, zugleich Wellen und Teilchen sein können), so habe ich mich dabei auf ein Glatteis begeben, das selbst die bedeutendsten Physiker zu Fall gebracht hat. Was wäre die moderne Quantenmechanik ohne einen Max Planck, einen Albert Einstein, einen Max von Laue, einen Louis de Broglie oder einen Erwin Schrödinger? Dennoch hat keiner von ihnen, die doch jeweils einen unverzichtbaren Schritt zur Entwicklung der modernen Physik beigetragen haben, die heutige Interpretation wirklich akzeptiert. Der Dualismus im Denken der Physik war für viele zu ungewohnt, zu erschreckend. So berichtet Wolfgang Pauli, daß Albert Einstein besorgt war, „dass durch eine Theorie vom Typus der Quantenmechanik der objektive Charakter der Physik verloren gehen könnte, indem durch deren weitere Fassung der Objektivität einer Naturerklärung der Unterschied der physikalischen Wirklichkeit von Traum oder Halluzination verschwommen werden könnte." [2] Pauli erzählt auch von einem Gespräch mit Albert Einstein, in dem ihm dieser einen sarkastischen Blick zuwarf und sagte: „Physik ist doch die Beschreibung des Wirklichen, oder soll ich vielleicht sagen, Physik ist die Beschreibung dessen, was man sich bloß einbildet?" [2]

Wolfgang Pauli hat meines Erachtens nach die klarste und vorurteilsloseste Beschreibung der Quantenmechanik gegeben. Ich sehe einen Grund darin, daß Pauli dem dialektischen Denken – wie überhaupt philosophischen Gedankengängen – persönliches Interesse entgegenbrachte. So sagte er etwa zur Quantenmechanik:

---

[2] Zitiert nach V. F. Weisskopf [20], S. 88.

„Hat der physikalische Beobachter einmal seine Versuchsanordnung gewählt, so hat er keinen Einfluß mehr auf das Resultat der Messung, das objektiv registriert, allgemein zugänglich vorliegt. Subjektive Eigenschaften des Beobachters oder sein psychischer Zustand gehen in die Naturgesetze der Quantenmechanik ebensowenig ein wie in die der klassischen Physik."[3]

Pauli hatte aber auch Verständnis für die Befürchtungen seiner Kollegen. In einem Band über die Philosophen des 20. Jahrhunderts schrieb er über *Albert Einstein als Philosoph und Naturforscher* [11]. Darin heißt es:

„Jede neue Naturerscheinung, die mit dem bisher anerkannten Theoriensystem noch unvereinbar ist, stellt ihren Entdecker vor die Frage, welche der bekannten, zur Naturbeschreibung verwendeten Prinzipien hinreichende Allgemeinheit besitzen, um die neue Situation zu erklären, und welche derselben abzuändern oder aufzugeben sind. Die Haltung verschiedener Physiker zu Problemen dieser Art, welche hohe Anforderungen an die Intuition und den Takt eines Wissenschaftlers stellen, hängt wesentlich vom persönlichen Temperament des betreffenden Forschers ab."[4]

In demselben Artikel legt er seine persönliche Einstellung ganz deutlich klar:

„Der Verfasser [Wolfgang Pauli] gehört zu den Physikern, welche glauben, daß die neue, der Quantenmechanik zugrundeliegende erkenntnistheoretische Situation befriedigend ist, und zwar sowohl vom Standpunkt der Physik, als auch von dem weiteren Standpunkt der menschlichen Erkenntnis im allgemeinen. Ich bedaure es, daß *Einstein* über diese Sachlage anderer Meinung ist, um so mehr, als dieser neue Aspekt der Naturbeschreibung, im Gegensatz zu den der klassischen Physik zugrundeliegenden Ideen, die Hoffnung auf eine zukünftige Entwicklung verschiedener wissenschaftlicher Teildisziplinen in Richtung auf eine größere Einheit des Ganzen erweckt."[5]

Und er sagt von der Quantenmechanik:

„Die Phänomene haben somit in der Atomphysik eine neue Eigenschaft der *Ganzheit*, indem sie sich nicht in Teilphänomene zerlegen lassen, ohne das ganze Phänomen dabei wesentlich zu ändern." [12]

Nach diesem wissenschaftstheoretischen Exkurs in Wolfgang Paulis Gedankenwelt wollen wir uns aber wiederum seinen physikalischen Beiträgen widmen und sehen, zu welchen Erkenntnissen ihn die Beschäftigung mit dem Spin noch geführt hat.

---

[3] W. Pauli: *Naturwissenschaftliche und erkenntnistheoretische Aspekte der Ideen vom Unbewussten* [12], S. 286.

[4] Zitiert nach der deutschen Übersetzung in: W. Pauli, *Aufsätze und Vorträge über Physik und Erkenntnistheorie* [15], S. 54.

[5] Zitiert nach der deutschen Übersetzung in: W. Pauli, *Aufsätze und Vorträge über Physik und Erkenntnistheorie* [15], S. 61.

2.3 Das Ausschließungsprinzip von Pauli

Es ist eine der fundamentalsten physikalischen Gesetzmäßigkeiten, daß jedes System, wenn es alleine gelassen wird, unter Abgabe von Energie den tiefstmöglichen Energiezustand anstrebt. So wird etwa eine Kugel, die in einer Schüssel rollt, nach einiger Zeit den tiefsten Punkt der Schüssel einnehmen und dort in Ruhe liegenbleiben. Ein Pendel wird nach einiger Zeit am tiefsten Punkt zur Ruhe kommen usw.

Wenn wir diese Erkenntnisse auf den Bau der Materie anwenden, dann kommen wir jedoch zu überraschenden Einsichten. Das einfachste Atom – das Wasserstoffatom – besteht aus einem Proton im Kern und einem Elektron in der Atomhülle. Dieses Elektron wird, so wie oben bei den mechanischen Systemen, nach ganz kurzer Zeit den tiefstmöglichen Energiezustand – den sogenannten «Grundzustand» – aufsuchen.

Das nächstkomplizierte Atom ist das Heliumatom, im Kern ein Alphateilchen (zwei Protonen, zwei Neutronen) und in der Hülle zwei Elektronen. Auch diese beiden Elektronen werden nach sehr kurzer Zeit den tiefstmöglichen Energiezustand einnehmen. Wenn wir jedoch zum nächsten Atom – dem Lithiumatom – gehen, dann ist dies nicht mehr der Fall! Das Lithiumatom hat drei Elektronen in der Hülle und nur zwei von ihnen begeben sich in den Grundzustand, das dritte bleibt im nächsten darüberliegenden Zustand sitzen und kann nicht weiter nach unten. Dasselbe wiederholt sich bei jedem ungeraden Atom, je zwei Elektronen können in einen Zustand, das nächste ungerade muß mit dem darüberliegenden vorliebnehmen.

Einerseits kommt nur durch diese klassisch völlig unverständliche Tatsache der Aufbau der Atomhülle und damit die gesamte Chemie zustande, andererseits wird hier ganz offensichtlich eines der fundamentalsten Prinzipien der klassischen Physik verletzt.

Wolfgang Pauli stellte zunächst fest, daß die beiden Elektronen im gleichen Energiezustand sich immer durch die Richtung ihres Spins unterscheiden und formulierte dann das nach ihm benannte *Ausschließungsprinzip*: es ist unmöglich, daß zwei Elektronen in allen ihren Quantenzahlen (meßbaren Eigenschaften) übereinstimmen. Ich habe schon erwähnt, daß ihm im Jahre 1945 dafür der Nobelpreis für Physik verliehen worden ist.

Es mag zunächst scheinen, als ob damit nur eine phänomenologisch zu beobachtende Tatsache etwas subtiler formuliert worden sei. Bis zu einem gewissen Grad ist dies auch richtig, jedoch ermöglichte diese Formulierung ein Weiterforschen, und Wolfgang Pauli stellte sehr bald die mathematischen Ursachen fest: die prinzipielle Ununterscheidbarkeit von Elektronen (die subatomaren Bausteine der Materie tragen weder Namen noch sonst irgendwelche individuellen Eigenschaften!) erfordert es, daß dies auch in der mathematischen Beschreibung berücksichtigt wird; in der Fachsprache heißt dies, daß die Wellenfunktion mehrerer Teilchen symmetrisiert werden muß. Nun konnte Wolfgang Pauli unter nur ganz wenigen Voraussetzungen mathematisch zeigen, daß alle Teilchen mit halbzahligem Spin eine antisymmetrisierte Beschreibung erfordern und daher dem Ausschließungsprinzip gehorchen müssen.

Die Arbeiten von Wolfgang Pauli zum sogenannten «Zusammenhang zwischen Spin und Statistik» gehören bis heute zu den Fundamenten der mathematischen Physik. Hören wir noch, was Pauli in seinem Nobelvortrag über die Entdeckung des Ausschließungsprinzips sagte:

„Die Geschichte der Entdeckung des Ausschließungsprinzips ... reicht bis in meine Studentenjahre in München zurück. Nachdem ich mir schon als Schüler in Wien einiges Wissen in der klassischen Physik und von *Einsteins* damals neuer Relativitätstheorie erworben hatte, geschah es an der Universität München, daß ich durch *Sommerfeld* in den – vom Standpunkt der klassischen Physik aus etwas sonderbaren – Bau des Atoms eingeführt wurde. Mir wurde der Schock nicht erspart, den jeder Physiker, an die klassische Denkweise gewohnt, erhielt, als er zuerst Bohrs «Grundpostulat der Quantentheorie» kennen lernte. Es gab damals zwei Wege, auf denen man sich den schwierigen, mit dem Wirkungsquantum verknüpften Problemen nähern konnte. Der eine bestand in dem Bemühen, eine abstrakte Ordnung in die neuen Gedanken zu bringen ... In diese Richtung zielte *Bohrs* Korrespondenzprinzip. *Sommerfeld* dagegen zog angesichts der Schwierigkeiten ... eine Deutung der Spektralgesetze mit Hilfe ganzer Zahlen vor, indem er, wie einst *Kepler* bei seiner Untersuchung des Planetensystems, einem inneren Gefühl für Harmonie folgte. Beide Methoden, die mir nicht unversöhnlich zu sein schienen, beeinflußten mich".[6]

2.4 Die Neutrinohypothese

Es gibt Kollegen, die meinen, Pauli hätte den Nobelpreis für seine Neutrinohypothese erhalten; tatsächlich ist es wohl die spektakulärste Leistung Paulis; sie ist rein physikalischer Natur und birgt keine mathematischen Schwierigkeiten in sich. Da der Nobelpreis aber nur für veröffentlichte Arbeiten vergeben wird, hätte Pauli für seine Neutrinohypothese diesen Preis gar nicht bekommen können, denn er hat sie nicht veröffentlicht. In jenem berühmten Brief an einen Kongreß über Radioaktivität in Tübingen, den Pauli am 4. Dezember 1930 schrieb, heißt es:

„Ich traue mich vorläufig aber nicht, etwas über diese Idee zu publizieren, und wende mich erst vertrauensvoll an Euch, liebe Radioaktive, mit der Frage, wie es um den experimentellen Nachweis ... stände ... ."[7]

Victor Weisskopf [20] erinnert sich an seine Assistentenzeit bei Wolfgang Pauli. Als er seinem Meister über einen – mittlerweile berühmt gewordenen – Fehler in

---

[6] Zitiert nach der deutschen Übersetzung von Paulis Nobelvortrag *Exclusion principle and quantum mechanics* (Stockholm, 13. Dezember 1946) in: W. Pauli, *Aufsätze und Vorträge über Physik und Erkenntnistheorie* [15], S. 129.

[7] Brief vom 4. Dezember 1930 an Lise Meitner u. a. (Brief Nr. 259 in [9] S. 39–40)

einer Publikation ganz gebrochen berichten mußte, antwortete dieser: „Ach, nein, nein, das ist ja gar nicht so schlimm. Viele Leute haben falsche Papers publiziert. Ich nicht!" Ganz offensichtlich war Pauli auch bei seiner Neutrinohypothese besonders vorsichtig und hat sie daher nicht veröffentlicht.

Bevor wir jedoch auf diese Begleitumstände eingehen, muß ich doch zu erklären versuchen, worum es sich dabei handelt. Vor der Jahrhundertwende war der radioaktive Zerfall einzelner Atomkerne entdeckt worden und am Beginn des Jahrhunderts unterschied Rutherford α-Zerfall und β-Zerfall. Während eine Beschreibung des α-Zerfalls mittels der klassischen Erhaltungssätze keine Schwierigkeiten machte, stellte sich beim β-Zerfall immer ein Energiedefizit heraus. Es schien, als ob dieser wichtigste und fundamentalste Satz der Physik, der Energiesatz, hier verletzt sein könnte. Tatsächlich neigten einige bekannte Physiker zu dieser Ansicht, unter ihnen Niels Bohr, aber auch Werner Heisenberg. [17] Zunächst meinte Pauli, daß die fehlende Energie auf bekannte Weise von γ-Strahlen abtransportiert werden müsse. Am 18. Februar 1929 schrieb er an Oskar Klein: „Ich selbst bin ziemlich sicher (Heisenberg nicht so unbedingt), daß γ-Strahlen die Ursache des kontinuierlichen Spektrums sein müssen..."[8] Erst als im Dezember desselben Jahres durch Lise Meitner und Wilhelm Orthmann nachgewiesen wurde, daß dies nicht die Erklärung sein könne, sah sich Pauli genötigt, ein neues Teilchen vorzuschlagen. Da es sich um ein ungeladenes Teilchen handelte, nannte er es «Neutron», weil das heute so bezeichnete Teilchen noch nicht entdeckt worden war. Nach der Entdeckung des heutigen Neutrons taufte Fermi das Paulische Teilchen dann auf «Neutrino» um.

Seine waghalsigen Vorstellungen gab Pauli der physikalischen Öffentlichkeit in jenem schon zitierten Brief vom 4. Dezember bekannt. Darin heißt es:

„Liebe radioaktive Damen und Herren, wie der Überbringer dieser Zeilen, den ich huldvollst anzuhören bitte, Ihnen des näheren auseinandersetzen wird, bin ich ... auf einen verzweifelten Ausweg verfallen, um den «Wechselsatz» der Statistik und den Energiesatz zu retten. Nämlich die Möglichkeit, es könnten elektrisch neutrale Teilchen, die ich Neutronen nennen will, in dem Kern existieren, welche den Spin $\frac{1}{2}$ haben und das Ausschließungsprinzip befolgen ... Das kontinuierliche β-Spektrum wäre dann verständlich unter der Annahme, daß beim β-Zerfall mit dem Elektron jeweils noch ein Neutron emittiert wird, derart, daß die Summe der Energien von Neutron und Elektron konstant ist. ... Ich gebe zu, daß mein Ausweg vielleicht von vornherein wenig wahrscheinlich erscheinen mag ... Aber nur wer wagt, gewinnt ... Also, liebe Radioaktive, prüfet und richtet. – Leider kann ich nicht persönlich in Tübingen erscheinen, da ich infolge eines in der Nacht vom 6. zum 7. Dezember in Zürich stattfindenden Balles hier unabkömmlich bin. Mit vielen Grüßen ... Euer untertänigster Diener W. Pauli."

---

[8] Brief vom 18. Februar 1929 an Oscar Klein (Brief Nr. 216 in [6], S. 490).

Wie sehr gewissenhaft und kritisch Pauli seinen eigenen Gedankengängen und Hypothesen gegenüberstand, sehen wir noch deutlicher aus den schon zitierten Erinnerungen von Fred Hoyle. [7] Der schon erwähnte Freund Walter Baade war damals bei Pauli und dieser sagte ihm: „Heute habe ich etwas Schreckliches getan, etwas, was kein theoretischer Physiker jemals tun sollte. Ich habe etwas vorgeschlagen, was nie experimentell verifiziert werden kann." Der Astronom Walter Baade teilte Paulis Skrupel nicht und die beiden wetten sofort um einen Champagner (Paulis Lieblingsgetränk), daß das Neutrino eines Tages doch beobachtet werden würde. Als dies Reines und Cowan tatsächlich gelang, schickte Pauli auch wirklich eine Flasche Champagner an den Kongreß, in dem die Entdeckung des Neutrinos berichtet worden war. Fred Hoyle hat davon getrunken, Fred Reines hat mir allerdings mit einiger Verärgerung berichtet, daß er von dieser Wette nichts wußte und daß die Theoretiker den Champagner alleine ausgetrunken hätten.

3. Paulis Kritikalität

Am Beispiel der Neutrinohypothese haben wir gesehen, wie sehr selbstkritisch Pauli seinen eigenen Überlegungen und Hypothesen gegenüberstand. Er nahm daher das Recht für sich in Anspruch, dieselbe Schärfe der Kritik auch seinen Kollegen gegenüber an den Tag zu legen. Dabei scheute er – mit der einzigen Ausnahme seines Lehrer Arnold Sommerfeld – vor niemandem zurück. So schrieb er am 19. Dezember 1929 an Albert Einstein, der sich – wie übrigens sehr viele theoretische Physiker – in seinen späteren Jahren mit mathematischen Spitzfindigkeiten herumgeschlagen hatte:

„Es bleibt ... nur übrig, Ihnen dazu zu gratulieren (oder soll ich lieber sagen: zu kondolieren?), daß Sie zu den reinen Mathematikern übergegangen sind. Ich bin auch nicht so naiv als daß ich glauben würde, Sie würden aufgrund irgendeiner Kritik durch Andere Ihre Meinung ändern." [9]

Aber selbst an Arnold Sommerfeld, seinem ehemaligen Lehrer, dem er gewöhnlich mit dem Respekt des Schülers gegenübertrat, übte er Kritik, wenn er dies für notwendig fand. Sommerfeld hatte eine Idee Paulis veröffentlicht, ohne ihn dabei zu zitieren. Darauf schrieb ihm Pauli im November 1924:

„Sollte ich einmal zu faul sein, eine Sache selbst zu publizieren oder dies aus irgendwelchen sachlichen Bedenken nicht gerne tun wollen, wollte ich es aber dennoch ganz gerne sehen, wenn diese Sache allgemein bekannt wird, so werde ich es Ihnen brieflich mitteilen. Sie werden sie dann bestimmt in irgendeiner Form früher oder später publizieren. (Natürlich werde ich Sie

---

[9] Brief vom 19. Dezember 1929 an Albert Einstein (Brief Nr. 216 in [6], S. 527).

nicht ausdrücklich darum ersuchen, sonst würden Sie es aus pädagogischen Gründen ablehnen)."[10]

Pauli wußte um die notwendige Einstellung eines Forschers: er muß zugleich offen und kritisch sein. In dieser dialektischen Situation ist es unvermeidlich, manchmal in der einen oder anderen Richtung abzugleiten. Pauli versuchte den Fehler, zu wenig kritisch zu sein, ängstlich zu vermeiden und war daher manchmal zu wenig offen. Das klassische Beispiel dafür ist die Paritätsverletzung beim β-Zerfall (bei den «schwachen Wechselwirkungen»). Man hatte bis in die Mitte der Fünfzigerjahre ohne weitere Hinterfragungen ganz selbstverständlich angenommen, daß jeder mögliche Naturvorgang, wenn man ihn im Spiegel betrachtet, wieder ein möglicher Naturvorgang sein müsse. Nun wurde aber Mitte der Fünfzigerjahre von T. D. Lee und C. N. Yang zur Erklärung einiger sonderbarer Phänomene bei den sogenannten «schwachen Wechselwirkungen» vorgeschlagen, daß das von Pauli vorhergesagte Neutrino in der Natur nur mit einem möglichen Spinzustand auftritt, nämlich mit dem Spin antiparallel zur Bewegungsrichtung. Wenn wir uns symbolisch dies als eine linkshändige Spirale vorstellen, dann würde daraus im Spiegel eine rechtshändige Spirale, also ein Spin parallel zur Bewegungsrichtung, den es in der Natur nicht geben sollte.

Pauli fand diese Idee einfach absurd. Er schrieb am ??. Dezember 1956 an Schafroth:

„Ich bin allerdings bereit zu wetten, daß das Experiment ... zugunsten der Spiegelinvarianz ausfallen wird. Denn – trotz Yang und Lee – glaube ich nicht, daß Gott ein «schwacher Linkshänder» ist. Damit will ich sagen, daß ich keine logische Verbindung zwischen der Stärke einer Wechselwirkung und ihrer links-rechts-Invarianz sehen kann."[11]

Als die Experimente dann jedoch eindeutig zugunsten der Vorhersage von Lee und Yang ausgingen, wurde der Paulische Ausspruch „Gott ist ein schwacher Linkshänder" ebenso berühmt wie Einsteins Ausspruch vom Gott, der nicht würfelt. Pauli selbst meinte dazu nur, er sei froh, die Wette doch nicht abgeschlossen zu haben, denn er könne es sich zwar leisten, etwas von seiner Reputation zu verlieren, nicht jedoch von seinem Geld.

In seinen späteren Jahren ist es Pauli doch noch einmal passiert, daß er zu offen und zu wenig kritisch war; er entwickelte eine zeitlang gemeinsam mit Werner Heisenberg die nichtlineare Spinor-Theorie. Als ihm dieser «Lapsus» bewußt wurde, wandte er sich umso schärfer – ja manchmal sogar ätzend – gegen diesen Vorschlag. Ganz deutlich wird dies aus der Diskussion nach dem Vortrag von Werner Heisenberg bei der *Annual International Conference on High Energy Physics*, die letzte derartige Weltkonferenz, an der Pauli teilnehmen konnte. Sie fand Anfang

---

[10] Brief an Arnold Sommerfeld (Brief Nr. 70 in [6], S. 173).
[11] Zitiert nach C. P. Enz and K. v. Meyenn *Wolfgang Pauli. Das Gewissen der Physik* [4], S. 484.

Juli 1958 am CERN in Genf statt. Einige bedeutende Theoretiker beteiligten sich an der Diskussion, in regelmäßigen Abständen machte Pauli Einwürfe, zunächst vorsichtig kritisch, dann aber immer schärfer. Sie seien hier ohne weiteren Kommentar einfach zusammengestellt [5] :

„Regarding the papers of Heisenberg and collaborators on the spinor models ... I reached the conclusion that they are mathematically objectionable."

„I do not think we will reach an agreement on this point. There are many other points to discuss in Heisenberg's paper."

„I completely disagree with the answer of Heisenberg. I think this is not only unnatural but this is mathematically impossible. ... This I discussed already in April and I wonder that you again repeat it all."

„The point is that the additivity of charges is different from the additivity of other operators, so that the answer was again completely false ... I think this was disproved in April."

Und als Heisenberg am Ende der Diskussion meinte: „I propose to postpone the discussion for half a year and then we will know more about it", schloß Pauli die Diskussion mit den Worten: „Well, I think that it is superfluous. I think that in half a year the answer would be the same as ... just now."

4. Die Pauli-Anekdoten

Es gibt wohl kaum einen Physiker, um dessen Persönlichkeit sich so zahlreiche Anekdoten ranken wie um Wolfgang Pauli. Es scheint mir jedoch nicht sinnvoll, auch nur einige dieser Anekdoten hier schriftlich wiederzugeben; denn ganz wesentlich für sie ist ja, daß sie alle auf einem wahren Kern beruhen. Daher wäre im Sinne Paulis die Arbeit eines Historikers notwendig, um diesen wahren Kern aus der phantasievollen Ausschmückung herauszuschälen, was aber der Sache nicht gerecht werden könnte. Ich möchte daher auf den Vortrag von Valentin Telegdi an der Universität Wien vom 16. November 1983 verweisen [4] und mich in dieser schriftlichen Version meines Vortrages auf ein Beispiel beschränken: Das sogenannte «zweite Paulische Ausschließungsprinzip».

Nach seiner Nobelpreisarbeit wurde dieses Prinzip scherzhaft so formuliert: „Es ist unmöglich, daß sich Professor Wolfgang Pauli und ein funktionierendes Gerät im gleichen Raum befinden."

Zeitzeugen versichern uns immer wieder, daß es dieses «Prinzip» tatsächlich und wirklich gab! So sollen Geräte schon mit Unregelmäßigkeiten begonnen haben, wenn Pauli nur in die Nähe kam. Pauli selbst nahm diese offensichtliche Tatsache humorvoll und gelassen zur Kenntnis. So schrieb er am 26. Februar 1950 an Meier: „Hier hat sich ereignet, daß das ganze Cyclotron der Princeton University vollständig abgebrannt ist (die Ursache der Entstehung des Brandes ist nicht bekannt). Ist es ein «Pauli-Effekt» ?"[12]

Und noch eine Gruppe von Anekdoten möchte ich erwähnen, weil sie eigentlich schon mehr sind als bloße Anekdoten und Aufschluß über Paulis Verhältnis zur Mystik geben können. Es handelt sich um die «heilige Zahl der Physik» 137. Zunächst die nüchternen Tatsachen: Es gibt in der Natur einige Konstanten, die wir ohne weitere Erklärung zur Kenntnis nehmen müssen. Dazu gehört die Lichtgeschwindigkeit und das Plancksche Wirkungsquantum. Es sind Naturkonstanten, die unabhängig vom Beobachter immer den gleichen Wert haben. Allerdings ist der numerische Wert, also die Zahlenangabe, abhängig von den verwendeten Einheiten. So ist die Lichtgeschwindigkeit natürlich verschieden, wenn wir sie in Meilen pro Stunde statt in Kilometer pro Sekunde angeben wollen. Dasselbe gilt für das Plancksche Wirkungsquantum.

Eine ähnliche Bedeutung hat die elektrische Elementarladung, allerdings kann ihr Quadrat in Einheiten des Produktes von Lichtgeschwindigkeit und Planckschem Wirkungsquantum dimensionslos angegeben werden, das heißt, daß dabei eine Zahl auftritt, die unabhängig von den verwendeten Einheiten (Kilometer oder Meilen, Sekunden oder Tage, Kilogramm oder Unzen) immer denselben Wert hat: ziemlich genau 1/137. Es handelt sich also sozusagen um eine von der Natur vorgegebene reine Zahl. Für Pauli hatte diese Zahl eine besondere Anziehungskraft, insbesondere seit er von Gershom Scholem, einem jüdischen Mystiker und Meister der Kabbala, der jüdischen Zahlenmystik, lernte, daß das Wort Kabbala gerade der Zahl 137 entspricht. Ich möchte hier ohne weitere Bemerkungen nur den «Zufall» erwähnen, daß Wolfgang Pauli im Dezember 1958 im Zimmer 137 des Züricher Rotkreuz-Spitals gestorben ist.

5. Die philosophischen Ansichten von Wolfgang Pauli

Wie jeder Physiker, der irgendeine Beziehung zur Wiener Tradition hat, wußte Pauli um den historischen Streit zwischen Boltzmann und Mach. Es wird heute manchmal behauptet, die Geschichte hätte gezeigt, daß Boltzmann in diesem Streit recht und Mach eben unrecht gehabt hätte. Ich glaube, daß dies eine viel zu grobe Vereinfachung darstellt. Wie meistens in den Fällen, in denen bedeutende Geister miteinander ringen, liegt die Wahrheit auf beiden Seiten.

Wolfgang Pauli war schon deshalb vor jeder Einseitigkeit gefeit, weil Ernst Mach sein Taufpate war. Er schrieb darüber in einem Brief vom 31. März 1953:

„Er [Mach] war wohl eine stärkere Persönlichkeit als der katholische Geistliche, und das Resultat scheint zu sein, daß ich auf diese Weise antimetaphysisch statt katholisch getauft bin. ... trotz meiner größeren geistigen

---

[12] Zitiert nach V. L. Telegdi [18], S. 115.

Wandlungen in späterer Zeit bleibt sie [die Visitenkarte Machs] doch eine Etikette, die ich selber trage, nämlich: von *antimetaphysischer Herkunft.*"[13]

Ich habe schon erwähnt, daß ich Wolfgang Pauli auch auf philosophischem Gebiet für einen der schärfsten Denker halte, der die Physik des 20. Jahrhunderts mitgeprägt hat. Da er keine Scheu oder gar Ängste vor dialektischer Philosophie hatte, fand er auch – wie schon zitiert – den erkenntnistheoretischen Zustand der Quantentheorie für befriedigend. Ich möchte hier aus Paulis philosophischen Ansätzen jene auswählen, denen ich selbst Anregungen in meinen philosophischen Überlegungen verdanke. An erster Stelle ist dabei die Unterscheidung von Wirklichkeit und Realität zu nennen, die mittlerweile am Philosophischen Institut der Universität Wien zu einer eigenen Denkrichtung ausgearbeitet wird. [16, 19]

In der Einleitung zu einem Symposium anläßlich des Internationalen Philosophenkongresses in Zürich 1954 sagte Wolfgang Pauli:

„Unsere Vorstellungen verlaufen nicht willkürlich, sondern erscheinen in einer gewissen Ordnung. Es ist der Zusammenhang der Bewußtseinsinhalte, der uns erlaubt, Träumen von Wachen zu unterscheiden und unwillkürlich äußere Objekte, sowie auch das Bewußtsein der Mitmenschen als existierend zu erleben. Das, was wir antreffen, was sich unserer Willkür entzieht, womit wir rechnen müssen, ist das, was man als wirklich bezeichnet. Die europäischen Sprachen haben zwei verschieden abgeleitete Worte hierfür, das eine, lateinische: Realität von res = Sache, das andere, deutsche: Wirklichkeit, von wirken. Im Englischen ist beides vertreten als reality und actuality. Der abstraktere, von Wirken abgeleitete Begriff, ist derjenige, der dem in der Wissenschaft gebrauchten nähersteht. Wenn wir nun zu formulieren versuchen, was das physikalische Phänomen und was die physikalische Wirklichkeit ist, so gehen die Meinungen bereits auseinander." [14]

Pauli geht dann auf die physikalische Wirklichkeit genauer ein und betont die Reproduzierbarkeit als Kriterium dieser „besonderen Wirklichkeit". Und dann wendet er sich deutlich – trotz seiner antimetaphysischen Einstellung – gegen jeden falschen Reduktionismus. Er sagt:

„Ich behaupte nicht, daß das Reproduzierbare an und für sich wichtiger sei als das Einmalige, aber ich behaupte, daß das wesentlich Einmalige sich der Behandlung durch naturwissenschaftliche Methoden entzieht. Zweck und Ziel dieser Methoden ist ja, Naturgesetze zu finden und zu prüfen, worauf die Aufmerksamkeit des Forschers allein gerichtet ist und gerichtet bleiben muß." [14]

Auch hier spiegelt sich Paulis dialektische Haltung – zugleich kritisch und offen – wider! Der Physiker hat sich in seiner naturwissenschaftlichen Tätigkeit streng auf das Reproduzierbare zu beschränken, ohne deshalb die Bedeutung des Nichtrepro-

---

[13] Zitiert nach C. P. Enz, *Wolfgang Pauli, Physiker und Denker des 20. Jahrhunderts* [3], S. 4.

duzierbaren schmälern zu wollen. Daß physikalische Theorien nicht direkte Abbildungen irgendeiner «gegebenen Realität» sind, betont Pauli dann mit den Worten:
> „Ich hoffe, daß niemand mehr der Meinung ist, daß Theorien durch zwingende logische Schlüsse aus Protokollbüchern abgeleitet werden, eine Ansicht, die in meinen Studentagen noch sehr in Mode war. Theorien kommen zustande durch ein vom empirischen Material inspiriertes *Verstehen*, welches am besten im Anschluß an Plato als zur Deckung kommen von inneren Bildern mit äußeren Objekten und ihrem Verhalten zu deuten ist." [14]

Daß Pauli im Zusammenhang mit der Quantenmechanik von einer „neuen Art von Ganzheit" sprach, habe ich schon erwähnt. Er nahm durch sein persönliches Vorbild viel von den Problemen vorweg, die heute ganz deutlich vor unser aller Augen stehen: er war in seinem eigenen Forschungsgebiet strenger Spezialist und trotzdem imstande, weite Bögen über das gesamte menschliche Wissen zu spannen. Er war kritisch bis zur Unleidlichkeit, wenn es um das Ausarbeiten spezifischer Aspekte der Wissenschaft ging, und trotzdem offen für alle empirischen Ansätze inklusive der Parapsychologie. [12, 13]

Pauli versuchte, die Komplementarität (ich würde auch sagen die Dialektik) außerhalb der Quantenmechanik zum Tragen zu bringen. In seinem Vortrag *Die Wissenschaft und das abendländische Denken* [13] sagte er:
> „Ich glaube, daß es das Schicksal des Abendlandes ist, diese beiden Grundhaltungen, die kritisch rationale, verstehen wollende auf der einen Seite und die mystisch irrationale, das erlösende Einheitserlebnis suchende auf der anderen Seite, immer wieder in Verbindung miteinander zu bringen. In der Seele des Menschen werden immer *beide* Haltungen wohnen und die eine wird stets die andere als Keim ihres Gegenteils schon in sich tragen. Dadurch entsteht eine Art dialektischer Prozeß, von dem wir nicht wissen, wohin er uns führt. Ich glaube, als Abendländer müssen wir uns diesem Prozeß anvertrauen und das Gegensatzpaar als komplementär anerkennen ..."

Für meine eigene Persönlichkeitsentwicklung als Vorbilder betrachte ich in menschlicher Hinsicht meine beiden Lehrer Hans Thirring und Erwin Schrödinger; in bezug auf die Philosophie aber ganz bestimmt Wolfgang Pauli, den persönlich kennenzulernen mir leider durch seinen frühen Tod versagt geblieben ist.

Literaturhinweise

[1] A. Einstein: *Besprechung von «Pauli, W., jun, Relativitätstheorie»*. Naturwissenschaften **10**, 184–185 (1922).

[2] A. Einstein: *Albert Einstein in der Entwicklung der Physik*. Neue Zürcher Zeitung vom 12. Januar (1958). Abgedruckt in: W. Pauli, *Aufsätze und Vorträge über Physik und Erkenntnistheorie* [15].

[3] C. P. Enz: *Wolfgang Pauli, Physiker und Denker des 20. Jahrhunderts.* In: *Wolfgang Pauli. Das Gewissen der Physik.* Hg. von C. P. Enz and K. v. Meyenn. Braunschweig. Vieweg. 1988. S. 3–11.

[4] C. P. Enz and K. v. Meyenn: *Wolfgang Pauli. Das Gewissen der Physik.* Braunschweig. Vieweg. 1988.

[5] W. Heisenberg: *Research on the non-linear spinor theory with indefinite metric in Hilbert space.* In: *Proceedings of the 1958 Annual International Conference on High Enery Physics at CERN.* Ed. by B. Ferretti. 1958. S. 119–126. Reprinted in: *Werner Heisenberg, Gesammelte Werke / Collected Works.* Ed. by W. Blum, H.-P. Dürr, and H. Rechenberg. Series B. Berlin. Springer. 1984. S. 563–570.

[6] A. Hermann, K. v. Meyenn and V. F. Weisskopf (Hg.): *Wolfgang Pauli. Wissenschaftlicher Briefwechsel. Band I: 1919-1929.* New York. Springer. 1979.

[7] F. Hoyle: *Concluding remarks.* Proceedings of the Royal Society (London) **A 301,** 171 (1967).

[8] O. Klein: *Wolfgang Pauli.* Några Minnesord. Kosmos, Fysika Uppsatzer **37,** 9–12 (1959). Zitiert nach C. P. Enz und K. v. Meyenn, *Wolfgang Pauli. Das Gewissen der Physik.* 1988, S. 9–12.

[9] K. v. Meyenn (Hg.): *Wolfgang Pauli. Wissenschaftlicher Briefwechsel, Band II: 1930–1939.* Berlin. Springer. 1985.

[10] W. Pauli: *Zur Quantenmechanik des magnetischen Elektrons.* Z. Physik **43,** 601–623 (1927).

[11] W. Pauli: *Einstein's contributions to quantum theory.* In: *Albert Einstein: Philosopher–Scientist.* Ed. by P. A. Schilpp. Evanston, Illinois. Library of Living Philosophers. 1949. S. 147–160.

[12] W. Pauli: *Naturwissenschaftliche und erkenntnistheoretische Aspekte der Ideen vom Unbewussten.* Dialectica **8,** 283–301 (1954).

[13] W. Pauli: *Die Wissenschaft und das abendländische Denken.* In: *Europa – Erbe und Aufgabe. Internationaler Gelehrtenkongress, Mainz 1955.* Hg. von M. Göhring. Wiesbaden. Franz Steiner Verlag. 1956. S. 71–79.

[14] W. Pauli: *Phänomen und physikalische Realität.* Dialectica **11,** 36–48 (1957).

[15] W. Pauli: *Aufsätze und Vorträge über Physik und Erkenntnistheorie.* Braunschweig. Vieweg. 1961.

[16] H. Pietschmann: *Die Wahrheit liegt nicht in der Mitte.* Stuttgart. Ed. Weitbrecht. 1990.

[17] H. Pietschmann: *Zur Physik der Leptonen.* In: *Werner Heisenberg, Physiker und Philosoph.* Hg. von B. Geyer, H. Herwig and H. Rechenberg. Heidelberg. Spektrum Akademischer Verlag. 1993. S. 121.

[18] V. L. Telegdi: *Pauli-Anekdoten.* In: *Wolfgang Pauli. Das Gewissen der Physik.* Hg. von C. P. Enz and K. v. Meyenn. Braunschweig. Vieweg. 1988. S. 115–120.

[19] F. Wallner: *Acht Vorlesungen über den konstruktiven Realismus.* Wien. WUV-Universitätsverlag. 1990.

[20] V. F. Weisskopf: *Meine Assistentenzeit bei Pauli.* In: *Wolfgang Pauli. Das Gewissen der Physik.* Hg. von C. P. Enz and K. v. Meyenn. Braunschweig. Vieweg. 1988. S. 80–88.

Kinderszenen:
Irrationales in der Musik

Jörg Rasche

Einleitung

Der große Physiker Pauli bezweifelt die Möglichkeit, „die Welt ohne das Klavierspielen [zu] verstehen". ([10], Ziff.23) Die Dame der *Klavierstunde* erklärt: „Je nachdem wie warm es ist, muß man verschieden spielen und je nachdem man spielt, ist es mehr oder weniger warm". Später spricht Pauli von „Zahlenpatterns", die „bis ins Tier- und Pflanzenreich hinunter [reichen], vielleicht sogar noch weiter. Sie wären eben das, was angibt, «wie warm es ist ... »". ([10], Ziff.50)

Der Text von Pauli, den ich jetzt kennenlernen durfte, hat mich tief getroffen, denn es geht darin (soweit von Musik die Rede ist) genau um die Fragen, die mich seit langem umtreiben – im Spannungsfeld zwischen Musik und Psychoanalyse, Medizin und Kinderpsychiatrie. Wenn Musik eine «Sprache» ist, die im nicht-semantischen Bereich angesiedelt wäre – was ist dann das tertium comparationis, das es ermöglicht, daß so viele Menschen Musik verstehen, ohne sagen zu können, was da geschieht? Welche Muster sind es, die in einer Beethoven-Sonate wirken, und sind es die gleichen oder ähnliche, die sich z.B. in der Renaissance-Musik oder beim späten Schönberg aussprechen? Wenn wir Kompositionen auf eine strukturelle Ebene reduzieren, können wir in der Tat solche Muster finden. [13, 14, 15] Gelegentlich sind die Muster identisch mit den strukturellen Abläufen ganzer mythologischer Erzählungen, des alchimistischen Opus oder den patterns des Individuationsprozesses, wie sie Carl Gustav Jung beschrieben hat. Vielleicht liegt solchen Analogien (Homologien?) eine gemeinsame Wirklichkeit (unus mundus) zugrunde, und Musik wäre dann, wie vieles andere, Abbild der höheren Ordnung, die wir hinter den Erscheinungen suchen können. Die Fragen, die man sich als metaphysische verbietet, kehrten dann als ästhetische wieder.

Ich möchte vom «Irrationalen in der Musik» sprechen. Das Kunstwerk ist immer mehr, als sich darüber sagen läßt. Andererseits gehört paradoxerweise die Reflexion zur ästhetischen Erfahrung. Selbst die Komponisten, die musikalische Kunstwerke schaffen oder durch deren Hände sie gehen, unterliegen diesem Widerspruch: Man möchte annehmen, wenigstens die Themen, aus denen ein Musikstück konstruiert wird, seien halbwegs rational und bewußt geformt. Natürlich weiß ein Komponist genau, was er tut – aber er kann es kaum erklären, allenfalls nachträglich. Ein prominentes Beispiel ist Arnold Schönberg: Seine Schüler mußten nachträglich die thematischen Reihen, die der Komposition zugrunde liegen, herausfiltern und analysieren. Bei einer Fuge sind, wie Max Reger einmal seufzend bemerkte, das Entscheidende und Schwierige nicht die thematischen, sondern die freien Stimmen. Da habe der Komponist eine gewissermaßen furchtbare Freiheit. Oder nehmen wir den Typus der «Variation»: «Variation» ist keine Verzierung von etwas Vorhandenem, jedenfalls seit Haydn und Mozart nicht, auch nicht bei Bachs Goldberg-Variationen, sondern eher: Annäherung an etwas nicht Sagbares, annähernde Umschreibungen einer Klang-Gestalt, die wie eine Vision gesucht wird. Und auf diesem Wege «weiß» der Komponist genau, was richtig ist und was vom Ziel weg führt. Auch wenn es vielleicht heißt: Thema mit Variationen – das eigentliche Thema wird gesucht, herbeimusiziert, so gut es geht, es klingt dahinter, und oft genug ist der Weg das Ziel. Die *Kinderszenen* von Schumann [17] sind ein gutes Beispiel.

Ich möchte versuchen, Paulis *Klavierstunde* wörtlich zu nehmen. Wie kann Klavierspielen, wie kann Musik dazu beitragen, die Welt ganzheitlicher zu erklären? Es geht um den «Ring i», die gemeinsame Sprache, die Gegensätze wie irrational und rational, innen und außen oder Psyche und Physis (wieder) auf einen «Nenner» bringen könnte. Wirklich ist beides. Musik verknüpft auf spezifische Weise die beiden Seiten, und zwar (so meine These) indem sie solche Alternativen nicht akzeptiert. „I do no fors the whether of the two" (Geoffrey Chaucer [1]). Musik führt genetisch in einen Bereich zurück, in dem diese Alternativen noch nicht gelten bzw. gerade erst entstehen. Die Modi dieses Übergangs sind in musikalischen Kompositionen und ihrer Interpretation gebündelt wie in Brenngläsern, und die Kompositionen sind wie aktive Imaginationen, die auch den Hörer wieder an jene Schwelle zurückführen können.

Mein Aufsatz gliedert sich in vier Teile:
- Zunächst spreche ich über ein Beispiel von Irrationalität in der Natur, das den Musikern im späten Mittelalter zuerst aufgegangen ist, und das bis heute nicht ausgelotete Konsequenzen auch für die Naturwissenschaft hat: Das Problem der sogenannten musikalischen Temperaturen.
- Im zweiten Teil geht es um Pauli, Jung und das Problem mit dem Fühlen und der Fühlfunktion. Ich vermute, daß das damalige jungianische Denken, auch in seiner Analyse, Wolfgang Pauli nicht richtig weiterhelfen konnte. Es fehlt etwas, dem sich Pauli erst in der *Klavierstunde* genähert hat. Das Klar-Werden darüber ist mir als jungianischem Analytiker sehr wichtig, denn vieles von den theoretischen Vorstellungen der analytischen Psychologie wurde im Kontext der Jung–Pauli-Begegnung entwickelt bzw. wurde damals sozusagen festgeschrieben. Ich denke etwa an das Buch *Psychologie und Alchemie* [6]. Die Psychoanalyse von Kindern, die analytischen Spieltherapien (Sandspiel) und

---

[1] Zitiert nach P. Watzlawick et al., *Menschliche Kommunikation* [20], S. 214.

jetzt die Säuglingsbeobachtungen haben uns inzwischen vieles gezeigt, von dem Jung noch nichts wissen konnte. Das «Übergangsobjekt», der «Übergangsraum» von Donald Winnicott [22] sind für mich Meilensteine auf diesem Weg: nämlich zu sehen, wie sich beim ganz kleinen Kind die Welten von innen und außen, von Physis und Psyche herausdifferenzieren – sozusagen als „Zweiteilung und Symmetrieverminderung" [2].

- Im dritten Teil komme ich dann wieder auf die Musik zurück, wenn ich diese «Weltschöpfung» durch Mutter und Kind weiter ausführe. Der Begriff der «Affektabstimmung» (affect attunement) zwischen Mutter und Kind ist es, der die Brücke zur Musik und zum Klavierspielen schlagen soll. Die Mutter ist für mich tatsächlich das Bindeglied zwischen den Welten: «The Linking Miss».
- Zuletzt möchte ich etwas zu Robert Schumanns *Kinderszenen* (Op. 15) sagen. Ich meine, daß diese geniale Musik gerade den Bereich der frühen psychisch-physischen Differenzierung, das Drama der Entstehung von innen und außen, der Differenzierung von Mutter und Kind behandelt – «behandelt» auch im therapeutischen Sinne (vielleicht tut uns diese Musik, nach so vielen Worten, auch gut).[3]

1. Ganzheit und pythagoreisches Komma

Das Problem der musikalischen Temperaturen ist ein eindrückliches und kulturgeschichtlich folgenreiches Beispiel für Irrationales in der Musik. Es geht um das zunächst gering erscheinende Problem, ein Tasteninstrument rein zu stimmen, um dann mehrstimmig darauf zu musizieren. Während der Antike und im frühen Mittelalter gab es das Problem nicht, weil man noch nicht mehrstimmig musizierte. Es galt die alte Tonordnung, die auf Pythagoras zurückgeführt wurde. Sie ist in ihrer makellosen Schönheit und Konsequenz ein großes Kunstwerk. Alle Töne dieses Systems werden aus dem Saitenlängen-Verhältnis von Oktave und Quinte rechnerisch gewonnen, z.B. besteht die pythagoreische Terz aus zwei großen Ganztönen und entsteht aus vier Quintschichtungen:

$$c-g, g-d', d'-a', a'-e'' = \tfrac{2}{3} \times \tfrac{2}{3} \times \tfrac{2}{3} \times \tfrac{2}{3} = \tfrac{16}{81}$$

und deren Oktav-Rücktranspositionen um zwei Oktaven: $c-e = \tfrac{64}{81}$.

Alle Töne dieses Systems gehen so auf die Primzahlen 2 und 3 mit ihren Proportionen als urbildhaften Ordnungsprinzipien zurück. Das Tonsystem entspricht einem Weltbild, in dem die ganze Schöpfung nach harmonischen Prinzipien geordnet ist, einem Kosmos der ganzzahligen, rationalen Proportionen

---

[2] Pauli in einem Brief an Heisenberg. Zitiert im Nachruf auf Pauli von Werner Heisenberg [3].

[3] Denjenigen, die nur diesen Text lesen, empfehle ich, die genannten Musikstücke anzuhören, z.B. in den Aufnahmen von Glenn Gould oder Horowitz. Es ist mit Sicherheit ein Gewinn!

und der erhabenen Schönheit. In diesem System wurden die einstimmigen gregorianischen Melodien gesungen, die als musica humana die selbst nicht hörbare Sphärenmusik der musica mundana spiegeln sollten. Das pythagoreische Tonsystem eignet sich besonders gut für die Musik des frühen Mittelalters, die gekennzeichnet ist durch den frei im Raume schwingenden linearen Verlauf ihrer Melodik mit dem Vorwiegen der horizontalen Bewegungsrichtung, wie wir sie aus den einstimmigen Melodien der gregorianischen Gesänge kennen. [19] Charakteristisch sind die reinen Quinten, die großen Terzen (sog. Spannungsterzen), die großen Ganztonschritte und die engen Halbtonschritte, die stark leittönig sind.

Das Musizieren in dieser Tonordnung war gewissermaßen die praktische Seite der mittelalterlichen Philosophie. Innen und außen entsprachen sich und bewiesen sich gegenseitig. Die Katastrophe brach über dieses System herein, als man um 1400 begann, ernsthaft mehrstimmig und im vertikalen Zusammenklang zu musizieren. Die ehrwürdigen pythagoreischen Terzen ergaben scheußliche Mißklänge, und man fand heraus, daß die etwas kleinere natürliche Terz, die sich aus dem vierten natürlichen Oberton herleitet, eigentlich viel schöner klingt. Und in der Musik der *ars nova* um 1400 begann sich der abendländische Mensch, ähnlich wie gleichzeitig in anderen Bereichen der Kunst und der Wissenschaft, zu fragen, ob er womöglich der Stimme seines Gehörs mehr glauben solle als den Lehren der Kirche. Vom Ausmaß dieser Katastrophe können wir uns heute kaum mehr ein Bild machen. Auf der einen Seite lockten neue wunderbare Welten, die Natur, die Freiheit des Denkens, die Freiheit des Komponierens, auf der anderen Seite aber ging ein Riß durch die alte Welt der unumstößlichen Wahrheiten. Bis zur Renaissance hat sich dann die natürliche Terz durchgesetzt, und es begann eine wahre Terzenseligkeit – man muß diese Musik allerdings auch mit natürlich-harmonischen Terzen gespielt hören, um sie wirklich zu verstehen. Doch es war ein Sündenfall: Mit der Reinheit und Schönheit der natürlich-harmonischen Terz hatten die Menschen zugleich die Erkenntnis des Unzureichenden und Unvollkommenen der bisherigen Stimmung gewonnen. Und bald mußten sie dazu einsehen, daß sie nicht in allen anderen Tonarten modulieren konnten: Die Musik drohte eindimensional zu werden. Die Einteilung der Oktave in 12 Halbtöne geht nämlich akustisch nicht auf, wenn man reine Quinten oder natürlich-harmonische Terzen haben möchte. Eine Taste auf dem Klavier steht für beliebig viele verschiedene Töne. Wie soll man sie stimmen? Wenn man vom *c* 12 reine Quinten nacheinander aufsteigend stimmt, kommt man nicht wieder beim *c* an, sondern beim *his*. Dieser Ton aber überschreitet die Oktave um $524288/531441$, das sogenannte «pythagoreische» Komma.

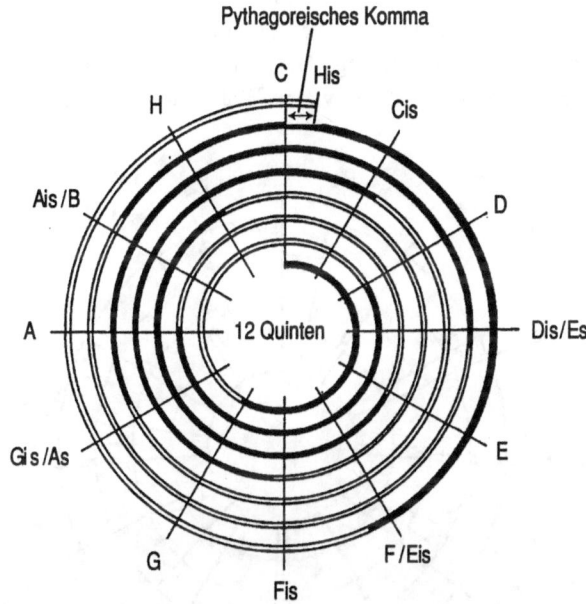

Abb.1: Das pythagoreische Komma
(Nach Hildemarie Streich, *Musikalische Temperaturen* [19], S.224)

Auch wenn man vom *c* drei reine Terzen nacheinander aufsteigend stimmt, kommt man nicht wieder beim *c* an. Der Ton ist fast einen Viertelton tiefer als die Oktave *c,* und zwar um 125/128, eine sogenannte «kleine Diesis». Ähnlich ist es mit anderen Intervallen. Diese Reste, die einen Musiker beim Stimmen seiner Orgel oder seines Cembalos zur Verzweiflung bringen können, führen zu abscheulich falschen Intervallen, die man «Wolf» genannt hat. Die Versuche, solche Wölfe in bestimmter Weise zu mässigen, zu temperieren, um in möglichst vielen Tonarten spielen zu können, nennt man «Temperaturen». Die Musiker haben jahrhundertelang experimentiert, um brauchbare Lösungen zu finden. Bei der sogenannten mitteltönigen Temperatur werden zum Beispiel alle Wölfe in einige ausgewählte Tonarten hineingesteckt, die dadurch «heulen» und nicht benutzt werden können.

Den entscheidenden Schritt zur «Befreiung» der Wolfstonarten ist der norddeutsche Organist Andreas Werckmeister gegangen. Er verteilte die Unreinheiten in genialer Weise so, daß alle Tonarten spielbar sind, aber jede ihren eigenen, unverwechselbaren psychologischen Charakter hat. Johann Sebastian Bach hat Werckmeisters Ideen mit Begeisterung aufgegriffen, seine Stimmung verbessert und durch das *Wohltemperierte Klavier* propagiert. Zwei Aspekte finde ich besonders bemerkenswert: zum einen ist es ein großangelegter Versuch, den Riß im Kosmos auszugleichen und eine neue Art Ganzheit herzustellen, gewissermaßen zur Heilung der Schöpfung Gottes beizutragen. Zum anderen beginnt mit Bachs Wohltemperiertem Klavier eine genau umschriebene individuelle Psychologie von Tonarten. Die «Wölfe» sind nicht mehr verdrängt, sondern gezähmt («temperiert»), und die neue Vielfalt und Individualität der Tonarten ermöglicht eine ganz neue Qualität von Ganzheit. Jetzt kann in jeder Tonart gespielt werden, und jede hat ihre eigene Bedeutung. Die verlorene alte, für alle verbindliche Wahrheit war jetzt aufgehoben in den vielen Wahrheiten der Individuen.

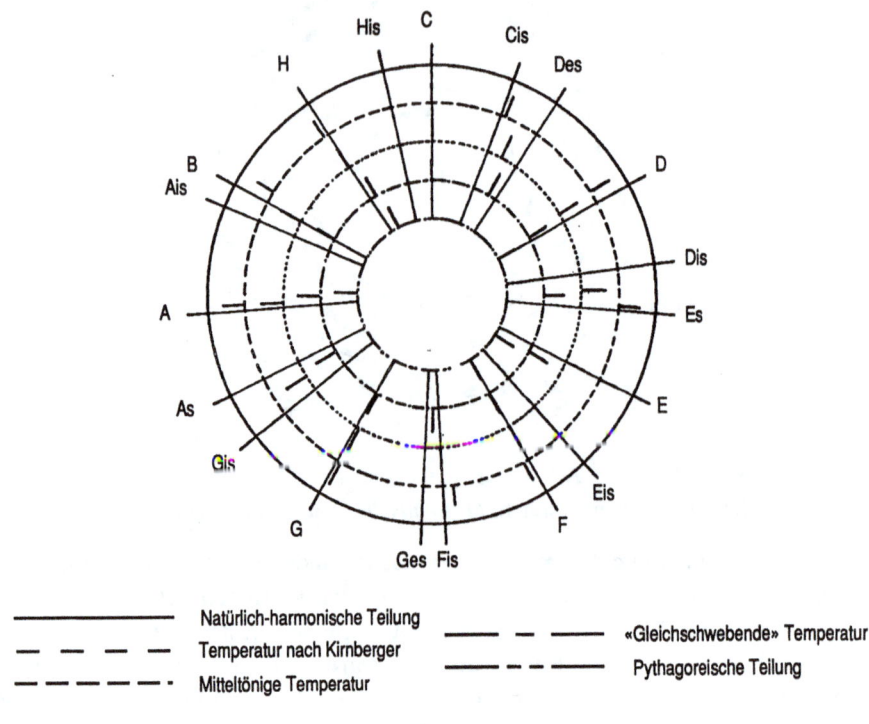

Abb. 2: Temperaturen im Kreis der Oktave
(Nach Hildemarie Streich, *Musikalische Temperaturen* [19], S. 235.)

Die geniale Erfindung Bachs hat die Musikgeschichte revolutioniert. Nun konnten unterschiedlichste Stimmungen und Gefühle musikalisch dargestellt und erlebt werden, wie es vorher oder auch bei Zeitgenossen kaum denkbar war. Die nächste Generation schon, die seiner Kinder und Schüler, eröffnete eine Welt höchst subjektiven musikalischen Ausdrucks. Auch die Sonaten-Hauptsatz-Form mit ihrem Wechsel in die Quint-Tonart (zweites Thema) ist, wie ich es sehe, durch Bach angeregt worden: Der Tonartenwechsel macht jetzt einen Sinn. Haydn, Mozart, Beethoven, Schubert haben für Instrumente komponiert, die in Bachs Sinne «wohltemperiert» sind. Wenn zum Beispiel Mozart sagte, Bach sei der „Anfang der Musik", so war das wörtlich gemeint.

Kinderszenen: Irrationales in der Musik   55

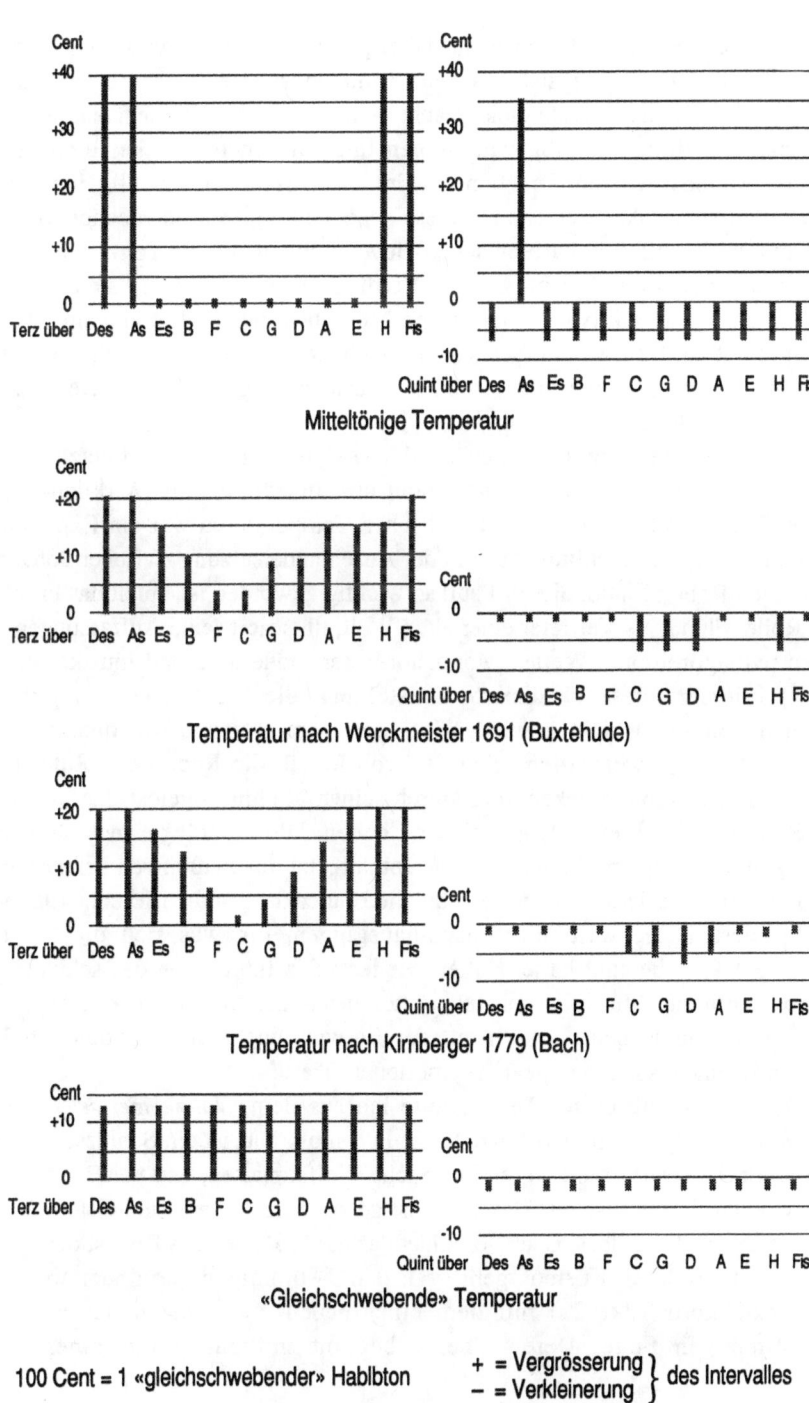

Abb. 3: Graphische Darstellung verschiedener Temperaturen
(Nach Hildemarie Streich, *Musikalische Temperaturen* [19], S.228)

Bezeichnenderweise ist man nicht dabei geblieben: In der Mitte des vergangenen Jahrhunderts begann sich eine neue Stimmungsweise durchzusetzen, bei der man alle 12 Halbtonabstände gleichmacht. Auf diese Art sind alle Tonarten gleicherweise verstimmt, es gibt keine reinen Intervalle mehr und keine charakteristischen Unterschiede der Tonarten. Im Grunde ist es fast gleichgültig, in welcher Tonart man spielt. Andererseits hat diese sogenannte gleichschwebende Temperatur mit ihrer vollen enharmonischen Beweglichkeit die 12-Ton-Musik eines Arnold Schönberg ermöglicht, was ein Verdienst wäre. Doch paßt sie auch zum nivellierten und kollektivierten modernen Menschen, dessen Individualität kaum mehr gefragt ist. Und wir müssen sagen, daß heute fast alle Musik, die vor 1850 komponiert wurde, auf falsch gestimmten Instrumenten gespielt wird. Der Verlust ist schmerzhaft für den, der darum weiß.

Die Natur enthält etwas Irrationales, das sich unserem Verstand entzieht. Die Paradigmen der alten Welt reichten nicht aus, um die erlebte Wirklichkeit zu beschreiben. Das Problem der musikalischen Temperaturen war ein Experimentierfeld für das neue Weltbild. Auch in der Auseinandersetzung zwischen Johannes Kepler und Robert Fludd, die für Pauli so wichtig geworden ist, spielt das Problem eine Rolle: Fludd, als Vertreter einer alten Welt, illustriert seine Auffassungen mit einem pythagoreischen Welten-Monochord; der modernere und musikalischere Kepler kritisiert diese idealisierte Darstellung, die verschiedene empirische Dimensionen nicht richtig wiedergibt, und bemerkt, daß die quantitativen Proportionen dort wesentlich seien, wo von Musik die Rede ist [4]. Zuletzt hat Descartes das Problem bekanntlich durch seinen «Schnitt» gelöst und versucht, den Patienten durch eine Amputation zu heilen. Die verdrängte metaphysische Frage kehrte als ästhetische wieder – sie enthält jetzt die qualitativen Erfahrungen. Bachs Wohltemperiertes Klavier brachte die Entdeckung und Differenzierung von Gefühlswerten, die weit über das hinausgingen, um was sich die barocke «Affektenlehre» bemüht hatte. Halten wir fest: Die Integration des schmerzhaft Irrationalen in der Musik hat mit Integration des Schattens zu tun («Temperieren der Wölfe»), und eben dadurch mit der Entwicklung von Individualität. Der Gewinn ist eine bis dahin ungeahnte emotionale Tiefe.

Zum Abschluß dieses Teils spielte ich aus dem *Wohltemperierten Klavier* Praeludium und Fuge Nr. 22 in b-moll. Das ist ein Schlüsselwerk. Cis-Dur/b-moll waren klassische Wolfstonarten, und vor Bach wurden sie nie gespielt. Das Stück ist gewissermaßen ein Schlußstein des neuen Gewölbes. Bach verbindet das ganze Pathos des Risses, der durch den alten Kosmos geht (vgl. den 9-stimmigen verminderten Sextakkord Takt 22) mit dem einer neuen Synthese in der 5-stimmigen Fuge. Deren Thema beginnt mottoartig mit einer

---

[4] Vergleiche dazu W. Pauli: *Der Einfluss archetypischer Vorstellungen auf die Bildung naturwissenschaftlicher Theorien bei Kepler* [11], S. 154.

pythagoreisch-reinen fallenden Quart bzw. Quint, die Fortsetzung setzt dramatisch ein im Intervall einer scharf dissonierenden None. Am Schluß bindet Bach in einer fünffachen Engführung im Abstand eines halben Takts (!) den pythagoreischen Kosmos aus Quarten und Quinten wieder zusammen. Die Tonart ist übrigens mit 5 ♭ vorgezeichnet.[5]

2. Pauli, Jung und das Gefühl

Seit Bach ist in der abendländischen Psyche (auch im Kontext ästhetischer Erfahrungen) sehr viel geschehen. Mit der Differenzierung der Psyche entwickelte sich zum Beispiel auch deren Selbst-Wahrnehmung: so die Psychologie des Unbewußten, die ein Kind der Romantik ist. Doch während die Psychologie nun ein immenses Instrumentarium entwickelte, um psychische Struktur, Dynamik, Wandlungsvorgänge oder Dominanten zu verstehen, blieb die eigentliche differenzierte Wahrnehmung von Gefühlsqualitäten fast ausschließlich im Bereich der Kunst. Die psychologisch-wissenschaftliche Beschreibung von Gefühlsqualitäten ist in den ersten, rein quantifizierenden Anfängen steckengeblieben. Es ist, als habe sich das Irrationale ins Gefühl geflüchtet – das ist vielleicht ein Grund für das ambivalente Verhältnis zwischen Künstlern und Psychoanalyse. Die Erfahrung läßt sich nicht einholen.

Nun zu Pauli. Am Anfang der *Klavierstunde* [10] von 1953 sagt er zu der Dame: „Auf diese Stunde freue ich mich sehr, Töne könnten jetzt wirklich sehr schön sein, denn ich habe einen Kummer." ([10], Ziff.4) Pauli ist auf dem Weg zu einem Gefühl. Gegen Ende heißt es: „Ich bin traurig. Denn wie so viele, sehe ich wohl von Ferne die Heimat, aber hineinziehen werde ich nicht. Und ich spielte dazu einen moll-Akkord mit vielen schwarzen Tasten" ([10], Ziff.52). Die Musik, und seien es nur die wenigen Akkorde der *Klavierstunde*, öffnet den Weg. Die *Klavierstunde* ist fast 20 Jahre nach Paulis Analyse (bei Frau Rosenbaum 1931–1934) entstanden, und Pauli wollte darüber nicht analytisch sprechen.

Ich habe mich lange gefragt, was zwischen Jung und Pauli wirklich geschehen ist, und ob Jung für Pauli ein guter Arzt gewesen ist. Er hat ihn nicht selbst in

---

[5] Dies als Gruß an Alex Müller, der über die Symbolik der 5 gesprochen hat. Vergleiche dazu den Artikel von Alex Müller in diesem Band.

Analyse genommen, sondern der sehr jungen Frau Rosenbaum weitergeschickt. Pauli war damals in einer ernsthaften persönlichen Krise. Jung korrespondierte aber mit Pauli, und schon 1935 veröffentlichte Jung eine lange Traumserie von Pauli, mit dessen Einverständnis, und versehen mit zahlreichen mythologischen und alchimistischen Amplifikationen[6]. Es ist das ein phantastisches Bilderbuch, doch kommt persönliche Erfahrung, kommen Gefühlswerte, Emotionen nicht vor. Es fehlt gerade das, was eine Psychoanalyse (auch eine Jungsche Psychoanalyse) erfolgreich machen könnte. Es sind die Träume aus Paulis Analyse bei Frau Rosenbaum, doch die analytische Dynamik zwischen Therapeut und Patient kommt an keiner Stelle zum Vorschein. Es geht Jung ausdrücklich um das «Objektiv-Psychische», das unabhängig von jedem zwischenmenschlichen Kontext am Werke sei.

Als Analytiker frage ich mich, ob man so mit den Träumen eines Patienten umgehen kann, selbst wenn dieser einverstanden ist. Pauli hatte ein Problem mit seiner Fühl-Funktion (um es jungianisch zu reduzieren), doch die Veröffentlichung betonte ganz einseitig die Welt der archetypischen Bilder und Strukturen. Sicher entsprach das einem gemeinsamen wissenschaftlichen Interesse von Pauli und Jung, doch kam der Mensch Wolfgang Pauli dabei vielleicht etwas zu kurz. 1952 veröffentlichen beide gemeinsam ein Buch über *Naturerklärung und Psyche* [7] in dem es ähnlich abstrakt und abgezogen zugeht wie in *Psychologie und Alchemie*. Jung selbst schreibt an Pauli 1953 von der „Gefahr, daß man sich in der reinen Anschauung verliert"[7]. Ich denke, daß hier eine Schwäche der damaligen analytischen Psychologie genau benannt wird: Allzu leicht schoben sich archetypische Bilder oder mystifizierende Mythologien verhüllend und ausgleichend vor schmerzhafte individuelle seelische Konflikte, denen eine wirklich analytische Durcharbeitung eher geholfen hätte. Über die Hintergründe dieses blinden Fleckes ist inzwischen viel nachgedacht worden; es hat teils mit der Abgrenzung gegenüber der Freudschen Psychoanalyse zu tun (die ihre eigenen, sozusagen komplementären blinden Flecken aufweist), es hängt aber auch mit der Persönlichkeit von Jung selbst zusammen. [2] Für mich ist er nicht so sehr ein Analytiker als ein Eidetiker. Er beschreibt liebevoll das mysterium coniunctionis und die Wandlung, doch Konflikte, Loslösung und Trennung sind nicht seine Stärke. Das einzige Gefühl, von dem öfter die Rede ist, ist die numinose Ausstrahlung der Archetypen – ich sage nicht, daß dies keine außerordentliche Erfahrung wäre. Warum bricht er in seiner *Psychologie der Übertragung* [4], die doch die Interaktion bei einer Analyse beschreibt, mittendrin ab, beim zehnten Bild mit dem archetypisch-monströsen Hermaphroditen, und vergißt die anderen zehn Bilder, die wieder herausführen und an deren Ende wieder normale Menschen erscheinen? Erst dann wäre die analytische Beziehung abgerundet und die Übertragung gelöst.

---

[6] C. G. Jung, *Psychologie und Alchemie* [6].

[7] Jung in einem Brief an Pauli vom 4. Mai 1953 (Brief Nr. 61 in [9], S. 115).

Vielleicht hat Pauli ja die gesuchten Gefühle in der Musik gefunden oder wiedergefunden. Auch die analytische Psychologie ist auf dem Stand der Dreißigerjahre nicht stehengeblieben, auch Jung hat sich nach dem Krieg sehr geändert, seine *Antwort auf Hiob* [5] von 1952 ist ein eindrucksvolles Zeichen. Wichtig erscheint mir dabei, daß die Jungsche Schule erst nach dem Krieg ernsthaft begann, Kinderanalysen zu machen und die Ergebnisse theoretisch zu verarbeiten. Schlüsselfunktionen hatten dabei Michael Fordham und Erich Neumann. Es wurde deutlich, wie sehr die Ausgestaltung der archetypischen Bilder durch die Erfahrungen mit seinen Eltern und durch die besonderen emotionalen Beziehungen geprägt sind. Und der Freudianer Donald Winnicott [22] entwickelte mit dem «Übergangsraum» (transitional space) ein Modell für die subtilen Prozesse des psychischen Austauschs zwischen Mutter und Kind. Es ist ein Bereich der gemeinsamen Phantasie und der Phantasie über einander, der von Vertrauen getragen ist und von dem letztlich auch alle kulturellen Phänomene ausgehen. Das psychoanalytische Setting versucht gewissermaßen, einen solchen Raum wieder herzustellen. Dieser Raum führt an die Anfänge der psycho-physischen Differenzierung zurück, es ist eine ursprüngliche, ganzheitliche Welt. Mutter und Säugling halten den «Ring *i*» noch gemeinsam. Im folgenden Teil möchte ich erarbeiten, wie Musik an diese Einheit erinnert und sie ausdrücken kann. Es hat wieder mit «stimmen», mit abstimmen zu tun.

An dieser Stelle spielte ich auf dem Klavier die erste der *Kinderszenen,* Opus 15, von Schumann. Gerade im Gegensatz zu Bachs Fuge führt diese Musik in eine gänzlich andere, intime Welt.

3. The Linking Miss

Wir können aus dem komplexen Gewebe, aus dem «co-ontogenetischen Tanz» [8] von Mutter und Kind hier nur einen «Schritt» herausgreifen. Zwischen dem 9. und 15. Monat lernen Säugling und Mutter, affektive Zustände miteinander zu teilen. Das geschieht von allein, instinktmäßig, wenn die äußeren Verhältnisse und die Empathie der Mutter es zulassen. Die Voraussetzung ist zunächst etwas, was man als «Inter-Subjektivität» bezeichnet: Das Kind lernt, einen Keks zu wollen, wenn die Mutter es versteht und ihm den Keks gibt. In der Zeit blickt das Kind, wenn eine ungewohnte Situation eintritt, zur Mutter hin, um sich zu vergewissern, ob es sich um etwas Beunruhigendes oder etwas Harmloses handelt. Es kommt zu einem «bedeutungsstiftenden Austausch» und einem „Sprung in die Bezogenheit". [18] Es ist der Beginn differenzierter Gefühle. Dieser Reifungsprozeß enthält auch die Phantasien der Mutter, wer das Kind ist und zu welcher Persönlichkeit es sich entwickeln könnte – in der Analyse spielt alles das wieder eine Rolle. Es kommt, wie ein neutraler Beobachter sagen würde, immer wieder zur gegenseitigen Abstimmung affektiver Zustände (affect attunement). Säugling und Mutter (oder Vater, der in dieser Zeit neue Bedeutung gewinnt) bringen gemeinsam Reihen und

Sequenzen von reziproken Verhaltensweisen hervor. Schon ab dem dritten Monat wurde das Lächeln erwidert, oder der Erwachsene machte spontan die Laute des Babys nach, fing ebenso an zu babbeln oder zu glucksen. Die Stimme beruhigte das Baby. Nun wird die Palette spontan reicher: Die Mutter übersetzt und kommentiert intuitiv zum Beispiel vokale Äußerungen mit Ausdrucksbewegungen der Hände. Mutter und Kind sind so wunderbar aufeinander abgestimmt, daß diese Erweiterung der Kommunikation gerade dann geschieht, wenn das Kind etwas damit anfangen kann.

Mit einer Videokamera lassen sich solche transmodalen Muster genau erfassen[8]:

- „Ein neun Monate altes Mädchen gerät beim Anblick eines Spielzeugs in helle Aufregung und streckt die Hand nach ihm aus. Als sie es ergreift, läßt sie ein verzücktes, stolzes «Aaaah!» vernehmen und blickt ihre Mutter an. Die Mutter erwidert den Blick, zieht die Schultern hoch und führt mit dem Oberkörper einen prächtigen Shimmy auf, wie eine Go-go-Tänzerin. Der Shimmy dauert nur etwa so lange wie das «Aaaah» des Mädchens, ist aber von der gleichen Erregung, Freude und Intensität erfüllt."
- „Ein neun Monate alter Junge haut auf ein weiches Spielzeug los, zuerst ein bißchen wütend, allmählich aber mit Vergnügen, voller Spaß und Übermut. Er entwickelt einen stetigen Rhythmus. Die Mutter fällt in diesen Rhythmus ein und sagt, «kaaaaa-bam, kaaaaa-bam», wobei das «bam» auf den Schlag fällt und das «kaaaaa» die vorbereitende Aufwärtsbewegung und das erwartungsvolle Innehalten des Arms vor dem Schlag begleitet."
- „Ein neun Monate alter Junge sitzt seiner Mutter gegenüber. Er hat eine Rassel in der Hand und schwenkt sie auf und nieder; er läßt Interesse und leichte Belustigung erkennen. Die Mutter schaut ihm zu und beginnt, genau im Takt mit den Armbewegungen des Kindes, mit dem Kopf zu nicken."

Entscheidend: Die innere Kontur, die «Gestalt» von Ausdruck und Bewegung sind die gleiche. So lernt das Kind: Ich habe «Gefühle», und diese Gefühle sind irgendwie ganz richtig (Mutter teilt sie mit mir), und die Gefühle haben mit etwas zu tun, was man als «äußere Realität» bezeichnen könnte (die Hände oder der Kopf meiner Mutter bewegen sich genauso). Es entstehen, gleichzeitig, innere und äußere Realität. Die Bewegungsmuster ermöglichen um einiges später dann das «innere Bild»[9] und die Welt der Bedeutungen – den Übergang von analogischer zu digitaler Kommunikation. [1] Die Mutter ist, so gesehen, das «missing link» der Kognitionsforschung, und tatsächlich die Lösung des psycho-physischen Problems.

Es gibt in Robert Schumanns *Kinderszenen* eine Stelle, die einen solchen Moment fast beispielhaft abbildet: das Hoppsassa am Anfang der *Curiosen Geschichte* (Nr. 2).

---

[8] D. N. Stern, *Die Lebenserfahrung des Säuglings*, [18], S. 200 ff.
[9] J. Piaget, B. Inhelder, *Die Entwicklung des inneren Bildes beim Kind* [12], S. 465ff.

Es ist, wie wenn man mit dem Tonfall spricht, nicht mit Worten. Auch wie mit Tieren: „Ja, wer kommt denn da?". Es wird hier etwas erzählt, gesungen, eine kuriose Geschichte, und sie wird mit den Händen unterstrichen. Die Bewegungen der Hände des Klavierspielers – wenn er eine gute Technik hat – malen gleich zu Anfang eine Geste, bei der sie gesenkt und dann schnell gehoben werden, wie eben bei einem überraschenden, «kuriosen» Geschehen. Und zugleich ist es die Geste des Erzählens.

Selten ist man dem Ursprung einer musikalischen Bewegung so nahe wie hier. Der rätselhafte «irrationale» Einfall des Komponisten entpuppt sich hier als geniale Übersetzung einer flüchtigen, alltäglichen Interaktion von Mutter und Kind in die Bewegungssprache der Musik. (Wer es erfahren möchte, muß sich ans Klavier setzen oder einem Klavierspieler zusehen.) Die *Kinderszenen* sind voll solcher genialer Momentaufnahmen.

Man hat in der Musikpsychologie lange nach «Urmelodien» oder Grundelementen der Musik gesucht, um die semantischen Eigenschaften besser greifen zu können. Man spricht von «Intonationen», kleinsten Melodieelementen, die zugleich elementare Bedeutungsträger sind. Ich meine, daß es sie gibt, und daß sie auf solche verbundenen Stimm- und Ausdrucksbewegungen, auf transmodale Affektabstimmungen von Mutter und Säugling zurückgehen. Schwierige Worte für die spontanste und einfachste Sache der Welt.

Für mich liegt hier der «Ring *i*». Es ist, wörtlich, eine ästhetische Erfahrung am Beginn der Erfahrung, und es ist ein Verstehen am Beginn des Verstehens. Hier entsteht der spätere Übergangsraum, in dem sich Phantasie und Kreativität entfalten, in dem Gemeinsamkeiten und Unterschiede erfahren werden können. Wenn man im Konzert die Augen schließt und die Bewegungen der Musiker ausblendet, bleiben die Bewegungen der Musik; es ist wie ein Schritt zurück vor den neunten Monat. Erinnerungsspuren, die zurückführen vor die Erinnerung ... deshalb können wir die Welt nicht erklären ohne das Klavierspielen.

4. Der Dichter spricht

Robert Schumann, damals 27 Jahre alt, muß sich intensiv in die Welt der frühen Kindheit hineinversetzt haben. Es lag in der Zeit: die Romantik brachte nicht nur die Entdeckung des Unbewußten, sondern auch die des Kindes. Maßgeblichen Anteil daran hatte der Leipziger Arzt und Künstler Carl Gustav Carus (derjenige, dem zu Ehren C.G. Jung seinen Namen Karl mit C schrieb). Seine Frau Agnes, hochgebildet und musikalisch, war es, die Robert Schumann als Kind in die Welt der Musik einführte. Schumanns Eltern und Familie Carus waren befreundet. Schumann, 1810 in Zwickau geboren, ging mit 18 Jahren nach Leipzig zum Studieren. Es geht ihm bald nicht gut, und Carus wird sein väterlicher Psychotherapeut. Er hat Teil am lebhaften, geistigen und künstlerischen Leben im Hause Carus. Bei einem Hauskonzert hört er hier ein neunjähriges Kind Klavierspielen: Es ist Clara Wieck, die Tochter eines fanatischen Klavierlehrers. Friedrich Wieck hat seine Tochter dressiert, und zwar mit einem

„Spezialapparat, mit dessen Hilfe dreijährige Mädchen konzertreif spielen lernen könnten. Er bestehe aus einem Messinggestänge, mit dem man das Kind am Piano forte fixiere, sowie zwei hölzernen Handblöcken, durch deren Löcher die Finger in einer Weise gesteckt würden, daß sie zwangsläufig akkurat spielen müßten, c, d, e, f, g, immer das gleiche, einfache 5-Ton-Motiv. Das System sei bedeutend erweiterungsfähig und habe in England, wo sein Erfinder derzeit lebe, überwältigenden Erfolg gehabt, zuerst beim Militär, dann im weiblichen Erziehungswesen ... ."[10]

Es ist das einer jener sadistischen Erziehungsapparate des 19. Jahrhunderts, wie ihn auch Freuds Patient Schreber hat kennenlernen müssen. Clara spielt wie eine lebende Drehorgel, und Schumann verliebt sich in ihre großen Augen. Er wird selber Schüler von Wieck und ist Clara nun so nahe wie möglich, doch ruiniert er selbst beim Üben eine Hand. Er ist es, der etwas Fröhlichkeit in die Jugend von Clara bringt. Schumann weiß, was ein leidendes Kind ist: Er hatte eine schwermütige ältere Schwester, die er mit Klavierspielen aufheitern wollte, und die sich in seinem zwölften Jahr das Leben genommen hatte. 1836 stirbt Schumanns Mutter, im selben Jahr wirft Wieck Robert aus dem Haus und verbietet den Kontakt mit Clara. 1837 schreibt er für Clara die *Kinderszenen*; sie sind sein wertvollstes Geschenk. Es ist, als wollte er ihr damit ein Stück Kindheit wiedergeben, das sie nie gehabt hatte. Clara ist begeistert:

„Ach, ich kann's nicht fassen! Mein Entzücken steigert sich mit jedem Male, da ich sie spiele. Wieviel liegt doch in Deinen Tönen, und so ganz versteh' ich jeden Deiner Gedanken, und möchte in Dir und Deinen Tönen untergehen ... Diese rührende Einfachheit, als z.B. das *bittende Kind*! Man sieht es, wie es bittet mit zusammengefalteten Händchen und dann Kind im Einschlummern! Schöner kann man die Augen nicht schließen. In diesem Stück liegt so etwas Eigenes, so etwas Abentheuerliches, ich suche immer die Worte ... Ich möchte Dir so gern schildern, welche Gefühle ich bei diesen Stücken hab, doch ich kann es nicht." (24. März 1839)

Suchen wir Worte, probeweise: In allen 13 Stücken ist eine melodische Urgestalt verborgen, als „quasi Thema mit Variationen". [16] Es ist eine Annähe-

---

[10] Nach E. Weissweiler, *Clara Schumann. Eine Biographie* [21], S.17ff.

rung, die Vision einer Klanggestalt. Alle *Kinderszenen* beziehen sich auf sie, es ist wie eine Klanggestalt der Mutter.

Sie ist es, die *von fernen Ländern und Menschen* erzählt,

die die Curiose Geschichte erzählt,

die das Kind bittet

oder von der es träumt, in einer langen zärtlichen Zuwendung (Reti [16] spricht von „lyrischer Verzückung"):

Immer wieder fällt auf, wie genial dabei der Affekt, die Gefühlsgestalt mit den Bewegungsmustern der spielenden Hände zusammengehen: Beim bittenden Kind (Nr.4) die „zusammengefalteten Händchen" (Mittelstimme zwischen beide Hände verteilt)

oder wie fließend der Übergang ins Semantische ist: zum Beispiel in den zweistimmigen Imitationen in Nr. 5, wenn Mutter und Kind «wieder eins» sind – und doch zwei, weil der eine gibt, der andere nimmt.

Die Abfolge der 13 Stücke hat – wir spüren es – zudem ein verborgenes Programm: In 2 Gruppen (Nr. 1–5, Nr. 6–12) geschieht jeweils Entsprechendes: eine Eintrübung, ein Konflikt, der zuletzt gelöst wird. Das erste Mal (nach der Angstlust des *Haschemann*) durch Annäherung an die Mutter (Bitte und Erfüllung), das zweite Mal durch *Einschlafen*. Es ist, bis in Einzelheiten, wie ein Protokoll von Szenen der Loslösungs- und Wiederannäherungsphasen, in denen das Kleinkind die ersten eigenen Abenteuer erlebt und immer wieder zum Auftanken zurückkehrt. Die frühen Formen der Affektabstimmung werden hier wieder wirksam. Das Abenteuer der zweiten Sequenz (Nr. 6–12) greift in seiner Dramatik weiter aus als die erste, es ist wirklich eine *wichtige Begebenheit* mit großen Folgen: Das überschwenglich liebende und geliebte Kind (*Träumerei*, Nr. 7) steigert sich so sehr in ein Hochgefühl des Selbstbewußtseins, der Autonomie hinein (*Ritter vom Steckenpferd*, Nr. 9), daß das innere Bild der Mutter fast verlorengeht – das Mutter-Motiv ist in Nr. 9 fast nicht auffindbar. Das Kind stürzt umso tiefer hinab, in Trauer, in Sehnsucht (Nr. 10). Nach der Depression die Realität: Die idealisierte Mutter zeigt ihre andere Seite (Nr. 11) – gerade dies ermöglicht die Versöhnung. Liebe und Aggression gehören zusammen. Die Erfahrung drängt nach dem Wort. Das Kind schläft ein und träumt jedenfalls, daß alles wieder gut ist.

Doch der Bruch ist geschehen. Nr. 13 (!), *Der Dichter spricht*, zieht die Summe und eröffnet ein neues Kapitel, den Erwerb der Sprache. Hier ist die Musik zu Ende – ihr wird es schmerzlich bewußt. In den Noten des Mittelteils klingt zum letzten Mal das Mutterbild auf, zugleich ist es im Werk Schumanns eindeutiges Zeichen: Es steht für *Aufschwung* (vgl. Opus 12, Nr. 2). Der Ring ist aufgebrochen, doch mit der Sprache wird ein neues Niveau erreicht.

Mit dem Aufbruch zugleich versinkt die alte Welt hinter den Spiegel, zugänglich nur noch als metaphysische oder ästhetische Erfahrung. Deshalb ist ein Kunstwerk durch keine Deutung einholbar. Deshalb auch gehört ein irrationaler Aspekt immer dazu. Das Thema des Bruchs der Ganzheit, und damit der Entfaltung von innen und außen ist ein Problem der Neuzeit. Und hier schließt sich der Bogen: Der Riß im Kosmos, das «pythagoreische Komma», ist der Bruch, der uns von der Einheit des Anfangs trennt. Und „je nachdem wie warm es [uns] ist, muß man verschieden spielen und je nachdem man spielt, ist es mehr oder weniger warm." ([10], Ziff. 23)

Danksagung

Ich danke Frau Dr. Marie-Louise von Franz und dem *Pauli-Komitee (CERN)* für die Erlaubnis, aus einem der unpublizierten Briefe von Pauli zu zitieren.

Literaturhinweise

[1] G. Bateson: *Ökologie des Geistes*. Frankfurt. Suhrkamp. 1981.

[2] H. Dieckmann: *Die Differenz zwischen dem anschaulichen und dem abstrahierenden Denken in den Psychologien von C. G. Jung und Freud*. Zeitschrift für psychosomatische Medizin. Oktober 1992: S. 287–292; Dezember 1960: S. 58–65 (1960).

[3] W. Heisenberg: *Wolfgang Paulis philosophische Auffassungen*. Naturwissenschaften **46**, 661–663 (1959).

[4] C. G. Jung: *Gesammelte Werke. Sechzehnter Band. Praxis der Psychotherapie. Beiträge zum Problem der Psychotherapie und zur Psychologie der Übertragung*. Olten. Walter-Verlag. 1958.

[5] C. G. Jung: *Gesammelte Werke. Elfter Band. Zur Psychologie westlicher und östlicher Religion*. Zürich. Rascher Verlag. 1963.

[6] C. G. Jung: *Gesammelte Werke. Zwölfter Band. Psychologie und Alchemie*. Olten. Walter-Verlag. 1972.

[7] C. G. Jung und W. Pauli: *Naturerklärung und Psyche*. Zürich. Rascher Verlag. 1952.

[8] U. Maturana und F. Varela: *Der Baum der Erkenntnis. Die biologischen Wurzeln des menschlichen Erkennens*. Bern. Scherz. 1987.

[9] C. A. Meier (Hg.): *Wolfgang Pauli und C. G. Jung. Ein Briefwechsel 1932–1958*. Berlin. Springer. 1992.

[10] W. Pauli: *Die Klavierstunde. Eine aktive Phantasie über das Unbewusste. Frl. Dr. Marie-Louise v. Franz in Freundschaft gewidmet*. 1953. Ein bisher unpubliziertes Dokument. Erstpublikation in diesem Band. Das Originalmanuskript befindet sich in den *Wissenschaftshistorischen Sammlungen der ETH-Bibliothek, Zürich*, Hs 176.

[11] W. Pauli: *Der Einfluss archetypischer Vorstellungen auf die Bildung naturwissenschaftlicher Theorien bei Kepler.* In: *Naturerklärung und Psyche.* Hg. von C. G. Jung und W. Pauli. Zürich. Rascher. 1952. S. 109–194. Reprinted in: *Collected Scientific Papers by Wolfgang Pauli.* Edited by R. Kronig and V. F. Weisskopf. New York. Interscience. 1964, Vol.1, S.1023–1114.

[12] J. Piaget und B. Inhelder: *Die Entwicklung des inneren Bildes beim Kind.* Frankfurt. Suhrkamp. 1990.

[13] J. Rasche: *Wandlungssymbole bei J. S. Bach. Materialien zu einem Orgelkonzert beim C. G. Jung-Institut Stuttgart am 13. Dezember 1985.* Nicht publiziertes Manuskript (1985).

[14] J. Rasche: *Chaos und Liebe. Die späten Klaviersonaten von Ludwig von Beethoven.* Analytische Psychologie **22**, 40–64 (1991).

[15] J. Rasche: *Das zerbrochene Gefäß – Variationen über Musik und Psyche.* In: *Treffpunkt Zukunft. Beiträge aus der Cortona-Woche.* Hg. von L. Luisi. Stuttgart. Bonn Aktuell. 1991.

[16] R. Reti: *Schumanns Kinderszenen: quasi Thema mit Variationen.* In: *Musik-Konzepte. Sonderband Robert Schumann II.* Hg. von H. K. Metzger und R. Riehn. München. Edition Text und Kritik. 1982. S.275–297.

[17] R. Schumann: *Kinderszenen Opus 15. Reprint der Erstausgabe von 1839 (mit einem Nachwort von J. Draheim).* Wiesbaden. Breitkopf. 1988.

[18] D. N. Stern: *Die Lebenserfahrung des Säuglings.* Stuttgart. Klett-Cotta. 1992.

[19] H. Streich: *Musikalische Temperaturen in psychologischer Sicht.* In: *Eranos-Jahrbuch 1977. Band 46.* Hg. von A. Portmann und R. Ritsema. Frankfurt. Insel Verlag. 1981. S. 205–248.

[20] P. Watzlawick, J. H. Beavin und D. D. Jackson: *Menschliche Kommunikation.* Bern. Huber. 1969.

[21] E. Weissweiler: *Clara Schumann. Eine Biographie.* Hamburg. Hoffmann und Campe. 1991.

[22] D. Winnicott: *Vom Spiel zur Kreativität.* Stuttgart. Klett-Cotta. 1987.

Pauli und Jungs *Antwort auf Hiob*

Herbert van Erkelens

1. Einleitung

Meine Untersuchungen über die späteren Träume von Wolfgang Pauli führten mich zu der Idee, diese mit dem Spätwerk *Antwort auf Hiob* von Carl Gustav Jung in Zusammenhang zu bringen. Ich werde mich daher auf den Mythos konzentrieren, der im Unbewussten lebendig ist und von Jung in seinem Buch *Antwort auf Hiob*[1] mit dem biblischen Gottesbild in Verbindung gebracht worden ist. Paulis Träume und seine aktive Phantasie *Die Klavierstunde* [16] könnten eine Antwort des Unbewussten auf die Gespaltenheit Gottes sein, die in der christlichen Religion als Gegensatz zwischen Christus und Teufel ans Tageslicht gekommen und in der heutigen Naturwissenschaft als kartesische Spaltung zwischen Geist und Materie institutionalisiert worden ist.

Bevor ich anhand verschiedener Brieffragmente und Träume den Weg zeige, den Wolfgang Pauli nach 1945 gegangen ist, will ich versuchen, einige Hauptgedanken aus *Antwort auf Hiob* zu formulieren. *Antwort auf Hiob* ist kein dürres, intellektuelles Theologiebuch. Es ist eine Komposition mit herrlichen Motiven, in der sich ein wahres Gottesdrama in einzelnen Akten entfaltet. Von der Schöpfung der Welt bis zu ihrer fast definitiven Vernichtung in der Offenbarung des Johannes entwickelt sich nach Jungs Imagination das Drama der Bewusstwerdung Gottes. Nachdem die christliche Theologie während fast zweitausend Jahren den Gott der Bibel als allmächtig und allwissend gelobt hat, porträtiert Jung Jahwe als allmächtig und unbewusst, das heisst unwissend. Die *Sapientia Dei*, die Weisheit Gottes, ist ein Attribut des Göttlichen, das Jahwe nicht dauernd gegenwärtig ist. Sie ist in der Bibel als ein Pneuma weiblicher Natur personifiziert, als eine weibliche Gestalt, mit der Gott sich nach Jungs Meinung erst noch verbinden muss, damit er wisse, was er tue. Als Weltschöpfer ist Jahwe tierisch-naturhaft und von seiner Allmacht besessen.

Jungs *Antwort auf Hiob* handelt von dem Mythus der Bewusstwerdung Gottes im Spiegel der Weisheit. Zentral dabei war Jungs Erfahrung des Selbst. Das Selbst ist das Gottesbild im Menschen, das uns im eigenen Inneren mit den auseinanderstrebenden Gegensätzen des Schöpfergottes konfrontiert. Im Selbst können sich

---

[1] C. G. Jung, *Antwort auf Hiob*. Gesammelte Werke, Bd. 11 [10].

diese Gegensätze aber gegenseitig ergänzen und sogar das Leben sinnvoll gestalten. So meint Jung: „Die notwendigen inneren Gegensätze im Bilde eines Schöpfergottes können in der Einheit und Ganzheit des Selbst versöhnt werden ... In der Erfahrung des Selbst wird nicht mehr, wie früher, der Gegensatz «Gott und Mensch» überbrückt, sondern der Gegensatz im Gottesbild. Das ist der Sinn des «Gottesdienstes», d.h. des Dienstes, den der Mensch Gott leisten kann, dass Licht aus der Finsternis entstehe, dass der Schöpfer Seiner Schöpfung und der Mensch seiner selbst bewusst werde." [2]

Hier ist nicht die Rede von der göttlichen Weisheit. Aber sie ist bei diesem Prozess der Gegensatzvereinigung unentbehrlich, da sie die Geburtsstätte des Selbst ist. In der Psychologie des Mannes entspricht sie der Anima, der weiblichen Seele. Rein psychologisch betrachtet ist die Anima das Bild der Frau, das jeder Mann von jeher in sich trägt. Sie personifiziert in ihm die Welt des Eros und sie sucht zu einen und zu vereinigen. In ihrem niedrigsten Aspekt symbolisiert sie rein biologische Bezogenheit auf die Frau. In ihrem höchsten Aspekt personifiziert sie die Liebe als Weisheit und tritt dann als Mittlerin zwischen dem Ich und dem Selbst auf, als Führerin nach innen. Dann vermittelt sie auch die heilsamen Symbole, die die oben erwähnte Gespaltenheit Gottes wieder überbrücken können.

Vom Standpunkt der Physik aus ist vor allem der zweite Teil von *Antwort auf Hiob* wichtig. Darin bespricht Jung eine Problematik, die ohne die Physik nicht existiert hätte, nämlich die der Kernwaffen. In Jungs Deutung ist die Atombombe ein «Geschenk» der dunklen Seite Gottes. So meint er: „*[Gott] erfüllt uns mit Gutem und mit Bösem* ... . Das bedeutet für den Menschen eine neue Verantwortlichkeit. Er kann sich jetzt nicht mehr mit seiner Kleinheit und Nichtigkeit ausreden, denn der dunkle Gott hat ihm die Atombombe und die chemischen Kampfstoffe in die Hand gedrückt und ihm damit die Macht gegeben, die apokalyptischen Zornschalen über seine Mitmenschen auszugiessen." [3]

Der letzte Teil von Jungs Buch handelt auch nicht mehr von der Problematik von Hiob, der von der zerstörerischen Seite Gottes fast zerschlagen wurde, sondern von unserer eigenen dunklen Seite. Jetzt fühlen wir uns selber allmächtig geworden und sind sogar imstande, die Schöpfung zu vernichten. Das hat der zweite Weltkrieg uns gelehrt. Im August 1945 verwandelten zwei Atombomben die japanischen Städte Hiroshima und Nagasaki in Feuer. Darauf versucht Jung eine Antwort zu formulieren, wenn er das Selbst mit dem zu Gott entrückten Knaben aus der Offenbarung des Johannes in Verbindung setzt: „Auf den Menschen kommt es nun an: ungeheure Macht der Zerstörung ist in seine Hand gegeben, und die Frage ist, ob er dem Willen, sie zu gebrauchen, widerstehen und ihn mit dem Geist der Liebe und Weisheit bändigen kann. Aus eigener Kraft allein wird er dazu kaum fähig sein. Er bedarf dazu eines «Anwaltes» im Himmel, eben

---

2 *Erinnerungen, Träume, Gedanken von C. G. Jung* [9], S. 341.
3 C. G. Jung, *Antwort auf Hiob*, Gesammelte Werke. Bd. 11 [10], Ziff. 747.

des zu Gott entrückten Knaben, welcher die «Heilung» und Ganzmachung des bisher fragmentarischen Menschen bewirkt."[4]

Von diesem Gesichtspunkt aus gesehen, sind die Träume Paulis und seine aktive Imagination *Die Klavierstunde* äusserst wertvoll. Auf das unvorstellbare Leiden, das aus der Vernichtung von Hiroshima und Nagasaki hervorgegangen ist, können die Träume Paulis keine Antwort geben. Aber es ist möglich, anhand dieser Träume eine Antwort auf die Atom- und Kernphysik, die zu solchem apokalyptischen Schrecken geführt hat, zu skizzieren. Die Physik selber ist mitbeteiligt, dass sie zu einer Geburtsstätte der dunklen Gottheit geworden ist. Es geht in der Physik um ein Wissen, das auf Naturbeherrschung gerichtet ist und über die Orientierung des Menschen im Kosmos kaum etwas Wesentliches zu sagen hat [18].

Desto bemerkenswerter ist es, in Paulis Traumwelt die erste Andeutung einer Physik anzutreffen, in der Gefühl und die Erfahrung von Sinn eine Rolle spielen. Diese ganzheitliche Physik muss in Pauli schon lebendig gewesen sein, als die Atombomben auf Japan fielen. Pauli hielt sich damals im amerikanischen Princeton auf, wo er seit Juli 1940 eine Gastprofessur am *Institute for Advanced Study* übernommen hatte. Die meisten seiner Kollegen, die ebenfalls wegen Hitler Europa verlassen hatten, waren im sogenannten «Manhattan-Projekt» beschäftigt, wo sie unter der Führung von Julius Robert Oppenheimer die Kernphysik für die Herstellung der Atombombe angewandt hatten. Die Gefahr des deutschen Nationalsozialismus hatte sie dazu motiviert, an dieser «Kriegsphysik» teilzunehmen. Auch Wolfgang Pauli war 1943 unsicher gewesen, ob er sich nicht als Gast in Amerika für das «Manhattan-Projekt» einsetzen müsse. Wie aus einem Brief[5] an Pauli vom Mai 1943 hervorgeht, war Oppenheimer aber der Meinung, dass Pauli besser in Princeton bleiben sollte, um die Grundlagenphysik lebendig zu halten.[6] Deshalb hatte Pauli 1945 keine direkte Verantwortung an der Entwicklung der Atombombe. Dennoch fühlte er sich als Physiker schuldig am Massenmord. Darüber schrieb er später an Jungs Mitarbeiterin Marie-Louise von Franz: „Wie in Österreich während des ersten Weltkrieges hatte ich in diesem Jahr [1945] in U.S.A. plötzlich das deutliche Gefühl, mich in einer «kriminellen» Atmosphäre zu befinden – und zwar damals, als jene «A-Bomben» abgeworfen wurden. ... Meine Anima wurde sehr reizbar und machte gelegentlich Zornesausbrüche, bis ich von U.S.A. (im Februar 1946) abgereist war."[7]

---

[4] C. G. Jung, *Antwort auf Hiob*. Gesammelte Werke, Bd. 11 [10], Ziff. 745.

[5] Oppenheimer in einem Brief an Pauli vom 20. Mai 1943 (Brief Nr. 671 in [13], S. 181–182).

[6] Vergleiche auch Armin Hermann, *Paulis Auffassung von der Rolle der Wissenschaft* [8], S. 14–15.

[7] Brief von Pauli an von Franz vom 17. Mai 1951, *Wissenschaftshistorische Sammlungen der ETH-Bibliothek Zürich*, Hs 176:17 [15].

Pauli kehrte also aus Princeton zurück zu seinem Lehrstuhl für theoretische Physik an der ETH in Zürich. Er hatte diesen Lehrstuhl vor dem Weltkrieg seit April 1928 besetzt, und er war wohl glücklich, dass er nach fünf Jahren der Abwesenheit in Zürich den Physikunterricht wieder aufnehmen konnte. Doch wurde er weiter von Unsicherheit geplagt, denn er spürte, dass die innere Stimme ihn aus der Physik herausführen wollte: „Wird das neue Ereignis von '45 mich nun zu einer Migration auf geistigem Gebiet veranlassen, nämlich weg von der Physik im engeren Sinne? Vielleicht ist ein solcher Schritt auch sonst schon konstelliert? ... Ich weiss, es ist eine Schicksalsfrage, die letzten Endes nicht vom Ich entschieden wird."[8]

2. Der Fremde

Nach 1945 beginnt in der Tat für Pauli eine lange innere Wanderzeit, während der er durch Traumfiguren dazu gedrängt wird, eine erweiterte Physik zu entwickeln, die die Gegensätze von Geist und Natur in sich vereinigt. Wie aus einem Traum vom März 1947 hervorgeht [17], betrachtet das Unbewusste die übliche Physik als «unverbindlich». Es geht wohl darum, eine Physik zu entwickeln, die eine seelische Verbindung mit der Natur schafft. In diesem Zusammenhang wird Pauli in seinen Träumen mit zwei männlichen Gestalten konfrontiert, die ihn auf diesem Weg weiter bringen können: einem blonden Mann, der vieles vom archetypischen Hintergrund der heutigen Physik weiss, und einem dunkelhäutigen Mann, der Zulass zur ETH verlangt, dem aber Pauli den Zutritt verweigert. In einem Traum vom November 1948 [17] verschmelzen diese beiden Gestalten miteinander: aus einem Fluss tritt eine mächtige Gestalt hervor, die das Helle und das Dunkle in sich vereint und von Pauli „der Fremde" genannt wird.[9]

In einem Brief an Emma Jung vom November 1950 kommt Pauli zum Schluss, dass diese hell–dunkle Traumfigur in Bezug auf die konventionelle Naturwissenschaft dieselbe Rolle spielt wie der Zauberer Merlin in bezug auf das Christentum. Er ist, wie Merlin, verbunden mit dem Gottesbild der Quaternität, die im Gegensatz zur christlichen Trinität auch den bösen, zerstörerischen Aspekt des Schöpfergottes umfasst. Wie aus Paulis Brief hervorgeht, benützt der Fremde diese seine Seite vor allem, um ein akademisches Wissen zu bekämpfen, das er als völlig unzulänglich betrachtet:

„Auch meine Traumgestalt ist «zweischichtig»; einerseits eine geistige Lichtgestalt von superiorem Wissen, anderseits ein chthonischer Naturgeist. Aber jenes Wissen führt ihn immer wieder in die Natur zurück, und sein

---

[8] Brief von Pauli an von Franz vom 17. Mai 1951, *Wissenschaftshistorische Sammlungen der ETH-Bibliothek Zürich*, Hs 176:17 [15].

[9] Die Auseinandersetzung mit dem Fremden wird ausführlich besprochen in van Erkelens, *Wolfgang Paulis Begegnung mit dem Geist der Materie* [4].

chthonischer Ursprung ist auch die Quelle seines Wissens, so dass sich schliesslich beides als zwei Aspekte derselben «Persönlichkeit» herausgestellt hat. Er ist der Wegbereiter der Quaternitas, die ihm stets nachfolgt. Seine Handlungen sind stets durchschlagend, seine Worte abschliessend, wenn auch oft unverständlich. Frauen und Kinder folgen ihm gern und er versucht öfters, sie zu belehren. Überhaupt hält er seine ganze Umgebung (besonders mich) für vollkommen unwissend und ungebildet verglichen mit ihm selbst. Die alten Schriften über Magie lehnt er nicht ab, hält sie aber nur für eine populäre Vorstufe für ungebildete Leute (z.B. für mich). Aber nun kommt erst das eigentlich Merkwürdige, nämlich die Analogie zum «Antichrist»: er ist kein Antichrist, aber er ist in gewissem Sinne ein «Antiscientist»; wobei unter «science» hier speziell die naturwissenschaftliche Betrachtungsweise zu verstehen ist, besonders diejenige, die heute in Hochschulen und Universitäten gelehrt wird. Diese letzteren empfindet er als eine Art von *Zwinguri*, nämlich als den Ort und das Symbol seiner Unterdrückung, an das er (in meinen Träumen) zuweilen auch Feuer anlegt. Wird er zu wenig beachtet, so macht er sich mit allen Mitteln bemerkbar, z.B. durch synchronistische Phänomene (die er aber «Radioaktivität» nennt) oder durch Depressionszustände oder unverständliche Affekte."[10]

Zwinguri ist die ehemalige Burganlage nördlich von Amsteg im Kanton Uri. Diese Wehranlage war ein Symbol der Herrschaft der Habsburger über die Bauern der Innerschweiz. Offenbar sind die modernen Universitäten für den Fremden ein ähnlicher Ort der Unterdrückung. Wie können wir das verstehen? Die naturwissenschaftliche Betrachtungsweise setzt eine Spaltung zwischen Geist und Materie voraus, die jede tiefere Erfahrung mit dem Unbewussten im voraus ausschliesst. Denn im Unbewussten sind Geist und Materie miteinander verbunden, und es gibt keine scharfe Subjekt–Objekt Trennung. Daher kann der Fremde sich durch Mittel bemerkbar machen, die vom Standpunkt der Wissenschaft als Magie abgelehnt werden. In der Nacht manifestiert er sich als eine Traumgestalt mit einem superioren Wissen, das heftig auf Paulis akademisches Wissen prallt. Und am Tage plagt er Pauli durch Affekte und synchronistische Phänomene. Synchronizität ist ein Begriff von Jung, mit dem dieser den schöpferischen Faktor hinter sinngemässen Koinzidenzen bezeichnet. Bei einem synchronistischen Ereignis spiegelt das äussere Geschehen unerwartet die innere Stimmung oder ein inneres Bild des Beobachters. Ein Beispiel davon, das eng mit der Person Paulis verbunden war, ist der sogenannte «Pauli-Effekt». Wenn der geniale Theoretiker ein Laboratorium betrat, konnte es passieren, dass Geräte spontan kaputt gingen. Selber fühlte er vor einem

---

[10] Pauli in einem Brief an Emma Jung vom 16. November 1950 (Brief Nr. 44 in [12], S. 53–54).

solchen Zwischenfall immer eine unangenehme Spannung, von der er nur durch den «Pauli-Effekt» wieder befreit wurde.[11]

Der Fremde überbrückt offenbar in seiner Person und seiner Wirkung die beiden Bereiche von Geist und Materie, die in der Physik als voneinander getrennt angenommen werden. Darum kann er auch als der Geist der Materie betrachtet werden, der seit dem Untergang der Alchemie im 17. und 18. Jahrhundert nicht mehr an der Universität ernst genommen wird. Er ist ein Verbannter, der in unserer rationalistischen Wissenschaft nicht akzeptiert wird. Zugleich ist er ein Gottessohn, der den Menschen aus seiner geistigen Einöde erlösen könnte, wenn dieser umgekehrt versuchen würde, ihn aus seinem Exil zu befreien. Er ist, wie Pauli in seinem Brief an Emma Jung bemerkt, erlösungsbedürftig: „Aber des «Fremden» Beziehung zur Naturwissenschaft ist letzten Endes keine destruktive, ebensowenig wie Merlins Beziehung zum Christentum: er benützt durchaus die Begriffe der heutigen Wissenschaft, sowohl der Physik (Radioaktivität, Spin) als auch der Mathematik (Primzahlen), er tut dies nur in einer unkonventionellen Weise. Insofern er letzten Endes verstanden werden will, aber in unserer heutigen Kultur noch keinen Platz gefunden hat, ist er erlösungsbedürftig wie Merlin."[12]

Dieses Motiv der Erlösung verbindet Paulis innere Erfahrungen mit *Antwort auf Hiob*. Denn Erlösung bedeutet ja die Befreiung von etwas Göttlichem aus der Unbewusstheit, d.h. ein Stück Menschwerdung Gottes. Merkwürdigerweise hegt Pauli in dieser Zeit aber eine Auffassung von Gott, die keineswegs mit diesen Erfahrungen und mit Jungs *Antwort auf Hiob* übereinstimmt und aus der Philosophie von Arthur Schopenhauer stammt.

An Stelle der biblischen Gottheit hatte Schopenhauer einen metaphysischen Willen postuliert, der als der Grund allen Geschehens zu betrachten war und kein menschenähnliches Bewusstsein hatte. Wie Pauli in einem Brief an Jung bemerkt, war Schopenhauer zu dieser Idee gekommen, da er nicht verstand, wie ein Gott, der wissentlich die Welt geschaffen hätte, nur gut sein könnte. Der Gott der Bibel musste doch mit seiner Schöpfermacht auch für das Übel in der Welt verantwortlich sein. Aus diesem Grund meint Pauli, dass Schopenhauers Wille weitgehend mit einem unbewussten Weltschöpfer identifiziert werden könne: „Ein solcher «nicht wissender Gott» bleibt unschuldig, kann nicht moralisch zur Verantwortung gezogen werden; gefühlsmässig und intellektuell entfällt dann die Schwierigkeit, ihn mit der Existenz der Sünde und des Übels in Einklang zu bringen."[13]

Pauli selber ist in diesem Punkt ganz einverstanden mit Schopenhauer. So schreibt er an Aniela Jaffé, damals Sekretärin des C. G. Jung-Institutes Zürich, im November 1950 einen langen Brief, in dem er bekennt, dass die ganze Ideologie

---

[11] Vergleiche dazu Markus Fierz, *Naturwissenschaft und Geschichte* [6], S.190.
[12] Pauli in einem Brief an Emma Jung vom 16. November 1950 (Brief Nr.44 in [12], S.54).
[13] Pauli in einem Brief an Jung vom 27. Februar 1952 (Brief Nr.55 in [12], S.77).

des jüdisch-christlichen Monotheismus für ihn unbrauchbar sei. Insbesondere lehnt Pauli dabei den von Aniela Jaffé geäusserten Gedanken ab, dass Gott seiner selbst bewusst werden könne:

„Ich bin überzeugt, dass jenseits des menschlichen Bewusstseins schlechthin *Nichts* vorhanden ist, was «seiner selbst bewusst wird». ... Die Annahme eines aussermenschlichen (göttlichen) Bewusstseins führt auf die absurdesten Scheinprobleme von Gut u. Böse (darin bin ich ein getreuer Schüler von Schopenhauer). Diese Probleme existieren aber nur in den Köpfen von durch den Monotheismus verwirrten Menschen und nicht in der Natur u. im Kosmos." [14]

Pauli vertritt also anfangs der fünfziger Jahren den Standpunkt, dass Gott kein Bewusstsein habe und auch nicht auf irgendwelche Weise Bewusstsein erlangen könne. Wenn wir diese Überzeugung mit Jungs Einsichten vergleichen, die er 1951 in *Antwort auf Hiob* formulierte, sehen wir, dass ein subtiler Unterschied zwischen den Gottesbildern von Pauli und Jung besteht. Auch Jung betrachtet den Weltschöpfer als ein „unbewusstes Wesen, das man nicht moralisch beurteilen kann: Jahwe ist ein *Phänomen* und «nicht ein Mensch»." [15] Aber weiter handelt das ganze Buch *Antwort auf Hiob* davon, wie Jahwe versucht, seiner selbst bewusst zu werden, nachdem er in der dramatischen Begegnung mit Hiob entdeckt hat, zu welchem Unrecht sein eigener Sohn Satan ihn verführt hat. Diese Bewusstwerdung kann nach Jungs Meinung nicht ohne die göttliche Weisheit geschehen. Denn sie ist „... ein unbefleckter Spiegel der göttlichen Kraft und ein Bild seiner Gütigkeit." [16] In ihr ist ein Geist, der alles vermag und alles sieht. Und sie ergreift sogar nach Jungs Idee die Initiative zur Bewusstwerdung Gottes: „Sie unterstützt die nötige Selbstbesinnung und ermöglicht dadurch den Entschluss Jahwes, nun selber Mensch zu werden." [17] Menschwerdung bedeutet dabei genau das, was Pauli verneint, nämlich dass Gott menschenähnliches Bewusstsein erlange. Und so kommen wir zum Schluss, dass in Paulis damals bewusst gehegtem Gottesbild die weibliche Sophia fehlt, die eben für die Erneuerung Gottes unentbehrlich ist. Paulis Gottesbild ist patriarchal. Nur ist Paulis Gott nicht, wie in der traditionellen Theologie, allwissend, sondern unwissend. Er ist eine blinde Schöpferkraft.

3. «Peter Strom»

Das Interessante und Spannende an Paulis inneren Erlebnissen ist, dass die göttliche Weisheit langsam hinzukommt. Innerhalb dreier Jahre erlebt das ewig Weib-

---

[14] Brief von Pauli an Jaffé vom 28. November 1950, *Wissenschaftshistorische Sammlungen der ETH-Bibliothek Zürich*, Hs 1091:292 [14].
[15] C. G. Jung, *Antwort auf Hiob*. Gesammelte Werke, Bd. 11 [10], Ziff. 600.
[16] *Die Weisheit Salomos*, 7,26 (zitiert nach der deutschen Übersetzung Martin Luthers).
[17] C. G. Jung, *Antwort auf Hiob*. Gesammelte Werke, Bd. 11 [10], Ziff. 640.

liche bei ihm eine enorme Rangerhöhung. Der persönliche Hintergrund dieser unerwarteten Entwicklung ist die Beziehung, die Pauli im Januar 1951 mit Marie-Louise von Franz eingeht. Von Franz half Pauli seit 1947 bei seiner Kepler-Arbeit. Insbesondere hatte sie lateinische Texte des Alchemisten und Arztes Robert Fludd, der im siebzehnten Jahrhundert eine heftige Polemik gegen den Astronomen Johannes Kepler geführt hatte, für Pauli ins Deutsche übersetzt. Sie war neben ihrer therapeutischen Arbeit auch selber mit erkenntnistheoretischen Fragen beschäftigt. Während Pauli über die Kepler-Fludd Polemik schrieb, arbeitete sie an einer psychologischen Deutung eines grossen Traumes des Philosophen und Mathematikers René Descartes. Beide versuchten also, eine Antwort auf die Rationalisierung und Mathematisierung des Weltbildes zu finden, die mit Kepler und Descartes ihren Anfang genommen hatte.

Wie an Paulis Träumen und Briefen sichtbar gemacht werden kann, entwickelt sich anfangs 1951 eine Übertragungsbeziehung zwischen Pauli und von Franz. Sie erleben aneinander die archetypischen Faktoren, die von Jung als Animus und Anima bezeichnet worden sind. Der Animus ist das Bild des Mannes in der Psychologie der Frau. Während die Anima Eros personifiziert, hat der Animus mit Logos, mit Geist und Wahrheit und dem Gegenteil davon zu tun. In einer Übertragungsbeziehung treffen nicht nur zwei Menschen aufeinander, sondern auch Anima und Animus treten in Beziehung zueinander. Das Motiv der Coniunctio eines überpersönlichen Paares ist konstelliert, und die richtige Haltung gegenüber diesem Hierosgamos der archetypischen Mächte bildet die Hauptaufgabe der komplizierten, wechselseitigen Beziehung.

Am Anfang der Übertragung ändert sich wenig in Paulis Verhältnis zu Gott. Im Oktober 1951 ist er noch immer mit Schopenhauer einverstanden und schreibt: „Ich lehne aber nicht nur einen «guten» Gott ab, sondern jeden Gott mit Bewusstsein, während ein etwaiger «unbewusster Gott» nicht verantwortlich gemacht werden kann und von Schopenhauers ‚Willen' nicht wesentlich verschieden ist."[18] Darauf fängt Pauli aber an, die *Theologia teutsch*[19] zu lesen. In diesem Traktat wird Christus als das richtige Licht betrachtet, das dem falschen Licht des Antichrist gegenübersteht. Die Frage, warum Gott dieses falsche Licht überhaupt zugelassen hatte, kann der Autor nicht beantworten. Daher ist Pauli nicht einverstanden mit der *Theologia teutsch*. Auch plagt es ihn, dass Gott als vollkommen gut betrachtet wird. Diese Vorstellung vergiftet seine Seele, und er ringt um ein besseres Gottesverständnis. Darüber schreibt er am 13. Dezember an Marie-Louise von Franz:

---

[18] Brief von Pauli an von Franz vom 23. Oktober 1951, *Wissenschaftshistorische Sammlungen der ETH-Bibliothek Zürich*, Hs 176:37 [15].

[19] Die *Theologia teutsch* (auch *Theologia deutsch*, *Deutsche Theologie*, *Theologia Germanica* genannt) ist ein um 1430 von einem unbekannten Verfasser, genannt *Der Frankfurter*, verfasstes und um 1518 von Luther ediertes und veröffentlichtes mystisches Traktat.

„Seit etwa einer Woche habe ich viel erlebt, obwohl *äusserlich nichts* geschehen ist. Anfang voriger Woche hatte ich eine sehr starke Depression, während der ich mich wie von einer night-mare verfolgt fühlte. Diese bestand in der Zwangsvorstellung, irgendwo ist oder war einmal ein absolut Vollkommener. Aus purem Übermut erfand er die Zeit (und entsetzliches Leiden in ihr), in die er viele Lebewesen herunterwarf aus keinem anderen Grund als [dass] damit der Vollkommene angeschaut und gelobt werden könne und damit die mutwillig Heruntergeworfenen wieder zu ihm hinaufsteigen können. Es war ein Alpdruck absoluter Sinnlosigkeit, von dem ich mich lange nicht befreien konnte. Offenbar war es eine Art seelischer Vergiftung, die ich mir beim Lesen der Theologia Germanica und nachher beim Wiederlesen von Huxley's Perennial Philosophy geholt hatte. Später kam mir aber die Idee, die weibliche Seite des Kernes sei zeitlos unveränderlich ..., die männliche aber sei dem Chronos verhaftet und möglicherweise veränderlich."[20]

Da der Begriff «Kern» bei Pauli ein Synonym für das Selbst ist, kommt Pauli hier Jungs Idee der Gottheit näher. Eine rein patriarchale, vollkommene Gottheit kann nur eine sinnlose Welt geschaffen haben, da die von diesem Gott in die Zeit geworfenen Lebewesen nichts anderes tun können als so rasch wie möglich wieder hinaufzusteigen zu der schon immer vorhandenen Vollkommenheit. Dieses Bild ändert sich aber, wenn die Zeitlosigkeit mehr ein Aspekt der weiblichen Seite Gottes ist, und die männliche Seite nicht vollkommen, sondern wandlungsfähig ist. Dann wird die Zeit, wie in Jungs *Antwort auf Hiob*, ein Gefäss für die Entwicklung der Gotteserfahrung vom unbewussten Weltschöpfer am mythischen Anfang der Zeit bis zur intimsten seelischen Erfahrung des modernen Menschen. Davon scheint Pauli nun einiges zu ahnen. Darauf hat er in der Nacht vom 8. zum 9. November einen grossen Traum, der, wie er schreibt, mit der Problematik der Sinngebung zu tun hat. In diesem wichtigen Traum tritt der Fremde handelnd auf und versucht Paulis religiöse Einstellung noch weiter zu korrigieren:

„Ich bin auf einem Schiff und es herrscht ein sehr starker Sturm. Am Aussenbord des Schiffes steht der Fremde als grösserer dunkler Mann. Er seilt sich an und trifft Anstalten, ins bewegte Meer zu springen. Ich halte das zuerst für reinen Sport, aber er ruft mir zu, er wolle aus dem Meer einen Menschen (NB er sagte *nicht*, ob Mann oder Frau) herausziehen. Nun springt er tatsächlich, wenn auch angeseilt, ins Wasser und ich sehe ihn nicht mehr.

Sodann gehe ich in einen grösseren Raum auf dem Schiff, es ist eine Art Salon. Ich sehe, dass dort eine Art offizielle Sitzung stattfindet und zwar, um einen neuen Professor zu wählen. Das Resultat der Wahl, das ich aus mehreren etwas wirren Stimmen heraushören kann, ist ein Mann mit dem Namen *«Peter Strom»*.

---

[20] Brief von Pauli an von Franz vom 13. Dezember 1951, *Wissenschaftshistorische Sammlungen der ETH-Bibliothek Zürich*, Hs 176:41 [15].

Dieser tritt ein und hat eine ganz unförmige Gestalt, insbesondere einen merkwürdig plattgedrückten Kopf, etwa so

und alle Horizontaldimensionen sind stark verlängert. Er hat gewisse Züge des dunklen Mannes, der ins Wasser gesprungen war. Nun geht er erst von links (er kam aus der linken Türe herein) auf einer Art Rampe oder Bühne bis ganz nach rechts, kehrt dort um und bleibt dann in der Mitte der Bühne stehen.
Dann sehe ich, dass er sich *in zwei* gespalten hat, wenn auch noch nicht ganz. Vorne ist er ein dunkler Mann, aber dahinter scheint sehr deutlich eine sehr schöne, lichte Frau durch. Die beiden sind sehr ähnlich wie Geschwister, in der Mitte des Körpers noch aneinander gewachsen, sodass sie sich nur sehr schwierig fortbewegen können (wie siamesische Zwillinge), es ist aber kein Hermaphrodit, sondern es sind deutlich zwei Personen, mit getrennten Beinen und insbesondere mit getrennten Köpfen. Das plattgedrückte Gebilde von früher hat sich in zwei verlegt und nunmehr sind zwei schön gestaltete Köpfe vorhanden, ein weiblicher und ein männlicher."[21]

In diesem Traum antwortet das Unbewusste auf Paulis Depression. In der *Theologia teutsch* ist der lebendige Geist Gottes in den zeitlosen Bereich eines ewigen, sich selber ähnlichen Geistes verschwunden. In Wirklichkeit ist jedoch der Geist Gottes in der Schöpfung gegenwärtig und weht, wo Er will. Mächtig stürmt der Geist um das Schiff. Der Fremde springt darauf ins Wasser und unterzieht sich einer Wandlung. Er kehrt als eine *complexio oppositorum* zurück, eine Vereinigung von Gegensätzen. Er heisst dann Peter Strom. Er ist hart wie das Lateinische *petra*, das Fels bedeutet, und zugleich flüssig wie ein Strom[22]. Dieser Peter Strom ist vermutlich der neue Schiffskommandant, aber er wird in einer offiziellen Sitzung als „neuer Professor" gewählt. Da Pauli öfters davon geträumt hat, dass er einen Ruf als Professor an eine Hochschule habe, welchen er noch nicht angenommen habe, kann diese Bezeichnung bedeuten, dass Peter Strom die neue Professur vertritt, die Pauli sich noch zu eigen machen muss. Das Schiff kann in diesem Zusammenhang als ein Symbol für die akademische Wissenschaft aufgefasst werden, die im Sturm der Zeit eine neue Orientierung braucht.

Peter Strom ist aber ganz unförmig, da die Gegensätze in ihm noch nicht genügend differenziert auseinander getreten sind. Er ist wie Adam, der erste Mensch, der das weibliche Element noch umfasst. Sein plattgedrückter Kopf muss sich erst

---

21 Brief von Pauli an von Franz vom 13. Dezember 1951, *Wissenschaftshistorische Sammlungen der ETH-Bibliothek Zürich*, Hs 176:41 [15].
22 Frau Dr. Marie-Louise von Franz war so freundlich, in einem Gespräch den Traum von Peter Strom für mich zu deuten. Ich verdanke ihr viele wertvolle Einsichten.

in zwei spalten, ehe daraus zwei „schön gestaltete Köpfe", der eine männlich, der andere weiblich, hervortreten. Offenbar hat Pauli das Weibliche, die Anima, verdrängt. Der Fremde zeigt darauf mittels seiner neuen Gestalt als Peter Strom, dass er im Grunde genommen zweigeschlechtlich ist. Wenn Pauli den Fremden ernst nehmen will, muss er auch dessen weibliches Äquivalent anerkennen. Und dazu soll er das Männliche vom Weiblichen trennen, denn ohne diese Trennung bleibt das neue Symbol des Selbst in einer zu primitiven Vereinigung stecken. Bewusstwerdung bedeutet zunächst Differenzierung. Oder wie Goethe das in Versen ausgedrückt hat: „Dich im Unendlichen zu finden, musst unterscheiden und dann verbinden."[23]

Dieses Motiv von Trennung und Verbindung steht in klarem Zusammenhang mit Paulis religiöser Problematik. Als Schüler von Schopenhauer verneinte er die Tendenz zur Bewusstwerdung in der Gottheit. Schopenhauers Wille ist und bleibt unbewusst. In der biblischen Tradition wird Gott aber in direkte Verbindung mit dem Menschen gesetzt. Gott hat sogar den Menschen in seinem Bilde geschaffen: „Im Bilde Gottes schuf er ihn, männlich, weiblich schuf er sie."[24] Der Mann und das Weib sind beide im Bilde Gottes geschaffen, und das bedeutet wohl, dass sie für sich allein noch nicht die ganze Gottheit widerspiegeln. Erst die Trennung der Geschlechter und dann ihre Verbindung in der Liebe führt in die Nähe des Gottesgeheimnisses.

Merkwürdigerweise gibt es in der Atomphysik eine Analogie zu dieser Problematik und zwar, wenn man Gesamtsysteme betrachtet, die bei räumlicher Trennung in Teilsysteme auseinanderfallen. Vom Standpunkt der klassischen Physik liegt es nahe zu denken, dass räumlich distante Dinge eine voneinander unabhängige Existenz beanspruchen. In der Atomphysik zeigte es sich jedoch, dass eine Separation von physikalischen Systemen ihre wechselseitige Verbundenheit nicht automatisch aufhebt. So war Pauli 1935 der Meinung, dass man bei einer systematischen Begründung der neuen Physik „ ... mehr von der Komposition und Separation von Systemen *ausgehen* sollte."[25]

Auch die Trennung von Peter Strom in eine männliche und eine weibliche Gestalt zerstört die Verbundenheit der beiden Figuren nicht. Diese wird auf einer höheren Stufe zurückkehren. Paulis Aufgabe ist es hier, der Anima als einer selbständigen Partnerin entgegen zu kommen. Er muss sich seiner unerlösten Seele bewusst werden, damit er seine Situation nicht nur mit seinem Denken, sondern auch

---

23 Zitiert nach R. Wilhelm: *I Ging, Texte und Materialien* [20], S.63.
24 Genesis 1:27. Die üblichen Übersetzungen „ihm zu Bilde, zum Bilde Gottes" (Luther), „nach seinem Bilde, nach dem Bilde Gottes" (Zwingli), „als sein Abbild, als Abbild Gottes" (*Neue Jerusalemer Bibel*) betonen zu wenig, dass wir vom Bilde Gottes umfasst sind wie das Ich-Bewusstsein vom Selbst. Daher halte ich mich an die Übersetzung von Martin Buber und Franz Rosenzweig, in *Die fünf Bücher der Weisung* [2].
25 Vergleiche dazu Charles P. Enz, *Wolfgang Pauli between quantum reality and the royal path of dreams* [3].

mit seinem Gefühl betrachten kann. Das versteht er selber. In jedem Fall schreibt er Mitte Dezember an Frau von Franz: „Nun liegt bei mir der ganze Schlüssel der Situation bei der weiblichen Figur: Mit dem Kopf allein habe ich nichts mehr zu sagen."26

4. Die dunkle Anima

Im September 1952 entschliesst sich Pauli, *Antwort auf Hiob* zu lesen. Es ist aufschlussreich zu sehen, wie das Unbewusste darauf reagiert. Hier folge ich dem, was Pauli darüber an Marie-Louise von Franz schreibt. Das weicht aber nicht wesentlich von seinem Bericht an Jung ab. Zuerst beschreibt Pauli, wie er am Anfang Jungs Bibelinterpretation als angenehme Unterhaltungslektüre genoss:

„Am Abend des 19. Sept. 1952 lese ich das Buch von C. G. Jung ‚Antwort auf Hiob' (etwa ausschliesslich zum Kap. über die Apokalypse). Ich geniesse die Sarkasmen und freue mich, dass eine Übereinstimmung oder gar Harmonie des Autors mit den Theologen sich keineswegs hergestellt hat. Ich lese das Buch an diesem Abend gar nicht kritisch, sondern eher so, wie man ein Märchen liest, d.h. ich lasse mich etwas «ansäuseln». Meine Stimmung ist also angenehm, aber etwas oberflächlich. Darauf findet in der Nacht vom 19. zum 20. September folgender *Traum* statt: ‚Erst fahre ich im Zug mit Bohr. Dann befinde ich mich allein in einer Landschaft mit kleinen Dörfern. Ich suche einen Bahnhof, um «nach links» zu fahren und finde ihn auch bald. Der Zug kommt «von rechts», offenbar ist es eine kleine Lokalbahn. Im Wagen, in den ich einsteige, sitzt bereits «das dunkle Mädchen» von *fremden Leuten* umgeben. Ich frage, wo wir sind und die Leute sagen: Die nächste Station ist *Esslingen*, wir sind gleich dort. Sehr ärgerlich, in einen für mich so uninteressanten und langweiligen Ort zu kommen, erwache ich.' "27

Niels Bohr steht hier vermutlich als Lehrmeister, Kollege und Freund von Pauli für die Welt der theoretischen Physik. Pauli fährt erst mit Bohr zusammen, aber darauf ist er allein. Er muss die Verbindung mit dieser Welt loslassen und dem dunklen Mädchen folgen. Warum ist dieses Mädchen dunkel? Dazu meint Pauli selber: „«Dunkel» bedeutet bei mir «mit der materiellen Körperwelt» verbunden. Die «Dunkle» ist daher selbst eine Einheit von Materie u. Seele und eben deshalb die Trägerin sämtlicher *psychophysischer Geheimnisse*, von der Sexualität bis zu den subtilsten ESP-Phänomenen ... Sie hat von selbst die ganzheitliche, den

---

26 Brief von Pauli an von Franz vom 16. Dezember 1951, *Wissenschaftshistorische Sammlungen der ETH-Bibliothek Zürich*, Hs 176:42 [15].
27 Brief von Pauli an von Franz vom 12. Oktober 1952, *Wissenschaftshistorische Sammlungen der ETH-Bibliothek Zürich*, Hs 176:52 [15].

Gegensatz (Materie/Psyche) aufhebende *Anschauung*, die in unserem wissenschaftlichen Begriffssystem noch fehlt."[28]

Zu diesen Phänomenen der Extra-Sensory-Perception (ESP) rechnet Pauli auch die schon erwähnten synchronistischen Ereignisse. Bei diesen Koinzidenzen sind Innen und Aussen nicht durch Wirkung, sondern durch einen gemeinsamen Sinn miteinander verknüpft. Offenbar ist die dunkle Anima mit dieser Erfahrung eng verbunden, da für sie Materie und Psyche nicht voneinander getrennt sind.

Neben der dunklen Anima gibt es in Paulis Traumwelt auch eine lichte Anima. «Licht» steht im Gegensatz zu «dunkel» und bedeutet für Pauli daher «von der materiellen Welt losgelöst». Die lichte Anima vermittelt Einsichten, die eben die Spaltung von Geist und Materie voraussetzen. Sie ist die *femme inspiratrice* der theoretischen Physik. Bei Pauli ist die Anima also gespalten in eine lichte und eine dunkle Gestalt. In *Die Mutter im Märchen* bemerkt die Tiefenpsychologin Sibylle Birkhäuser-Oeri, dass diese Gespaltenheit des Weiblichen ein typisches Merkmal unserer patriarchalen Kultur sei: „Viele Märchen zeigen uns, dass das Bild der Frau in eine helle und dunkle Hälfte zerrissen ist. Dies ist eine seelische Tatsache, welche ganz besonders für unsere heutige patriarchale Kultursituation zutrifft. Sie hat zur Folge, dass die Frau keine Möglichkeit besitzt, als *ganze* Frau, d.h. sich selber zu leben ... Natürlich leidet auch der Mann unter jener Spaltung des Bildes der Frau, weil seine Anima gespalten ist; aber das hat für ihn nicht ganz die gleiche Bedeutung. Unter den Männern sind es hauptsächlich die schöpferisch begabten, welche von diesem Missstand betroffen sind. Denn etwas Neues kann auch der Mann nicht in die Welt stellen, wenn seine weibliche Seite in Hell und Dunkel gespalten ist."[29]

Im Paulis Traum widerspiegelt sich diese Thematik der Gespaltenheit im Gegensatz zwischen Esslingen und Zürich. Die lichte Anima gehört zur Wissenschaft, die in der ETH Zürich vertreten wird. Pauli muss aber der dunklen Anima folgen und kommt dann nach Esslingen im Zürcher Oberland. Darüber bemerkt Jung in einem Brief an Pauli: „ «Esslingen» ist in der Tat inkommensurabel mit der theoretischen Physik, die Sie in Zürich vertreten, daher anscheinend zusammenhangslos, zufällig, sinnlos und négligible. So sieht der Ort der dunklen Anima aus, wenn vom Bewusstsein her gesehen ... Es ist klar, dass ein Übergewicht auf der Seite des Bewusstseins liegt, und dass die dunkle Anima sich in unwillkommenen, provinzialen Gegenden aufhält, die unten am und hinter dem Pfannenstiel [Höhenzug am Zürichsee] liegen..."[30]

Durch dieses Übergewicht des patriarchalen Wissens fehlt auch die Beziehung zu den sogenannten «fremden Leuten». Sie umgeben in Paulis Träumen öfters die

---

[28] Brief von Pauli an von Franz vom 12. Oktober 1952, *Wissenschaftshistorische Sammlungen der ETH-Bibliothek Zürich*, Hs 176:52 [15].
[29] Sibylle Birkhäuser-Oeri, *Die Mutter im Märchen* [1], S.57.
[30] Jung in einem Brief an Pauli vom 7. März 1953 (Brief Nr.59 in [12], S.99).

dunkle Anima. Die fremden Leute stehen vermutlich im Gegensatz zu Paulis Kollegen an der ETH. Sie sind ihm fremd. Das kann bedeuten, dass sie für einen Aspekt von Paulis Persönlichkeit stehen, der ihn in Verbindung mit Leuten ausserhalb der universitären Wissenschaft bringen kann. Selber bemerkt er jedoch: „Sie erscheinen sofort im Traum, wenn das Unbewusste «angekurbelt» ist, sei es durch ein Gefühlserlebnis, sei es durch ein Buch, das mein Interesse fesselt. Bald darauf pflegen im Traum Abhandlungen zu erscheinen, die ich zunächst noch nicht lesen kann. Dies ist eine Weiterentwicklung der «fremden Leute», d.h. in meinem Unbewussten sind nun schon gewisse Formulierungen gefunden, wenn sie auch noch nicht bis ins Bewusstsein vorgedrungen sind. Hier tritt öfter das «Schmuggel»motiv hinzu: die Abhandlungen müssen durch irgendwelche streitenden Parteien «hereingeschmuggelt» werden. Diesmal treten ähnliche Träume auf: die miteinander streitenden Gegner der «fremden Leute» und der Abhandlungen sind Katholiken und Protestanten. Andrerseits dürften die fremden Leute, welche die «Dunkle» umgeben haben, geeignet sein, den Gegensatz Katholizismus/Protestantismus überhaupt zu überwinden."[31]

Offenbar führt das Lesen von *Antwort auf Hiob* Pauli hinein in die Problematik des Christentums. Das Unbewusste antwortet mit Motiven, die die innere Spaltung dieser Weltreligion heilen können. Sowohl die dunkle Anima als auch die fremden Leute vertreten einen Standpunkt jenseits der Spaltung Katholizismus/Protestantismus. Das Heilende steht aber noch in keinerlei Verbindung mit der Naturwissenschaft und der Problematik der Beseeltheit der Materie.

5. Die Chinesin

Nachdem Pauli das Buch von Jung zu Ende gelesen hat, hat er in der Nacht vom 27. zum 28. September einen Traum, der ihn ausserordentlich beeindruckt. In diesem Traum befindet sich die dunkle Unbekannte in der ETH. Der Traum bedeutet daher eine Art von Antwort des Unbewussten auf das Dogma der Assumptio. Wie Maria nach Jahrhunderten endlich in den Himmel aufgenommen wurde, so ist die Anima aus ihrem Exil in Esslingen nach Zürich zurückgekehrt. Pauli schreibt:

„Die «Dunkle» ist anwesend und zwar erscheint sie diesmal ganz ausgesprochen deutlich als «Chinesin». Sie spricht nicht, aber ihre Bewegungen sind tänzerisch und pantomimisch, wie etwa in einem Ballett. Sie ist sehr schön, ganz dunkelhaarig, klein und zierlich und hat Schlitzaugen. Sie winkt mir, ihr zu folgen und geht tänzelnd voraus. Sie öffnet eine Geheimtüre, durch die eine Treppe in ein unteres Stockwerk führt. Sie lässt die Türe offen, nachdem wir durch sie hindurchgegangen sind. Im Keller öffnet sie nun eine weitere Türe und vor mir ist ein erleuchteter Hörsaal, in welchem «die fremden

---

[31] Brief von Pauli an von Franz vom 12. Oktober 1952, *Wissenschaftshistorische Sammlungen der ETH-Bibliothek Zürich*, Hs 176:52 [15].

Leute» als Auditorium sitzen. Ja, ganz fremd sind sie nicht mehr, einige kann ich schon wieder erkennen (es sind alles Männer), es ist eine Ähnlichkeit mit den «fremden Leuten» im Zug vorhanden. Aber sie umgeben diesmal nicht die Dunkle, sondern die Chinesin beginnt einen Tanz: Erst drückt sie mit Handbewegungen aus, ich solle auf das Podium treten und eine Vorlesung halten. Dabei weist sie immer mit dem Zeigefinger der linken Hand nach oben, mit dem der rechten Hand nach unten. ‚Aha,' denke ich, ‚man soll oben hören, was ich unten vortrage.' Dann geht sie einige Male tanzend die Treppe hinauf – bis durch die Türe hinaus ins Freie – und kommt dann wieder bis ganz hinunter, mich auf das Podium hinweisend. ‚Für sie ist kein Unterschied zwischen oben und unten', denke ich weiter. Der Tanz hinauf, hinunter – hinauf, hinunter – mitsamt der Haltung des linken Armes nach oben, des rechten nach unten gibt mir das Gefühl einer Rotationsbewegung («Zirkulation des Lichtes»). Während ich, ihrem Wink folgend, langsam u. nachdenklich auf das Podium gehe, erwache ich." [32]

Die Zirkulation des Lichtes ist ein wichtiges Motiv aus dem alten chinesischen, taoistischen Text, betitelt *Das Geheimnis der Goldenen Blüte*. Der Sinologe Richard Wilhelm hatte davon 1929 eine deutsche Übersetzung mit Bemerkungen von Jung publiziert. Dieser Text war Pauli sicherlich bekannt. Im dritten Kapitel heisst es: „Wenn man das Licht im Kreis laufen lässt, so kristallisieren sich alle Kräfte des Himmels und der Erde, des Lichten und des Dunkeln." [33] Jung deutet diese Zirkulation des Lichtes als eine Umkreisung des Ich-Bewusstseins um die Mitte des Selbst: „Psychologisch wäre dieser Kreislauf ein «im Kreise um sich selber Herumgehen», wobei offenbar alle Seiten der eigenen Persönlichkeit in Mitleidenschaft gezogen werden. ‚Die Pole des Lichten und des Dunklen werden in Kreisbewegung gebracht', d.h. es entsteht ein Abwechseln von Tag und Nacht. ‚Es wechselt Paradieseshelle mit tiefer schauervoller Nacht.' Die Kreisbewegung hat demnach auch die moralische Bedeutung der Belebung aller hellen und dunklen Kräfte menschlicher Natur, und damit aller psychologischen Gegensätze, welcher Art sie auch sein mögen. Das bedeutet nichts anderes als Selbsterkenntnis durch Selbstbebrütung." [34]

Die Chinesin deutet Pauli in ihrem Tanz an, dass der Schlüssel zur Vereinigung von Licht und Finsternis in der Bewegung, in der Rotation liege. Die Zirkulation des Lichtes bedeutet Selbstbebrütung, d.h. Besinnung auf das Selbst. Dabei muss das Dunkle, mit dem man konfrontiert wird, nicht unbedingt als etwas Negatives aufgefasst werden. Yin und Yang beziehen sich zuerst auf moralisch neutrale Naturerscheinungen. Wilhelm schreibt: „Yin ist Schatten, daher die Nordseite eines

---

[32] Brief von Pauli an von Franz vom 12. Oktober 1952, *Wissenschaftshistorische Sammlungen der ETH-Bibliothek Zürich*, Hs 176:52 [15].
[33] *Das Geheimnis der Goldenen Blüte* [19], S. 111.
[34] *Das Geheimnis der Goldenen Blüte* [19], S. 27.

Berges und die Südseite eines Flusses (weil die Sonne tagsüber so steht, dass er von Süden aus dunkel erscheint). Yang zeigt in seiner ursprünglichen Form flatternde Wimpel und ist – dem Zeichen Yin entsprechend – die Südseite des Berges und die Nordseite des Flusses. Erst von dieser Bedeutung «Licht» und «Dunkel» wird dann das Prinzip auf alle polaren Gegensätze, auch die sexuellen, ausgedehnt."[35]

So sehen wir, dass Paulis innere Entwicklung „weg von der Physik" erst zur Problematik der Gegensatzvereinigung führt. Der Weg zu einem erweiterten Naturverständnis kann erst gefunden werden, nachdem die Gespaltenheit der Anima überwunden worden ist. Die Chinesin überbrückt eben diese Gespaltenheit. Sie führt als dunkle Gestalt ihren Tanz in der ETH aus, in der Welt der lichten Anima. Sie ist eine ganzheitliche Anima. Und was auch besonders an dieser Gestalt ist, sie war schon immer da, um die Spaltung zu heilen. Sie ist nicht erst im Zusammenhang mit *Antwort auf Hiob* hervorgetreten. Im Februar 1936 erwähnt Pauli die Chinesin schon in einem Brief an Jung.[36] In diesem Sinn stellt sie das ewig Weibliche dar, das jenseits der Gegensätze von Himmel und Erde, Tag und Nacht steht. Und so zeigt sie Pauli den Weg zum Reich der Mitte, wo die Gegensätze miteinander vereint sind und Geist und Materie einander nicht mehr ausschliessen.

Damit stellt sich die Frage, warum die Problematik der Sinngebung so eng mit der Verbindung zwischen Licht und Dunkel zusammenhängt. Offenbar kann sich Sinn nur im Wechselspiel von Yin und Yang manifestieren. Die dunkle Seite ist für die Erfahrung von Sinn ebenso notwendig, wie Vertreter des Bösen es in einem Drama von Shakespeare sind oder der Kontrapunkt in der Musik. Man kann im Leben von einem Schicksal getroffen werden, das anfänglich ganz böse, ganz dunkel aussieht, um später zu erkennen, dass gerade darin noch unerkannt der Weg nach Erlösung, nach Befreiung sich ankündigte. Darum ist es unmöglich, eine klare Trennung zwischen Licht und Finsternis, zwischen Gut und Böse zu machen. Sie sind relativ und aufeinander bezogen. Hinter den beiden Urkräften Yin und Yang steht nach chinesischer Ansicht das Tao, das von Richard Wilhelm treffend als Sinn übersetzt wird: „Was einmal das Dunkle und einmal das Lichte hervortreten lässt, das ist der Sinn."[37]

6. Die Klavierstunde

Es ist schwierig zu beurteilen, wie Paulis Auseinandersetzung mit dem Unbewussten nach dem Traum mit der tanzenden Chinesin weitergeht. Am Anfang seines Briefes vom 12. Oktober an von Franz schreibt Pauli, dass sich eine ganzheitliche Anschauung bei ihm durchzusetzen beginne: „Um eine solche auszudrücken,

---

[35] *Das Geheimnis der Goldenen Blüte* [19], S.91–92.
[36] Pauli in einem Brief an Jung vom 28. Februar 1936 (Brief Nr.16 in [12], S.21).
[37] *I Ging* [20], S.275.

muss ich in einer merkwürdigen Weise halb rational, halb phantastisch schreiben. Herausgekommen ist dabei eine Art «Meditation», die zugleich zwei für Sie neue Träume enthält."[38] Die zwei neuen Träume sind die oben erwähnten Träume mit der dunklen Anima und der Chinesin. Der Begriff «Meditation» wird von Pauli verwendet, um eine Schreibart anzudeuten, die er im schriftlichen Austausch mit Jung benützt und die in den langen Briefen der ersten Monate des Jahres 1953 zu finden ist.[39] Er versucht, mit Hilfe seiner Träume das Unbewusste zu Wort kommen zu lassen. Dabei werden diese Träume aber nicht nach ihrer therapeutischen Bedeutung befragt, sondern als Ausgangspunkt für eine naturphilosophische Diskussion mit Jung genommen. Mit der Zirkulation des Lichtes hat dieses Verfahren wenig zu tun.

Erst im August 1953 entdeckt Pauli, dass er auf diese Weise selber den richtigen Weg verlassen hat. Dann träumt er von einem Analytiker mit einem verblödeten Gesichtsausdruck. Sogleich bekommt er Angst und vermutet, mit diesem Analytiker sei er selber gemeint. Er wendet sich an Marie-Louise von Franz mit einer Bitte um therapeutische Hilfe. Vermutlich regt sie ihn dazu an, das Problem, mit dem er ringt, introvertiert zu bearbeiten. Er entschliesst sich, in einen direkten Dialog mit dem Unbewussten zu treten. Das ist im allgemeinen ein schwieriger Schritt, denn in dieser von Jung als «aktive Imagination» bezeichneten Technik können sich die mächtigen Inhalte des Unbewussten direkt äussern. Auch Pauli muss Mut fassen, seine inneren Widerstände zu überwinden. Am 14. Oktober schreibt er an von Franz: „Ihre Ermutigung ist mir sehr wertvoll. Es wird wahrscheinlich schwierig werden."[40]

Darauf vollendet Pauli innerhalb zweier Wochen eine Imagination, in der nicht Physik, sondern Musik das Muster der Schöpfung symbolisiert. Er nennt sie *Die Klavierstunde – eine aktive Phantasie über das Unbewusste*. [16] In dieser Phantasie wird Pauli in eine Dimension jenseits von Raum und Zeit versetzt, wo er der Chinesin als Klavierlehrerin begegnet. Er bekommt von ihr eine Klavierstunde. Dadurch wird ihm klar, wie sich eine ganzheitliche Anschauung, die die Dimension des Sinnes umfasst, zur üblichen Physik verhält. Denn das Klavier der Chinesin symbolisiert die *eine* Welt der Schöpfung. Diese eine Welt ist durch die Physik in zwei Teile gespalten. Die Physiker verstehen mit ihrer höheren Mathematik nur

---

[38] Brief von Pauli an von Franz vom 12. Oktober 1952, *Wissenschaftshistorische Sammlungen der ETH-Bibliothek Zürich*, Hs 176:52 [15].

[39] Vergleiche dazu die Briefe Nr.58, 60 und 62 in [12] von Pauli an Jung. In meinem Aufsatz [4] habe ich falscherweise angenommen, dass mit dieser Meditation ein Teil der *Klavierstunde* gemeint sei. Die *Klavierstunde* stammt aber vermutlich aus der zweiten Hälfte Oktober 1953 und wird von Pauli in verschiedenen Briefen an von Franz «eine aktive Imagination» genannt (vergleiche die Briefe Hs 176:58, Hs 176:60, und Hs 176:62, *Wissenschaftshistorische Sammlungen der ETH-Bibliothek Zürich* [15]).

[40] Brief von Pauli an von Franz vom 14. Oktober 1953, *Wissenschaftshistorische Sammlungen der ETH-Bibliothek Zürich*, Hs 176:67 [15].

die Worte der Schöpfung, nicht aber den Sinn. Beide, Worte und Sinn, sind jedoch vereint durch das Symbol des Klavierspiels der Anima. Die Trennung von Worten und Sinn entsteht erst dadurch, dass die Physiker versuchen, die Welt ohne das Klavierspielen zu verstehen. Was vom Standpunkt der Chinesin als Musik aufgefasst werden soll, wird in der Physik auf Mathematik reduziert und damit der Möglichkeit beraubt, Gefühl und Sinn auszudrücken. Was vom Klavierspiel der Chinesin übrig bleibt, ist der mathematische Zufall, der im Gegensatz zur sinnvollen Koinzidenz als blind und zweckfrei betrachtet wird.

Offensichtlich ist die Chinesin als Klavierspielerin die Werkmeisterin aller Dinge, die mit ihrem Spiel die Welt gestaltet. Dabei benützt sie natürlich sowohl die weissen als auch die schwarzen Tasten. Pauli wird es klar, dass schwarz nicht unbedingt etwas Trauriges bedeutet, oder weiss etwas Freudiges. Auch hier sind die Gegensätze nur relativ. Man kann auf den weissen Tasten Moll spielen und auf den schwarzen Dur. Dazu meint die Chinesin: „Es kommt nur darauf an, dass man Klavierspielen kann." ([16], Ziff. 17)

Auch der Fremde spielt eine wesentliche Rolle in der *Klavierstunde*. Pauli nennt ihn jetzt den Meister. Diese Meisterfigur kann als die männliche Seite von Peter Strom aufgefasst werden. Er benimmt sich nämlich wirklich so, als ob er den Befehl über ein Schiff bekommen hätte. So schreibt Pauli am Anfang der *Klavierstunde*, dass die Stimme des Meisters „immer so tönt wie die eines Schiffskommandanten." ([16], Ziff. 3) Erst am Ende der aktiven Phantasie, nachdem Pauli versprochen hat, den Meister mit der Männerwelt der Physik zu versöhnen, ändert sich diese Haltung der Meisterfigur. Dann spricht er mit freundlicherer Stimme: „Schon lange habe ich darauf gewartet." ([16], Ziff. 57)

Weiter kann man aus der *Klavierstunde* erahnen, dass der Meister den Gegensatz zwischen Christus und dem Teufel überbrückt. Wie Christus kann er Heilung für die leidende Seele bringen. Zugleich kann er einen Menschen zugrunde richten. Er hat eine Doppelnatur, die die christliche Gespaltenheit Gottes kompensiert. Daher bekennt Pauli: „Ich gestehe, er ist mir oft unheimlich und ich bin ängstlich, vorsichtig ihm gegenüber. Er ist nicht nur gut, sondern kann auch böse und gefährlich sein. Dies ist er aber gerade dann am meisten, wenn man versucht, ihn zu ignorieren ... So bin ich einerseits ängstlich, andererseits fasziniert er mich. Ich kann nicht mehr von ihm lassen, wie er nicht von mir." ([16], Ziff. 15)

7. Der Ring *i*

Seitdem ich die *Klavierstunde* im September 1989 kennenlernte, hat dieses Dokument mich immer inspiriert. Ich verstehe jetzt besser, was es bedeutet, dem Selbst zu dienen und sich von der Anima berühren zu lassen. Für mich als Physiker wirkt Paulis Imagination auch wie ein Spiegel für die Regungen in meinem eigenen Innern. Wunderschön finde ich das Motiv vom Klavierspiel als einem Symbol für die verborgene Struktur der Schöpfung. Nicht die höhere Mathematik, die ich als

Physiker kennengelernt habe, sondern die Sprache der Musik bildet den Zugangsweg zum Geheimnis des Seins. Die Chinesin drückt ihre Gedanken in musikalischen Motiven aus, die anders als die Weltformeln der Physik auch den Sinn der Dinge ausdrücken können. Und doch ist die Mathematik nicht ganz aus Paulis aktiver Phantasie verschwunden. Musik steht ja in engem Zusammenhang mit Physik und Mathematik, da musikalische Harmonie auf zahlenmässigen Verhältnissen verschiedener Frequenzen beruht. Weiter wird die *Klavierstunde* mit einem mathematischen Symbol beschlossen, das keineswegs einfach zu deuten ist.

Pauli verbeugt sich am Ende der *Klavierstunde* vor der Chinesin und will sogleich fortgehen. Der Meister ruft ihn aber zurück ([16], Ziff. 63–70):

„Nun schien es mir an der Zeit zu gehen, da hörte ich noch einmal die *Stimme des Meisters:* ‚Warte. Transformation des Evolutionszentrums.‘ ‚Früher sagte man, Blei verwandelt sich in Gold,‘ dachte ich. In diesem Augenblick zog die Dame einen Ring vom Finger, den ich bisher nicht gesehen hatte. Sie liess ihn schwebend in der Luft und belehrte mich: ‚Du kennst den Ring wohl aus deiner Schule der Mathematik. Es ist der «*Ring i*».‘ Ich nickte, während ich die Worte sprach: ‚Das *i* macht die Leere und die Eins zum Paar. Zugleich ist es die Operation der Drehung um ein Viertel des ganzen Ringes.‘ *Sie:* ‚Es macht das Instinktive oder Triebhafte, das Intellektuelle oder Rationale, das Spirituelle oder Übersinnliche, von dem du sprachst, zum Ganzheitlichen oder Monadischen, was die Zahlen ohne das *i* nicht darstellen können.‘ *Ich:* ‚Der Ring mit dem *i* ist die Einheit jenseits von Teilchen und Welle und zugleich die Operation, die eines von beiden hervorbringt.‘ *Sie:* ‚Er ist das Atom, das Unteilbare, auf Lateinisch ...‘ Bei diesen Worten sieht sie mich vielsagend an, doch schien es mir nicht nötig, Ciceros Wort für das Atom laut auszusprechen. *Ich:* ‚Er macht die Zeit zum statischen Bild.‘ *Sie:* ‚Er ist die Ehe und er ist zugleich das Reich der Mitte, in das man nie allein, sondern nur zu zweit gelangen kann.‘ Eine Pause entstand, wir warteten auf etwas. Jetzt: Die *Stimme des Meisters* spricht, verwandelt, aus dem Zentrum des Ringes zur Dame: ‚Bleibe gnädig‘.“

Dieser Ring ist meines Erachtens als Symbol des Selbst eine wichtige Brücke zwischen Mathematik, moderner Physik und Tiefenpsychologie.[41] Rein mathematisch betrachtet ist der «Ring *i*» identisch mit dem sogenannten Einheitskreis in der komplexen Ebene. Das Symbol *i* steht ja für die imaginäre Einheit[42], d.h. für die Quadratwurzel aus -1. Als Symbol kann die imaginäre Einheit auch, wie in Paulis Träumen, eine psychologische Bedeutung haben und hat dann, wie Pauli in

---

[41] Siehe: Herbert van Erkelens, *Wolfgang Paulis Begegnung mit dem Geist der Materie* [4], S. 46–49. Auch: Herbert van Erkelens, *Modern physics and symbols of the self* [5], S. 352–356.

[42] Ausführlicheres über die Bedeutung der imaginären Einheit *i* in Mathematik und Physik findet sich in den Kapiteln 8 und 9 des Beitrages *Über dunkle Aspekte der Naturwissenschaft* von Hans Primas in diesem Bande.

einem Aufsatz vom Juni 1948 schon bemerkt, „ ... die irrationale Funktion, die Gegensatzpaare zu vereinigen und damit die Ganzheit herzustellen." [43]

In der Physik spielt der «Ring i» ebenfalls die wichtige Rolle, Gegensatzpaare miteinander zu vereinen. Pauli erwähnt hier das Gegensatzpaar von Teilchen und Welle. Aber ebenso wichtig ist es, festzustellen, dass der «Ring i» in der Atomphysik eine fundamentale Beziehung zwischen Energie und Frequenz ermöglicht. Gemäss der klassischen Physik ist die Energie etwas Zeitloses, das nicht vernichtet werden kann. Im Gegensatz dazu ist die Frequenz eng mit der Zeit verknüpft. Trotzdem behauptet die neue Atomphysik, dass Energie und Frequenz identisch seien. Im mathematischen Formalismus wird dieses Paradox so gelöst, dass hinter Energie und Frequenz eine neue physikalische Grösse erscheint, die als Rotation im Ringe i ausgedrückt wird. Die Frequenz wird dabei als Rotation, als Winkelfrequenz aufgefasst. Auf diese Weise wird tatsächlich etwas Zeitloses, der komplexe Einheitskreis, mit etwas Zeitgebundenem vereinigt.

Mit dem «Ring i» ist daher immer auch Rotation gemeint. Das Motiv der Zirkulation des Lichtes aus dem Traum mit der tanzenden Chinesin hat in der *Klavierstunde* eine selbständige Form als Ring der Chinesin angenommen. Und dieser Ring bedeutet somit auch, was oben von Jung als Selbstbebrütung beschrieben worden ist. Damit verlassen wir aber die Welt der Atomphysik, um in die Welt der Alchemie einzutreten. In der Alchemie spielte der Kreis oder das Runde eine sehr wesentliche Rolle als Gefäss der Wandlung. Darüber schreibt Jung in *Psychologie und Alchemie:* „«Unum est vas» (Eines ist das Gefäss) wird immer wieder betont. Es muss durchaus rund sein, damit es den sphärischen Kosmos nachahme, indem in ihm die Gestirnseinflüsse zum Gelingen der Operation beitragen sollen. Es ist eine Art von «matrix» respektive «uterus», aus welchem der «filius philosophorum», der wunderbare Stein, geboren wird." [44] Und in *Psychologie und Religion* meint er in Bezug auf die mittelalterliche Naturphilosophie: „Dieses Runde war im Besitz des magischen Schlüssels, welcher die verschlossene Tür der Materie auftat." [45]

In der modernen Atomphysik ist der «Ring i» tatsächlich der Schlüssel zur atomaren Welt. Vielleicht ist dieser Ring, alchemistisch betrachtet, auch der Schlüssel zum Klavierspiel der Chinesin. Denn wie können wir überhaupt das Klavierspiel hören? Wo liegt der Zugang zu dieser trostreichen Weltmusik? In der *Klavierstunde* wendet Pauli sich nach innen. Das Fenster nach aussen ist geschlossen, und so begegnet er der Chinesin in einem richtigen hermetischen Gefäss. Der «Ring i» scheint mir eben dieses Gefäss zu symbolisieren und bedeutet daher die Ehe, d.h. die echte Verbindung, und die Vereinigung der Gegensätze.

---

[43] W. Pauli: *Moderne Beispiele zur Hintergrundsphysik*. Nicht zur Veröffentlichung bestimmtes Manuskript vom Juni 1948, publiziert in [12], S. 191.
[44] C. G. Jung, *Psychologie und Alchemie*, Gesammelte Werke, Bd. 12 [11], Ziff. 338.
[45] C. G. Jung, *Psychologie und Religion*, Gesammelte Werke, Bd. 11 [10], Ziff. 92.

So ist es nicht befremdend, dass der Meister plötzlich aus dem Zentrum des Ringes spricht. Denn das Gefäss und die Gottessubstanz darin sind, wie Marie-Louise von Franz bemerkt, „ ... das Symbol einer psychologischen Haltung und Erfahrung, bei der alles Religiöse innerlich im Individuum erfahren und nichts in äusseren Formen mehr gesehen wird."[46] Das stimmt mit der Bemerkung der Chinesin überein, dass der «Ring i» das Unteilbare, d.h. das Individuum sei. Der Meister im Ring bedeutet eine Zuwendung zur individuellen Gotteserfahrung. Und offenbar kann dadurch eine Wandlung des Meisters stattfinden. Er wird verjüngt, da er plötzlich aus einem Gebet von Doctor Marianus, dem «Sohn der Mutter», in Goethes Faust[47] zitiert: „Jungfrau, Mutter, Königin, Göttin, bleibe gnädig!"

Daher vermute ich, dass der «Ring i» als seelisches Gefäss, nicht als äusserliches Rechnungsmittel, der Weg zur ganzheitlichen Naturwissenschaft ist. Naturwissenschaft und Religion können sich wieder fruchtbar miteinander verbinden, wenn der Forscher dem Meister gestattet, mit Hilfe von Träumen und Imaginationen in seinem eigenen Innern zu sprechen. Dann wird die eigene Forschung zu einer Begegnung mit dem numinosen Hintergrund der eigenen Existenz. Für diese Begegnung brauchen wir ein Gefäss, das uns vom Getöse der Welt abschirmt und Raum für den inneren Gott schafft. Seit jeher ist dieses Gefäss als weibliches Symbol ein Geschenk der grossen Göttin. Und auch bei Pauli ist das Kreissymbol eng mit dem Weiblichen verbunden. Der «Ring i» kommt vom Finger der Chinesin. Sie umschliesst den Meister mit dem Ring, damit Pauli sich richtig mit ihm verbinden kann.

Danksagung

Ich danke der *Vereniging voor Christelijk Wetenschappelijk Onderwijs (Amsterdam)* für die finanzielle Unterstützung meiner Arbeit. Ich danke auch Frau Dr. Marie-Louise von Franz, Frau Aniela Jaffé† und dem *Pauli-Komitee (CERN)*. Sie gaben mir die Erlaubnis, aus den unpublizierten Briefen und Manuskripten von Pauli zu zitieren. Diese Dokumente sind in den Archiven der ETH Zürich in der Abteilung *Wissenschaftshistorische Sammlungen* zu finden.

Literaturhinweise

[1] S. Birkhäuser–Oeri: *Die Mutter im Märchen.* Fellbach. Bonz. 1977.

[2] M. Buber: *Die fünf Bücher der Weisung.* Verdeutscht von Martin Buber gemeinsam mit Franz Rosenzweig. Köln. Jakob Hegner. 1956.

---

[46] Marie-Louise von Franz, *Die Erlösung des Weiblichen im Manne* [7], S.264.

[47] *Faust*, zweiter Teil, Ende des 5. Aktes.

[3] C. P. Enz: *Wolfgang Pauli between quantum reality and the royal path of dreams.* In: *Symposia on the Foundations of Modern Physics 1992. The Copenhagen Interpretation and Wolfgang Pauli.* Ed. by K. V. Laurikainen and C. Montonen. Singapore. World Scientific. 1993. S. 195–205.

[4] H. van Erkelens: *Wolfgang Paulis Begegnung mit dem Geist der Materie.* Jungiana A 4, 29–54 (1992).

[5] H. van Erkelens: *Modern physics and symbols of the self.* In: *Symposia on the Foundations of Modern Physics 1992. The Copenhagen Interpretation and Wolfgang Pauli.* Ed. by K. V. Laurikainen and C. Montonen. Singapore. Word Scientific. 1993. S. 349–360.

[6] M. Fierz: *Naturwissenschaft und Geschichte. Vorträge und Aufsätze.* Basel. Birkhäuser. 1988.

[7] M.-L. von Franz: *Die Erlösung des Weiblichen im Manne. Der Goldene Esel von Apuleius in tiefenpsychologischer Sicht.* Frankfurt. Insel-Verlag. 1980.

[8] A. Hermann: *Paulis Auffassung von der Rolle der Wissenschaft.* In: *Wolfgang Pauli. Das Gewissen der Physik.* Hg. von C. P. Enz und K. v. Meyenn. Braunschweig. Vieweg. 1988. S. 12–19.

[9] C. G. Jung: *Erinnerungen, Träume, Gedanken von C. G. Jung. Aufgezeichnet und herausgegeben von Aniela Jaffé.* Zürich. Rascher Verlag. 1962.

[10] C. G. Jung: *Gesammelte Werke. Elfter Band. Zur Psychologie westlicher und östlicher Religion.* Zürich. Rascher Verlag. 1963.

[11] C. G. Jung: *Gesammelte Werke. Zwölfter Band. Psychologie und Alchemie.* Olten. Walter-Verlag. 1972.

[12] C. A. Meier (Hg.): *Wolfgang Pauli und C. G. Jung. Ein Briefwechsel 1932–1958.* Berlin. Springer. 1992.

[13] K. von Meyenn (Hg.): *Wolfgang Pauli. Wissenschaftlicher Briefwechsel, Band III: 1940–1949.* Berlin. Springer. 1993.

[14] W. Pauli: *Briefwechsel mit Aniela Jaffé.* Die Originalmanuskripte befinden sich in den *Wissenschaftshistorischen Sammlungen der ETH-Bibliothek, Zürich,* Hs 1091.

[15] W. Pauli: *Briefwechsel mit Marie–Louise von Franz.* Die Originalmanuskripte befinden sich in den *Wissenschaftshistorischen Sammlungen der ETH-Bibliothek, Zürich,* Hs 176.

[16] W. Pauli: *Die Klavierstunde. Eine aktive Phantasie über das Unbewusste. Frl. Dr. Marie-Louise v. Franz in Freundschaft gewidmet.* 1953. Ein bisher unpubliziertes Dokument. Erstpublikation in diesem Band. Das Originalmanuskript befindet sich in den *Wissenschaftshistorischen Sammlungen der ETH-Bibliothek, Zürich,* Hs 176.

[17] W. Pauli: *Träume von Wolfgang Pauli.* Deponiert im Archiv von Aniela Jaffé, *Wissenschaftshistorischen Sammlungen der ETH-Bibliothek, Zürich,* Hs 1090:71.

[18] H. Primas: *Umdenken in der Naturwissenschaft.* GAIA 1, 5–15 (1992).

[19] R. Wilhelm: *Das Geheimnis der Goldenen Blüte. Ein chinesisches Lebensbuch. Übersetzt und erläutert von Richard Wilhelm, mit einem europäischen Kommentar von C. G. Jung.* Fünfte Auflage. Zürich. Rascher Verlag. 1957.

[20] R. Wilhelm: *I Ging, Texte und Materialien.* Aus dem Chinesischen übersetzt von Richard Wilhelm. München. Eugen Diederichs Verlag. 1990.

Die Begegnung des Menschen mit dem «Liecht der Natur»

Eva Wertenschlag–Birkhäuser

1. Einleitende Gedanken

Um unsere Zukunft weniger einseitig zu gestalten, müssen wir nach einer neuen geistigen Einstellung suchen. Eine neue Einstellung gewinnen wir jedoch nicht allein aus bewussten Überlegungen und aus dem Austausch von Theorien. Wir brauchen noch eine andere Quelle der Weisheit dazu, eine Quelle, die aus unserem Inneren fliesst, aus unserer unbewussten Psyche. In diesem Sinne scheint es mir wichtig, nicht nur über das Nichtrationale theoretisch zu reflektieren, sondern es unmittelbar sprechen zu lassen und in unser Denken und Handeln einzubeziehen.

In einem Brief von 1956 schrieb Pauli über die gefährliche Einseitigkeit unseres Denkens und folgert:

„Nur eine *chthonische*, instinktive Weisheit kann m. E. die Menschheit vor den Gefahren der Atombomben retten. ... In dieser schwankenden Notlage, wo alles zerstört werden kann – der Einzelne durch Psychose, die Kultur durch Atomkriege – wächst aber das Rettende auch, die Pole der Gegensatzpaare rücken wieder näher zusammen und der *Archetypus der Conjunctio* ist konstelliert."[1]

Jung nahm im Antwortbrief diese Gedanken auf:

„Die Vergesellschaftung von *Wissenschaft* und *Macht* ist der Ausdruck dafür, dass dem naturwissenschaftlichen Zeitalter in zunehmendem Masse die geistige Kritik abhanden gekommen ist. Sie hat sich wohl des Intellektes bemächtigt, hat aber keinen adaequaten Ausdruck gefunden für den geistigen Aspekt des seelischen Wesens. Da nun der traditionelle Geist, den wir kennen, sich mit Machtstreben vergiftet hat, so muss uns geistige Erkenntnis von einem Ort zuströmen, dem die Naturwissenschaft von vorne herein jede Bedeutung abspricht, nämlich aus der Natur selber, aus der Erde, und ihrer anscheinenden Ungeistigkeit. Sie raten daher richtig auf «chthonische Weisheit» und auf eine Einheit von Oratorium und Laboratorium, welche nun allerdings nichts mehr mit Kirche und Polytechnikum zu tun hat, sondern

---

[1] Brief von Pauli an Jung vom 23. Oktober 1956 (Brief Nr. 69 in [10], S. 140).

vielmehr die Angelegenheit des wirklichen und tatsächlichen Lebens des Einzelnen ist."[2]

Hinhören auf die «chthonische Weisheit». Was heisst das? Es ist zum Beispiel ein Hinhören auf die Träume. Die grossen Träume von Wolfgang Pauli und seine damit verbundenen Gedanken dokumentieren die Ernsthaftigkeit eines heutigen Menschen auf der Suche nach einem neuen Weltbild, nach neuem Verständnis. Sie können uns ein Einstieg sein. Unsere eigenen Träume führen das weiter. Alle sind wir angesprochen. Manche unserer Träume sprechen nicht nur vom Allerpersönlichsten. Sie sind auch verhüllte Antworten auf unsere kollektiven Probleme. Da haben wir einen gemeinsamen Boden und können einander auch verstehen. Da ist es nicht so wichtig, ob einer Physiker, Chemiker oder Psychologe ist.

Abb. 1: Laboratorium und Oratorium[3]

---

[2] Brief von Jung an Pauli vom Dezember 1956 (Brief Nr. 71 in [10], S. 155).
[3] Heinrich Khunrath, *Amphitheatrum sapientiae aeternae solius vere, Christiano – kabalisticum, divino – magicum ... Tertriunum, Catholicon*. Hanau 1604, Tab. III. Vergleiche auch C. G. Jung, *Psychologie und Alchemie*, Gesammelte Werke, Bd. 12 [7], Abb. 145, S. 336.

Jung spricht vom Oratorium neben dem Laboratorium und greift damit ein Bild aus der Alchemie auf.[4] Die Alchemisten pflegten ihre Erkenntnisse nicht allein aus den Experimenten zu gewinnen, sondern ebenso aus Gebeten, Meditationen und Träumen.

Jung betont damit eine vom Machtstreben freie Haltung, wenn es darum geht, auf die innere Wahrheit zu achten und die Bilder aufzunehmen, die gerade das ausdrücken, was wir bewusst noch nicht verstehen, das aber unsere Einseitigkeit und Gespaltenheit heilen könnte.

Zunächst müssen wir uns Klarheit darüber schaffen, was wir meinen, wenn wir vom Unbewussten, von den Archetypen, vom Selbst und vom Umgang mit Träumen sprechen. Daher soll eine kurze Einführung in einige Grundgedanken der Jungschen Psychologie die Voraussetzung dafür schaffen, wie wir uns Paulis Dokumenten nähern können. Im folgenden Teil werde ich drei Träume eines modernen Forschers ins Zentrum stellen. Sie zeigen, wie jeder von uns die «chthonische Weisheit» einbeziehen kann. Zudem sind es Dokumente dafür, wie das Unbewusste auf Probleme des Forscheralltages eines Einzelnen reagiert und symbolhaft Lösungen vorzeichnet.

2. Einführung in einige Grundgedanken C. G. Jungs

Die Entdeckungen Jungs vermitteln eine Weltanschauung und ein neues Menschenbild, die es ermöglichen, die Probleme unserer Zeit, unserer Kultur, einschliesslich der Naturwissenschaften, aus einer unerwartet anderen Optik als bisher anzusehen. Jungs Gedanken und seine daraus entwickelten therapeutischen Methoden kreisen im wesentlichen immer um eine *neue Beziehung zur Natur*, eine Beziehung, die darauf aufbaut, dass der Einzelne wieder in eine echte, selber erlebte Verbindung zum unbewussten Hintergrund kommt, zur eigenen inneren Natur.

2.1 Die Spaltung

Jung war eigentlich zutiefst erschrocken und besorgt über die Beziehungslosigkeit des modernen Menschen und über die Abgespaltenheit seines Bewusstseins von den unbewussten psychischen Wurzeln. Jung erkannte darin die Ursache für die allgemeine Orientierungslosigkeit in der Gesellschaft. Er schreibt:

„Gewaltiges an Nützlichem hat sich der Mensch errungen, dafür hat er aber auch den Abgrund der Welt aufgerissen, und wo wird er, wo kann er noch halt machen? Man hat nach dem letzten Weltkrieg auf die Vernunft gehofft; man hofft jetzt wieder. Aber schon ist man von den Möglichkeiten der Uranspaltung fasziniert und verspricht sich ein goldenes Zeitalter – beste Gewähr

---

[4] C. G. Jung, *Psychologie und Alchemie*, Gesammelte Werke, Bd. 12 [7], Kap. III.3.

dafür, dass der Greuel der Verwüstung ins Ungemessene wächst. Und wer ist es, der all dies zustande bringt? Es ist der sogenannte harmlose, begabte, erfinderische und vernünftige menschliche Geist, der nur leider seiner ihm anhaftenden Dämonie unbewusst ist. ... Nur ja keine Psychologie, denn diese Ausschweifung könnte zur Selbsterkenntnis führen! ... Wann kommt endlich die Zeit, wo man den Menschen nicht einfach in barbarischer Weise voraussetzt, sondern allen Ernstes nach Mitteln und Wegen sucht, ihn zu exorzisieren, seiner Besessenheit und Unbewusstheit zu entreissen, und dies zur wichtigsten Kulturaufgabe macht? Kann man nicht endlich begreifen, dass alle äusseren Aenderungen und Verbesserungen die innere Natur des Menschen nicht berühren, und dass doch schliesslich alles davon abhängt, ob der Mensch, der die Wissenschaft und Technik handhabt, zurechnungsfähig sei oder nicht?"[5]

Diese erschütternden Sätze, die wie ein Ausbruch an Verzweiflung klingen, formulierte Jung 1945 unter dem Eindruck der Scheusslichkeiten des zweiten Weltkrieges. Sie passen jedoch auch für heute. Jung schildert den einseitigen, modernen Menschen, der sich ganz mit seinem Bewusstsein und seinem Verstand identifiziert und vergessen hat, wo er wurzelt. Dadurch verliert er den Zugang zu seinem inneren Kompass, der ihm durch die Instinkte und das Ahnenwissen zugänglich wäre. Das Bewusstsein kann sich nicht mehr aus seinem schöpferischen Hintergrund erneuern. Die unbewusste Psyche aber entfaltet aus diesem Grund destruktive Wirkungen wie ein vernachlässigtes Körperorgan. Wir erleben dies z. B. als Besessenheit.

Die Abspaltung des Bewusstseins vom unbewussten Hintergrund ist ein modernes Phänomen. In solchem Mass wie heute gab es das wohl noch nie. Dieser Zustand entwickelte sich in den letzten 300 bis 400 Jahren, also seit der Aufklärung, parallel zum Aufschwung des modernen naturwissenschaftlichen Denkens und Experimentierens. Ich kann auf diese komplexe Entwicklung hier nur sehr vereinfachend eingehen und verweise auf den Vortrag von Hans Primas zu dieser Thematik. Für den mittelalterlichen Menschen gab es noch eine Weltseele, und seine individuelle Seele galt als mit dieser zusammenhängend.

Die Möglichkeit war damit offen, über die eigene Seele mit der ganzen Natur und dem darin verborgenen Sinn zu kommunizieren. Jeder besass eine würdige Rolle in der Schöpfung. Der Bruch zwischen Mensch und Natur wird mit der als Kartesianismus bezeichneten Weltanschauung deutlich. Sie unterscheidet zwei getrennte Welten: auf der einen Seite steht der erkenntnisfähige Mensch, auf der anderen Seite steht die von ihm völlig verschiedene, objektive Aussenwelt. Nur dem Menschen eignet eine Seele und ein Geist. Der Siegeszug dieser Philosophie führte zur Entseelung der Natur. Es entwickelte sich die Vorstellung der Welt als

---

[5] C. G. Jung, *Zur Phänomenologie des Geistes im Märchen*, Gesammelte Werke, Bd. 9/1 [8], Ziff. 454–455.

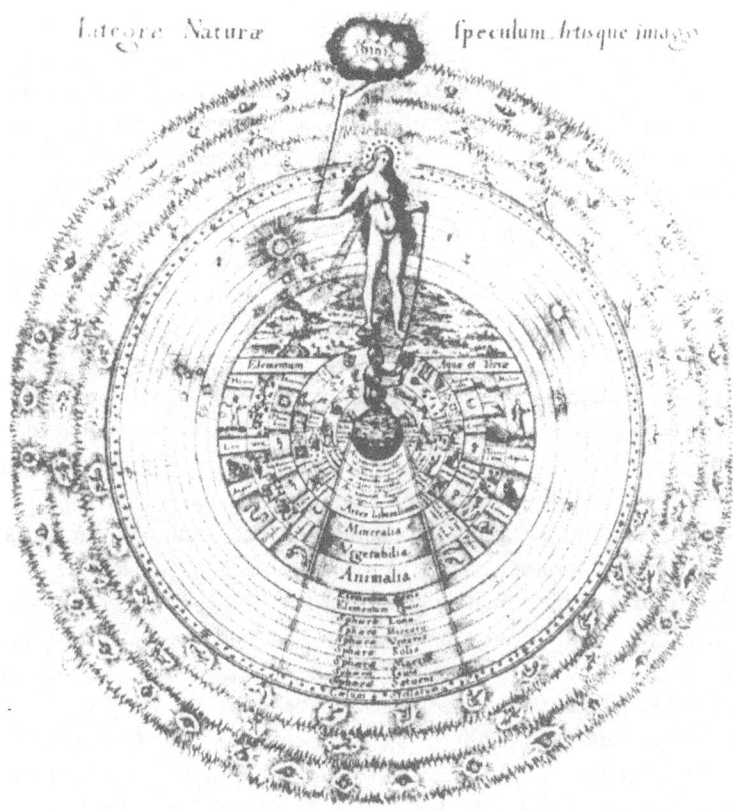

Abb. 2: Die weibliche Figur ist die von Gott geleitete (lunare) «anima mundi», die ihrerseits den Menschen führt.[6]

einer berechenbaren, rein kausal funktionierenden und sinnleeren Maschine. Heute sehen wir jedoch, dass der Kartesianismus tatsächlich zu einer tiefgreifenden Abspaltung des Menschen von der Natur geführt hat. Der Verlust des Zuganges zu einer sinnerfüllenden Weltseele verursacht heute eine krankhafte und krankmachende Isolation, denn sie hat eine masslose Überschätzung des Ichs zur Folge. Der moderne Mensch, der die Psyche nur noch mit seinem subjektiven Bewusstsein identifiziert, verliert die Beziehung zu den Tiefen seines Wesens, die über ihn hinausreichen. Das verborgene Wissen im Unbewussten und in der Natur überhaupt, das Paracelsus „Liecht der Natur" nannte, wird nicht mehr gesehen. So löst sich die Verbundenheit mit der Schöpfung.

---

[6] Robert Fludd, *Utriusque cosmi maioris scilicet et minoris metaphysica, physica atque technica historia.* Oppenheim 1617, S. 4–5. Vergleiche auch C. G. Jung, *Psychologie und Alchemie*, Gesammelte Werke, Bd. 12 [7], Abb. 8, S. 66.

3. Die Entdeckung der «objektiven Psyche»

Die klare Unterscheidung von Subjekt und Objekt, von psychisch und stofflich hat allerdings auch ihre sinnvollen Seiten. Für wissenschaftliche Erkenntnis ist sie zunächst unentbehrlich, und wir verdanken ihr den enormen Aufschwung der experimentellen Naturwissenschaften. Aber auch die in unserem Jahrhundert möglich gewordene Objektivierung und Beobachtung der unbewussten Psyche ist nur aufgrund einer gewissen Loslösung des Ichs aus der ursprünglichen Ununterschiedenheit denkbar.

Was versteht die Tiefenpsychologie unter unbewusster Psyche? Es ist ein Bereich, der der Menschheit unter anderen Namen schon immer bekannt war. Seit je gibt es die Erfahrung, dass uns aus der Innenwelt Fremdes und Unbekanntes zustösst. Es gibt Mächtiges in der Psyche, das wir nicht einfach unter Kontrolle haben. Wir können davon überrollt werden, z. B. von Ängsten oder von ideologischen Besessenheiten. Von dort kommt aber auch das Gefühl des Belebtseins. Die psychische Matrix ist zudem die Quelle, aus der uns Träume zustossen, die seltsam mehr wissen als das Bewusstsein. Von dort stammen die Einfälle und Ideen, von denen wir ahnen, dass wir sie nicht selber «gemacht» haben. Dazu gehören zum Beispiel die Eingebungen in der Kunst oder in der Forschung. Ja, das Wissen, das uns aus dem Inneren spontan zufliessen kann, betrifft oft auch Tatbestände der Aussenwelt oder gar Zukünftiges, so dass wir annehmen müssen, dass die Psyche nicht auf den Einzelmenschen begrenzt ist.

Jung erkannte, dass das Unbewusste nicht etwa nur aus Verdrängtem besteht und ein Nebenprodukt des Bewusstseins wäre, sondern, dass sich umgekehrt das Bewusstsein aus dem Unbewussten heraus entwickelt. Das Wachstum des Bewusstseins entsteht aus der Assimilation primär unbewusster Inhalte. Das Unbewusste besteht seinerseits aus verschiedenen Schichten. Das Bewusstseinsfeld mit dem individuellen Ich ist umgeben vom sogenannten persönlichen Unbewussten. Es enthält Inhalte, die zur individuellen Biographie gehören und die weitgehend vom Bewusstsein assimiliert werden können. Je tiefer wir vordringen, desto allgemeiner verbindende Inhalte stossen uns zu. Es gibt ein Unbewusstes der Familie, dann der grösseren Gruppe, eines Volkes, dann einer bestimmten Kulturgemeinschaft. Zum Beispiel finden wir bei uns Inhalte im Unbewussten, die typisch für uns Abendländer sind. Schliesslich stossen wir auf das kollektive Unbewusste. Dieses entspricht der eigentlichen Grundstruktur der menschlichen Seele. Von dieser Tiefenschicht sagt Jung, letztlich wüssten wir nicht, wie weit Psyche reiche. Sie verbindet gewiss die Menschen untereinander, aber vermutlich auch den Einzelnen mit der Umwelt. Jung beschreibt das in einem Brief mit folgenden Worten:

> „Diese spezielle Psyche verhält sich so, als wäre sie *eine* und nicht, als wäre sie in viele individuelle Seelen aufgespalten. Sie ist *nicht-persönlich*. (Ich bezeichne sie als «objektive Psyche».) Sie ist überall und zu allen Zeiten dieselbe. (Wäre dem nicht so, dann gäbe es keine vergleichende Psychologie.)

Da die «objektive Psyche» nicht auf die Person begrenzt ist, wird sie auch nicht durch den Körper begrenzt. Sie manifestiert sich daher nicht nur im Menschen, sondern gleichzeitig in Tieren und sogar in physikalischen Gegebenheiten ... Diese letzteren Phänomene bezeichne ich als die Synchronizität archetypischer Ereignisse. Zum Beispiel gehe ich mit einer Patientin im Wald spazieren. Sie erzählt mir den ersten Traum ihres Lebens, der einen unauslöschlichen Eindruck auf sie machte. Sie hatte einen Geisterfuchs gesehen, der die Treppe in ihrem Elternhaus herunterlief. In diesem Augenblick kommt, keine vierzig Meter von uns entfernt, ein wirklicher Fuchs unter den Bäumen hervor und läuft ein paar Minuten lang ruhig den Weg vor uns her. Das Tier verhält sich so, als wäre es der Partner in der menschlichen Situation."[7]

Vor allem auf Grund von Beobachtungen von Synchronizitäten, d.h. sinnvollem Zusammentreffen von innerpsychischen Wahrnehmungen mit äusseren Ereignissen, kam Jung in seinen späteren Jahren zur Annahme, dass das kollektive Unbewusste in eine Einheitswirklichkeit jenseits der Unterscheidung von Psyche und Materie reiche.

Es ist deutlich, dass Jung sich mit seinen Erkenntnissen dem mittelalterlichen Bild der anima mundi wieder annähert. Wesentlich ist jedoch, dass diese nicht projiziert nach aussen vorgefunden wird, sondern dass sie als psychische Realität erkannt und daher im Menschen erfahrbar wird.

4. Die Traumforschung – die Archetypen

Auf der einen Seite liess sich Jung nie dazu drängen, das Unbewusste mit einer eindeutigen Theorie zu «erklären». „ ... es blieb für ihn immer das uns wirklich Unbekannte von unermesslicher Tiefe und Weite."[8] Auf der anderen Seite war es ja gerade Jungs grosse Leistung, dieses Unbekannte sehr weit erforscht zu haben. Sein Weg, um das Unbewusste in seinen Gesetzmässigkeiten und Wirkungsweisen theoretisch zu erfassen, liegt bei der jahrzehntelangen, sorgsamen Beobachtung Tausender von Träumen. So entwickelte Jung etwa die Hypothese des kollektiven Unbewussten und viele weitere Arbeitsbegriffe, mit deren Hilfe es ihm und auch uns möglich geworden ist, uns der Innenwelt anzunähern. Für Jung bestand das Ziel weder in einem Zurücksinken in die Traumwelt noch in einer Dominanz des Bewusstseins über das Unbewusste. Ausschlaggebend sind die Auseinandersetzung und der Dialog des Bewusstseins mit dem Unbewussten, eine gegenseitige Durchdringung also. Erst durch eine Integration von unbewussten Inhalten ins Bewusstsein können diese bearbeitet werden und dadurch kann sich das

---

[7] C. G. Jung, Briefe. Erster Band. 1906–1945 [6], S.487.
[8] M. L. von Franz, *Träume* [2], S.39.

Bewusstsein schöpferisch weiter entwickeln. Das jedoch kann nur im Individuum durch eine Zuwendung zum Eigenen geschehen, was viel Arbeit und Verantwortung verlangt. Hier liegt die crux für viele Intellektuelle, die lieber über das Unbewusste philosophieren möchten. Sie wollen sich der unmittelbaren Erfahrung, die z.B. eine Konfrontation mit den Schattenseiten umfasst und die das Ego niemals unberührt lässt, nicht aussetzen. In einem Interview von 1952 äussert sich Jung über die Traumarbeit:

„Das kollektive Unbewusste ist gefährlicher als Dynamit, aber es gibt Wege, ohne allzu grosse Risiken damit umzugehen. Wenn man einen Zugang dazu hat, so hat man im Falle einer seelischen Krise eine viel bessere Chance, sie zu lösen, als jeder andere. Träume und Wachträume kommen einem zu Hilfe: Es lohnt sich, sie genauer zu betrachten. Jeder Traum birgt eine besondere Botschaft in sich: Er sagt einem nicht nur, dass etwas Tiefgreifendes nicht in Ordnung ist, sondern zeigt auch auf, wie aus der Krise herauszukommen ist. Denn das kollektive Unbewusste, welches solche Träume schickt, kennt die Lösung schon: In Tat und Wahrheit ging nichts vom Erfahrungsschatz, der sich seit undenklichen Zeiten in der Menschheitsgeschichte angesammelt hat, verloren; alle nur vorstellbaren Situationen und alle möglichen Lösungen sind im kollektiven Unbewussten aufbewahrt. Man braucht nur die «Botschaft» sorgfältig zu beachten, die das Unbewusste übermittelt und muss sie zu entziffern versuchen." [9]

In diesen Sätzen sind einige der wichtigsten Erkenntnisse Jungs zusammengefasst. Er vergleicht das kollektive Unbewusste mit Dynamit, weil die unbewusste Wirklichkeit nichts Harmloses ist. Es ist jedoch von enormer Bedeutung, dass Jung uns die *aufbauenden, ordnenden Energien* im Unbewussten transparent und zugänglich macht, ihre ausgleichende und heilende Tendenz. Die Psyche besitzt eine heilende, finale Dynamik. Dies steht in einem krassen Gegensatz zum kausal rationalen Denken seit der Aufklärung, das den finalen Gesichtspunkt ausschliesst.

Als bewegende Kerne hinter allen energetischen Abläufen in der Psyche entdeckte Jung *die Archetypen*. Sie sind letztlich unanschauliche Strukturen, angeborene Erfahrungsmöglichkeiten. Im bewusst-unbewussten Bereich manifestieren sie sich als symbolische Bilder. Nur die unanschaulichen Kerne sind gegeben, die Bildinhalte wandeln sich. Die archetypischen Bilder sind die gestalt- und sinngebende Seite der Triebe und Instinkte. Sie wirken zutiefst ergreifend. Sie sind das, was der Mensch als geistigen Trieb erfährt. Sie sind der Ursprung aller Geistestätigkeiten des Menschen, seiner geistigen Orientierung und Auffassungen. Jung bestand sehr darauf, die Archetypen nicht etwa nur als flüchtige Schemata zu

---

[9] *Eliade's interview for «Combat»* (publiziert in W. McGuire and R.F.C. Hull, *C.G. Jung Speaking* [9], S.231). Zitiert nach der deutschen Übersetzung: R. Hinshaw und L. Fischli, *G. Jung im Gespräch* [3], S.83.

verstehen. In einem Brief an Pauli schreibt er: „Es [die Archetypen] sind aber in Wirklichkeit an sich seiende geistige (bzw. psychoide) *Existenzen*, deren Eigenexistenz derjenigen des stofflichen Gegenstandes entspricht."[10]

Jung kam mehr und mehr zur Überzeugung – sicher auch durch den Gedankenaustausch mit Pauli – , dass die Archetypen nicht nur Geist und Trieb motivieren, also psychische Anordner sind, sondern auch in physisch materiellen Ereignissen nachzuweisen sind. Dies wird uns in Synchronizitäten empirisch erfahrbar. Letztlich könnten die Archetypen auch die Ordnungsfaktoren des Seins überhaupt sein. Hier liegt das Grenzgebiet, über das Jung und Pauli in manchen Briefen diskutieren.

Ich bleibe hier bei den psychischen Erfahrungen der Archetypen. Ihre autonome Eigenexistenz – wie es Jung nennt – können wir sehr wohl wahrnehmen. Ihre Konstellationen erkennen wir als zugrundeliegende Gestalt eines Lebensschicksals oder als die heilende Energie in einer Notlage. Kollektiv stehen die Archetypen hinter allen grossen kulturellen Bewegungen. An sich sind sie weder «gut» noch «schlecht». Sie können konstruktiv oder destruktiv wirken, je nachdem wie das kritische Bewusstsein darauf reagiert. Im negativen Sinne stehen Archetypen hinter ideologischen Besessenheiten oder blinder Faszination, im positiven aber hinter aller Kultur.

5. Das Selbst

Im Archetypus des Selbst erkannte Jung den übergeordneten Kern aller Archetypen und das anordnende Prinzip im kollektiven Unbewussten. Von dort geht jeder Drang nach Höherentwicklung und geistiger Bestimmung aus. Er steht gewissermassen als spiritus rector hinter der autonomen, unser Bewusstsein und unser Leben ausbalancierenden Aktivität des Unbewussten.

In der individuellen Arbeit mit Träumen begegnen wir dem Selbst als einem dem bewussten Verstand meist seltsam fremd gegenübertretenden Wissen. Marie-Louise von Franz schreibt sehr eindrücklich:

„Wer oder was ist dieses wunderbare etwas, welches die Traumbildserien komponiert? ... Wer «sieht» uns in dieser Situation ängstlich, in jener als zu selbstbewusst? Überhaupt, wer oder was schaut uns da an, klarer und unerbittlicher als der beste Freund oder Feind es tun könnte? Es muss ein Wesen von überlegenster Intelligenz sein, der Tiefe und Klugheit der Träume nach zu schliessen. Aber ist es überhaupt ein Wesen; hat es Persönlichkeit oder ist es mehr etwas Sachliches, wie ein Licht oder eine Spiegeloberfläche? ... Es

---

[10] Brief von Jung an Pauli vom 4. Mai 1953 (Brief Nr 61 in [10] S 114)

ist ein Etwas, das vom subjektiven Ich als Gegenüber erlebt wird, gleichsam als ein Auge, das uns aus der Seelentiefe ansieht."[11]

Symbolisch zeigt sich uns diese anordnende Mitte in Träumen oft als ein Mandala oder personifiziert als überlegenes Wesen. Wolfgang Pauli begegnete dieses superiore Wissen in Gestalt des «Fremden», den er schliesslich auch den «Meister» nannte. Pauli bezeichnet ihn in seinen Briefen als «erlösungsbedürftig». Dieser Andere will offenbar vom Bewusstsein anerkannt und berücksichtigt werden. Andernfalls drängt er sich störend auf. Pauli schreibt an Emma Jung: „Wird er zu wenig beachtet, so macht er sich mit allen Mitteln bemerkbar, z. B. durch synchronistische Phänomene (die er aber «Radioaktivität» nennt) oder durch Depressionszustände oder unverständliche Affekte."[12] Ja, er mache sogar krank, steht im Brief.

Es gibt tatsächlich eine seltsame Anziehung zwischen Ich und Selbst. Das «Auge aus der Tiefe, das uns anschaut», kann erst manifest werden, wenn es vom Bewusstsein gesucht und erkannt wird. In der Regel wird einem dieses tastende Wissen des Unbewussten erst beim Reflektieren von langen Traumserien im Zusammenhang mit dem eigenen Prozess transparent. Und es braucht meist eine fundamentale und oft leidvolle Verwandlung des Bewusstseins, bis eine schöpferische Verbindung der beiden Bereiche möglich wird. Aber das ist gerade die Heilung und Ganzwerdung. Es ist ein gegenseitiger Wandlungsprozess, den Jung Individuation genannt hat. Für den Einzelnen bedeutet das, dass eine Krise oder Einseitigkeit überwunden wird, indem sich das Bewusstsein aus den in den Träumen konstellierten Inhalten heraus erneuert. Die krankmachende Umklammerung durch das Unbewusste kann verlassen werden. Es entsteht ein gewandeltes Bewusstsein, das dauernd auf die Ganzheit ausgerichtet ist, indem es z. B. in Form von symbolischen Vorstellungen stets auch das Grössere ausdrückt.

6. Der Ouroboros – die Kulturerneuerung

Jung fand – übrigens erst im nachhinein – seine Erkenntnisse im Mythos der Alchemie ausgedrückt.[13] Ein Aspekt dieses Mythos ist die Selbsterneuerung. Das bekannte Bild der Schlange, die sich in den Schwanz beisst, der Ouroboros, fasst die Essenz dieses Wandlungsprozesses und der Gegensatzvereinigung zusammen.

Wir finden das Bild etwas abgewandelt auch im Gedankensystem des Robert Fludd, von dem Pauli so nachhaltig fasziniert war. Bei Fludd entsteht das neue Sonnenkind, man könnte sagen, das erneuerte führende Licht, aus einer Gegensatz-

---

[11] M. L. von Franz, *Träume* [2], S. 16f.
[12] Pauli in einem Brief an Emma Jung vom 16. November 1950 (Brief Nr. 44 in [10], S. 54).
[13] C. G. Jung, *Psychologie und Alchemie*, Gesammelte Werke, Bd. 12 [7].

vereinigung zweier konträrer Prinzipien. Es ist das jahrtausende alte Mythologem der Sonnenerneuerung. Individuell erlebt, entspricht die Selbsterneuerung, wie sie im Ouroborus oder in der Geburt des infans solaris des Fludd ausgedrückt wird, der Individuation. Das Bild gilt aber auch für den kollektiven Prozess der *Kulturerneuerung*. Jung war überzeugt, dass wir uns heute kollektiv im Zustand eines Überganges befinden. Das alte Denk- und Wertesystem vermag nicht mehr den ganzen Menschen zu ergreifen. Es ist wie die alte Sonne, die sich aber weigert unterzugehen und sich aus der Nacht zu erneuern. Durch unsere Abgespaltenheit vom unbewussten Hintergrund stehen wir einer schöpferischen Erneuerung aus dem Unbewussten feindselig gegenüber.

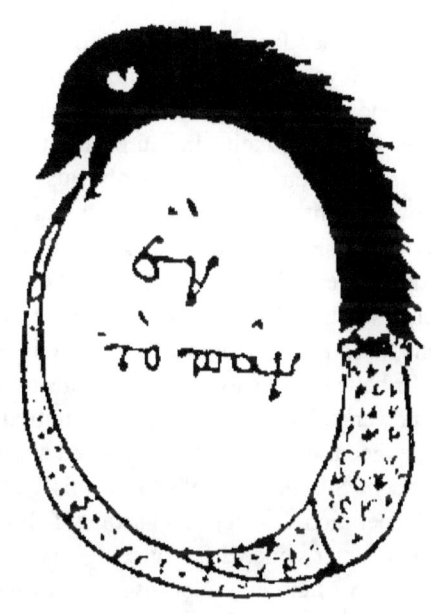

Abb. 3: Ouroboros
Inschrift: ἐν τὸ πᾶν
«Das Eine, das All» [14]

Wir versuchen krampfhaft, die anstehenden grossen Probleme unserer Zivilisation verstandesmässig zu lösen. Der Verstand jedoch genügt nicht mehr, den Trieben eine Richtung und Beschränkung zu geben. Der Machttrieb z. B. oder der Forschertrieb oder die heutige Anwendung der Forschung scheinen unsteuerbare Gewalten zu sein, die sich trotz allen vernünftigen Bekenntnissen und Ratschlägen nicht eindämmen lassen. Es fehlen geistige Vorstellungen, die auch die irrationale Seite des Menschen, seine Triebstruktur erfassen und ordnen. Dazu bedürfen wir lebendiger archetypischer Symbolvorstellungen, die sowohl dem Intellekt wie auch den Trieben die Ausrichtung geben. Die Integration des Wissens aus unserer Instinktgrundlage, aus unserem Ahnenwissen, ins Bewusstsein, kann uns einen neuen Mythos bringen. Ohne solche Obervorstellungen kann eine Kultur nicht leben.

---

[14] Aus der *Chrysopoiea der Kleopatra. Manuskript 2325 der Bibliotheca Marciana* in Venedig. Vergleiche auch Marie-Louise von Franz, *Zahl und Zeit* [1], S. 160.

7. Wolfgang Pauli

Allein in der Psyche des Individuums können neue archetypische Inhalte, die unsere Bewusstseinsdominante zu ändern vermögen, schöpferisch integriert werden. Sie konstellieren sich u.a. in den Träumen. In Wolfgang Pauli begegnen wir einer Persönlichkeit, die durch die unermüdliche, jahrzehntelange eigene Auseinandersetzung mit dem Unbewussten an der Erneuerung unseres modernen Bewusstseins gearbeitet hat. Pauli wurde auf Grund einer persönlichen Krise dazu gedrängt, sich dem Unbewussten zuzuwenden, ja, die unbewusste Psyche überhaupt als eine Wirklichkeit anzuerkennen. Darin ist Pauli vielen heutigen Menschen ähnlich. Es braucht meist einen Schock oder eine Notlage, bis wir geneigt sind, nach innen zu hören. Jung schreibt über den damals noch jungen Pauli:

„Er hatte den grossen *Vorteil, neurotisch zu sein*, und so kam jedesmal, wenn er versuchte, seiner Erfahrung untreu zu werden oder die Stimme zu verleugnen, der neurotische Zustand sogleich zurück. [Gemeint ist die gebieterische Stimme des Selbst in Paulis Träumen. Die Verfasserin.] Er konnte ‚das Feuer nicht löschen' und schliesslich musste er den unbegreiflich numinosen Charakter seiner Erfahrung zugeben. ... Aber Fragment zu sein, bedeutete für diesen Mann eine Neurose, und es bedeutet dasselbe noch für eine grosse Anzahl anderer Menschen."[15]

Hinter Paulis Krise stand der natürliche Drang, ganz zu werden. Es war ihm nicht möglich, in der Einseitigkeit eines engen Weltbildes zu bleiben. Seine Individuation ist untrennbar verknüpft mit dem Problem der kollektiven Kulturerneuerung. Pauli war ein eminent schöpferischer Mensch. Dementsprechend waren viele seiner Träume von einer Qualität, die weit über das Alltägliche und Nur-Persönliche hinausgehen. In manchen seiner grossen Träume und Visionen wurde Pauli von archetypischen Inhalten bedrängt, die uns alle betreffen. Ihn persönlich haben sie zu einer jahrelangen Sinnsuche veranlasst. Seine Briefe dokumentieren sehr eindrücklich, wie ernsthaft er die geheimnisvollen Inhalte aus den Träumen schöpferisch zu einem neuen Naturverständnis, zu einem neuen Mythos, verarbeitete. Darin war Pauli ein Geistesverwandter zu Jung. Beide Männer waren von grossen Visionen, wie sie sich im kollektiven Unbewussten heute konstellieren, bewegt. Ihre gemeinsamen Gedanken – es sind eben keine intellektuellen Spekulationen – kreisen um die letztlich unerkennbare Einheit des Seins, den Zusammenhang von Geist und Materie. Es sind neue Auffassungen, die unsere Weltanschauung, unsere dominierende «Sonne» verwandeln können.

---

[15] C. G. Jung, *Psychologie und Religion*, Gesammelte Werke, Bd. 11 [5], Ziff. 74–75.

8. Chthonische Weisheit

Die folgenden drei Träume stammen von einem Naturwissenschaftler aus der heutigen Generation. Es sind Träume, die wohl Reaktionen auf die individuelle Situation eines Menschen sind. Aber sie betreffen Probleme, die ganz typisch für die Welt der naturwissenschaftlichen Forschung sind, so dass sich wohl viele angesprochen fühlen. Ich wähle absichtlich das Beispiel eines anonymen Menschen und nicht etwa von Pauli, damit deutlich wird, dass nicht nur Wunderkinder (Pauli wurde als Wunderkind bezeichnet) wichtige Träume haben, sondern wir alle. Wir kommen damit in unmittelbaren Kontakt mit der «chthonischen Weisheit», von der Jung und Pauli sprechen.

Der Träumer ist ein Naturwissenschaftler, der mit viel Begeisterung und Begabung in der Forschung tätig ist. Seit mehreren Jahren beachtet er seine Träume und hat sich zudem mit der Gedankenwelt Jungs vertraut gemacht. Seine Träume zeigen ihm vermehrt, dass seine Seele unter der beziehungslosen und ausbeuterischen Art der Forschung leidet. Als er sich in Amerika in einem Forschungsinstitut aufhielt, reagierte sein Unbewusstes sehr heftig. Er träumte, dass an diesem Ort genmanipulierte Hunde gezüchtet würden. Auf einmal entdeckte er, dass es nicht Hunde, sondern Frauen waren. Sie schrien vor Schmerz. Der Traum spricht für sich selbst. Genmanipulation ist nicht das Arbeitsgebiet des Träumers, und doch erscheint im Traum gerade dieses schockierende Bild. Der Mann stand vor unlösbaren Konflikten, denn das Naturverständnis und das Menschenbild in den Naturwissenschaften waren ihm suspekt geworden. Wie weiter?

Am Tag vor dem folgenden Traum befasste sich der Mann intensiv mit Jungs Werk Mysterium Coniunctionis. Dabei gingen ihm zwei fundamentale Erkenntnisse auf: Zum einen, dass neben der physiko-chemischen Dimension des Seins die psychische Dimension eine ebenbürtige Wirklichkeit ist und zum anderen, dass der Stoff und die Psyche zusammenhängen und in beiden vermutlich der gleiche autonome und schöpferische Geist – die Archetypen – wirksam ist. Er träumte:

„Wir sind in einem kleinen Ruderboot auf dem See. Der Wasserstand ist tief.

Das Boot gleitet dahin. Wie durch einen inneren Impuls gelenkt greife ich plötzlich ins Wasser bis auf den Grund und ziehe - selber überrascht – eine Flasche Wein heraus. Offenbar ist diese schon lange einmal ins Wasser gefallen, denn die Etikette, die noch dran ist, lautet auf 1917. Der Wein ist also genau 75jährig. Es ist ein Veltliner. Ich staune. Ich bin ein Glückspilz.

Darauf in der Stadt, am Abend auf dem Heimweg. Da begegne ich meinem Studienfreund. Er grüsst mich nicht. Ich kehre um, damit wir uns richtig begegnen. Ich frage ihn, ob er mich vergessen habe? Er reagiert böse, wird immer wütender. Er sagt, ich hätte ihn verleumdet. Ich versuche ihn zu beruhigen. Doch das hilft nicht. Schon steht er oben auf einer Terrasse und droht, mich mit einem schweren Gegenstand zu erschlagen. Ich überlege, ob ich fliehen solle. Da beginnt ein schmächtiger Typ auf mich einzuschlagen. Es ist Einstein. Er trägt einen Kampfhelm und hartes Schuhwerk, mit dem er mich tritt. Ich bin unbewaffnet, ausgesetzt. Mir kommen die Schlägertrupps der Nazis in den Sinn. Da kommt schon so ein Trupp daher, bewaffnet, in Einerkolonne. (Es folgt dann eine lange Flucht. Der Träumer entkommt.) Schon fast zuhause, kommt er an einem Garten vorbei. Da ist ein Paar, das sich gemütlich einrichtet. Die Frau sucht ihr Geld. Da zeigt ihr der Freund, dass sie ja ganz viele Checks in der Tasche habe: 3x25 Tausend Pfund."

Ich möchte vorausschicken, dass Träume in symbolischer, das heisst vieldeutiger Sprache sprechen. Wir müssen daher jedes Bild sorgfältig umkreisen, damit die Bedeutungskeime für das Bewusstsein zugänglich werden. Wein symbolisiert einen Aspekt des Archetyps des Geistes. In der Eucharistie ist der Wein die Essenz Gottes. Das Traumbild erinnert auch an das Märchen «Der Geist in der Flasche». Dort ist der Geist Merkurius, der schöpferische Geist der Natur, in der Flasche. Dieser Geist hat also nichts mit dem Intellekt und dem Bewusstsein zu tun, sondern bedeutet eher das Urphänomen des Geistes, der dem Menschen zustösst. Jung schreibt über den Geist: „Er [der Mensch] hat den Geist ja nicht selber erschaffen, sondern dieser macht, dass er erschafft; er gibt ihm den Antrieb und den glücklichen Einfall, die Ausdauer, die Begeisterung und die Inspiration. Aber er dringt so ins menschliche Wesen ein, dass der Mensch in schwerster Versuchung steht, zu glauben, dass er selber der Erschaffer des Geistes sei und dass *er* ihn *habe*. In Wirklichkeit aber nimmt das Urphänomen des Geistes den Menschen in Besitz …"[16]

Nun ist dieser Geist im Traum – als Saft der Trauben ist er «chthonischer Geist», wie der Geist aus der unbewussten Natur – bereits gegoren und veredelt und 1917 in einer Flasche gefasst worden. Das Veredeln und Fassen des Traubensaftes ist Bild für ein vom Bewusstsein geleistetes Verarbeiten des ursprünglichen Geistes. Der Traum bezieht sich damit direkt auf die Lektüre von Jungs Buch. Jung schöpfte seine Ideen aus den Erfahrungen am Unbewussten. Aber er hat diese Erfahrungen auch verarbeitet und in seinen Büchern zugänglich gemacht. Im Falle des Mysterium Coniunctionis ist es zudem die Symbolik der Alchemie, die Jung wie Traummaterial interpretiert hat, und die für uns somit wieder lebendig und als eigene Erfahrung verständlich wird. Warum die Betonung genau auf dem Jahre 1917 liegt, kann ich nur ahnungsweise verstehen. Es ist jene Zeit, als Jung unter Verzicht auf eine wissenschaftliche Karriere als Professor seine eigenen Wege ging. Er besass damals noch sehr wenig gesicherte Kenntnisse über das Unbewusste. Jung schreibt über diese Zeit: „Ich wurde gezwungen, den Prozess des Unbewussten selber durchzumachen. Ich musste mich zuerst von diesem Strom mitreissen lassen, ohne zu wissen, wohin er mich führen würde."[17] Auf diese

---

[16] C. G. Jung, *Zur Phänomenlogie des Geistes im Märchen*, Gesammelte Werke, Bd. 9/1 [8], Ziff. 393.

[17] C. G. Jung, *Erinnerungen, Träume, Gedanken von C. G. Jung. Aufgezeichnet und herausgegeben von Aniela Jaffé* [4]. S. 200.

Weise gelangte Jung zum selber erfahrenen Wissen, dass es ein regulierendes Zentrum in der Psyche gibt. So bilden seine damaligen Erfahrungen das Fundament seiner später formulierten Theorien, des Weines, den wir heute geniessen können. Die Flasche, die dem Träumer glücklich zufällt, liegt in einem See, wo sie eigentlich nicht hingehört. Man kann vermuten, dass dieser «gefasste» Geist durch Verdrängung aus dem Bewusstsein entschwunden ist. Das entspricht wohl der kollektiven Missachtung des Werkes von Jung.

Nun gibt es aber im Träumer eine heftige Gegenreaktion von Seiten des Schattens. Die Gedanken, die ihm bei der Lektüre aufgegangen waren, sind offenbar unvereinbar mit der anerkannten naturwissenschaftlichen Weltanschauung. Der Freund ist der persönliche Schatten des Träumers. Er ist der fraglos Karriere machende Naturwissenschaftler in ihm. Dieser ahnt nichts von einem autonomen Geist der Natur. Das Wissen darum würde natürlich einiges in seinem Weltbild ändern. Hinter ihm steht jedoch der kollektive Machtschatten der etablierten naturwissenschaftlichen Tradition. Einstein – eine Autoritätsfigur für viele Forscher – kann man hier als einen Papst der Naturwissenschaft auffassen. Diese Welt duldet nicht so leicht Veränderung. Auch ist das Denken der Naturwissenschaft ein eigentliches Machtinstrument geworden. Es ist Herrschaftswissen und garantiert die Dominanz des Menschen über die Natur. In Paulis Dokumenten treffen wir ebenfalls auf dieses Problem. In einem Brief an Frau von Franz schreibt Pauli[18]: „ ... z. B. träume ich von wissenschaftlichen Kongressen, die in Russland unter Polizeidruck stattfinden u. wo niemand reden darf, was er wirklich denkt." Und weiter spricht Pauli von der „Diktatur des rationalen Intellektes, bezw. der Kollektivmeinung in geistigen Dingen". Die Nazischlägertrupps im Traum entsprechen also etwa der Diktatur und dem Polizeidruck, den Pauli fürchtete und der sicher dazu beitrug, dass er viele seine Gedanken vor der Öffentlichkeit verschlossen hielt. Wie bei Pauli ist der Machtschatten hier ein kollektives und ein persönliches Problem. Gemäss Aussage des Traumes ist es hier jedoch nicht möglich, das Problem in einer offenen Konfrontation zu lösen, zum Beispiel durch eine öffentliche wissenschaftliche Auseinandersetzung. Der Träumer wäre dazu noch nicht gerüstet.

Die letzte unscheinbare Traumszene könnte eine Lösung andeuten. Der Träumer sieht ein Paar in einem Garten. Das erinnert an die stille Arbeit der Alchemisten. Das alchemistische opus, die Verwandlung des Geistes in der Flasche, wurde häufig als die Arbeit eines Paares dargestellt.

---

[18] Brief von Pauli an von Franz vom 18. April 1951, *Wissenschaftshistorische Sammlungen der ETH-Bibliothek Zürich*, Hs 176:14 [11].

Abb. 4 Ein Alchemistenpaar kniet betend vor dem Ofen, in dem der Verwandlungsprozess stattfindet.[19]

Und auf den alten Bildern ist der Garten häufig der Ort des Laborierens. Das Paar, die Beziehung, ist Spiegelbild für die Begegnung zwischen Gegensätzen, z. B.

---

[19] Mutus Liber, La Rochelle 1677, Tab. 11.

zwischen dem Bewusstsein und dem Unbewussten, Mensch und Natur oder Geist und Materie. Das Verbindende ist der Eros. Dort liegt der grosse «Schatz». Doppelsinnig spricht der Traum von 3x25 Tausend Pfund. Das erinnert wieder an den 75jährigen Wein. Man könnte den Traum mit den am Anfang zitierten Worten von Jung zusammenfassen. Die Vereinigung von Gegensätzen vollzieht sich nicht theoretisch im Polytechnikum, sondern im wirklichen und tatsächlichen Leben des Einzelnen. Ein späterer Traum desselben Mannes:

„Es ist in Amerika auf einer Wanderung. Es ist eine abendliche Stimmung. Da werden die kaktus- oder tannenartigen Bäume ganz rot. Ich werde aufgeregt. Die Bäume sehen aus wie leuchtende Kerzen. Wir laufen, um die Sonne zu sehen. Sie ist am Untergehen, riesig, glutrot. Es ist als sähen wir über den Horizont hinaus. Schliesslich ist sie verschwunden. Aber dann sind wir an einem anderen Ort, wo die Sonne noch ziemlich hoch am Himmel steht. Sie ist noch nicht einmal rot. Dann: Ich bekomme von einer Frau eine Kette geschenkt. Offenbar habe ich den Wert noch gar nicht erkannt. Eine Frau erklärt mir, dass die Abfolge der Steinchen, die auch durch Metallstückchen unterbrochen wird, einen Rhythmus enthalte, der Tiefsinniges ausdrücke. Der Rhythmus habe auch mit meinem Leben zu tun."

Das Motiv der Sonne steht für den kollektiven Zeitgeist und hier besonders für die in der Naturwissenschaft dominierenden Vorstellungen, denn es ist in Amerika. Amerika bedeutet für den Träumer wie für viele Naturwissenschaftler das Mekka der Forschung. Dorthin pilgern jene, die ihre Karriere befestigen wollen. Doch scheint gerade dort im Traum eine Sonne, die sich dem Abend nähert. Es ist – im mythischen Bild – die «alte Sonne», die sich bald erneuern muss. Die Sonne scheint im Traum nur zögernd unterzugehen. Das entspricht wohl einer kollektiven Angst vor der Nacht, denn dann haben wir kein Licht mehr, das uns den Weg weist, keine Orientierung. Anders ausgedrückt: die wissenschaftlichen Massstäbe, an die alle glauben, geraten ins Wanken. Aber letztlich geht die Sonne natürlich einfach unter, wenn es Zeit ist. Darauf haben wir keinen Einfluss. So wie im vorherigen Traum kein offener Kampf mit dem kollektiven Schatten möglich war, so sagt auch dieser Traum, dass der Träumer die Verwandlung der kollektiven Bewusstseinsdominante nicht beschleunigen kann, sondern einfach abwarten muss. Wir können wohl im geistigen Austausch Kritik am alten Weltbild anbringen, die Veränderung tritt aber genau dann ein, wenn die Zeit dafür reif ist.

Wesentlich jedoch ist die Wandlung des Einzelnen. In diese Richtung weist die zweite Traumszene. Dem Träumer steht eine Verdunkelung bevor. Vielleicht weiss er dann nicht mehr, wo und wie es beruflich weitergeht. Aber seine Anima, die Verkörperung des Unbewussten, seine Seelenführerin, kann sich in der Nacht orientieren. Die Kette, die sie ihm schenkt, ist wie der Faden der Ariadne. Im Unbewussten ist ein Orientierungswissen da, das ihm zu Hilfe kommt. Die Kette ist ein geschlossener Kreislauf. Wie der Traum sagt, besteht dieser Zyklus aus rhythmisch sich wiederholenden Sequenzen. Es gibt tatsächlich uraltes archetypisches Wissen über den Zyklus, der abläuft, wenn die «Sonne» in die Nacht untertaucht und figürlich stirbt. Im altägyptischen Sonnenerneuerungsmythos vereinigt sich die Sonne auf ihrer Reise durch die Unterwelt im Todesmoment mit dem Licht der Nacht. Sie wird neu gezeugt und geht am Morgen wieder verjüngt am Himmel auf. Diese Gegensatzvereinigung ist ebenso ein Hauptbild in der Alchemie, dargestellt im Ouroboros. In den alten Mythen ist der Kreislauf auch rhythmisch gegliedert, z. B. in die 12 Nachtstunden oder die 7 Stufen. Dieses archetypische Wissen wird nun im Träumer spontan lebendig, wenn sein Bewusstsein nicht weiter weiss. Die Rhythmen der Kette entsprechen seinem Leben. Das ist ein Hinweis auf seine Individuation, die einer Sonnenerneuerung in ihm selber entspricht.

Der Mann sagt in seinen Assoziationen, die Kette im Traum mahne ihn an den Rosenkranz. Die Kette ist damit eine Hilfe zu einer meditativen Konzentration. Wie im Gebet muss sich der Mann auf das Grössere in ihm ausrichten. Das mahnt wieder an das Oratorium im alchemistischen Prozess. Jedes Steinchen der Kette könnte einem richtungsweisenden Traum entsprechen. Die Kette ist ausserdem ein weibliches Symbol, und sie wird ihm von einer Frau geschenkt. Sie drückt Verbindung und Beziehung, d. h. Eros aus. So steht sie für eine Geisteshaltung, die das männliche Denken, das eher auf Trennen als auf Verbinden gerichtet ist, als Gegensatz ergänzt. Die Anima zeigt dem Träumer die Verbindung seines Bewusstseins mit der Tiefe, den Weg zur Ganzheit. Zusammenfassend können wir den Traum folgendermassen verstehen: Die kollektive Bewusstseinsdominante verdunkelt sich. Sie muss sich wieder mit ihrem archetypischen Kern, dem Selbst im Unbewussten verbinden und erneuern. Diese Erneuerung geschieht in der Individuation des Einzelnen. Das spontane archetypische Wissen kann den Mann durch diesen Wandlungsprozess führen. Die Erneuerung seines Bewusstseins ist der Beginn der Kulturerneuerung. Zum Schluss ein weiterer tief eindrücklicher Traum des gleichen Mannes:

„An einem steilen Hang in einem Wald sitze ich mit C. G. Jung und einer Studienkollegin vor einer Hütte. Ich höre gespannt zu, was Jung zu einem Traum meiner Kollegin sagt. Da kommt auf einmal Wind auf. Dann hören wir eine Kuhglocke im Wald. Es ist eine geheimnisvoll geladene Stimmung. Ich denke, das seien Synchronizitäten. Auch Jung nimmt die Ereignisse wahr. Da erscheint auf einmal eine junge, schöne Frau. Sie entschwindet wieder und jetzt, wie aus dem Nichts, taucht ein ganz ursprüngliches Bauernpaar auf. Ich bin sofort gepackt und laufe dem Paar entgegen. Ich weiss, «das sind die Ahnen». Sie sind fast doppelt so gross wie wir. Sie tragen alte Bauernkleider. Der Mann strahlt grosse Ruhe aus. Er hat nicht unsere Hektik. Er ist wie aus einer anderen Welt. Da fragt er: ‚Was ist los? Wo bleibt ihr? Was macht ihr Menschen?' Die Fragen sind in der Luft. Ich klettere an der Frau hoch und küsse sie zur Begrüssung. Auch sie strahlt diese Fragen aus. Tränen kommen mir in die Augen. Ich sage: ‚Ich weiss nicht. Es ist so eng hier im heutigen

Leben. Ich bin so eingeengt.' Allmählich erwache ich, weinend, erschüttert. Das Erlebnis bleibt lange lebendig."

Dieser wunderbare Traum ist eine tief bewegende Urerfahrung. Mir scheint, hier komme, in Gestalt des Bauernpaares, aus der Tiefe der Psyche eine lebendige Wirklichkeit ans Licht, die wir alle in uns tragen. Nur im Bewusstsein und in unserer Lebensweise als moderne Intellektuelle und als Grossstadtmenschen haben wir uns vom archaischen, echt naturverbundenen Menschen weit entfernt. Ich vermute, dass viele Naturwissenschaftler – unsere modernen Naturspezialisten – nicht mehr viel vom Kreislauf der Natur wissen. Eingesperrt in den Hightechlaboratorien und den klimatisierten Bibliotheken kennen sie Blumen, Tiere und Sterne nicht aus dem eigenen Kontakt. Über das alte Bauernwissen könnten wir jetzt lange erzählen. Unsere Vorfahren wussten viel über die Natur, zum Beispiel über ihre natürlichen Zyklen und ihre Regenerationsfähigkeit. Es ist ein Wissen, das sie aus unmittelbarem Kontakt mit der Natur lernten. Und ebenso wussten sie unglaublich viel über die verborgene Dimension, über die Seele, die innere Natur. Man denke etwa an die Sagen, Bräuche und Riten. Sie besassen einen Orientierungssinn, von dem wir scheinbar abgeschnitten sind.

Der Traum sagt jedoch: Sie sind eigentlich immer da, unsere Ahnen, der archaische Mensch. Unsere Vorfahren wollen mitleben. Sie haben uns etwas zu sagen. Wir kommen in Kontakt mit ihrem Wissen, wenn wir wieder mehr mit dem Naturkreislauf leben. Das ist sicher ganz konkret aufzufassen als Lebensweise. Aber auch nachts in den Träumen erfahren wir das Ahnenwissen, die Weisheit unserer Instinktgrundlage. Jung sagt, im Traum konsultieren wir den zwei Millionen Jahre alten Menschen in uns.[20] Jeder Mensch ist zugleich dieser uralte Mensch. Wenn wir mit ihm verbunden sind, dann spüren und wissen wir, was zu tun ist. Dann bekommen wir Antworten auf unsere Fragen, denn wir sind wie selbstverständlich mit der Natur und ihrer Weisheit verbunden.

Danksagung

Ich danke Frau Dr. Marie-Louise von Franz und dem *Pauli-Komitee (CERN)* für die Erlaubnis, aus einem der unpublizierten Briefe von Pauli zu zitieren.

---

[20] C. G. Jung in dem Interview *The 2.000.000-year old man*, publiziert in W. McGuire and R. F. C. Hull, *C. G. Jung Speaking* [9], S. 88–90.

Literaturhinweise

[1] M.-L. von Franz: *Zahl und Zeit. Psychologische Überlegungen zu einer Annäherung von Tiefenpsychologie und Physik.* Stuttgart. Ernst Klett Verlag. 1970.

[2] M.-L. von Franz: *Träume.* Zürich. Daimon Verlag. 1985.

[3] R. Hinshaw und L. Fischli: *C. G. Jung im Gespräch. Interviews, Reden, Begegnungen.* Zürich. Daimon Verlag. 1986.

[4] C. G. Jung: *Erinnerungen, Träume, Gedanken von C. G. Jung. Aufgezeichnet und herausgegeben von Aniela Jaffé.* Zürich. Rascher Verlag. 1962.

[5] C. G. Jung: *Gesammelte Werke. Elfter Band. Zur Psychologie westlicher und östlicher Religion.* Zürich. Rascher Verlag. 1963.

[6] C. G. Jung: *Briefe. Erster Band. 1906–1945.* Olten. Walter-Verlag. 1972.

[7] C. G. Jung: *Gesammelte Werke. Zwölfter Band. Psychologie und Alchemie.* Olten. Walter-Verlag. 1972.

[8] C. G. Jung: *Gesammelte Werke. Neunter Band. Erster Halbband. Die Archetypen und das kollektive Unbewusste.* Olten. Walter-Verlag. 1976.

[9] W. McGuire and R. F. C. Hull: *C. G. Jung Speaking. Interviews and Encounters.* Princeton, New Jersey. Princeton University Press. 1977.

[10] C. A. Meier (Hg.): *Wolfgang Pauli und C. G. Jung. Ein Briefwechsel 1932–1958.* Berlin. Springer. 1992.

[11] W. Pauli: *Briefwechsel mit Marie-Louise von Franz.* Die Originalmanuskripte befinden sich in den *Wissenschaftshistorischen Sammlungen der ETH-Bibliothek, Zürich,* Hs 176.

Archetypische Träume zur Beziehung zwischen Psyche und Materie

Theodor Abt

1. Anpassung an die Innenwelt

Der archaische Mensch kennt keine Spaltung in Innen- und Aussenwelt. Seine Phantasie- und Traumwelt ist vermischt mit dem, was wir Moderne mit Aussenwelt bezeichnen. Er lebt in einer beseelten Umwelt. Darum sprechen die Ethnologen bei diesem Zustand vom «dream-age», weil noch nicht zwischen einer Aussenwelt und einer Innenwelt unterschieden wird.[1] Dieselbe Erlebnisweise können wir auch beim Kleinkind beobachten: Wenn es zum Beispiel behauptet, ein böser Wolf liege unter seinem Bett, so erkennen wir, dass es noch nicht so zwischen Innen- und Aussenwelt unterscheidet wie wir Erwachsene. Doch unsere Erwachsenenkultur trennt und unterstellt: In der Aussenwelt gibt es diesen Wolf nicht. In der Innenwelt des Kindes dagegen wirkt offenbar etwas Angsterregendes, symbolisiert durch den bösen Wolf. Dabei macht dieser innere Wolf dem Kind genau so wirksam Angst wie ein Wolf in der Aussenwelt. Der «innere Wolf» ist somit ebenfalls eine Wirklichkeit, indem er eben etwas bewirkt, wirksam ist.[2]

Historisch und entwicklungspsychologisch gesehen bedeutet Bewusstwerdung einerseits ein allmähliches Wahrnehmen der Innenwelt und auf der anderen Seite eine Ausdehnung des objektiven Wissens über die Aussenwelt. Das letztere entspricht einer extravertierten Orientierung und führt zu einer Verbesserung der Anpassung an die Aussenwelt. Umgekehrt entspricht die Zunahme der Erfahrung von innerseelischen Gesetzmässigkeiten einer introvertierten Anpassung an die Innenwelt. In dieser Hinsicht haben beispielsweise die pharaonische[3] oder die

---

1 Der Ethnologe Levy-Bruhl sprach in *La mentalité primitive* [23] als erster von einer «participation mystique» des archaischen Menschen mit seiner Aussenwelt.

2 Ausführliches dazu bei M.-L. von Franz, *Spiegelungen der Seele* [9], S. 14–16.

3 Über 3000 Jahre gehörte es zum Wissen der pharaonischen Kultur, dass sich das kollektive Bewusstsein, verkörpert durch den Pharao, immer wieder mit der jenseitigen Nachtwelt verbinden muss, um sich zu erneuern, das heisst um so wieder richtig auf die Mächte der Nachtwelt bezogen zu sein, Voraussetzung für ein richtiges Funktionieren des Tagesbewusstseins. Dargestellt wurde dieser Prozess im Mythos der Erneuerung der Sonne im nächtlichen Urgewässer, einem Symbol für das überpersönliche Unbewusste. Vgl. dazu etwa E. Hornung: *Die Nachtfahrt der Sonne* [11].

chinesische Kultur[4] eine viel höhere Anpassungsleistung vollbracht als wir. Bei uns sprach man in früheren Zeiten bei dieser Anpassung an die Innenwelt von der Erforschung des Willens Gottes und vom Umgang mit Geistern und Dämonen.

Seit dem 16. Jahrhundert hat in unserer Kultur ein einseitiges Überhandnehmen der extravertierten Anpassung an die Aussenwelt stattgefunden. Im Zuge dieser Entwicklung erfolgte allmählich eine Entzauberung oder (präziser und weniger entwertend) eine Entseelung der Materie. In den Baumgeistern, Wassernymphen und Korngeistern des Volksglaubens sah man Phantasiegespinste.[5] Die Aussenwelt wurde objektiviert und von der nun subjektiv verstandenen Innenwelt klar getrennt. Dieser Prozess der Entseelung bedeutete eigentlich die Gefangennahme der Weltseele, der *anima mundi*[6], indem man glaubte zu wissen, um was es sich handelt.[7] Ohne eine seelische Dimension in der Materie kann der Mensch ungehemmt über die Aussenwelt verfügen, allein Grenzen setzen. Deshalb wurde diese Entseelung der Materie als Befreiung von der Natur und ausschliesslich als grosser Fortschritt empfunden. Diese einseitige Anpassung an die materielle Aussenwelt hatte zur Folge, dass die geistigen Einflussfaktoren (früher Geister, Dämonen usw. genannt) immer weniger beachtet wurden, weil sie aus dem Weltbild weggezaubert waren. Damit wurde auch das reiche Wissen unserer Vorfahren im Umgang mit diesen Kräften scheinbar überflüssig.[8]

Doch dann kam etwas Unerwartetes. Kaum glaubte man, die entzauberte Aussenwelt ganz in den Griff zu bekommen, wurde vor gerade etwa 100 Jahren erstmals empirisch ein innerseelischer Bereich erkannt, von welchem Störungen ausgingen, die unter Umständen zu einer Neurose oder Psychose führen können. Diese geistigen Einflussfaktoren stammten aus einem Dunkelbereich, welcher dem Bewusstsein nicht zugänglich ist. Aus diesem Grund sprachen dessen Hauptentdecker Sigmund Freud und Carl Gustav Jung vom Unbewussten. Diese unbekannte Innenwelt enthält unsere allgemeinmenschliche Instinktgrundlage, unsere «patterns of behaviour».

---

4 Vgl. dazu etwa das System des *I Ging* [29]. Der I Ging basiert auf dem Zusammenwirken der Prinzipien von Yin und Yang und von Innenwelt und Aussenwelt.

5 Dokumentation und Diskussion dieses Prozesses in Th. Abt: *Fortschritt ohne Seelenverlust* [2], Teil 3.

6 Ermorden kann man die Seele bekanntlich nicht, sondern nur in Ketten legen. Statt der anima mundi finden wir manchmal auch den Begriff des spiritus mundi. Da für uns die Erde als Mutter Erde weibliches Vorzeichen trägt – im Gegensatz etwa zur pharaonischen Erdgottheit *Geb*, welche männliches Vorzeichen trug – wird hier nur die anima mundi genannt.

7 So schlug beispielsweise Kepler vor, statt von einer anima mundi von Kraft zu sprechen ([21], S. 129). Vergleiche dazu auch den Beitrag *Kepler und Fludd* von Eva Wertenschlag-Birkhäuser in diesem Buch.

8 Zum Volkswissen im Umgang mit dämonischen Kräften sei als Beispiel auf G. Isler: *Die Sennenpuppe. Von der religiösen Funktion einiger Alpensagen* [13] verwiesen.

Zu den einzelnen Trieben gehören typische Vorstellungen, welche diesen Form, Richtung und Sinn vermitteln, denken wir dazu etwa an die bekannten sogenannten Auslöser des Sexualtriebes, die wir bereits aus der Tierwelt kennen. Diese zu den Trieben gehörigen Vorstellungen und Abläufe haben, wie die Triebe selber, eine typische, allgemeinmenschliche Struktur. In Anknüpfung an die abendländische Tradition nannte Jung diese unanschaulichen Strukturprinzipen unserer Vorstellungen die Archetypen. Aufgrund der Beobachtung von Synchronizitätsphänomenen und in Zusammenarbeit mit Wolfgang Pauli erweiterte Jung in seinem Spätwerk den Begriff des Archetypus zu einem Ordnungsprinzip, welches nicht nur die Bildvorstellungen und energetischen Abläufe der Psyche, sondern auch die Materie zu beherrschen scheint.[9]

Jungs jahrelange Untersuchung der Beziehung zwischen Innen- und Aussenwelt brachte seine Forschung in Beziehung zur Tradition der Alchemie, deren zentrales Anliegen ebenfalls eine Verbindung dieser Gegensätze war. Die in den alchemistischen Traktaten immer wieder auf andere Art beschriebene Vereinigung der Gegensätze zum Beispiel von Sonne und Mond ist eine symbolische Darstellung der Verbindung der Gegensätze der Tag- und der Nachtwelt. Deshalb spielten in den bedeutenden alchemistischen Traktaten Träume und innere Gespräche (sog. aktive Imaginationen) eine so wichtige Rolle.[10]

Das Gelingen einer dauerhaften Verbindung von Innenwelt und Aussenwelt wurde von den Alchemisten symbolisch und auf verschiedene Art als Lichterfahrung beschrieben.[11] Darin sah Jung ebenfalls eine Analogie zu Erfahrungen aus seiner eigenen Praxis. Dies führte ihn zur Hypothese einer Luminosität der Archetypen, einer Erkenntnisquelle aus dem Dunkel der Innenwelt, welche durch ein aufmerksames Studium der inneren Bilder verdichtet und dadurch zu einem orientierenden *lumen naturae* werden kann. Weil die Archetypen des Unbewussten

---

9 Vergleiche dazu den Brief von Pauli an Jung vom 31. März 1953 (Brief Nr. 60 in *Wolfgang Pauli und C.G. Jung. Ein Briefwechsel 1932–1958* [24], S. 107 und S. 114).

10 Zum Beispiel in den Schriften des Zosimos (eines griechischen Alchemisten, 4. Jh. n. Chr.). Vergleiche dazu M. Berthelot, *Collection des Alchemistes Grecs* [5], Bd. III, Teile II, III, und V [bis], oder das Kitab Qratis al-Hakim in: M. Berthelot *La chimie du Moyen Age* [6], Bd. III, S. 44–75.

11 Eine gute bildhafte Beschreibung des alchemistischen Werkes findet sich in einem auf Arabisch erhaltenen Hermes-Zitat: „Oh du Suchender, dieses (alchemistische) Werk ist vergleichbar dem Wasser, welches aus dem Erdinneren in einen bestimmten Garten gelangt, entweder mit Hilfe eines Gefässes oder direkt von einer Quelle, welche dort aus der Erde entspringt. Dadurch wird die trockene staubige Erde feucht. Dann wandelt sich das Wasser zu leuchtenden goldenen Früchten, dank der vortrefflichen Kraft Gottes." Die Erde ist die konkrete «harte» Wirklichkeit der Aussenwelt. Das Wasser ist der belebende «Ausfluss» aus der Tiefe der Seele. Wenn das zusammengebracht und «kultiviert» wird, erwachsen daraus mit der Zeit – und mit Gottes Hilfe – die leuchtenden goldenen Früchte, das heisst dauerhafte Einsichten, «Erleuchtungen» (zitiert aus Rutbat al-Hakim, *Maslama al-Majriti,* Rampur Library, Nord-Indien, MS Nr. LXXVII, Fol. 215 b).

auch den Bereich der Materie berühren, könnte dieser Schritt zu einer Befreiung der *anima mundi* führen, aber diesmal auf der innerlich erfahrbaren Ebene. Es handelte sich somit nicht einfach um eine Befreiung, sondern um eine Verlagerung in eine von innen her kommende Erfahrung. Dies bedeutet keinen Rückfall in die ursprüngliche *participation mystique* der Innenwelt mit der Aussenwelt. Denn das mühsam erworbene wissenschaftliche Unterscheidungsvermögen muss beim Nachvollzug dieser Erkenntnisse nicht geopfert werden. Im Gegenteil: Es wird zur Erforschung und zum richtigen Verständnis der Phänomene der Innenwelt – zum Beispiel von Träumen – benötigt.

Seither erbrachte weitere Forschung vielfache Indizien für die Existenz eines allen Menschen gemeinsamen Unbewussten.[12] Trotz dieser Erkenntnisse der Wirklichkeit der Innenwelt bereitet der Einbezug des Unbewussten in die wissenschaftliche Forschung Schwierigkeiten. Ein praktischer Beitrag, wie das geschehen könnte, stammt vom Physiker Wolfgang Pauli. Eine Lebenskrise anfangs Dreissig veranlasste ihn, in die Tiefe seiner Seele einzudringen, wobei hinter der persönlichen Problematik auch unsere unbewusste Zeitproblematik sichtbar wurde. So schrieb er 1939 an Jung, nachdem er sich schon mehrere Jahre mit den Traumbildern seiner seelischen Innenwelt beschäftigt hatte:

„Die spezifische Gefahr meines Lebens war die, dass ich in der zweiten Lebenshälfte *von einem Extrem ins andere falle* ... Ich war in der ersten Lebenshälfte zu anderen Menschen ein zynischer, kalter Teufel und ein fanatischer Atheist u. intellektueller «Aufklärer». — Der Gegensatz dazu wäre einerseits ein Hang zum Kriminellen, zum Raufbold (was bis zum Mörder hätte ausarten können), andrerseits ein weltabgewandter, ganz unintellektueller Eremit mit ekstatischen Zuständen u. Visionen. ... Nun geht die Sache aber weiter: dieses Umschlagen ins Gegenteil ist eine Gefahr, die nicht nur mir persönlich droht, sondern unserer ganzen Kultur."[13]

Pauli erkannte also, dass seine persönliche Einseitigkeit und Abgeschnittenheit von der anderen Seite auch ein Stück unserer Zeitproblematik spiegelte.

Es darf als ein grosser Glücksfall gelten, dass wir das Ringen dieses grossen Naturwissenschafters um ein Verständnis seiner Innenwelt derart ausführlich dokumentiert besitzen. Aus Paulis bewusstem Leiden an seinem inneren Spannungsfeld wurden zahlreiche grosse Träume geboren. Diese entpuppten sich nicht nur für Pauli selber als Orientierungshilfe[14], sondern erscheinen in einem weiteren Zusammenhang als wertvoll: Sie wurden von Jung in seinem Buch *Psychologie*

---

[12] Besonders erwähnenswert sind diesbezüglich die Forschungsresultate der Humanethologie (vergleiche etwa I. Eibl-Eibesfeldt, *Human Ethology* [7]) und der Medizin (vergleiche dazu den Beitrag von Rigmor Robèrt in diesem Buch).

[13] Brief von Pauli an Jung vom 24. Mai 1939 (Brief Nr. 30 in [24], S. 31).

[14] Aus dem Briefwechsel *Wolfgang Pauli und C. G. Jung* [24] können wir ersehen, zu welch bedeutenden schöpferischen Fragen und Einsichten ihn seine Erforschung des Unbewussten geführt hat.

und Alchemie mit Hilfe der alchemistischen Symbolik bearbeitet.[15] Sein Deutungsversuch zeigte eine Parallele zwischen der Bemühung Paulis, seine Innenwelt mit seiner Bewusstseinswelt in eine fruchtbare Verbindung zu bringen, und dem Wandlungsprozess, den die Alchemisten beschrieben haben. Paulis Suche nach einer Versöhnung von Innen und Aussen könnte deshalb als ein modernes *opus alchymicum* betrachtet werden, durchaus vergleichbar dem *opus* von Isaac Newton.[16] Paulis Träume bildeten für ihn eine Brücke zum Verständnis dessen, was in seinem emotionalen Hintergrund aktiviert war. Sie ermöglichten so eine gewisse Versöhnung und Verbindung seines stark rational geprägten Bewusstseins mit seiner Innenwelt. Im Licht der alchemistischen Tradition gesehen, scheinen Paulis Träume Teile eines «grossen Traumes» oder eines neuen Mythos zu bilden, der das in einseitigem Rationalismus verlorene moderne Bewusstsein wieder mit seinem Ursprung verbinden könnte. Weil dieser verbindende Mythos überpersönlicher Natur ist, dürften Paulis grosse Träume nicht nur für ihn selber ein Beitrag zur Anpassung an die Gegebenheiten der Innenwelt sein.[17]

2. Berechtigte Angst vor der Phantasiewelt?

Bevor wir die aufgeworfene Frage nach dem neuen Mythos weiter untersuchen, müssen wir uns der oben genannten Feststellung zuwenden, dass der Einbezug der Wirklichkeit der Innenwelt in wissenschaftlichen Kreisen Schwierigkeiten verursacht. Wie können wir das verstehen? Ein Hauptgrund dafür dürfte in der Schwierigkeit liegen, dass die Erforschung der Innenwelt deren Erfahrung bedingt. Diese ist jedoch nicht unproblematisch. Denn wenn wir die «andere Welt» des Unbewussten betreten, begegnen wir all jenen Aspekten, denen wir eigentlich lieber nicht begegnen möchten. Es sind nicht nur die als peinlich empfundenen Aspekte der inneren Schattenwelt, welche Widerstände auslösen. Es ist auch nicht ungefährlich, die Nachtwelt, das Chaos, heraufkommen zu lassen, vor allem weil oftmals die symbolische Auffassung für die Inhalte dieser anderen Welt aus den

---

[15] C. G. Jung, *Psychologie und Alchemie*, Gesammelte Werke, Bd. 12 [17].

[16] Vergleiche dazu den Beitrag von Rigmor Robèrt in diesem Buch.

[17] Die Traumserie, welche Jung in *Psychologie und Alchemie* (Gesammelte Werke, Bd. 12 [17]) gedeutet hat, stammt von Wolfgang Pauli. Beachtenswert dazu ist die grössere Anzahl und die ausführlichere Deutung von Paulis Träumen in Jungs Seminarien *Dream Symbols of the Individuation Process* (volume I: *Bailey Island Seminar*, 20–25 Sept. 1936, volume II: *New York Seminar*, 16–18, 25–26 Oct. 1937; beide multigraphiert und nicht publiziert) und *Psychology and Religion* (*The Terry Lectures*, Yale University, 1937; revidierte deutsche Übersetzung publiziert als *Psychologie und Religion*, Gesammelte Werke, Bd. 11 [14], Kap. 1). Ich verdanke die Kenntnis der unpublizierten Seminarunterlagen Sir Laurens van der Post.

Augen verloren wurde.[18] Auch ist der modernen Gesellschaft die Tradition des Umgangs mit solchen Inhalten weitgehend entglitten. Wird unter solchen Umständen die tieferliegende innere Bilderwelt aktiviert, so mangelt es oft am dazu nötigen Auffassungsvermögen. Das Bewusstsein kann in der Folge von der unbewussten Innenwelt überschwemmt werden.

Die Belebung der seelischen Innenwelt ist auch deshalb problematisch, weil eine Begegnung des klaren Bewusstseins mit den dunklen Mächten der inneren Nachtwelt zu einer Vermischung dieser beiden Welten führen kann. Dies hat gewisse negative Konsequenzen: Faszination, Verlust von Unterscheidungsfähigkeit und Humor und in der Folge oft ein unkritisches Verkündertum, alles Wesenszüge, welche in wissenschaftlichen Kreisen berechtigte Abwehrreaktionen auslösen. Eine Begegnung mit den tieferen Schichten des Unbewussten wurde deshalb stets als etwas Gefährliches empfunden und benötigt eine sorgfältige Auseinandersetzung.[19]

Die Angst vor dem Unbewussten wird somit verständlich und ist nicht unberechtigt. Und trotzdem kommen wir nicht darum herum, diese innere Wirklichkeit mit der nötigen Besonnenheit zur Kenntnis zu nehmen und weiter zu erforschen. Denn ausgerechnet im Jahrhundert der wissenschaftlichen Klarheit wurde der Menschheit zweimal besonders brutal die verheerende Kraft von unbewusst wirkenden Phantasiebildern vor Augen geführt: Der Mythos von Blut und Boden und der Mythos des Paradieses auf Erden. Deshalb hilft es wenig, wenn wir hoffen, die Macht von mythologischen Phantasien zu brechen, indem wir sie «entlarven». Damit wird das Problem des richtigen Umgangs mit innerseelischen Mächten kaum gelöst. Das Gegenteil könnte zutreffen: Je mehr wir glauben, durch Vernunft alle ausserrationalen Einflüsse ausgeklammert zu haben, desto eher können uns mythologische Phantasien unerkannt von hinten packen. Die Mythen können trotz aller Aufklärung zurückkommen, sei es in Form von mythologisch geprägten politischen Ideologien, oder sei es, wie wir nun an einem Beispiel untersuchen wollen, in der Wissenschaft.

---

[18] In pharaonischer Zeit wurde dieses gefährliche Chaos durch die Apophis-Schlange symbolisiert. In den Unterweltbüchern findet sich ein bildhafter Umgang mit diesem lebensspendenden, doch höchst gefährlichen Apophis. Es heisst dazu: „Kenne die Unterweltlichen! ... Nützlich ist es für einen Mann auf Erden, ein wahres Heilmittel. Millionenfach erprobt." (aus dem *Amduat*, erstmals bezeugt im Grab von THUTMOSIS I, ca. 1500 v. Chr., zitiert nach E. Hornung: *Die Unterweltsbücher der Ägypter* [12], S. 72, vergleiche auch S. 69).

[19] Dies ist auf der ganzen Welt bereits im Schamanismus bekannt. Vergleiche dazu etwa M. Eliade, *Schamanismus und archaische Ekstasetechnik* [8].

3. Der Mythos vom ganzheitlichen Denken.

Pauli suchte mit Hilfe einer Einheitssprache nach einer Versöhnung der Gegensätze von Physis und Psyche, von Aussenwelt und Innenwelt. Er strebte damit nach einem ganzheitlichen Weltbild.[20] Dieses Anliegen ist inzwischen zu einem generellen Bedürfnis herangewachsen. Angesichts der zunehmenden Vernetzung aller Dinge sowie der globalen Umweltkrise wird heute vom wissenschaftlichen Forscher immer mehr ein ganzheitliches Denken gefordert. Dies soll uns dazu bringen, das übergeordnete Ganze im Auge zu behalten, also nicht nur irgend ein Teilsystem zu optimieren. Doch was soll das heissen? Wo sind die Grenzen eines solchen Denkens? In letzter Konsequenz würde das bedeuten, dass wir bei solch ganzheitlichem Denken auch die Galaxien im Auge behalten müssten. Theoretisch wäre es zwar möglich, unser Bewusstsein beliebig auszudehnen, doch praktisch stossen wir sehr schnell an die Grenzen unseres Auffassungsvermögens. Ist somit die Forderung nach ganzheitlichem Denken ein neuer Mythos der Wissenschaft?

Die Forderung nach ganzheitlichem Denken bedeutet eine neue wissenschaftliche Auffassungsart, welche sich darum bemüht, nicht nur das klar Erfassbare, sondern auch das Unfassbare im Auge zu behalten. Die Suche nach einer adäquaten Auffassung des Unfassbaren jenseits des Bewusstseins war immer das zentrale, doch rational niemals begreifbare Rätsel der Menschheit. Es fand seinen Niederschlag in mythologischen Phantasien (*«mythos»*, hier verstanden als eine Geschichte, die den Menschen mit der jenseitigen Welt verbindet). Hinter der Forderung nach ganzheitlichem Denken könnte man somit die Suche nach einem neuen Mythos vermuten, der uns wieder mit dem Unfassbaren oder Ausserrationalen verbinden würde. Das wäre nicht zum Nachteil der Wissenschaft. Denn wir können nicht in einer auf das Rationale beschränkten Teilwelt leben, ohne dass wir uns und unsere Mitwelt dabei zerstören. Die Forderung, ganzheitlich zu denken, können wir somit als den Anfang einer mythologischen Phantasie verstehen, um uns erneut mit den Archetypen der Innenwelt zu verbinden. Wenn wir uns dessen bewusst werden, dann können wir bewusst an diesem neuen Mythos arbeiten. Anderenfalls besteht die Gefahr, dass wir von den Mächten ausserhalb der ratio besessen werden, wie das zahlreiche heutige Ideologien zeigen, welche den ausschliesslichen Anspruch darauf erheben, die Erneuerung des «grossen Ganzen» zu bringen.[21]

Doch was könnte das bedeuten, am neuen Mythos arbeiten? Um diese Frage angehen zu können, müssen wir uns die Bedeutung der Symbole als Brücke zu den «Faktoren» der jenseitigen Welt (d.h. den Archetypen des kollektiven

---

[20] Vergleiche dazu den Brief von Pauli an Jung vom 23. Oktober 1956 (Brief Nr.69 in [24], S.140). Vergleiche auch den Beitrag von Hans Primas in diesem Buch.
[21] „Der wesentliche Inhalt aller Mythologien und aller Religionen und aller -ismen ist archetypischer Natur." (C. G. Jung, *Theoretische Überlegungen zum Wesen des Psychischen*, Gesammelte Werke, Bd. 8 [16], Ziff. 406).

Unbewussten) vergegenwärtigen: Die alten Mythen und Symbole zur Auffassung des Göttlichen oder der übergeordneten Ganzheit haben für nicht wenige Leute ihre Wirkungskraft verloren. Vielleicht sind wir deshalb – meist ohne das zu wissen – heute auf der Suche nach einer neuen Brücke, die uns mit dem Ganzen erneut verbinden könnte.[22] Die Forderung nach ganzheitlichem Denken könnte so als ein Ausdruck dieser Suche verstanden werden. Deshalb wollen wir im Folgenden untersuchen, ob uns spontan entstandene Symbole in Träumen aus unserer Zeit Hinweise geben, welche Archetypen (als mythenbildende Kräfte des Unbewussten) zur Zeit konstelliert sind. Dies könnte uns Einsichten über potentielle Entwicklungen geben, wodurch wir die aufbauenden Aspekte dieser Kräfte des emotionalen Hintergrundes zu erkennen vermögen.[23] Denn die Archetypen des Unbewussten sind „immer bipolar, das heisst sie haben eine positive und eine negative Seite. Das Auftreten eines Archteypus ist (deshalb) stets eine kritische Sache, wobei man nicht von vornherein ausmachen kann, wohin sich der weitere Weg wenden wird. Das hängt in der Regel von der Art und Weise ab, wie das Bewusstsein sich dazu stellt."[24]

In unserem Zusammenhang wollen wir uns speziell archetypischen Träumen[25] im Umfeld der Beziehung des Menschen zur Materie zuwenden, um zu sehen, welche Kräfte hier aktiviert sind, und in welche Richtung die aufbauende Linie dieser Bilder gehen könnte.[26] Denn in der Beziehung zwischen Psyche und Materie wird sich unser Weltbild wahrscheinlich in erster Linie wandeln müssen, wie das bereits aus zahlreichen Träumen von Pauli ersichtlich wurde. Dabei soll sowohl die Traumauswahl als auch deren Deutungsversuch lediglich als Hinweis

---

[22] „Habetibus symbolum, facilis est transitus!" („Wenn ihr Symbole habt, so ist die Wandlung ein leichtes") heisst die zentrale alte Weisheit der Naturphilosophen.

[23] Vergleiche dazu das eindrückliche Buch von Charlotte Berath, *Das Dritte Reich des Traumes* [4]. Frau Berath hatte in den Jahre 1933/34 unter Lebensgefahr Träume von verschiedenen Bekannten über die Nazibewegung gesammelt. Viele dieser Träume zeigen in erschütternd-erstaunlich klarer Weise die erst später klar sichtbare teuflische Destruktivität dieser Massenbewegung.

[24] C. G. Jung, *Nachwort zu «Aufsätze zur Zeitgeschichte»*, Gesammelte Werke, Bd. 10 [18], Ziff. 461.

[25] Unter archetypischen Träumen verstehen wir Träume mit mythologischen Motiven, welche dem Träumer selber oft nicht bekannt sind. Zur Unterscheidung von archetypischen und sogenannten kleinen Träumen verweise ich auf H. Yehezkel Kluger: *Archetypal Dreams and «Everyday» Dreams - a Statistical Investigation into Jung's Theory of the Collective Unconscious* [22].

[26] Über die Methode der Traumdeutung und die Problematik des Verständnisses von archetypischen Träumen in Beziehung auf kollektive Probleme verweise ich auf meinen Arktikel *Auf der Suche nach einem Dialog mit der Natur* [3].

verstanden werden, wie allenfalls ein gemeinsames *«mythologein»*[27] über die Ganzheit von Psyche und Materie aussehen könnte.

4. Traum vom Schöpferspiel

Unser erstes Beispiel stammt von einer Teilnehmerin der Lehrveranstaltung *Archetypische Träume zur Umweltproblematik* im Sommer 1990 an der Eidgenössischen Technischen Hochschule (ETH) in Zürich. Die Frau war damals Doktorandin an einer Ingenieurabteilung dieser Schule. Sie hatte kein spezielles Interesse an Fragen über Gentechnologie oder ähnliches. Sie hatte den Traum am Morgen nach der Vorlesung. Sie war gerne bereit, diesen Traum in der nächsten Vorlesung zu erzählen. Nach ihrem Bericht war sich die Hörerschaft einig, dass dieses Dokument nicht nur der Träumerin etwas zu sagen habe, sondern uns alle angehe. Hier der leicht gekürzte Traum:

„Ich bin mit meinen Freunden an einer Geburtstags- oder Silvesterparty. Wir sind alle ausgelassen und heiter. Begeistert machen wir ein Spiel: Wir kneten Figürchen aus warmer Knetmasse, bestehend aus Zellkulturen, die unter richtiger Behandlung zu Leben erweckt werden können. Allerdings ist die Chance, dass die Figuren lebendig werden, sehr gering. Ich versuche ca. 20 cm grosse Menschlein zu formen. Man muss jedes Organ so genau ausbilden, wie es das Individuum, das geformt werden soll, zum Leben braucht. Bei so komplizierten Organismen wie den Menschen ist es also recht unwahrscheinlich, funktionstüchtige Organe auszubilden. Zudem müssen die Figürchen eine gewisse Zeit bei einer bestimmten Temperatur gekühlt werden, um lebendig zu werden. Uns ist zwar allen bewusst, mit welch heiklem Werkstoff wir spielen, aber das kümmert uns überhaupt nicht, weil es ja so unwahrscheinlich ist, dass Leben entstehen könnte. Als wir fertig sind, legen wir unsere Figuren in die Kühlschränke und warten gespannt, ob nicht doch ein kleines Lebenszeichen zu entdecken sei.

Während alle übrigen in kindlicher Erwartung gespannt auf das Resultat aus den Kühlschränken warten, packt mich plötzlich die Angst. Was passiert, wenn meine Menschlein doch lebendig würden? Es wären ja total entstellte Krüppel, die nicht in die menschliche Gesellschaft integriert würden. Sie könnten niemals ein menschenwürdiges Dasein fristen. Und ich wäre für diesen Unfug verantwortlich. Die Krüppelchen würden mir zu Recht meinen Leichtsinn vorhalten. Wenn sie lebten, müsste ich sie eigentlich töten, aber dann stünde ich vor meinen Freunden als Mörderin da. In panischer Angst reisse ich die Kühlschranktür auf und entdecke erleichtert, dass meine

---

[27] «Mythologein», vom Griechischen «erzählen». Über die religiöse Funktion von Erzählkreisen in früheren Zeiten sei auf die Arbeit von G. Isler, *Die Sennenpuppe* [13], verwiesen.

Figuren noch warm sind, also nicht leben.
Szenenwechsel: Ein paar Tage später erzähle ich einem Bekannten von unserem gefährlichen Partyspiel. Er sagt, dass es ihm bei so einem Spiel in Japan tatsächlich gelungen sei, einen lebenden Fisch zu kreieren. Dieser Fisch sei jedoch ein Krüppel unter den Fischen. Für ihn bedeute das Leben nichts als Qual. Er wünsche ihm eigentlich die Erlösung durch einen möglichst raschen Tod. Aber ein japanischer Naturschutzverein möchte diese seltene Fischart erhalten, ja er verlange sogar von meinem Bekannten, dass dieser sich für den Schutz seines Fisches vor der Ausrottung einsetzte. Ich möchte jetzt nicht in der Haut meines Bekannten stecken und nehme mir vor, nie wieder mit dieser Zellkultur-Knetmasse zu spielen."

Der unheimliche Traum beginnt mit einer harmlosen Geburtstags- oder Silvesterparty. Das weist auf Übergang und Neuanfang. Etwas Altes geht zu Ende, Neues beginnt. Was bringt das Neue? In solchen Zeiten des Übergangs wird die Phantasiewelt besonders belebt. Jemand hat die ansteckende Idee, aus Zellmasse Lebewesen herzustellen. Alle machen begeistert mit. An die Folgen dieses «Schöpfer-Spiels» denkt allerdings zunächst niemand. Denn es ist offenbar völlig unwahrscheinlich, dass aus der Knetmasse je höhere Lebewesen entstehen.

Die Träumerin selber hatte den Einfall, kleine Menschlein zu kreieren, so wie Gott den Adam aus Lehm erschaffen hat. Die Erzeugung eines kleinen Menschen oder irgend eines Lebewesens aus einer homogenen Ausgangsmaterie ist eine verbreitete mythologische Phantasie, deren Anfänge sich bis in die auslaufende Antike zurückverfolgen lassen.[28] Es handelt sich dabei um die bekannte Zielvorstellung der Alchemie, aus einer prima materia einen kleinen Menschen herzustellen. Wie Jung gezeigt hat, bedeutet die Erzeugung eines *homunculus* (oder eines Äquivalents) die Bewusstwerdung des allregulierenden zentralen Archetyps im seelischen Innenraum. Er nannte diesen das Selbst.[29]

Im Gegensatz zum alchemistischen Werk spricht der Traum von einer Mehrzahl von Menschlein. Das Resultat des Spiels ist somit nicht eine Einheit und das Resultat einer Gegensatzvereinigung, wie das mit dem einen filius philosophorum beschrieben wird. Ebenfalls im Unterschied zum äusserst mühsamen und lange dauernden opus alchymicum benötigt hier im Traum die Schöpfung von höherem Leben nur einen Abend. Am Schluss muss man das Erschaffene in einen Kühlschrank stellen, und schon könnte die von Menschenhand geformte Knetmasse zu

---

[28] Vergleiche zum Beispiel M. Berthelot, *Collection des Alchemistes Grecs* [5], Bd. 2, Teil III, Abschnitt XLIX, §6. Über die Herstellung irgend eines Lebewesens als Ziel des alchemistischen Werkes vgl: l.c. Teil III, Abschnitt XL, §2. Zur Vorstellung einer homogenen Ausgangsmaterie, aus welcher alles Mögliche geboren werden kann, vergleiche l.c. Teil III, Abschnitt XLII, §3 und Abschnitt XXI, §1. Das Partyspiel erinnert auch an das Motiv aus dem Sagenbereich der sogenannten Sennenpuppe (vergleiche dazu [13]).

[29] Ausführliches bei C. G. Jung, *Psychologie und Alchemie*, Gesammelte Werke, Bd. 12 [17].

neuen Lebewesen erweckt werden, allerdings mit geringster Wahrscheinlichkeit.[30] Alchemistisch gesehen ist in diesem Traum auch sonst noch einiges verkehrt: Das Schöpferwerk ist nicht die Bemühung des Einzelnen, sondern ein Gesellschaftsspiel und damit ist auch die materia prima kein Geheimnis des Einzelnen, sondern eine kollektive Grundmasse. Auch ist die Einstellung diesem Schöpferwerk gegenüber infantil und ohne jegliche Ehrfurcht. Weiter wird statt einem Ausbrüten der Wandlungssubstanz im Feuerofen bei mildem Feuer diese im Wandlungsgefäss, dem Kühlschrank, abgekühlt. Kälte und Abkühlung ist das Gegenteil des lebensfördernden Prinzips. Insbesondere ist hier der Aspekt der Gefühlskälte hervorzuheben. Statt Lebenswärme zu erzeugen, muss bei dieser verkehrten Neuschöpfung die Lebenswärme herausgenommen werden. Das Spiel erscheint somit wie ein Mimikri des opus alchymicum. Von einem daimon antimimos (mimeomai, griechisch: nachahmen, nachmachen), einem gefährlichen Nachäffer des alchemistischen Werkes, der sich selber als Gottessohn bezeichnet, warnte schon Zosimos, einer der bedeutendsten Alchemisten (4.Jh.n.Chr.).[31] Auch die Gnostiker sprechen von einem derartig teuflischen Weltenschöpfer.[32] Doch plötzlich realisiert die Träumerin den Wahnwitz dieses Spiels und wird von panischer Angst gepackt. Sie ist erleichtert: Noch ist kein Menschlein lebendig geworden.

Wie der zweite Teil des Traumes zeigt, gelang es in Japan trotz aller Unwahrscheinlichkeit, mit dieser Knetmasse Leben zu erzeugen. Japan ist bekannt als ein Land mit einer differenzierten Kultur und grossen schöpferischen Kräften. Der Schatten dieser Fähigkeiten ist der *daimon antimimos*, eine destruktiv wirkende Schöpferkraft. Das Verkehrte des neugeschaffenen Fisches wird drastisch sichtbar. Gemäss dem Traum will ein japanischer Naturschutzverein diesen einen Fisch dogmatisch und gefühlskalt unter Naturschutz stellen. Dass dieses Einzelwesen unter fürchterlichen Qualen leiden muss, ist offenbar irrelevant. Wie vorher beim Wahrscheinlichkeitskalkül ist auch hier das Gefährliche eines einseitig-abstrahierenden Denkens, dass das einzelne Lebewesen nicht zählt. Nur die

---

[30] Über die Vorstellung, das Werk der Belebung in einem Tag vollbringen zu können, vgl. das Kitab Qratis al-Hakim in: M. Berthelot *La chimie du Moyen Age* [6], Bd.III, S.65. Mohammed Ibn Umail (10. Jh.) schreibt in seinem *Kitab Hal ar-Rumuz*, wie die dummen Leute konkretistisch nehmen, wenn sie lesen, dass das alchemistische Werk nur einen Tag dauert. Dabei sei dies *symbolisch* zu verstehen. (Manuskript in der Asafyia Bibliothek in Hydrabad, Andra Pradesh, Indien; Manuskript Nr. 1418, fol. 14b.)

[31] Berthelot, *Collection des Alchemistes Grecs* [5], Bd.2, Teil III, Abschnitt XLIX, §9.

[32] Zum Beispiel in: Pistis Sophia, *Ouvrage Gnostique de Valentin*, Réproduction de l'édition de Paris 1895, Archè, Milano 1975. Dort ist vom *antimimon pneuma* die Rede. Ebenfalls ist die Rede davon im *Apocryphon Johannis* des Nag Hammadi codex II, 1, Fol. 21–29. (Englische Übersetzung in: *The Nag Hammadi Library in English*, ed. by J.M.Robinson, Leiden, E.J.Brill, 1988, S.117–121). In einem gewissen Sinne ahmt bereits die Schlange im Garten Eden Gott nach (Genesis 3.1).

abstrakte Idee von Artenschutz gilt. Das Leiden der kreatürlichen Seele wird nicht beachtet.

Doch wieso wählt der Traum gerade einen Fisch? Als Tier aus der Tiefe des Wassers ist er symbolisch ein Inhalt der Seelentiefe. Im mythologischen Sinnzusammenhang kennen wir den Fisch als Retter aus der Tiefe. So kam zum Beispiel der grosse babylonische Weisheitslehrer Oannes in Gestalt eines Fisches aus dem Meer. Und Vishnu rettete die heiligen Schriften Indiens, indem er in der Form eines Fisches die Veden aus den Fluten rettete. Auch Christus wurde als *ichthys* (griechisch: Fisch) bezeichnet.[33] Nun wurde der alchemistische *homunculus* oder sein Äquivalent ebenfalls als Erlöser bezeichnet. Doch im Unterschied zu Christus rettet er nicht nur den Menschen, sondern auch die ganze Natur. Es entspricht der tiefen Sehnsucht unserer Zeit, eine erlösende Erneuerung herzustellen, dank der die Welt wieder in Ordnung kommen könnte. Somit können wir die Erzeugung eines Fisches als ein Symbol für eine heilende schöpferische Phantasie verstehen. Doch ist es nach dem Traum klar, dass auf diese infantile Vorgehensweise nur Destruktives herauskommt. Gleich wie die Träumerin erschrecken wir über das Bild des *homo sapiens,* das uns der Traumgeist hier vor Augen führt: In einer entseelten Umwelt setzt sich der Mensch in kindisch-spielender Art an Stelle des Schöpfer-Gottes, und versucht sich nun auf absurde Art in diesem «métier».

In einem Traktat von Johannes A. Mehung findet sich unter dem Titel *Demonstratio Naturae* eine erstaunliche alchemistische Parallele. Es ist ein Dialog zwischen der mater natura und dem Alchemisten. Heute würden wir dabei von einer sogenannten aktiven Imagination sprechen. Die *natura* spricht zum Alchemisten, wobei sie bei seinem alchemistischen Werk auch von einem Belebungsversuch (*vivatio*) spricht:[34]

---

[33] Ausführliches dazu bei C. G. Jung, *Aion*, Gesammelte Werke, Bd. 9/2 [19], Kap. VIII.

[34] Johannes A. Mehung ist ein Alchemist aus dem 13. Jahrhundert. Er lebte in Frankreich am Hof von Philippe le Bel und vollendete den berühmten *Roman de la Rose* von Guillaume de Lorris (zitiert nach A. E. Waite, *Lives of Alchemystical Philosophers* [28], S. 90). Das Traktat ist abgedruckt in der Sammlung alchemistischer Texte mit dem Titel *Museum Hermeticum, Reformatum et Amplificatum,* Francofurti, Apud Hermannum à Sande, 1678. Die im Text von mir etwas frei ins Deutsche übersetzten Zitate lauten im Orginal wie folgt: „ ... meis numque viis non recte uteris, nec artificium meum intelligis. ... Ad vivationem ... Numquam etiam hoc modo aliquid invenies, nisi meam officinam ferriam ingrediaris." (S. 147). ... „Totum vero ex quatuor elementis, quae in unam massam, veluti diximus, a me redacta, desumptum est." (S. 149). ... „ quae in essentia elementativa est spiritus, et quinta essentia, a qua infans noster partum suum adipiscitur." (S. 150). ... „Quomodo quaeso, elementa recte miscere, & propotionare posset? ... contraria concilio, ne amplius fiant discordia." (S. 152). ... „Exito itaque, ... qui te tam artificiosum gloriaria, & juxta meam scientiam, ... & scito me, ob errorem tuum, exhorrescere. A non te pudet, si opera mea consideras, & simul rancidam tuam ..., ubi simul & tempus & sumptus perdis? ... Miserere tui ipsius, & rogo ut me confideras. Recte igitur nunc intelligas, quae dico tibi, non tibi mentiar." (S. 152). ... „Obsecro te ut

„ ... Du suchst nicht meinen Wegen zu folgen und so verstehst du meine Kunst nicht. Du wirst nie etwas verstehen, wenn du nicht zuerst in meine Werkstatt eintrittst. ... Alles entsteht aus den vier Elementen, die ich zu einer Substanz vereinige ... dies ist der Geist und die Quintessenz, aus der unser Kind geboren wird. ... Ich möchte wissen, auf welche Art (der Mensch) die vier Elemente im richtigen Verhältnis zu vereinigen vermag? Ich bin es, welche die Gegensätze vereint, so dass sie sich nicht mehr trennen. ... Fahr nur fort und denke was für ein kluger Schöpfer du bist. Aber wisse, dass ich ob dem Anblick deines Irrtums erschrecke. Schämst du dich eigentlich nicht, wenn du meine Werke bedenkst, und sie mit deinem stinkigen (Werk) vergleichst, so deine Zeit und dein Geld zu vergeuden? Hab Mitleid mit dir und vertraue mir bitte. Versuche es richtig zu verstehen, was ich sage, denn ich täusche dich nicht. ... Ich beschwöre dich, dich daran zu erinnern, dass alle grossen Dinge von Grossem kommen, von mir und von Gott. Und glaube nicht, dass die Kunstfertigkeit deiner Hände so perfekt sein kann, wie das Werk der Natur. ... Mein Sohn, ... wenn du mein Werk nachvollziehen willst, dann musst du alles aus einer einfachen, mit sich selbst vereinigten Substanz herstellen, in einem gut geschlossenen Gefäss. ... Die Substanz enthält alles, was nötig ist zu ihrer perfekten Entwicklung, und sie wird durch eine besondere Dosierung des Feuers bearbeitet. Bedenke deshalb sorgfältig, dass ich die Geburt und die Vollendung eines Menschen lenke, wobei ich alle Weisheit von Gott empfangen habe. Du kannst nicht aus einer wertlosen Substanz einen Menschen machen. ... Handle (deshalb) klug und mach das Experiment gemäss meinen Gesetzen. Hilf mir, und ich werde dir helfen. Ich behandle dich so, wie du mich behandelst. ... Folge mir, der Mutter aller Schöpfung. ... Es ist ein Geschenk Gottes, das nicht verstanden wird von denen, die meinen,

---

agnoscas, quod res altae etiam ab alto proveniant, a me et Deo videlicet: neque existimes, quod artificiosus manuum labortam perfectus fiet, quam naturalis." (S. 155). ... „Mi fili adhuc unum tibi commemorabo veriverbium, nimirum quod totum opus de una unica aliqua, simplici, cum se ipsa conjuncta materia, in unico bene oberato vase, & unico alembico conficiatur. Omnia in se complectitur, quibus ad perfectionem suam indiget, atque per unicum ignis regimen elaboratur. Confidera igitur nunc partum, perfectionemque hominis, in quem omnem meam a Deo acceptam sapientiam converto: Humanam siquidem speciem ex nulla materia facere poteris. ... Prudenter agas, & opus, veluti naturae convenit, artificiose administra: me juvato, & ego te juvabo: quicquid mihi feceris, idem & ego tibi facturus sum, ... " (S.155f). ... „Illud Dei donum vero non omneis sapientes a sua scientia & propria ratione fortiti sunt, sed benevoli, qui cum ratione me sequuti sunt longo a tempore, quod ego constituo, & post longam patientiam, illud impetrarunt. Quocirca fac quod dico tibi: Si hoc thesauro potiri velis, quem etiam veri physici veteresque Philosophi habuerunt." (S. 158). ... „Libere nunc tibi edico, quod tu Laborator, sine me opus haud possis perficere, quod absque te, tamquam ministro meo, in eo nihil & ego quoque queam efficere: Per me, & te vero, opus brevitempore lucraberis. (S. 159).

selber schlau zu sein, sondern es wird nur von denen verstanden, die bescheiden und geduldig hören, was ich zu sagen habe. Deshalb, wenn du diesen Schatz besitzen möchtest, der zu allen Zeiten den wirklichen Physikern und den alten Philosophen geschenkt wurde, dann tu wie ich dich aufforderte. Durch mich und dich gemeinsam wird das Werk in kurzer Zeit gelingen."

Abb. 1: Dialog des Alchemisten mit der *mater natura*, welche geflügelt, also ein geistiges Wesen ist. Es ist dies eine lebendige Erfahrung der *anima mundi*. [35]

---

[35] Aus J. Perreal, *Remonstrances de la Nature à Alchemiste errant*, 1516.

Dem folgt eine Antwort des Alchemisten, dem nach diesen Worten offenbar die Augen aufgegangen sind.

Auch hier in diesem Traktat imitiert jemand das Werk der Natur, ohne in ihrer Werkstatt in der Lehre gewesen zu sein. Und auch hier ist der *daimon antimimos* am Werk. Doch nun wieder zurück zum Traum. In der Symbolik der Erzeugung eines *homunculus* oder eines Fisches haben wir die Suche nach einer erlösenden Phantasie erkannt. Der eigentliche Sinn der Erzeugung dieser symbolischen Inhalte wäre somit die Bewusstwerdung der Erlösungssehnsucht in der Seelentiefe, und dass es den Menschen für dieses Erlösungswerk braucht, wie es die mater natura im obigen Traktat so schön sagt. Dann kann uns die Natur auch helfen, dieses erlösende Symbol lebendig werden zu lassen.[36] Dies war das zentrale Anliegen der Alchemie. Doch wussten die Alchemisten, dass dieses Werk nur mit allergrösster Vorsicht und Gottesfurcht unternommen werden durfte. Wir Moderne meinen dagegen, die schöpferischen Phantasien werden uns gewiss nicht zerstören. Wir haben die Bedeutung des richtigen Umgangs mit den Kräften der Innenwelt (mit konstellierten Archetypen) aus den Augen verloren, indem wir meinen, alles Inspirierende und Schöpferische sei von vorneherein gut. Eine Auseinandersetzung mit dieser kollektiv-konstellierten Phantasie des Schöpferspiels scheint deshalb angezeigt. Das würde heissen, dass wir dessen *Sinn* zu erkennen suchen.

Da es sich bei diesem Schöpferspiel eigentlich um die Erzeugung einer erlösenden Phantasie in der Seele des Einzelnen handelt, kann der Sinn oder die symbolische Bedeutung dieses Werkes nicht allgemein formuliert werden. Denn es handelt sich um den Beitrag von Einzelnen zu dem eingangs erwähnten neuen Mythos, der eine Weiterentwicklung des alchemistischen Mythos zu sein scheint. Das alchemistische Erlösungswerk, aus einer prima materia etwas Lebendiges zu erzeugen, bedeutet eigentlich die Erzeugung oder *Bewusstwerdung des inneren Menschen* oder seines Äquivalents.[37] Dieses Anliegen war zu allen Zeiten und in allen Religionen das zentrale Anliegen der Seelsorge. Diese Phantasie scheint kollektiv in der Luft zu liegen[38], was die grosse Suggestivkraft der Idee erklärt. Doch wenn

---

[36] Denken wir dazu auch an Walther von der Vogelweide: Frau Welt kann die Welt wieder in Ordnung bringen!

[37] Vgl. dazu C. G. Jung, *Psychologie und Alchemie*, Gesammelte Werke, Bd. 12 [17], C. G. Jung, *Studien über alchemistische Vorstellungen*, Gesammelte Werke, Bd. 13 [20], C. G. Jung, *Mysterium Coniunctionis*, Gesammelte Werke, Bd. 14 [15].

[38] Dass diese Schöpferphantasie tatsächlich in unserer Zeit aktiviert ist, zeigt beispielsweise ein Traum von Pauli, welchen Jung in *Psychologie und Alchemie* gedeutet hat. Pauli träumte nach einer Verwandlung von Tieren in Menschen von zwei Opferpriestern, welche ein riesiges Reptil tragen. "Mit diesem wird die Stirn einer noch *unförmlichen Tier- oder Lebensmasse* berührt. ... Eine Stimme ruft: ‚Das sind Versuche des Werdens'." Wie Jung deutend dazu schreibt, soll hier „eine noch ungeformte «Lebensmasse» ... durch die magische Berührung mit einem Reptil in einen «verklärten» (illuminierten) Menschenkopf umgewandelt werden. Die tierhafte Lebensmasse steht wohl für die Totalität des angeborenen Unbewussten, welches mit dem Bewusstsein

das richtige Verständnis dieser mythologischen Vorstellung fehlt, werden wir sie aussen konkret und im Kollektiv realisieren wollen – mit den entsprechend dämonischen Resultaten.

Es mag einen tieferen Sinn haben, dass dieser Traum von einer Angehörigen einer technischen Hochschule geträumt wurde. Denn dort werden die innovativen Kräfte besonders gefördert, weshalb dann auch die Schattenseiten des Schöpferischen entsprechend deutlich spürbar werden. Und deshalb wird auch an Hochschulen der Umgang mit diesen Schattenseiten besonders intensiv diskutiert. Der vielbeschworene Paradigmenwechel der Wissenschaft ist ein Ausdruck dieser Suche. Ob dazu Bilder aus der Innenwelt einen orientierenden Hinweis geben könnten, soll an einem weiteren Beispiel untersucht werden.

5. Traum vom aufleuchtenden Periodensystem

Bei unserem nächsten Dokument handelt es sich um einen eigenen Traum.[39] Im Jahre 1987 wurde an der ETH ein neuer Diplomstudiengang für Umweltnaturwissenschaften ins Leben gerufen. Deren Organisatoren hatten mich angefragt, über das Verhältnis zwischen der seelischen Innenwelt zur Aussenwelt eine Vorlesung zu halten, wozu ich spontan zusagte. Ihr Titelvorschlag war *Umgang mit komplexen Systemen*. Zur Begrüssung der neu eintretenden Studierenden wurde ich gebeten, am ersten Tag des Semesters eine kurze Einführung in dieses Thema zu geben. Im Verlauf der Vorbereitungen geriet ich in Bedrängnis ob der Schwierigkeit, die Wirklichkeit der Innenwelt mit den äusseren Umweltfragen überzeugend zu verbinden. Am Vorabend des folgenden Traumes war ich mit der Vorbereitung dieser Einführung beschäftigt.[40]

„Ich bin in einer Chemievorlesung der Umweltnaturwissenschafter an der Eidgenössischen Technischen Hochschule (ETH). Es ist ein grosser Hörsaal, der mich an den Ort erinnert, wo ich an dieser Hochschule promoviert wurde. Ich bin Dozent und Student zugleich. Nun habe ich eine Frage hinsichtlich

---

vereinigt werden soll." (C. G. Jung *Psychologie und Alchemie* (Gesammelte Werke, Bd. 12 [17], Ziff. 183–184. Im *New York Seminar* von 1937 (vergleiche Fussnote 17) kommentiert Jung zur Stimme im obigen Traum, dass dies *Versuche seien, das Individuum zu erschaffen*. (Alle Hervorhebungen von mir.)

[39] Über die Problematik, einen eigenen Traum für eine wissenschaftliche Betrachtung zu verwenden, vgl. Th. Abt, *Entwicklungsplanung ohne Seele?* [1], S. 27.

[40] Das Dokument entstand am ersten Tag des neuen Studiengangs. Es trägt die Charakterzüge eines sogenannten Initialtraums. Das heisst, der Traum weist in verdichtet-symbolischer Form auf etwas noch Unbekanntes, dessen Sinn im Verlauf der weiteren Entwicklung dieser Studienrichtung allmählich zur Bewusstwerdung drängen dürfte. Mit dem neuen Diplomstudiengang für Umweltnaturwissenschaften an der ETH erfolgte die Konkretisierung der Absichtserklärung, dass sich die Naturwissenschaften irgendwie wandeln müssen.

Sauerstoff und Schwefel in Bezug auf deren Reaktion mit Quecksilber (HgO respektive HgS), wobei es allerdings mehr so erscheint, wie wenn diese Frage im Raum gewesen wäre und von mir aufgegriffen wurde. Zur Behandlung der Frage gehen wir zusammen zu einer Darstellung des Periodensystems der Elemente, welches sich links von der Wandtafel befindet. Da erkenne ich, dass die Frage der analogen zwei freien Valenzen von Sauerstoff und Schwefel nicht einfach analog ist, sondern viel komplexer. Denn das Periodensystem hat seltsame pädagogische Hilfen: Beim Betrachten der Elemente leuchten Lichter auf, rote, grüne, blaue etc. und geben so Einsichten in die gestellte Frage."

Der Traum bezieht sich auf meine Vorbereitungen vom Vortag: Ich bin im Traum an einer Lehrveranstaltung der Umweltnaturwissenschafter. Im Zentrum steht eine Frage «im Raum», die dann von mir aufgegriffen wurde. Sie erscheint wie ein Bild für etwas, das uns alle beschäftigt. Es geht dabei um zwei Quecksilberverbindungen. Das «quick-lebendige» Quecksilber gehört, symbolisch gesehen, seit über 2000 Jahren zum flinken Planeten Merkur. Als Offenbarungsgott übermittelte Merkurius-Hermes den Menschen den Ratschluss der Götter. Der intelligente, erfindungsreiche Götterbote galt auch als Vermittler von Zivilisation, Technik und Fortschritt. Seit den Anfängen der Alchemie in den ersten vorchristlichen Jahrhunderten betrachtete man Hermes als Vater und wissenden Führer in dieser hermetischen Wissenschaft. So können wir Quecksilber symbolisch als dasjenige Element in der Natur verstehen, welches Wissen über die Natur offenbart und uns deren Ordnungsstrukturen verstehen lässt. So gesehen steht Quecksilber für den Geist der Erkenntnis und für den wissenschaftlichen Verstand.

Dieses Element verbindet sich nun im Traum mit Sauerstoff oder Schwefel. Sauerstoff braucht es auch zum Verbrennen. Dieser Vorgang wurde stets als ein Vergeistigungsprozess empfunden. Deshalb opfert man den Göttern Nahrungsmittel, indem man sie verbrennt. Als Rauch steigen diese dann zu den Jenseitigen empor. Ein weiterer Aspekt ist die Atmung. Deshalb wird Sauerstoff auch mit «frischer Luft» in Zusammenhang gebracht. Wir können somit den Sauerstoff symbolisch als aufbauendes Element zur Entwicklung von höheren Lebensformen und damit höherem Bewusstsein verstehen. Auf der anderen Seite kennen wir den Schwefel vom leicht entflammbaren Schwefelhölzchen bis hin zum Gestank von Schwefelverbindungen etwa bei faulen Eiern. Diese Eigenschaften führten dazu, dass der Schwefel im christlichen Kulturraum mit dem Luziferischen in Zusammenhang gebracht wurde. Er steht symbolisch für Antrieb jeglicher Art – bis hin zu teuflischer Getriebenheit.[41]

Im Periodensystem befinden sich Sauerstoff (O) und Schwefel (S) gerade übereinander, sie haben somit ähnliche Eigenschaften. Beide haben, wie es im Traum

---

[41] Vgl. dazu bei C. G. Jung, *Mysterium coniunctionis*, Gesammelte Werke, Bd. 14/1 [15], Ziff. 146.

heisst, zwei freie Valenzen. Was könnte nun symbolisch der Unterschied von HgS und HgO sein? Vermischt sich der merkuriale Geist der Erkenntnis mit schwefliger Getriebenheit, so erhalten wir eine Verbindung von wissenschaftlichem Verstand mit rücksichtsloser Begehrlichkeit. Daraus entstehen all die teuflischen Dinge unserer Zeit: Zerstörung unserer Umwelt und raffinierte Diktaturen aller Art.

	Ia	IIa	IIIa	IVa	Va	VIa	VIIa	VIII	Ib	IIb	IIIb	IVb	Vb	VIb	VIIb	0
1	H															He
2	Li	Be									B	C	N	O	F	Ne
3	Na	Mg									Al	Si	P	S	Cl	Ar
4	K	Ca	Sc	Ti	V	Cr	Mn	Fe Co Ni	Cu	Zn	Ga	Ge	As	Se	Br	Kr
5	Rb	Sr	Y	Zr	Nb	Mo	Tc	Ru Rh Pd	Ag	Cd	In	Sn	Sb	Te	I	Xe
6	Cs	Ba	Lu	Hf	Ta	W	Re	Os Ir Pt	Au	Hg	Tl	Pb	Bi	Po	At	Rn
7	Fr	Ra	Lr													

Abb. 2: Periodensystem der chemischen Elemente

Dagegen ermöglicht der Sauerstoff einen Verbrennungsprozess, also eine «Vergeistigung der Materie». Tatsächlich zeigt unsere Zeit, wie wichtig es ist, merkuriale Erkenntnis über die Dinge mit dem «frischen Wind» des Sauerstoffes in Verbindung bringen. Durch einen Verbrennungsprozess wird die symbolische Bedeutung einer Erkenntnis geboren. Dies würde bedeuten, dass wir uns nicht einfach nur ein Verfügungswissen über die Dinge aneignen, sondern auch deren geistig-symbolische Seite zu sehen vermögen. Verbindet sich Wissen in dieser Art mit dem lebensfördernden Sauerstoff, dann offenbart sich aus einer Erkenntnis von Zusammenhängen heraus plötzlich auch deren *Sinn*. Statt Verfügungswissen entsteht Orientierungswissen.[42] Daraus kann Aufbauendes entstehen. Diesen Unterschied zu verstehen ist in der Tat die latente Frage, welche bei den Studenten der Umweltnaturwissenschaften im Raum steht. Denn diese jungen Leute möchten natürlich mit ihrer Arbeit für die Umwelt etwas Aufbauendes beitragen. Doch kann man bekanntlich die oft überraschenden Neben- und Spätwirkungen von Neuerungen niemals genau vorhersagen.[43]

---

[42] Vergleiche dazu Theodor Abt, *Entwicklungsplanung ohne Seele?* [1] In dieser Arbeit versuchte ich Träume, welche sich auf eine konkrete regionale Entwicklungsplanung bezogen, auf ihren Sinn hin zu untersuchen.

[43] Diese Fragen sind oft ausgesprochen komplex. Vor allem die angehenden Umweltnaturwissenschafter sind deshalb darüber besorgt, ob sich ihr Beitrag zur Erforschung der

Gemäss dem Traum ist allerdings die Frage nach dem Unterschied zwischen den beiden Verbindungen komplexer als wir angenommen haben. Deshalb dürfte auch der Unterschied um einiges nuancierter sein.[44] Um den subtilen Unterschied zwischen diesen beiden Verbindungen besser zu verstehen, braucht es ein gemeinsames Betrachten der Elemente auf dem Periodensystem. Dabei leuchten verschiedenfarbige Lichter auf, als seltsame pädagogische Hilfen, wie es im Traum heisst. Dies scheint darauf hinzuweisen, dass zwischen der Ordnungsstruktur der Materie und der Psyche der Betrachtenden eine Beziehungsmöglichkeit besteht, die durch Zuwendung aktiviert werden kann. Im diesem Licht gesehen, könnte die Materie selber, also das konkrete Problem selber, durch eine vertiefte Auseinandersetzung zu einem Gegenüber werden, welches dem noch kindlichen Bewusstsein durch Farben pädagogische Hilfen (*pais, griechisch:* Kind; *agein, griechisch:* führen) zu geben vermag. Also die Natur selber könnte zur Führerin werden, wenn es um die Frage des Umgangs mit komplexen Systemen geht.[45] Tatsächlich ist sie in der Schöpfung die einzige, welche über Milliarden von Jahren immer wieder bewiesen hat, dass sie aufbauend mit Komplexität umgehen konnte.

Nun sind die pädagogischen Hilfen farbige Lichter. Farben haben mit dem Gefühl zu tun, mit der Wertung von Dingen, denken wir nur an den Ausdruck «Farbe bekennen».[46] Bei der «Frage im Raum» geht es offenbar nicht mehr nur

---

Natur nicht letztlich doch wieder destruktiv auf die Natur auswirken könnte. Vgl. dazu auch den ernüchternden Artikel von D. Dörner, *Denken und Handeln in Unbestimmtheit und Komplexität,* GAIA 2 (1993), Nr. 3, S. 128-138.

[44] Bereits die Symbolik des Schwefels und die symbolische Bedeutung der Verbindung HgS kann natürlich nicht einfach mit teuflisch Destruktivem identisch gesetzt werden. Die Symbolik des Schwefels ist nämlich, wie wir gesehen haben, keineswegs einfach nur negativ. Ein massvolles Feuer von «schwefliger» Leidenschaft kann bekanntlich ein wunderbares Hilfsmittel sein, welches uns zu neuen, tieferen Einsichten führen kann. Ebenso ist die materielle Verbindung von HgS für das Leben auf diesem Planeten durchaus harmlos. Demgegenüber ist der Sauerstoff als Element in zu hoher Konzentration für die Biomasse ausgesprochen destruktiv, lebenszerstörend genauso wie HgO im Meer ein Umweltgift ist. So gesehen ist die Traumaussage treffend: Der Unterschied zwischen aufbauenden und destruktiven Kräften ist ein ausgesprochen komplexes Problem.

[45] Vom «lumen naturae als Schulmeisterin», die im Schlaf arbeitet, spricht Paracelsus in seinem Buch *De Vita Longa* (1562), in: Paracelsus (Theophrastus Bombastus von Hohenheim), *Sämtliche Werke,* hg. von Karl Sudhoff und Wilhelm Matthiesen, [25], Bd. XII, S. 23.

[46] Jeder Mensch spricht auf Farben verschieden an, jeder hat seine Lieblingsfarbe und seine mehr abgelehnten Farben. Farben haben jedoch auch eine allgemeingültige Aussage. So wird zum Beispiel das Aktivierende von rot und das Beruhigende von blau von allen Menschen in einer gleichartigen Weise empfunden. Die verschiedenen Farben unterscheiden sich durch unterschiedliche Frequenz des Lichtes. Das hat mit Zahlen zu tun und weist auf deren qualitativen Aspekt hin. In der Alchemie ist die Färbung der Substanzen entscheidend. Das betont einen gefühlsmässigen Bezug zu den Substanzen.

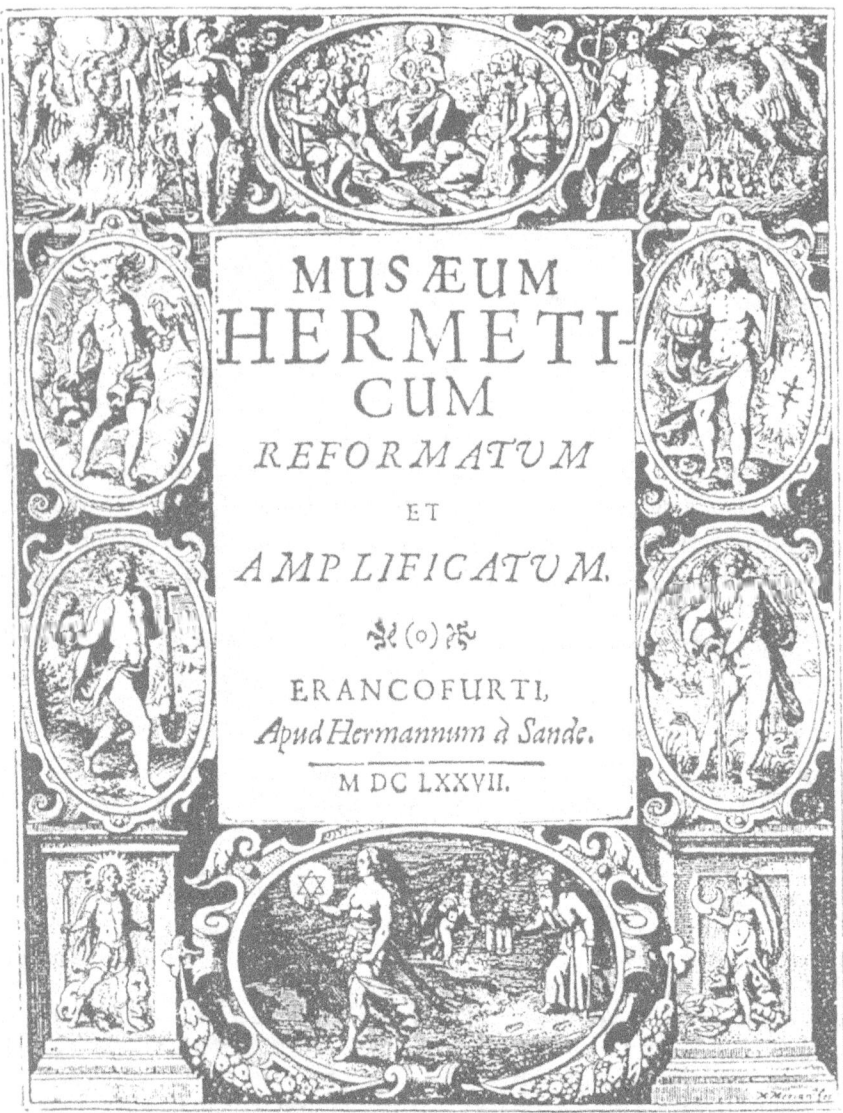

Abb. 3: «Die Natur sei deine Führerin»

darum, die quantitativen Aspekte der Elemente zu erfassen, sondern auch die qualitativen Gefühlsnuancen der Elemente zu sehen und zu verstehen, das heisst jenen Bereich, der durch eine emotionale Beteiligung am Problem aktiviert und damit sichtbar wird.[47] So zeigt der Traum, dass zu den Elementen der Materie auch

---

[47] Man vergleiche dazu auch Pauli in seiner *Klavierstunde* [26]: „Ich weiss, dass eine Schule statt von Melodien oder Gestalten von typischen Urbildern (Archetypen), statt von

ein qualitativer Aspekt gehört, der über das Gefühl, unsere Fähigkeit zu werten, wahrgenommen werden kann. Offenbar ist die Ordnungsstruktur noch viel feiner, als wir meinen. Diese Feinstaspekte der Materie kann wohl nur die unbewusste Psyche feststellen, welche ja irgendwie über den Körper mit der materiellen Wirklichkeit verbunden ist. Das Wahrnehmungsorgan dazu wären unsere Gefühlsregungen.[48] Gleich wie ein Tier weiss, was gut ist für seinen Körper, so hat auch der Mensch ein ganz feines Gespür dafür, was ihm gut tut und was nicht.[49] Doch hat gerade die moderne Wissenschaft durch zu einseitiges Betonen des Rationalen dieses Gespür oder Ahnungsvermögen bei vielen Menschen verschüttet.[50]

Der Umgang mit dieser Komplexität geschieht im Traum am Periodensystem. Als Abbild der ganzen Materie mit einer psyche-artigen Komponente vereinigt unser «Traumperiodensystem» in sich Psyche und Materie. Wir können dieses somit als ein Symbol der Ganzheit verstehen.[51] Die Einzelfrage auf dem Hintergrund der Ganzheit zu betrachten, das scheint der Kommentar des Unbewussten auf meine geistige Notlage zu sein. Und wenn durch Zuwendung etwas vom *lumen naturae* aufzuleuchten beginnt, braucht es unsere gemeinsame Suche nach dessen Bedeutung, wozu, wie das Wort anzeigt, Deutung zur Erfassung eines Sinnes unerlässlich ist.[52] Dieses gemeinsame Suchen nach Sinn macht den Dozenten wieder zum Studenten. Denn auch er hat noch alles zu lernen «in der Werkstatt der Natur». Was das nun heissen könnte, eine solche Beziehung zu den elementaren Kräften in der Natur zu finden, illustriert der nächste Traum.

Tonhöhen von *Farben*, und statt von kleinen und grossen Lautstärken von leichten und schweren *Massen* spricht." (Ziff. 48) „Diese patterns oder Konfigurationen ... reichen bis ins Tier- und Pflanzenreich hinunter, vielleicht sogar noch weiter. Sie wären eben das, was angibt, «wie warm es ist» – wie du das ausdrückst – und das Einfühlen in ihr wechselndes Spiel gäbe Entwicklungslinien." (Ziff. 50) Die gemeinsame Zuwendung *erwärmt* das Periodensystem, wie die Animafigur bei Pauli hier sagen würde.

[48] Vergleiche dazu die Überlegungen von M.-L. von Franz: *C. G. Jungs Rehabilitation der Gefühlsfunktion in unserer Zivilisation* [10].

[49] So sagt uns beispielsweise die Wissenschaft, beim Hors-Sol-Gemüse lassen sich keine qualitativen Nachteile feststellen gegenüber Gemüse, das auf normalem Boden kultiviert wurde. Trotzdem haben viele das Gefühl, bei derartigen Hors-Sol-Produkten «fehle etwas». Vielleicht zeigen feinere Messmethoden eines Tages, dass dem tatsächlich so ist.

[50] Vgl. dazu die sozial-empirische Untersuchung von Jürg Reinhard, *Zwischen Gespür und Planung – zwischen Gefühl und Berechnung* [27].

[51] Für die Naturwissenschaften hat das Periodensystem ja auch fast etwas Sakrales: Es gehört quasi in den Chemie-Vorlesungssaal wie früher das Kruzifix in die Stube.

[52] Vergleiche dazu C. G. Jung *Das Wandlungssymbol in der Messe* (Gesammelte Werke, Bd. 11 [14], Ziff. 431).

6. Traum vom Ur-Tier

Ein angesehener Hochschulforscher und -lehrer, der sich intensiv mit Umweltfragen und dem Paradigmenwechsel in der Wissenschaft beschäftigt, träumte folgendes:

> „Ich bin mit einer kleinen Gruppe von Berufskollegen auf einer von mir geführten Bergtour. Wir sind beim Abstieg, im Wald und bald im Tal unten. Der Weg ist ganz leicht, doch führe ich die Gruppe immer noch. Ich bin vielleicht 20 oder 30 Meter voraus und sehe, dass meine Kollegen nicht mir folgen, sondern (wohl auf dem richtigen Weg) links abbiegend nach unten gehen. Ich komme nach und sehe, wie vor mir ein drachen-, aber auch etwas polypenartiges «Urtier» daran ist, ein kleines mausartiges Tier zu fangen. Im letzten Moment bricht das Urtier die Fangaktion ab, da das kleine Tier hinten eine «Marke» hat, welche – wie ich erkenne – Ursache des Abbruchs der Verfolgung durch das Urtier ist. Es war wie eine Art «Freundschafts- oder Verwandtheitsmarke». Wesentlich ist offenbar, dass ich diesen «Kausalnexus» auch mitbekommen habe. Die «Maus», die nun wohl nicht mehr so klein ist, und das «Urtier» beginnen sich intensiv in einer wundersam schönen musikalischen Sprache zu unterhalten, offenbar freundschaftlich-freudig. Diese Sprache ist mir völlig unverständlich und ganz überraschend ungewohnt und neuartig. Dann nehme ich an diesem «Gespräch» in dieser mir intellektuell unverständlichen, aber wunderschönen Sprache auch teil. Ich habe aber keine Ahnung, was ich inhaltlich sage! Trotzdem bin ich *nicht* in zwei Personen gespalten (in eine, die spricht, und eine, die zuhört), sondern eine Einheit. Aber mein Intellekt versteht die von mir gesungene Sprache nicht – die Kommunikation geschieht auf nicht-intellektueller Ebene. Das Urtier streckt mir freundschaftlich seine Hand entgegen und ich gebe – nach kurzem, etwas ängstlichem Zögern – meine Hand dem Urtier. Freudiges, leicht tanzendes Geplauder (in der mir intellektuell unverständlichen Sprache). Wir geben uns die Hände und tanzen in einem 3-er Kreis. Naive Freude meinerseits. Ich blicke stolz zu meiner Gruppe, etwa in dem Sinne: ‚Schaut doch, wie ich mich mit diesen zwei Tieren unterhalten kann'. Aber meine Kollegen scheinen mich überhaupt nicht zu beachten."

Vom Berggipfel, dem Ort der geistigen Höhe, der Übersicht und Gottesnähe, führt der Weg im Traum hinunter zurück zu den Menschen, zur alltäglichen Wirklichkeit, zur Verwirklichung. Im Moment, als der Träumer seine Kollegen verliert und «eigene Wege geht», begegnet ihm die Natur auf höchst ungewöhnliche Art. Da kann er ein Wunder der Natur sehen: Ein Urtier will eine Art Maus fressen.

Das drachen- und auch etwas polypenartige Urtier vereinigt in sich Verschiedenartiges. Es enthält vermischt diverse Möglichkeiten. Das Auftauchen eines der

Archetypische Träume zur Beziehung zwischen Psyche und Materie 131

Abb. 4: Das Urtier Mercurius, eine Mischung aus
verschiedenen Tieren [53]

artig grotesken Tieres ist ein bekanntes mythologisches Motiv.[54] Man kann solche Urtiere als eine auftauchende Phantasie des Schöpfergottes verstehen. Sie sind ein symbolischer Ausdruck einer ersten Manifestation des noch undifferenzierten Unbewussten. Auf der anderen Seite ist das mausartige Tier als Nagetier ein voll-

---

[53] Aus Basilius Valentinus, *Vom grossen Stein der uralten Weisen*, in: *Chymische Schriften*, Hamburg 1677, S. 33.

[54] Es ist bereits ein verbreitetes Motiv der ägyptischen Unterweltsbücher und taucht dann vor allem in der Alchemie immer wieder als Symbol der prima materia und des Mercurius auf. Als Beispiel diene ein Traktat des oft zitierten Alchemisten Ostanes (ca. 2. Jh. v. Chr.). Darin beschreibt er, wie er im Traum einem geflügelten Tier bestehend aus einem Elephantenkopf und einem Drachenkörper begegnet, und wie dieses Tier die Schlüssel zu neuen Einsichten besitzt. (Im *Kitab Ustanes* in: M. Berthelot, *La Chimie du Moyen Age* [6], Bd. III, S. 120.) Solche Urtiere (oft zweigeschlechtig) kennen wir auch aus Mythen

endeter Spezialist, aber dementsprechend einseitig. Diese beiden Kräfte in der Natur müssen nach dem Traum zueinander in Beziehung treten. Dies ist eine bekannte Erscheinung: Immer wieder muss sich das Hochentwickelte und naturgemäss einseitig Gewordene mit dem Uranfänglichen verbinden. Wir kennen dieses *reculer pour mieux sauter* beim Einzelnen. Wenn jemand in seiner Entwicklung einseitig geworden ist[55], dann muss sich das Differenzierte mit dem «Urtier» erneut verbinden, das heisst, es muss mit den polyvalenten Werten der unbewussten Instinktgrundlage zusammenkommen. Denn dort sind noch alle Möglichkeiten vorhanden, dort sind die Dinge noch nicht festgelegt.[56]

Das Urtier wird durch eine Marke, die sich hinten an der Maus befindet, gebremst. Die Marke wirkt als ein Befriedungssignal, so wie wenn ein Wolf dem Rivalen im Kampf seine Halsschlagader anbietet. Die Marke ist wie von einer höheren Instanz gesetzt und wird vom Urtier sofort erkannt und respektiert. Wir können in den beiden Tieren den Gegensatz vom Fresstrieb einerseits und der Zähmung dieses Triebes durch die Maus als «Markenträger» andererseits verstehen. Der Fresstrieb wäre das Prinzip der Selbsterhaltung und der Macht. Und die Maus mit dem bremsenden und damit regulierenden Bild würde demjenigen Prinzip entsprechen, welches diese Dynamis überleiten kann zu Anderem, zu Höherem, nämlich zu Beziehung, Freude, Freundschaft. Der Gegensatz zum Prinzip der Macht ist der Eros, ein Prinzip, welches ebenfalls zur Natur gehört. Es ist, wie es im Traum heisst, offenbar wesentlich, dass der Träumer diesen Kausalnexus mitbekommt. Wenn der Mensch erkennt, dass in der Natur die Gegensätze natürlich zusammenspielen, das heisst, dass zu jedem Trieb auch ein Bilderwissen (nämlich die archetypischen Bilder) gehört, welches dessen Sinn reguliert, so führt das nach dem Traum zum «Handschlag» mit der Natur und damit zum Einbezug des menschlichen Bewusstseins in die «Ganzheit der Natur».[57] Wenn der Mensch diesen tiefsten Zusammenhang von Trieb und Triebregulierung erkennt *und nicht spaltend eingreift,* dann wendet sich die Natur dem Menschen zu. Dann gelingt offenbar ein Dialog mit der Natur. Und dann findet das menschliche Bewusstsein seinen Platz in dieser Schöpfung, eingefügt ins Zusammenspiel der Gegensätze. Dieses Erkennen führt somit zu einem grundlegend anderen Verständnis der Natur.

Die musikalische Sprache, dank welcher der Träumer in der Folge mit den Tieren kommunizieren kann, weist wiederum auf das Gefühl. Er kann die Melodie

---

[55] Vergleiche dazu den in Kap. 1 zitierten Brief von Pauli an Jung vom 24. Mai 1939 (Brief Nr. 30 in [24], S. 31).

[56] Darum bedeutet diese Rückverbindung bei der persönlichen Bewältigung einer seelischen Anpassungsstörung zuerst einmal eine Rückkehr in die Kindheit.

[57] Dies hat Jung im *Mysterium coniunctionis* (Gesammelte Werke, Bd. 14/2 [15], Ziff. 271) herausgearbeitet. Die klassische chinesische Philosophie hat dies als das enantiodromische Zusammenwirken von Yin und Yang formuliert, wie im I Ging sichtbar gemacht wird.

nicht verstehen, «weiss» aber um sie.[58] Die Sprache, die es im Dialog mit der Natur offenbar zu verstehen gilt, ist nicht intellektueller Natur. Es ist nach dem Traum eine Sprache in Bildern (Marke), Tönen (gesungene Sprache) sowie eine Körpersprache (Handschlag, Tanz). Das ist die Sprache der Natur, womit einerseits die unbewussten Faktoren miteinander reden und andererseits der Mensch in Beziehung zur unbewussten Natur treten kann. Dies ist die schwer verständliche Tiersprache, welche der Mensch nach unserem Volksglauben nur in der Christnacht versteht. Es ist jedoch ebenfalls eine verbreitete Vorstellung, dass einzelne Menschen eine besondere Fähigkeit und damit Aufgabe haben, die Stimme der Tiere zu verstehen, denken wir etwa an die Schamanen in den Stammeskulturen.[59] So könnte man auch sagen: Jemand mit einem besonderen «Musikgehör» versteht diese Sprache. Das Transzendente des Zusammenwirkens der Gegensätze ist und bleibt ein *mysterium coniunctionis,* das niemals intellektuell erfasst und begriffen werden kann. Die Musik weist wohl darauf hin, dass der heute gesuchte und von Wissenschaftern geforderte Dialog mit der Natur nicht auf einer rein intellektuellen Ebene stattfinden kann. So hat auch der Träumer im Traum Schwierigkeiten, über das Gehörte mit seinen Kollegen zu kommunizieren. Und darum scheiterte wohl Paulis Versuch, eine Einheitssprache zu finden, welche Innen- und Aussenwelt verbindet.

Am Schluss des Traumes geben sich die drei Lebewesen die Hände und tanzen zu dritt im Kreis. Eine finale Tendenz in der Natur scheint daraufhin angelegt zu sein, das menschliche Bewusstsein in die Bipolarität zu integrieren. Das ist jedoch nur möglich, wenn der Mensch das Zusammenwirken der Gegensätze in der Natur erkennt, wirken lässt und sich dann auf nicht-intellektuelle Art zu einer Beziehung mitbewegen lässt, «sich in den Kreislauf der Natur einfügend». Das scheint das «Programm» dieses Traumes zu sein.[60] Das Tanzen im Kreis weist auf ein zirkuläre Bewegung. Die kreisende Bewegung ist seit alters her ein Symbol der

---

[58] Wir werden dabei an die *Klavierstunde* von Pauli erinnert.

[59] Vergleiche dazu M. Eliade, *Schamanismus und archaische Ekstasetechnik* [8]. Schon in pharaonischer Zeit war das Kommunizieren mit den Tieren eine ganz wichtige Aufgabe bei der Anpassung an die Innenwelt. War es zuerst nur der Sonnengott, der die Sprache der Tiere verstand, so waren es mit der Zeit auch Fähigkeit und Aufgabe des Pharao und der Priester, z.B. die geheime Sprache der Paviane zu verstehen (vgl. E. Hornung, *Die Nachtfahrt der Sonne* [11], S.52).

[60] Dieses Motiv können wir auch mit alchemistischer Symbolik amplifizieren: Das Ziel des alchemistischen Werkes war in einem ersten Schritt die Versöhnung mit der Tatsache der Gegensatznatur der Schöpfung, wobei der Mensch distanziert zum Zeugen dieses Zusammenspiels der Gegensätze wird. In der Alchemie ist das der Zustand der sogenannten Weissung. In einem zweiten Schritt, der sogenannten Rötung, ist der Einbezug des menschlichen Bewusstseins in den Prozess der Gegensätze in der Natur das zentrale Anliegen

Erneuerung.[61] Aus diesem Tanz kann eine Erneuerung des Bewusstseins geboren werden.

Abb. 5: Kreisende Bewegung als symbolische Darstellung der Erneuerung des Bewusstseins: Zuäusserst das Symbol des Schwanzbeissers, des Ouroboros, in dessen Innern dank der kreisenden Bewegung der 2+1 Vögel die Sonne im Zentrum erneuert wird.[62]

Bei der Suche nach einem Verständnis von Träumen ist als entscheidende Richtlinie zu beachten, dass in letzter Instanz jeder Traum seine eigene Deutung ist

---

[61] So etwa in China das Kreisen des Lichtes oder seit der pharaonischen Zeit die Erneuerung des Sonnengottes im Ouroboros, dem Schwanzbeisser.

[62] Darstellung aus einem arabischen Manuskript der Chester Beatty Library, Dublin (MS Nr. 3123).

– genau so wie auch Musik komponiert wurde für jene, „welche Ohren haben, zu hören". Weder Träume noch Musik können in ihrer ganzen Tiefe rein intellektuell erfasst werden. In diesem Sinne sind alle hier vorgelegten Traumdiskussionen lediglich als Hilfen zu verstehen. Sie sind niemals erschöpfend und können keinesfalls Anspruch auf absolute Gültigkeit beanspruchen. Aber vielleicht regen diese Traumbilder zu weiterem Nachdenken und zu Gesprächen an (*mythologein*), was wohl die Stimme der Natur uns Menschen zu sagen hat.

So schliesst sich der Kreis zum Anfang: Ganzheitlich denken könnte für uns Heutige als eine Anpassung an die Gegebenheiten des inneren Kosmos verstanden werden. Das würde bedeuten, immer wieder von Neuem nach bestem Wissen und Gewissen zu erspüren, welche Kräfte im emotionalen Hintergrund aktiviert sind, und was das wohl zu bedeuten hat. Das wäre alchemistisches Denken auf einer bewussteren Stufe. Damit könnten wir unsere Suche nach ganzheitlichem Denken so verstehen, dass es ein Ausdruck unserer persönlichen Suche ist, die innere und die äussere Welt als zueinander komplementäre Wirklichkeiten zusammen zu sehen.

Danksagung

Für einen anregenden kritischen Dialog über diesen Artikel sowie für wichtige Hinweise sei Marie-Louise von Franz herzlich gedankt. Den Teilnehmern der Lehrveranstaltung *Archetypische Träume zur Umweltproblematik* an der Eidgenössischen Technischen Hochschule in Zürich verdanke ich verschiedene Hinweise zum besseren Verständnis der hier vorgelegten Träume.

Literaturhinweise

[1] T. Abt: *Entwicklungsplanung ohne Seele?* Bern. Peter Lang. 1978.
[2] T. Abt: *Fortschritt ohne Seelenverlust.* Bern. Hallwag. 1982^2.
[3] T. Abt: *Auf der Suche nach einem Dialog mit der Natur.* Gaia **1**, 318–332 (1992).
[4] C. Berath: *Das Dritte Reich des Traumes.* Frankfurt. Suhrkamp. 1981.
[5] M. Berthelot: *Collection des Alchemistes Grecs.* Paris. Georges Steinheil. 1888.
[6] M. Berthelot: *La chimie du Moyen Age.* Paris. Imprimerie Nationale. 1893.
[7] I. Eibl-Eibesfeldt: *Human Ethology.* Berlin. Walter de Gruyter. 1989.
[8] M. Eliade: *Schamanismus und archaische Ekstasetechnik.* Zürich. Rascher. 1954.
[9] M.-L. von Franz: *Spiegelungen der Seele.* Stuttgart. Kreuz Verlag. 1978. 2. Auflage: München, Kösel, 1982.
[10] M.-L. von Franz: *C. G. Jungs Rehabilitation der Gefühlsfunktion in unserer Zivilisation.* Jungiana **A 3**, 17–32 (1991).
[11] E. Hornung: *Die Nachtfahrt der Sonne. Eine altägyptische Beschreibung des Jenseits.* Zürich. Artemis Verlag. 1991.

[12] E. Hornung: *Die Unterweltsbücher der Ägypter.* Eingeleitet, übersetzt und erläutert von Erik Hornung. Zürich. Artemis Verlag. 1992.

[13] G. Isler: *Die Sennenpuppe. Von der religiösen Funktion einiger Alpensagen.* Basel. Krebs. 1971.

[14] C. G. Jung: *Gesammelte Werke. Elfter Band. Zur Psychologie westlicher und östlicher Religion.* Zürich. Rascher Verlag. 1963.

[15] C. G. Jung: *Gesammelte Werke. Vierzehnter Band. Mysterium Coniunctionis. Untersuchungen über die Trennung und Zusammensetzung der seelischen Gegensätze in der Alchemie.* In zwei Halbbänden. Zürich. Rascher Verlag. 1968.

[16] C. G. Jung: *Gesammelte Werke. Achter Band. Die Dynamik des Unbewussten.* Olten. Walter-Verlag. 1971.

[17] C. G. Jung: *Gesammelte Werke. Zwölfter Band. Psychologie und Alchemie.* Olten. Walter-Verlag. 1972.

[18] C. G. Jung: *Gesammelte Werke. Zehnter Band. Zivilisation im Übergang.* Olten. Walter-Verlag. 1974.

[19] C. G. Jung: *Gesammelte Werke. Neunter Band. Zweiter Halbband. Aion.* Olten. Walter-Verlag. 1976.

[20] C. G. Jung: *Gesammelte Werke. Dreizehnter Band. Studien über alchemistische Vorstellungen.* Olten. Walter-Verlag. 1978.

[21] J. Kepler: *Das Weltengeheimnis (Mysterium Cosmographicum).* Übersetzt und eingeleitet von Max Caspar. München. Oldenbourg. 1936.

[22] H. Y. Kluger: *Archetypal dreams and «everyday» dreams – astatistical investigation into Jung's theory of the collective unconsciousness.* Israel Annals of Psychiatry and Related Disciplines **13**, 6–47 (1975).

[23] L. Lévy–Bruhl: *La mentalité primitive.* Paris. Alcan. 1912.

[24] C. A. Meier (Hg.): *Wolfgang Pauli und C. G. Jung. Ein Briefwechsel 1932–1958.* Berlin. Springer. 1992.

[25] Paracelsus: (Theophrastus Bombastus von Hohenheim). *Sämtliche Werke.* Hg. von Karl Sudhoff und Wilhelm Matthiesen. 15 Bände. München. 1922–1935.

[26] W. Pauli: *Die Klavierstunde. Eine aktive Phantasie über das Unbewusste. Frl. Dr. Marie-Louise v. Franz in Freundschaft gewidmet.* 1953. Ein bisher unpubliziertes Dokument. Erstpublikation in diesem Band. Das Originalmanuskript befindet sich in den *Wissenschaftshistorischen Sammlungen der ETH-Bibliothek, Zürich,* Hs 176.

[27] J. Reinhard: *Zwischen Gespür und Planung – zwischen Gefühl und Berechnung. Ein Beitrag zum Umgang mit Unerklärlichem im bäuerlichen Alltag unter besonderer Berücksichtigung einer praxisbezogenen landwirtschaftlichen Ausbildung.* Dissertation Nr. 9601, ETH Zürich, (nicht publiziert). 1992.

[28] A. E. Waite: *Lives of Alchemystical Philosophers.* London. George Redway. 1888.

[29] R. Wilhelm: *I Ging, Texte und Materialien.* Aus dem Chinesischen übersetzt von Richard Wilhelm. München. Eugen Diederichs Verlag. 1990.

Wissenschaft, Körperpolaritäten und Seele

Rigmor Robèrt

"Seele und Körper sind wohl ein Gegensatzpaar und als solches der Ausdruck *eines* Wesens ... ,[das] äusserlich als stofflicher Körper, innerlich angeschaut aber als Folge von Bildern der im Körper stattfindenden Lebenstätigkeit erscheint. Das eine ist das andere, und der Zweifel befällt uns, ob nicht am Ende diese ganze Trennung von Seele und Körper nichts sei als eine zum Zwecke der Bewusstmachung getroffene Verstandesmassnahme, eine für die Erkenntnis unerlässliche Unterscheidung eines und desselben Tatbestandes in zwei Ansichten, denen wir unberechtigerweise sogar selbständige Wesenheit zugedacht haben."

Carl Gustav Jung[1]

1. Einleitung

Dieser Beitrag beleuchtet die dynamische Polarität zwischen der intellektuellen Bewusstseinsebene und dem ausserrationalen seelischen Hintergrund, welcher nicht «erzogen» werden kann. Wolfgang Pauli und Carl Gustav Jung haben die Bedeutung dieses Spannungsfeldes bezüglich wissenschaftlicher Forschung erkannt und den Dialog zwischen Physik und der Psychologie des Unbewussten wesentlich befruchtet. Ein wichtiger Aspekt der unbewussten Psyche hat mit unseren körperlichen Voraussetzungen, speziell mit der Struktur des Gehirns und der Sinnesorgane zu tun, denn der Körper ist der Ort, wo die Psyche an die Materie gefesselt ist. Zuerst werden wir verschiedene körperliche Aspekte der dynamischen Polarität unseres Wesens beleuchten. Daran anschliessend kommt die Auswirkung dieser Spannungsfelder auf das Leben und Werk einiger bedeutender Naturwissenschafter zur Sprache. Dokumente von Pauli, welche zum Teil aus seinem Briefwechsel mit Jung stammen, illustrieren, wie solche Polaritäten von ihm erfahren wurden und seine Arbeit inspiriert haben.

2. Zwei Entwicklungslinien der Psychologie

Die Psychologie als Wissenschaft hat verschiedene historische Entwicklungslinien. In früheren Zeiten wurde an den Universitäten Psychologie als ein Teil der

---

[1] C. G. Jung, *Geist und Leben,* Gesammelte Werke, Bd. 8 [17], Ziff. 619.

theoretischen Philosophie vermittelt ([35], S. 154). Diese akademische Entwicklungslinie der Psychologie beruht somit auf der wissenschaftlichen Methode der mathematischen Logik und Philosophie und hatte die Differenzierung eines klaren Bewusstseins und einer objektiven Erkenntnis zum Ziel. Eine *skeptische Haltung* war seit der Zeit der Vorsokratiker ein wichtiges Instrument der Philosophie. Skepsis bedeutet ein bewusstes Sichabsetzen von einem Objekt, um dieses nüchtern von aussen betrachten zu können, ohne gefühlsmässige Beteiligung. Skeptizismus ist ein ausgesprochen wertvolles Hilfsmittel, um sich von unbrauchbaren Vorstellungen und versteinerten Lehren zu befreien.[2] Daraus wird verständlich, dass jener Zweig der Psychologie, welcher seine Verankerung in der akademischen Philosophie hat, vor allem auf eine Bewusstseinspsychologie ausgerichtet ist. Dazu gehören jene Aspekte, welche eine bewusstere Kontrolle und eine verbesserte Erfassung der Dinge ermöglichen.

Eine andere Entwicklungslinie der Psychologie kommt aus den Bereichen der Medizin, Psychiatrie und Biologie. Vor allem die moderne Tiefenpsychologie lässt sich hier ansiedeln. Die Erforschung der Ursachen von psychischen Störungen zeigte, dass diese sich oftmals auf übermächtige Faktoren aus der unbewussten Psyche zurückführen lassen. In den traditionsgeleiteten Gesellschaften waren es die religiösen Auffassungen, Mythen und Rituale, welche eine Beziehung zu diesen ausserrationalen Faktoren ermöglichten. Jung sprach diesbezüglich von traditionellen psychotherapeutischen Systemen.[3] Der therapeutisch orientierte Aspekt der Psychologie ist aus diesem Grunde mit den religiösen Überlieferungen und der Kunst verbunden, etwas, das natürlich weit vom Ideal der objektiven Erkenntnis in der Naturwissenschaft entfernt zu sein scheint. Selbstverständlich muss man auch in der therapeutischen Arbeit immer wieder Abstand nehmen und Zweifel haben, wenn immer es darum geht, ein Problem zu lösen, eine richtige Diagnose zu stellen und ein Heilmittel zu wählen. Aber die therapeutische Grundhaltung gegenüber einem leidenden Menschen muss trotzdem einfühlsam und begleitend sein. Das positivistische Ideal des distanzierten «objektiven Beobachters» kann aus diesem Grund niemals zum einzigen Ziel eines Arztes oder Psychotherapeuten werden, und so verschwand auch eine Beziehung zur Seele nie ganz aus der therapeutischen Psychologie.

---

[2] Sokrates, „der ungläubige Thomas" (*Das Evangelium nach Johannes*, 20:19–29) und der skeptische Ansatz von Descartes zeigen uns, wie wertvoll diese Haltung ist, um die «Wahrheit» von illusionären Hoffnungen, Ängsten und Wunschvorstellungen zu unterscheiden. Doch bereits Blaise Pascal wies darauf hin, dass die skeptische Grundhaltung die „raison du coeur" verkennen könnte: Skepsis allein ist weder schöpferisch noch heilend.

[3] C. G. Jung, *Symbole der Wandlung,* Gesammelte Werke, Bd. 5 [19], Ziff. 55; C. G. Jung, *Das symbolische Leben,* Gesammelte Werke, Bd. 18 [21], Ziff. 370, 1231, 1494, 1578.

3. Seelenverlust in der Wissenschaft?

Solange die «Seele» ein allgemeines Konzept war, bildete das Ausserrationale einen anerkannten Teil der Psyche. Man sprach von der «Seele» in der dritten Person Singular und brachte damit deren *Autonomie* gegenüber dem Ich-Bewusstsein zum Ausdruck. Die Seele können wir in Stimmungen, Affekten, Emotionen, Phantasien erleben sowie in den aus unbekannter Quelle kommenden Inspirationen, schöpferischen Einfällen und Träumen, die niemand kontrollieren oder vorhersagen kann. Dichter und religiöse Menschen sprechen auch heute noch in unserer Kultur von der Seele, Naturwissenschafter dagegen selten.

Zur Zeit der Aufklärung wurde die menschliche Seele aus dem Rahmen der Naturwissenschaft ausgegrenzt. René Descartes identifizierte die menschliche Seele mit dem Intellekt, unserer Fähigkeit, rational zu denken.[4] Die Seele, der irrationale Aspekt unserer Psyche, fand erst in unserem Jahrhundert ihren Weg zurück in die Wissenschaft. In der Sprache der Psychologie spricht man anstelle von Seele vom Unbewussten oder dem Nicht-Bewussten. Diese unbewusste Psyche enthält angeborene Verhaltensmuster, verdrängte und vergessene Inhalte sowie schöpferische Energien und Strukturdominanten. Die Erforschung der Innenwelt einerseits und der körperlichen Grundlagen unserer Psyche andererseits können uns ein besseres Verständnis der Struktur unserer ausserrationalen Seiten ermöglichen.

4. Das Gehirn – organische Grundlage der Psyche

Nach einem Modell, das vor allem von MacLean [25] perfektioniert und popularisiert wurde, besteht unser Gehirn aus drei Teilen, die verschiedene Stufen der Entwicklung verkörpern. Sie unterscheiden sich in Funktion und Anatomie.

1. Das älteste *«Reptilien-Hirn»* besteht aus dem vorderen Hirnstamm, dem retikulären System und dem Mesencephalon. Dieser Teil ist zuständig für unser phylogenetisch vorprogrammiertes Verhalten und entspricht einer Schicht unserer Psyche, die im tiefsten Unbewussten lokalisiert ist, nämlich den stereotypen, allgemein menschlichen Verhaltensweisen und Reaktionen. In der Mythologie spricht man davon, dass dieser Bereich menschlicher Natur durch die Götter regiert wird.
2. Das *«Paläomammal-Hirn»* wuchs aus dem Reptilienkortex heraus und entspricht dem limbischen System. Auf dieser Ebene kann die Anpassung des Individuums durch Lernen stattfinden.
3. Den phylogenetisch jüngsten Teil des Gehirns bildet das *«Neomammal-Hirn»*. Es bildet die organische Voraussetzung menschlicher Kreativität ([6], S. 90). Erst auf dieser Ebene wird Spiel möglich.

---

[4] Vergleiche dazu den Artikel von Hans Primas in diesem Band

Als vierte Entwicklungsstufe gilt die *Lateralisation,* d.h. die einander ergänzende Spezialisierung der beiden Hemisphären des Grosshirns, die dem «dreieinigen» Gehirn ein «viereiniges» Potential verleiht.

Dank des selbstregulierenden Charakters des phylogenetisch ältesten Teiles des Gehirns – des «Reptilienhirns» – hat man diesen ältesten Teil des Gehirns als organische Analogie zu dem gesehen, was Jung psychologisch als kollektives Unbewusstes bezeichnete und mit dem «Schlangen-Aspekt» der Psyche verglichen hat. Der Ausdruck «Schlangenseele» ist auch der Ethnologie bekannt, und Reptilien tauchen in unseren Träumen und Phantasien häufig auf, wenn etwas Schicksalsträchtiges aktiviert ist, das nicht durch das bewusste Ich kontrolliert werden kann. Schlangen sind in den Mythen aller Welt sehr häufig göttliche Attribute. Die ursprünglichen, vorbewussten Ebenen der Psyche sind potentiell immer vorhanden. Unter bestimmten Umständen kann in jedem von uns so etwas wie ein schlafender Drache oder ein Brontosaurier aufwachen.

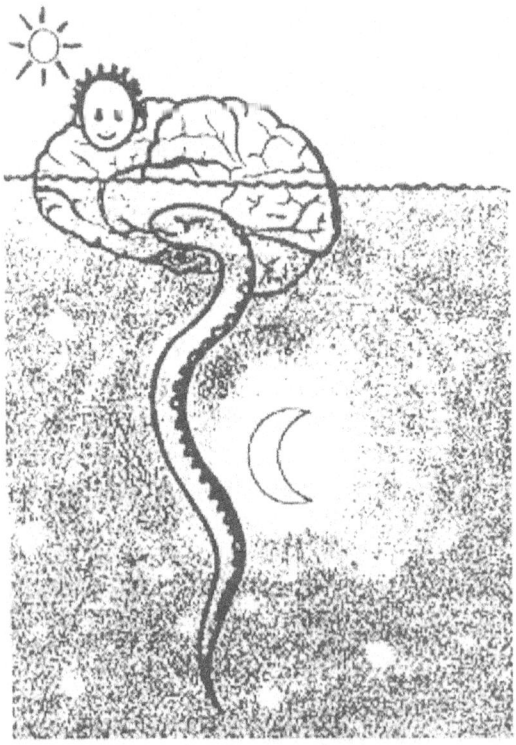

Abb. 1: Eine Grundannahme der Tiefenpsychologie besagt, dass die primitiven Verhaltensmuster und Reaktionen unserer tierischen Vorfahren in unserer Psyche noch erhalten sind, obwohl sich unsere psychische Verfassung entwickelt und verändert hat. Sie existieren unter der «Oberfläche» unseres Bewusstseins und können durchbrechen, wenn wir emotional verletzt werden oder wenn unsere Überlebensinstinkte aktiviert werden. Das Bewusstsein ist organisch mit der «obersten Ebene» des menschlichen Gehirns verbunden.

Die mittlere Ebene des Gehirns korrespondiert mit der Ebene der Emotionen und Affekte. Jeder, der von solchen Kräften «überwältigt» wird, kann sich entgegen seinen eigenen bewussten Prinzipien verhalten. Solche Reaktionen kommen oft in

Zuständen vor, welche Jung als Manifestationen des «Schattens» bezeichnete.[5] Eifersucht, Trauer etc. werden von charakteristischen Phantasiemotiven begleitet, welche in Träumen auftauchen können, aber auch als subjektive Ideen in andere Leute hineinprojiziert werden.

Das Bewusstsein ist organisch mit dem «obersten Geschoss» des Gehirns, dem Neomammal-Hirn, verbunden. Erkrankungen, die in diesem Bereich lokalisiert sind, beeinflussen die bewusste Ebene der Persönlichkeit, die mit Sprache, Orientierungsfunktionen, Wahrnehmung und Wachheit zusammenhängen.

Den beiden Hemisphären des Grosshirns entspricht die Ausdifferenzierung zweier einander ergänzender Bereiche des Bewusstseins und der Wahrnehmung [2, 3, 31, 32]. Die linke Hemisphäre des Gehirns, welche mit den Muskeln der rechten Körperhälfte korrespondiert, ist das Zentrum für Sprache, logisch verbale Abläufe und emotionsloses, zielgerichtetes Denken. Die rechte Hemisphäre hingegen steuert die linke Körperhälfte, künstlerische Talente, assoziatives Denken und gefühlsmässige Zusammenhänge [9, 10]. Diese Polarisierung oder dieser «Lateralisationsprozess» wird durch männliche Sexualhormone (Testosterone) verstärkt. Aus diesem Grund ist die Polarisierung der Funktionen der beiden Hirnhälften normalerweise bei Männern stärker ausgeprägt als bei Frauen [1, 24]. Bei den traditionsgeleiteten Initiationsriten vom Knaben zum Mann kann diese Ausbildung der Lateralisation durch «Abhärtung» der Haut und der Psyche gefördert werden. Die Funktionsmodi der linken und rechten Hemisphäre können sich einerseits ergänzen, doch anderseits auch manchmal wie zwei «feindliche Brüder» gegenüberstehen [23].

5. Das gehörte und gelesene Wort

Eine weitere Polarität in unserem Wesen zeigt sich im Unterschied zwischen dem gehörten Wort und dem mit dem Auge gelesenen Wort. In den archaischen Stammeskulturen ist es Aufgabe der Jäger und der Späher, ihren Stammesgenossen ganz präzis über ihre Beobachtungen zu berichten. Die Verbindung von genauem Beobachten und exakter Mitteilung war ebenfalls von entscheidender Bedeutung für die Entwicklung der Naturwissenschaft. Die wissenschaftliche Beschreibung und Erklärung von komplexen Systemen und Prozessen kann nicht mündlich überliefert werden, sondern sie muss in Texten und bildhaften Darstellungen weitervermittelt werden. Die naturwissenschaftliche Ausbildung und Kreativität ist aus diesem Grund stark mit Lesen und Schreiben gekoppelt, das heisst mit visueller Perzeption. Walter J. Ong ([28], S.147) geht sogar so weit, dass er die Wissenschaft eine „hypervisualized noetic world" nennt.

---

[5] C. G. Jung, *Studien über alchemistische Vorstellungen*, Gesammelte Werke, Bd. 13 [20], Ziff. 409

Dagegen beruht wie in der Kindheit jedes Menschen auch in den archaischen Stammesgesellschaften die Kommunikation wesentlich auf dem gesprochenen und nicht dem geschriebenen Wort. Von den rund 3000 bekannten gesprochenen Sprachen besitzen nur gerade 78 eine Literatur. Kommunikation über den Ton – Sprache oder Musik – verbindet Menschen zu einem bestimmten Zeitpunkt zu einem gemeinsamen Erlebnis. E.A.Havelock [14] hat nachgewiesen, wie reserviert Plato gegenüber den «warm-contact-cultures» der oralen Kommunikation war, in denen das überlieferte Wissen durch Erzähler und Dichter weitervermittelt wird. Diese «Berufsgattung», welche die Kultur in Gesängen und Gedichten mündlich tradierte, war in Platos idealem Staat nicht vorgesehen. Sebst in der Heiligen Schrift findet sich jedoch eine paradoxe Ambivalenz gegenüber dem geschriebenen Wort: „Denn der Buchstabe tötet, der Geist aber macht lebendig" (*Der zweite Brief an die Korinther,* 3:6). Die Beschäftigung mit «Platonischen Ideen» und die visuelle Konzentration beim Lesen oder Schreiben macht uns für diese Zeit «kalt und abgeschnitten» vom emotionalen Kontakt mit anderen [14].

Wenn wissenschaftliche Arbeit «reine» Objektivität anstrebt, so führt das manchmal zu einem kühlen Interesse dem Objekt gegenüber, einer Art von nicht anteilnehmender Faszination. Dieses «frostige» Interesse scheint unvereinbar zu sein mit *«sym-pathia»,* was ein «warmes» Mitfühlen mit anderen Lebewesen bedeutet. Aus Sicht der klassischen Naturwissenschaft besteht jedoch die Gefahr, dass eine solche emotionale Anteilnahme auf unwissenschaftliche Subjektivität hinausläuft.

6. Tunnelblick und globale Sichtweise

Wie bei der Sprache verfügen wir auch bei der visuellen Wahrnehmung über zwei Einstellungen, welche eine funktionale Anpassung an verschiedene Aufgaben darstellen und zwei verschiedene Arten unserer Beziehung zur Aussenwelt spiegeln. Wann immer ein Objekt genau fixiert wird, wie etwa beim Lesen und Schreiben, werden die Pupillen reflexartig verkleinert. Dies geschieht ebenfalls immer, wenn Gefühle von Abwehr auftauchen. In den archaischen Gesellschaften gehört das fixierende Auge zu den Tageslichtaktivitäten wie Jagen und Schutz der Kleingruppen. Dies war vor allem Aufgabe der Männer. Demgegenüber war es Aufgabe unser Vormütter, die Kinder, die alten und kranken Menschen zu betreuen, Feuer zu unterhalten sowie pflanzliche Nahrung zu suchen. Sie verteidigten sich nicht durch zielgerichtete Angriffe, sondern durch vorsichtiges Vermeiden von noch unidentifizierten Gefahren. Für alle diese Aufgaben benötigten Frauen eine weite Perspektive, eine umfassende Sicht, welche mit einer Erweiterung der Pupille korrespondiert. Das gleiche geschieht sowohl bei Frauen und Männern beim Sehen in der Dämmerung und Dunkelheit und bei positivem emotionalem Engagement. Unsere Pupillen erweitern sich reflexartig, wann immer wir etwas Interessantes, Anziehendes oder Erfreuliches erblicken.

Wissenschaft, Körperpolaritäten und Seele   143

Atropin, die Droge, die diese Erweiterung der Pupille verursacht, wird Belladonna genannt, denn Männer finden die weit geöffneten Pupillen bei Frauen attraktiv und schön. Homer bezeichnet Hera, die göttliche Himmelskönigin des alten Griechenland, als die «grossäugige» oder «kuhäugige» Hera. Beim Filmstar Clint Eastwood, welcher die Rolle des verschlossenen, kühlen, harten Mannes spielt, spricht man dagegen vom «scharfen» Blick, da kleine Pupillen Zurückweisung und Verteidigungsbereitschaft signalisieren. Weite Pupillen werden mit Phantasien und Emotionen in Verbindung gebracht, während kontrahierte Pupillen mit Analyse und fokussierender Sicht assoziiert sind ([15]; [6], S. 444 f).

Die zwei Arten zu sehen entsprechen den zwei verschiedenen Arten von Lichtrezeptoren in unserer Retina. Die Zäpfchen sind in der Fovea centralis (Durchmes-

Abb. 2: Zwei Fotografien einer Frau, deren Pupillen so retouchiert wurden, dass sie einmal zusammengezogen (links) und einmal erweitert (rechts) erscheinen. Männer reagieren positiver auf die Fotografie, auf der die Pupillen erweitert wirken («bella donna»). Aus E. H. Hess, *The Tell-Tale Eye* [15].

ser 0,5 mm) konzentriert, die das Zentrum der fokussierten Sicht ist. Die dort befindlichen Rezeptorzellen benötigen helles Licht, nehmen Farben wahr und können kleinste Details unterscheiden. Sie dienen zum Lesen und zur Identifizierung entfernter Objekte. Die «Zäpfchensicht» wird also zum Fokussieren benötigt und ist mit der Kontraktion der Pupillen assoziiert. Diese zentrum-fokussierte Sicht entspricht insofern dem Bewusstsein, als Tiere diese Möglichkeit des fokussierenden Menschenauges gar nicht besitzen, dank dem wir unbewegliche Einzelheiten wie beispielsweise die Buchstaben dieses Textes fixieren und erkennen können. Die Peripherie der Retina ist dagegen mit stäbchenförmigen Rezeptoren bedeckt. Diese Zellen reagieren auch in der Dämmerung und auf bewegliche Objekte. Diese «Stäbchensicht» der Peripherie verhilft zur globalen Perspektive und vermittelt eine un- oder halbbewusste Wahrnehmung der Umgebung.

Teleskop und Mikroskop als wichtige optische Instrumente der neuzeitlichen Naturwissenschaft verstärken die «Zäpfchensicht». Der instrumentelle Ausschluss des äusseren Gesichtsfeldes führt nicht selten zu einer einseitigen Einstellung und

Abb. 3:
Teleskop und Mikroskop verschärfen die fokussierende Sicht. Bei beiden wird das peripher liegende Gesichtsfeld ausgeschlossen.

einer fehlenden Einordnung in grössere Zusammenhänge. Häufig wird von Laien (wie auch vom «Perser» in Wolfgang Paulis Träumen) die Behauptung aufgestellt, dass viele durch ihre Spezialisierung isolierte Wissenschafter einen zu engen «Tunnelblick» auf ihre Probleme entwickelt hätten.

Das Motiv von zwei verschiedenen «Augen» findet sich in Mythen auf der ganzen Welt. Im alten Ägypten repräsentieren das Sonnenauge und das zyklisch verschwindende Mondauge das universelle Prinzip zweier göttlicher Sichtweisen. In der vorchristlichen nordischen Religion wurde der allmächtige Gottvater Odin (Wotan) genannt. Er schenkte den Menschen die Runen und ganz allgemein Kultur, doch war er auch ein Bärengott, also eine Naturgottheit. Nach der Sage gewann Odin seine Weisheit und Fähigkeit grenzenloser Einsicht, indem er eines seiner Augen im Quell Mimirs opferte, welcher aus der Tiefe an den Wurzeln des Weltenbaums Yggdrasil entspringt. Wenn immer Odin seine beiden Augen benutzt, verfügt er sowohl über den fokussierten männlichen Blick sowie über den globalen «Fischaugenblick» des mütterlichen Urquells. Dann ist er die Gottheit der Weisheit, Minnefreundschaft und Kreativität. Erscheint er jedoch als einäugiger Gott, der seine leere Augenhöhle mit dem Saum seiner Kapuze verbirgt, dann wird er zum rastlos wandernden Gott des Streits, des Krieges und des Todes. Dieser Mythos illustriert, wie unkontrollierte Agression und Zerstörung mit einer einseitigen oder eben einäugigen Sichtweise assoziiert sind, welche den Kontakt mit ihrer Ergänzung verloren hat.

Jung zeigte, dass diese «andere Sichtweise» oder die Sicht der Peripherie von gewissen Alchemisten als *luminositas sensu naturae* beschrieben wurde.[6] Die

---

[6] C. G. Jung, *Theoretische Überlegungen zum Wesen des Psychischen*, Gesammelte Werke, Bd. 8 [17], Ziff. 393.

Sicht der Peripherie wurde mit den Fischaugen, den *oculi piscium* verglichen[7] oder mit dem biblischen Motiv der vieläugigen «göttlichen Sicht», die niemals schläft.[8] Einsichten, welche aus der Seelentiefe ins Bewusstsein steigen, stammten nach dieser Ansicht von einem *lumen naturae,* einem Licht aus der Seelentiefe der ursprünglichen Natur.

7. Seelische Polarität

Das «Andere» im Menschen, seine unbewusste Seele, trägt, wie Jung gezeigt hat, gegengeschlechtliche Züge.[9] Eine Beziehung des Menschen zu seiner inneren gegengeschlechtlichen Seite bewirkt ein Gefühl von Ganzheit und Verbundenheit mit etwas Grösserem, das intellektuell nicht begriffen werden kann. Inspirationen, Kreativität und Verliebtheit sind solche Zustände, bei denen beim Mann die weibliche Seite lebendig geworden ist, wenn er quasi von seiner spielerischen Muse geküsst wurde. Der Frau kann diese andere Seite, der innere Mann, geistige Lebendigkeit, Mut und ein Gefühl von Unabhängigkeit geben – Eigenschaften, die sie in ihrer einmaligen Wesensart aufblühen und heranreifen lassen. Jung bezeichnete die innere Frau des Mannes als Anima und den inneren Mann der Frau als Animus.

Jung beobachtete, dass die im Dunkeln liegende gegengeschlechtliche Seite auch negativ an die Oberfläche kommen kann, und zwar besonders dann, wenn wir aufgeregt, verletzt oder wütend sind. Wenn sich zum Beispiel ein Mann von seinen Kollegen verletzt fühlt und deshalb nicht bereit ist, mit seinem Team kameradschaftlich zusammenzuarbeiten, kommt es vor, dass er von seinen Kollegen als «Primadonna» oder als «Diva» bezeichnet wird – denken wir nur etwa an Sporthelden wie Romario oder Maradona. Umgekehrt kann man nicht selten bei einer Frau, wenn sie sich verletzt oder gestresst fühlt, plötzlich eine kalte und trockene Stimme hören, die den Eindruck erweckt, als ob ihr Einfühlungsvermögen abgeschnitten wäre.[10]

---

[7] C. G. Jung, *Theoretische Überlegungen zum Wesen des Psychischen,* Gesammelte Werke, Bd. 8 [17], Ziff. 394.

[8] Vergleiche dazu *Das Buch Sacharja,* 3:9 „Denn der Stein, den ich vor Jeschua hingelegt habe – auf diesem einen Stein sind sieben Augen", und 4:10 „das sind die sieben Augen des Herrn, die über die ganze Erde schweifen." Zitiert nach der Einheitsübersetzung der neuen Jerusalemer Bibel [4].

[9] C. G. Jung, *Die Beziehungen zwischen dem Ich und dem Unbewussten,* Gesammelte Werke, Bd. 7 [18], Ziff. 296–340.

[10] Im Drama *Die Bacchantinnen* von Euripides bringt Dionysos, der Gott des Rausches, in Männern die weiblichen und bei Frauen die männlichen Eigenschaften zum Vorschein. Dionysos verwandelt den starken, vernünftigen König Pentheus in eine unterwürfige Tänzerin und Agaue, die Königinmutter, in einen triumphierenden Löwenjäger, der in

8. Die beiden Sichtweisen der Alchemie und der frühen Physik

Die Geschichte der Naturwissenschaften ist eine Geschichte des Verstandes von Männern, nicht von Frauen. In der Wissenschaft wurde somit der männliche Pol unserer angeborenen Dualität mehr «beleuchtet» – beispielhaft dargestellt anhand der zwei Grosshirnhemisphären und der zwei Funktionsweisen unseres Auges. Wir wollen nun im Folgenden darstellen, wie die «im Dunklen gelassene andere Seite» für gewisse Wissenschafter in Vergessenheit geriet oder Probleme verursachte, für andere dagegen zur komplementären Quelle von Inspirationen wurde.

Pauli interessierte sich für die Entwicklung der modernen Naturwissenschaften und arbeitete mit Jung zusammen, um Brücken zu bauen zwischen der objektiven fokussierten Sichtweise der mathematischen Wissenschaften und der holistischen Sicht des emotionalen Bildhaften. Pauli [30] beschreibt zwei Zugänge zur Naturerkenntnis, die zueinander in einem Spannungsverhältnis stehen: einen ganzheitlich-spirituellen Zugang, der durch das Beispiel von Robert Fludd verkörpert wird, und einen Zugang über die Berechnung, der auf exakten Beobachtungen und mathematischen Methoden beruht, wie sie durch Johannes Kepler repräsentiert werden.

Robert Fludd und Johannes Kepler

Robert Fludd (1574–1637) war ein berühmter Arzt und Alchemist. Er war Rosenkreuzer und Erfinder und arbeitete an einer universellen materiell-spirituellen Kosmologie. Diese verband religiöse Ideen, Mythen, Alchemie und Volksglauben mit seinen persönlichen Intuitionen, Phantasien und mit seinen Kenntnissen der Magie. In Fludds Augen war die lineare Sprache der modernen Naturwissenschaften seinen Beobachtungen und Schlüssen nicht angemessen. Daher verwendete er eine bildhafte Sprache mit geometrischen Symbolen, allegorischen Bildern und Mandalas [12].

Johannes Kepler (1571–1629) war ein ganz anderer Mensch. Er hatte eine unglückliche Kindheit und litt neben Hämophilie (Bluterkrankheit) unter einer Reihe weiterer körperlicher Krankheiten. Er war kurzsichtig und hatte eine anokuläre Polyopie (Irregularität des Augapfels), welche dazu führte, dass er manchmal gleichzeitig mehrere verschwommene Bilder sah – eine schmerzliche Beeinträchtigung für einen Astronomen. Im Jahre 1596 schrieb Kepler seine Autobiographie, eine eindrückliche und schonungslose Analyse, die völlig frei von Selbstmitleid ist. Keplers naturwissenschaftliche Einstellung war von religiösen Ideen durchdrungen. Er war der Ansicht, dass die menschliche Seele aus zwei Aspekten besteht. Der eine kann nach kausalen, mathematischen Gesetzen gemes-

---

dieser Gestalt ihren eigenen Sohn zerreisst. Wenn sich die Schleusen des Unbewussten öffnen, läuft der Mann Gefahr, seinen Kopf, das heisst, seinen objektiven Verstand, zu verlieren; die Frau hingegen riskiert den Verlust ihres Herzens, ihres Verständnisses für andere durch Gefühl und Anteilnahme.

sen werden, der andere stellt eine unberechenbare mystisch-akausale Seite dar, welche eine Spiegelung der Weltseele, der *anima mundi*, ist. Kepler scheint einer der ersten modernen Naturwissenschafter gewesen zu sein, der eine Grenzlinie zwischen objektiven, messbaren und mathematisch-beweisbaren Fakten und subjektiven Phantasien, Ideen und Spekulationen erkannte, die inspirierend und ebenfalls «wahr» sein können, die aber auf der Ebene von Symbolen und Metaphern zu verstehen sind.

Zwischen 1619 und 1623 korrespondierte Fludd mit Kepler und beklagte, dass die Ganzheit, welche er sah, durch die begrenzte wissenschaftliche Sprache von Kepler verstümmelt würde.[11] Kepler seinerseits stellte in seinem Werk *Harmonices Mundi* die Behauptung auf, dass Fludd obskure Illusionen konstruierte, welche die reale Welt *verdecken*. Er selber hingegen versuche, verborgene Tatsachen *aufzudecken* und ans Licht des Bewusstseins zu heben. Allerdings finden wir aus heutiger Sicht immer noch zahlreiche esoterische, paracelsische Vorstellungen in den Schriften Keplers. Die endgültige Trennung zwischen Phantasie und exakten Wissenschaften wurde erst durch René Descartes und Isaac Newton vollzogen.

Marie-Louise von Franz betont in ihrem Aufsatz [7] über den Traum von Descartes, dass diese Trennung ein notwendiger Schritt war, um eine gewisse Objektivität zu erreichen. Dies führte von einer noch unbewussten Totalität, wie sie beispielsweise bei Fludd durch die Darstellungen von Mandalas symbolisiert wird, zu einem «trinitarischen» Konzept, das Exaktheit anstrebt, selbst wenn diese unvollständig bleibt. Aber die Verbreitung der trinitarisch-fokussierten Sicht geschah auf Kosten einer holistischen Sicht. Das «vierte» wurde zu einem ausgeschlossenen Schattenbereich und ist heute zu einer Bedrohung geworden, welche uns von der «Peripherie» her angreift.

Die «verschärfte», aber begrenzte Sicht des Galilei

1619 wurde die damalige Öffentlichkeit durch eine wissenschaftliche Arbeit von Galilei Galileo (1564–1642) schockiert. Ihr Titel lautete *Sidereus Nuncius* (Botschafter der Sterne). Diese Arbeit enthüllte Geheimnisse, welche kein sterbliches Auge bis dahin gesehen hatte. Galilei hatte sein Teleskop auf den Mond und andere Himmelskörper gerichtet und konnte dadurch über die Oberfläche des Mondes, die vier grössten Monde des Jupiter und viele bisher unbekannte Sterne Bericht erstatten. Es waren aber nicht nur diese grossartigen Entdeckungen, die die Leser überraschten. Der Stil der Veröffentlichung Galileis war ebenso ungewöhnlich, denn dieser wirkte genauso «fokussiert» und «eingeschränkt» wie das Sichtfeld des von ihm verwendeten optischen Instruments. Während man Jahre benötigt, um das *opus* von Kepler zu verdauen, braucht es kaum eine Stunde, um die 24 Seiten des in präziser Sprache geschriebenen *Sidereus nuncius* zu lesen!

---

[11] Vergleiche: W. Pauli, *Der Einfluss archetypischer Vorstellungen auf die Bildung naturwissenschaftlicher Theorien bei Kepler* [30], S. 147 ff.

Vor der Zeit der Aufklärung bezeichnete man die Naturwissenschaften als Naturphilosophie, da die «noch nicht aufgeklärten» Wissenschafter ihre Beobachtungen und Theorien stets in einem grösseren Zusammenhang darstellten. Was immer sich in der Peripherie befand, war in Galileis «Tunnelsicht» ausgeschlossen. Den historischen Zusammenhang sowie persönliche Gedanken über die möglichen Folgen seiner Entdeckungen klammerte er gezielt aus. Als anonymer Beobachter blieben er und seine subjektive Beziehung zur Natur unerwähnt im Dunkeln. Die angestrebte Haltung des Wissenschafters wurde seither vergleichbar zu jener eines unerkannt bleibenden Spähers, welcher beobachtet und berichtet, ohne von den Beobachteten bemerkt zu werden. In seinem persönlichen Leben allerdings war Galilei alles andere als anonym und verborgen. Er war sarkastisch und arrogant, was häufig dazu führte, dass andere sich beleidigt oder unwohl fühlten ([22], S.359 ff). Er war von Feinden umgeben und wurde durch die Jesuiten angeklagt, da er die kopernikanische, heliozentrische Weltsicht verteidigte. Nach Meinung von A. Koestler wäre der lange und schmerzhafte Prozess vermeidbar gewesen, hätte Galilei eine weniger schwierige Persönlichkeit besessen ([22], S.431 ff).

Es ist weiter nicht verwunderlich, dass ein Mensch wie Galilei, der sich so stark auf eine eingeschränkte «Röhrenperspektive» konzentrierte, in seinem persönlichen Leben eine gewisse Blindheit entwickelte: Er nahm in seiner nächsten Umgebung nur noch unterlegene Dummköpfe und bösartige Feinde wahr. Seine einseitige wissenschaftliche Objektivität im Bereich seines Intellekts musste vielleicht damit bezahlt werden, dass er im Bereich der Peripherie, das heisst in seinem nächsten sozialen Umfeld und in seinem seelischen Gefühlsleben ständige Schwierigkeiten hatte. Verfügt man nur über eine auf ein einzelnes Objekt gerichtete Blickweise, so nimmt man das Umfeld oder die Peripherie kaum wahr. Ebensowenig bemerkt man nicht, was in den zwielichtigen Regionen der eigenen Seele vorgeht. Der fokussierende Blick führt zu kontrahierten Pupillen, einem Körpersignal der Zurückweisung – das Gegenteil der weiten, «kontakteinladenden» *belladonna*-Augen. Erst Isaac Newton, der im Todesjahr Galileis geboren wurde, war imstande, solche scheinbar unvereinbare und widersprüchliche Weltanschauungen in sich zu vereinen.

Newtons zwei Kammern

Parallel zu seinen mathematischen Forschungen und wissenschaftlichen Experimenten beschäftigte sich Newton im Verborgenen mit Alchemie und arbeitete über dreissig Jahre lang an seinem alchemistischen Schmelzofen.[12] Dieses Interesse

---

[12] In der Bibliothek von Cambridge befindet sich ein Notizbuch mit Newtons Aufzeichnungen seiner chemischen Experimente von 1660 bis etwa 1690. Die Bezeichnung lautet: Additional MS 3975. Er betrieb ein umfassendes Studium der Heiligen Schrift, gab eine Reihe von Lexika und Wörterbüchern heraus und bemühte sich auch, die symbolischen Bilder von Michael Maier zu verstehen.

verbarg er vor anderen. Jan Golinski meint dazu: „Newton war mit dem ganzen Komplex alchimistischer Schriften wahrscheinlich besser vertraut als irgend jemand vor ihm und sicherlich besser als irgend jemand nach ihm."[13] Die Zweiseitigkeit von Newtons Interessen ist wohl mitverantwortlich für seine Kreativität und seine unermüdliche Schaffenskraft. Newton publizierte seine wissenschaftlichen Resultate in klarer, knapper Form, vergleichbar mit Galileis Stil. Im Gegensatz zu letzterem fand jedoch die symbolische und irrationale «Peripheriesicht» Newtons Anerkennung in seiner privaten Philosophie.[14]

Nach Golinski ist es zur Beurteilung von Newtons Werk nicht so wichtig, zwischen Alchemie und Chemie zu unterscheiden, sondern zwischen *privater Beschäftigung* und *öffentlicher Lehre*. In der Abgeschiedenheit seines privaten Labors machte Newton unermüdlich Experimente, aber davon teilte er anderen praktisch nichts mit. Erst im Alter und als etablierter Schirmherr der exakten Wissenschaften gab er seinen Schülern seine alchimistischen Erfahrungen und Lehren weiter ([11], S. 150 f).

Die Geheimhaltung seines privaten alchimistischen Werkes entspricht der Jahrhunderte alten Tradition dieser «Kunst». In Beziehung zu seinen geheimen alchemistischen Experimenten und Studien entwickelte und vertiefte Newton sein religiöses Leben. Religion und Geschichte der Juden faszinierten ihn ebenso wie die Götterwelt der alten Griechen, Römer, Ägypter und Perser. Er glaubte, dass die alten heiligen Schriften, Mythen und selbst das Alte Testament eigentlich symbolische Darstellungen des alchemistischen Prozesses seien.

Newtons bahnbrechende Forschungen und Entdeckungen in Mathematik, Optik und Mechanik wurden durch dieses introvertierte Nachdenken und seine alchemistischen Experimente befruchtet. In der Mechanik und Geometrie der Himmelskörper erkannte Newton die Intelligenz Gottes. Als er beweisen konnte, dass das Licht der Sterne und das Licht der Sonne von derselben Beschaffenheit sind, fühlte er, dass er einen Aspekt der Einheit Gottes gefunden hatte. Und da die Gravitation eine Anziehungskraft zwischen physikalischen Körpern darstellt, könnte diese nach Newtons Ansicht auch als «Liebe» oder «Eros» bezeichnet werden.

Newton und andere Alchemisten unterschieden die *chemia vulgaris* von ihrer persönlichen Beschäftigung mit dem *opus alchymicum* und den damit verbunde-

---

[13] Jan Golinski, *The secret life of an alchemist* [11], S. 148, hier zitiert nach der deutschen Übersetzung, S. 194. Vergleiche auch Dobbs [5], McGuire und Rattansi [26], sowie Hakfoort [13], S. 86 ff.

[14] „Newton gradually divorced himself from this widespread and acknowledged style of early modern science. ... He preferred the certainty of a different style, in which descriptive mathematical laws and descriptive experimental conclusions were combined. From the very beginning of his public career, Newton separated the experimental-mathematical description of rays and colours from the explanation of the «philosophical» nature of light. Based on the relatively new style of science, he published a revolutionary descriptive theory of colours." (Hakfoort [13], S. 86).

nen Wachstums- und Lebensprozessen. Gelang es dem Adepten, die Wachstums- und Reifungsvorgänge der Materie kennenzulernen und damit zu operieren, so konnte er Anteil an der göttlichen Schöpferkraft nehmen. Deshalb wurde diese Arbeit moralisch integren Menschen vorbehalten und stets als heilig bezeichnet – aus wohl nicht ganz unbegreiflichen Gründen, wie wir heute ahnen.

9. Aus der Innenwelt Wolfgang Paulis

Wie bei Isaac Newton, der die Dokumente seiner «privaten Arbeit» nicht zerstörte, finden sich auch im Briefwechsel und im Nachlass von Wolfgang Pauli Dokumente, die der Nachwelt einen Einblick in seine «andere Arbeit» ermöglichen. Für beide hatte die «andere Seite» mit unorthodoxen Phantasien und einer Suche nach religiösen Inhalten zu tun. Beide beobachteten und notierten sorgfältig ihr Phantasieleben, und zwar mit der gleichen Diziplin und Objektivität, die sie auch bei ihrer wissenschaftlichen Arbeit anwendeten.

Besonders wertvoll bei Pauli ist die reiche Dokumentation seiner Träume. Während des Traumschlafs laufen physiologische Vorgänge ab, die mit spontaner, ausserhalb der bewussten Kontrolle des Schläfers stattfindender psychischer Aktivität assoziiert sind. Daher hat man Träume auch als Brücke zwischen dem Körper, nämlich dem Gehirn, und der Psyche bezeichnet ([34], S. 6). Bei allen Säugetieren kennt man periodischen Traumschlaf, der als REM-Schlaf (Rapid Eye Movements) bezeichnet wird. Beim menschlichen Fötus kann REM-Schlaf bereits ab dem sechsten Schwangerschaftsmonat beobachtet werden. Je älter wir werden, desto weniger träumen wir. Hiervon gibt es allerdings eine Ausnahme: Wenn wir uns in einem Lernprozess befinden, steigt der Anteil des REM-Schlafs proportional zum Gesamtschlaf an. So werden einige der Beobachtungen und Hypothesen Jungs durch die moderne Neurophysiologie bestätigt: es scheint eine positive Beziehung zwischen Traum, psychischer Entwicklung (Lernen) und Kreativität zu geben.

Träume zeigen in bildhafter Weise den Ablauf von Hintergrundprozessen. Das bewusste Ich, unser familiärer Hintergrund, unsere Arbeit, die instinktive «tierische» Ebene, die Götter, Geister und Dämonen, alles kann im Traum erscheinen. Verschiedene Träume Paulis, die er in seiner Korrespondenz mit Jung diskutiert, veranschaulichen die Spannung und Anziehung zwischen dem «fokussierten Zentrum» seiner Ich-Identität und dem von Unbekannten bewohnten Bereich der «Peripherie».

Traum von einer Fahrt an die Peripherie

In einem Traum ist Wolfgang Pauli mit Niels Bohr, seinem berühmten dänischen Kollegen, zusammen.[15] Die beiden Männer fahren mit einer kleinen Lokalbahn „nach links". Es stellt sich heraus, dass ihr Ziel Esslingen ist, ein Dorf in Richtung Zürcher Oberland. Der Träumende entdeckt im Zug „das dunkle Mädchen", umgeben von fremden Leuten. Pauli ist verärgert: Warum sollen die zwei Wissenschafter an einen so „uninteressanten und langweiligen Ort" wie Esslingen fahren? Nach Paulis eigenem Kommentar assoziiert er zu dem dunklen Mädchen das Gegenstück zur «Männerreligion» der Wissenschaft. Jung schreibt in seinem Kommentar: „Was kann von «Nazareth» (Esslingen) schon Gutes kommen? Dahingegen wohnt die Physik in der grossen Stadt und oben am Zürichberg an der Gloriastrasse."[16] (Gloriastrasse war die Adresse des Physikinstituts an der ETH).

Dieses Beispiel zeigt, wie sich das Traum-Ich mit dem städtischen Standpunkt identifiziert. Wenn der Physiker mit seinem Kollegen aufs Land fährt, begegnet er dem dunklen Mädchen, das im Traum diesen beiden Herren offenbar unwichtig zu sein scheint. Pauli kommentiert weiter, dass Esslingen für ihn für etwas Dunkles und Weibliches stehe, ein Gegensatz zu seiner «Haupt»tätigkeit, nämlich der theroretischen Physik in der Hauptstadt Zürich.

In einem Brief an Jung assoziiert Pauli weitere Gegensatzpaare, welche er als innere Spannung wahrgenommen hat:[17]

das dunkle Weibliche	–	das erleuchtete Männliche
Katholizismus	–	Protestantismus
Fludd	–	Kepler
intuitives Fühlen	–	naturwissenschaftliches Denken
Mystik	–	Naturwissenschaft

Mit dieser Zusammenstellung von Gegensätzen hat Pauli intuitiv die Lateralisation illustriert, welche die heutige Hirnforschung aufzeigt.

Traum über ein Geheimlabor in Schweden

Am 15. Juli 1954 träumte Pauli von einem «Geheimlaboratorium in Schweden», wo – dem Traum zufolge – ein radioaktives Isotop isoliert worden war. Als Amplifikation zum Traumbild Schweden schreibt Pauli in einem Brief an Jung von früheren Träumen, welche er während seiner Analyse hatte, die von «Kindern in Schweden» handelten.[18] In seinem Antwortschreiben interpretiert Jung das Motiv «Schweden als Kinderland» und schreibt:

---

[15] Brief von Pauli an Jung vom 27. Februar 1953 (Nr. 58 in [27], S. 87).
[16] Brief von Jung an Pauli vom 7. März 1953 (Nr. 59 in [27], S. 99).
[17] Brief von Pauli an Jung vom 27. Februar 1953 (Nr. 58 in [27], S. 87).
[18] Brief von Pauli an Jung vom 23. Oktober 1956 (Nr. 69 in [27], S. 134)

„Schweden ist wie der ganze Norden – England, Norddeutschland, und Skandinavien – die Region der Intuition. Es sind Gegenden, die historisch dadurch charakterisiert sind (mit Ausnahme von England im engeren Sinne), dass sie ein noch deutlich wahrnehmbares Heidentum unter der protestantischen Decke besitzen, was andererseits auch kennzeichnend ist für das Wesen der Intuition."[19]

Schweden versinnbildlicht für Pauli das Land der *nigredo,* da er sich dort während der totalen Sonnenfinsternis vom 30. Juli 1954 aufhielt. Dazu kommentierte Jung: „Das isolierte radio-aktive Isotop dürfte sich auf einen wesentlichen Inhalt des Unbewussten, der wohl das Selbst bezeichnet, beziehen. Dass das Selbst als Isotop bezeichnet wird, sagt aus, dass es noch als Variante eines bekannten Elementes erscheint, d.h. noch keine absolut zentrale und dominierende Stellung erreicht hat. Immerhin bedeutet dessen Isolierung ein so numinoses Ereignis, dass dadurch eine Eklipse des Bewusstseins (= Sonne) verursacht wird. Die Assoziation «Kinder in Schweden» dürfte darauf hinweisen, dass Schweden etwas mit dem Kinderland zu tun hat, wo jene Inhalte beheimatet sind, die im späteren Leben ausser Betracht fallen."[20]

Der Traum vom Geheimlabor in Schweden ist eine Parallele zum Traum von der Fahrt nach Esslingen, wo ein unbekanntes dunkles Mädchen mit den Professoren Richtung Peripherie fährt. An der «verdunkelten Peripherie» finden weit entfernt vom bewussten Zentrum (Zürich) spielerisch (Kinderland) wichtige Experimente statt, welche zu einer bedeutenden Kernumwandlung führten. Paulis Assoziation der Verdunkelung des Bewusstseins (Eklipse) leitet uns hinüber zu einem anderen Traum vom Dezember 1947 über einen jungen Mann aus Persien.

Der Traum vom Perser

In diesem Traum[21] bekommt Pauli Besuch von einem jungen dunklen Mann aus Persien. Pauli stellt ihm die Frage: „Sind Sie mein Schatten?" Die Antwort des Persers war: „Ich bin zwischen Ihnen und dem Licht, also sind Sie mein Schatten, nicht umgekehrt." Der aus fremdem Land kommende Mann überbringt im Traum Pauli drei wichtige Dinge: 1. eine kreisrunde Holzscheibe, den Querschnitt eines Baumstammes; 2. symbolisches Wissen über die innere Einheit der verschiedenen Frauen in Paulis Leben und 3. neue Möbel für Paulis Arbeitszimmer. Des weiteren ist der Perser durch die Fachsprache der modernen Physik nicht beeindruckt.

Einerseits repräsentiert der Perser eine weniger spezialisierte und damit mehr spontane Schattenseite des Träumers. Auf der anderen Seite verkörpert er die umfassendere Ganzheit seiner Persönlichkeit, welche im Symbol der Holzscheibe

---

[19] Brief von Jung an Pauli vom Dezember 1956 (Nr. 71 in [27], S. 152).
[20] Brief von Jung an Pauli vom Dezember 1956 (Nr. 71 in [27], S. 152–153).
[21] Vergleiche dazu: *Kommentare zur «Klavierstunde»* von Herbert van Erkelens, in diesem Band (Abschnitt *Kommentar zum Traum «Der Perser»).*

dem Traum-Ich Rohmaterial (Ideen, Probleme, Phantasien) bringt, klärt den Sinn der Verstrickung, welche die Frauen im Leben des Mannes bewirken und bringt die richtigen Rahmenbedingungen (neuer Arbeitsplatz), dank welchen das Ich sein «Werk» vollbringt.

Das Symbol der runden Holzscheibe können wir als ein Stück prima materia auffassen. Auf lateinisch wird Bauholz *materia* genannt. Dieses Wort bedeutet gleichzeitig Nahrung, Aufgabe, Brennstoff und Mutter. Das quergeschnittene Holzstück hat die Form eines natürlichen Mandalas, das, wie Jung gezeigt hat, die Ganzheit und das Zentrum der Persönlichkeit symbolisiert.[22] Holz wächst in der Natur und wird durch lebende grüne Zellen gebildet.[23] Nicht nur in Mythen, auch in der Biosphäre bilden Bäume und Pflanzen die erste Grundlage alles physischen und psychischen Lebens auf Erden. Pflanzliche Zellen «bauen mit Licht».[24] Deshalb könnte die hölzerne Scheibe mit ihrem rundlichen, auf organisches Wachstum hinweisenden Muster auf eine Verbindung zwischen der eher abstrakten Physik und der das Leben beschreibenden Biologie hindeuten. Die Suche nach einer Verbindung dieser beiden Gebiete taucht in einem späteren Traum und in der Phantasie von der Klavierstunde wieder auf.

Der Perser vereinigt in sich gegensätzliche Eigenschaften: Er ist fremd und doch mit den intimsten Frauenbeziehungen des Träumers vertraut, er ist dunkel und doch dem Licht näher als das Traum-Ich, er ist jünger und doch weiser als der Träumer.[25] Deshalb vergleicht Pauli den Perser mit dem paradoxen Geist Mercurius der Alchemisten und schreibt weiter in einem Brief an Jung: „In meiner Traumsprache wäre er mit dem «radioaktiven Kern» zu identifizieren."[26] Jung würde bei diesem Traum von einer Auseinandersetzung und einem Austausch zwischen dem Ich und dem Selbst sprechen.

«Die Klavierstunde»

Die «Geschichte» dieser aktiven Phantasie [29] beginnt mit einem Jungen, der mit einer Frage über die Liebe seine Klavierlehrerin in Wien besucht.[27] Vielleicht

---

[22] Vergleiche dazu Jungs Kommentar zu Wilhelms *Das Geheimnis der Goldenen Blüte* [33]. Nachdruck in: C. G. Jung, *Studien über alchemistische Vorstellungen,* Gesammelte Werke, Bd. 13 [20], Ziff. 1–84.

[23] Alex Müller hat in einer Diskussion darauf hingewiesen, daß die runde organische Scheibe auch in Zusammenhang mit dem wissenschaftlichen Bereich der Festkörperphysik stehen könnte. Es sei bemerkenswert, dass Wolfgang Pauli seine Forschungen nicht in Richtung Festkörperphysik fortgeführt hätte.

[24] Dieser Ausdruck stammt von Prof. Ebbersten, Ulltuna Agricultural University, Uppsala.

[25] Vergleiche dazu den Brief von Pauli an Jung vom 4. Juni 1950 (Nr. 38 in [27], S. 47).

[26] Brief von Pauli an Jung vom 4. Juni 1950 (Nr. 38 in [27], S. 47).

[27] Vergleiche dazu: *Kommentare zur «Klavierstunde»* von Herbert van Erkelens, und die *Erläuterungen zur Klavierstunde* in diesem Band.

kommt er damit zu ihr, weil Musik eine Sprache der Gefühle ist und eine nichtverbale Verständigung ermöglichen kann. Im Umkreis des Eros kann sich jeder Mensch wieder wie zu Beginn der körperlichen Reife fühlen, als ein – wie Pauli schreibt – „neugieriges Kind" mit „erregtem Gefühl" ([29], Ziff. 5 und 4). Die Klavierstunde findet im Jahr 1913 statt. Pauli war damals 13 Jahre alt, und gleichzeitig war es in einem gewissen Sinn das letzte Jahr menschlicher Unschuld: Vor den Weltkriegen glaubten noch viele Menschen, dass die Probleme der Welt eines Tages durch die Wohltaten des wissenschaftlichen und technischen Fortschritts gelöst werden könnten.

Am Ende der Klavierstunde zeigt ihm die Dame ihren magischen, frei schwebenden «Ring i». Dieses wortlose Wunderzeichen könnte ihre Antwort sein auf die ursprüngliche Frage über die Liebe. In der Algebra steht i für eine imaginäre Einheit und hat mit «paar»weisen Darstellungen von Zahlen zu tun. Der Ring i könnte somit als Symbol für das Mysterium der Liebe verstanden werden. Jung hat in seinem Buch *Psychologie der Übertragung* beschrieben, wie der «geschlossene Ring» einer kontinuierlichen Liebesbeziehung zwischen zwei Menschen zum Gefäss für Kreativität und innere Entfaltung werden kann.[28] Obwohl am Ende der Klavierstunde der Jüngling als Mann mit Hut allein weggeht, hat er doch eine Vision des magischen Rings der Frau bekommen. Damit könnte er trotz der Trennung am Schluss eine Ahnung des tieferen Sinns des Eros erhalten haben. Das universelle Liebesthema von Gedichten und Romanen ist ja auch nicht die erfüllte Liebe, sondern vielmehr das süsse und bittere Leiden an der Liebe in der Trennung.

Traum von der chinesischen Tänzerin

Am 28. September 1952 träumte Pauli[29] von einer Chinesin, die vorangeht und ihm zuwinkt, ihr zu folgen. Sie führt ihn eine Treppe hinab, spricht nicht, aber bewegt sich in Tanzschritten. Sie betreten einen Hörsaal, wo eine Gruppe «fremder Leute» auf das Traum-Ich wartet. Die chinesische Frau tanzt rhythmisch und rotierend mit magischen Bewegungen, was den Träumer an die «Zirkulation des Lichtes» erinnert. Der Traum endet, als der Träumer das Podium betritt, um zu sprechen.

Im Tanzen wird unsere angeborene Körpersprache kultiviert. So könnten wir den Tanz als Poesie der Körpersprache sehen. Die wortlos tanzende Frau ist deshalb eine komplementäre Gestalt zu einem verbal begabten Mann mit einem brillanten Intellekt. Der Gelehrte und die Tänzerin bilden ein archetypisches Paar, wie beispielsweise Lao-tse und die Tänzerin, Simon Magus und Helena oder –

---

[28] C. G. Jung, *Die Psychologie der Übertragung*, Gesammelte Werke, Bd. 16 [16], Ziff. 398, 402, 454–456. Vergleiche auch: M.-L. von Franz, *Psychotherapie* [8], S. 255–259.

[29] Brief von Pauli an Jung vom 27. Februar 1953 (Nr. 58 in [27], S. 90 ff).

warum nicht? – Arthur Miller und Marilyn Monroe. Nach dem Alten Testament hat sogar Gott selber bei seiner Schöpfung eine verspielte Begleiterin. Sie heisst Sophia, Weisheit:[30]

„Der Herr hat mich geschaffen im Anfang seiner Wege,
vor seinen Werken in der Urzeit;
in frühester Zeit wurde ich gebildet,
am Anfang, beim Ursprung der Erde."

„Als er die Fundamente der Erde abmass,
da war ich als geliebtes Kind bei ihm.
Ich war seine Freude Tag für Tag
und spielte vor ihm allezeit.
Ich spielte auf seinem Erdenrund,
und meine Freude war es, bei den Menschen zu sein."

China liegt in Bezug auf Europa auf der andern Seite der Erdkugel. Eine Chinesin wäre wach, wenn der Träumer schläft, und sie würde umgekehrt träumen, wenn Pauli wach ist und arbeitet. Die Chinesin ist somit eine schöne Illustration der unbekannten Seele des Mannes. Sie kann für den Mann führende und auch verführende Vermittlerin irrationaler Aspekte des Lebens sein. Sie schenkt dem Mann Lebenskraft, Phantasien, erotische Gefühle und Inspirationen. Die alten Griechen nannten sie Muse, die Inder Maya, und Jung bezeichnete sie als «Anima». Vielleicht war Pauli ein begnadeter Lehrer, da in seinem Traum seine Muse im Hörsaal bei ihm war.

Traum über interdisziplinäre Forschung

Am 12. April 1955 träumte Pauli (hier stark zusammengefasst), dass er in Kalifornien am Meer ein Laboratorium mit einem Kernreaktor besucht. Auch Jung ist dort zusammen mit zwei Physikern und einem jungen Biologen. Am Ende des Traumes erreicht der Träumer eine wunderschöne Landschaft.[31]

Dieser Traum scheint darauf hinzuweisen, dass Tiefenpsychologie, Physik und Biologie gemeinsam in einer «Neuen Welt» (Amerika) experimentell forschen. Solch ein Gemeinschaftsunternehmen könnte dem Traum zufolge ein Kernanliegen sein, da zum Laboratorium ein Kernreaktor gehört. In der Klavierstunde behandelt Pauli Parapsychologie und bestimmte Bereiche der Biologie als zwei wichtige zukünftige Naturwissenschaften ([29], Ziff. 34). Parapsychologie repräsentiert den irrationalen Aspekt der Psychologie und der Physik, wo sich Materie und Psyche so verhalten, als wären sie sinnvoll, aber akausal verbunden. Diesen Zusammenhang weiter zu erforschen, scheint nach dem Traum von zentraler Bedeutung zu sein.

---

[30] *Das Buch der Sprichwörter*, 8:22–23 und 8:30–31. Zitiert nach der Einheitsübersetzung der neuen Jerusalemer Bibel [4].
[31] Brief von Pauli an Jung vom 23. Oktober 1956 (Nr. 69 in [27], S. 146).

10. Schlussgedanken

Esslingen, Schweden, Persien, Wien, Kalifornien und China: diese Episoden aus Paulis Innenleben gehören alle zum «Ring der Peripherie». Dort gibt es fremde Leute, Kinder, einen dunklen junger Mann, ein dunkles Mädchen, eine Klavierlehrerin und eine orientalische Tänzerin. Derartige Gestalten der Peripherie stehen meist für etwas, das in der Persönlichkeit des Träumers unbeachtet blieb und weniger differenziert ist als seine Ich-Identität.

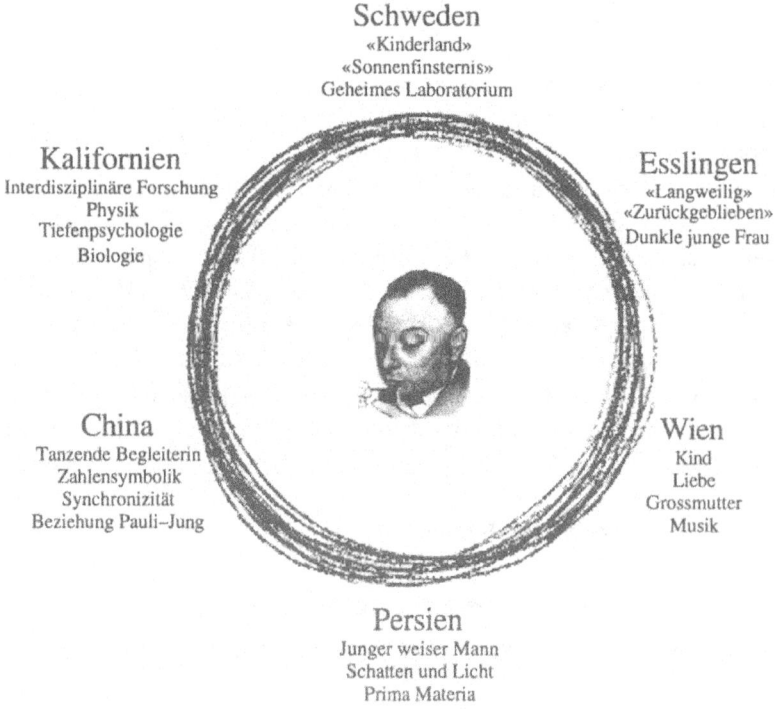

Abb. 4: In den Träumen und Phantasien Wolfgang Paulis wird das «Zentrum» durch das Traum-Ich, die Beziehung zu wissenschaftlichen Kollegen und bekannte Örtlichkeiten versinnbildlicht. Die Peripherie wird durch «unbekannte Leute», wie die chinesische Tänzerin, eine junge dunkle Frau, die Klavierlehrerin, einen weisen persischen Jüngling verkörpert. Die Gegenden der Peripherie sind entweder ein Dorf ausserhalb Zürichs, das der Träumer vernachlässigt oder als «uninteressant» einstuft, oder weit entfernte Länder wie Kalifornien, Schweden, Persien oder China.

Der Kontakt mit diesen anderen Seiten vermittelte Pauli offenbar wichtige neue Einsichten und ergänzte seine anfänglich stark zielgerichtete Optik mit der holistisch orientierten «anderen Sichtweise». Aus diesem Grund sind uns heute die Gedanken und Einsichten aus dem Dialog von Pauli mit seiner seelischen Bilderwelt und mit dem Seelenforscher Jung so wertvoll. Sie zeigen uns einen Weg, wie die moderne Wissenschaft mit dem objektiven Geist in der Seele und in der Materie in Beziehung treten könnte.

Danksagung

Ich danke Frau Dr. Marie-Louise von Franz und dem *Pauli-Komitee (CERN)* für die Erlaubnis, aus einem der unpublizierten Briefe von Pauli zu zitieren.

Literaturhinweise

[1] R. Amthauer: *Psychologische Grundfragen der Berufswahl.* VDI-Nachrichten aus Naturwissenschaft, Technik, Industrie **20**, Nr. 48, 9–13 (30. November 1966).

[2] C. P. Benbow and J. Stanley: *Sex differences in mathematical ability: Fact or artifact?* Science **210**, 1262–1264 (1980).

[3] C. P. Benbow and J. Stanley: *Sex differences in mathematical ability: More facts.* Science **222**, 1029–1031 (1983).

[4] A. Deissler, A. Vögtle und J. M. Nützel: *Neue Jerusalemer Bibel. Einheitsübersetzung mit dem Kommentar der Jerusalemer Bibel.* Freiburg. Herder. 1985.

[5] B. J. Dobbs: *The Foundations of Newtons's Alchemy.* Cambridge. Cambridge University Press. 1975.

[6] I. Eibl-Eibesfeldt: *Human Ethology.* Berlin. Walter de Gruyter. 1989.

[7] M.-L. von Franz: *Träume.* Zürich. Daimon Verlag. 1985.

[8] M.-L. von Franz: *Psychotherapie.* Einsiedeln. Daimon Verlag. 1990.

[9] M. S. Gazzaniga, J. R. Bogen and R. W. Sperry: *Laterality effects in somaesthesis following cerebral commissurotomy in man.* Neuropsychologia **1**, 209–221 (1963).

[10] M. S. Gazzaniga, J. E. LeDoux and D. H. Wilson: *Language, praxis and the right hemisphere: Clues to some mechanisms of consciousness.* Neurology **24**, 1144–1147 (1977).

[11] J. Golinski: *The secret life of an alchemist.* In: *Let Newton Be!* Hg. von J. Fauvel, R. Flood, M. Shortland and R. Wilson. Oxford. Oxford University Press. 1988. S. 146–167. Deutsche Übersetzung: *Das geheime Leben eines Alchemisten.* In: *Newtons Werk. Die Begründung der modernen Naturwissenschaft.* Hg. von J. Fauvel, R. Flood, M. Shortland und R. Wilson. Basel. Birkhäuser Verlag. 1993. S.190–215.

[12] J. Goodwin: *Robert Fludd. Hermetic Philosopher and Surveyor of Two Worlds.* Grand Rapids (MI). Pahnes Press. 1991.

[13] C. Hakfoort: *Newton's optics: the changing spectrum of science.* In: *Let Newton Be!* Ed. by J. Fauvel, R. Flood, M. Shortland and R. Wilson. Oxford. Oxford University Press. 1988. S.81–99.

[14] E. A. Havelock: *Preface to Plato.* Cambridge (Mass.). Harvard University Press. 1963.

[15] E. H. Hess: *The Tell-Tale Eye.* New York. Van Nostrand Reinhold. 1975.

[16] C. G. Jung: *Gesammelte Werke. Sechzehnter Band. Praxis der Psychotherapie. Beiträge zum Problem der Psychotherapie und zur Psychologie der Übertragung.* Olten. Walter-Verlag. 1958.

[17] C. G. Jung: *Gesammelte Werke. Achter Band. Die Dynamik des Unbewussten*. Olten. Walter-Verlag. 1971.

[18] C. G. Jung: *Gesammelte Werke. Siebenter Band. Zwei Schriften über Analytische Psychologie*. Olten. Walter-Verlag. 1971.

[19] C. G. Jung: *Gesammelte Werke. Fünfter Band. Symbole der Wandlung*. Olten. Walter-Verlag. 1973.

[20] C. G. Jung: *Gesammelte Werke. Dreizehnter Band. Studien über alchemistische Vorstellungen*. Olten. Walter-Verlag. 1978.

[21] C. G. Jung: *Gesammelte Werke. Achtzehnter Band. Das symbolische Leben*. Olten. Walter-Verlag. 1981.

[22] A. Koestler: *Die Nachtwandler. Die Entstehungsgeschichte unserer Welterkenntnis*. Bern. Scherz Verlag. 1959.

[23] C. d. Lacoste-Utamsing and R. L. Holloway: *Sexual dimorphism in the human corpus callosum*. Science **216**, 1431–1432 (1982).

[24] J. Levy: *Lateral specialization of the human brain: Behavioral manifestations and possible evolutionary basis*. In: *The Biology of Behavior*. Ed. by J. A. Kiger. Corvallis. Oregon State University Press. 1972. S. 159–180.

[25] P. D. MacLean: *The triune brain, emotion and scientific bias*. In: *The Neurosciences. Second Study Programme*. Ed. by F. Q. Schmitt, G. C. Quarton, T. Melnechuk and G. Adelmann. New York. Rockefeller University Press. 1970. S. 336–349.

[26] J. E. McGuire and P. M. Rattansi: *Newton and the «Pipes of Pan»*. Notes and Records of the Royal Society of London **21**, 108–148 (1966).

[27] C. A. Meier (Hg.): *Wolfgang Pauli und C. G. Jung. Ein Briefwechsel 1932–1958*. Berlin. Springer. 1992.

[28] W. J. Ong: *Muntlig och skriftlig kultur*. Göteborg. Anthropos. 1990.

[29] W. Pauli: *Die Klavierstunde. Eine aktive Phantasie über das Unbewusste. Frl. Dr. Marie-Louise v. Franz in Freundschaft gewidmet*. 1953. Ein bisher unpubliziertes Dokument. Erstpublikation in diesem Band. Das Originalmanuskript befindet sich in den *Wissenschaftshistorischen Sammlungen der ETH-Bibliothek, Zürich*, Hs 176.

[30] W. Pauli: *Der Einfluss archetypischer Vorstellungen auf die Bildung naturwissenschaftlicher Theorien bei Kepler*. In: *Naturerklärung und Psyche*. Hg. von C. G. Jung und W. Pauli. Zürich. Rascher. 1952. S. 109–194. Reprinted in: *Collected Scientific Papers by Wolfgang Pauli*. Edited by R. Kronig and V. F. Weisskopf. New York. Interscience. 1964, Vol.1, S.1023–1114.

[31] R. W. Sperry: *Lateral specialization in the surgically seperated hemispheres*. In: *The Neurosciences. Third Study Programme*. Ed. by F. Q. Schmitt and F. G. Worden. Cambridge (Mass.). MIT Press. 1974. S. 5–19.

[32] R. W. Sperry: *The great cerebral commissure*. Scientific American **210**, Nr. 1, 42–52 (January, 1964).

[33] R. Wilhelm: *Das Geheimnis der Goldenen Blüte. Ein chinesisches Lebensbuch*. Übersetzt und erläutert von Richard Wilhelm, mit einem europäischen Kommentar von C. G. Jung. Fünfte Auflage. Zürich. Rascher Verlag. 1957.

[34] J. Winson: *Brain and Psyche*. New York. Anchor Press. 1985.

[35] G. H. von Wright: *Myten om framsteget*. Falun. Albert Bonniers Förlag. 1993.

Vom Sinn im Zufall:
Überlegungen zu Wolfgang Paulis
«Vorlesung an die fremden Leute»

Ulrich Müller-Herold

Hans Primas gewidmet [1]

1. Einleitung

«Fremde Leute» spielen in den Träumen, Briefen und Imaginationen des späten Pauli eine häufig wiederkehrende Rolle. Vordergründig haben sie die Funktion einer orthodox–naturwissenschaftlich unverbildeten Zuhörerschaft für Paulis imaginäre «Vorlesungen», psychologisch hingegen sind sie eine Metapher für *noch nicht assimilierte Gedanken* Paulis selbst.[2] In diesen imaginären Vorlesungen ringt Pauli um die Anfangsgründe einer zukünftigen Wissenschaft, in der Geist und Materie nicht länger getrennt, sondern auf bislang noch unbekannte Weise vereinigt sind.

Nach dem Schockerlebnis durch die Atombombe dämmerte es manchen Physikern, daß erst die cartesische[3] Verbannung des Geistes aus der Materie, der Seele aus der Natur, den Weg jener seelenlosen, kalt instrumentalisierenden Form der Wissenschaft ermöglicht hatte, für die Hiroshima und Nagasaki einen vorläufigen Höhepunkt weltgeschichtlicher Wirkung bedeuteten. „In dieser schwankenden Notlage, wo alles zerstört werden kann – der Einzelne durch Psychose, die Kultur durch Atomkriege – wächst aber das Rettende auch, die Pole der Gegensatzpaare rücken wieder zusammen und der *Archetypus der coniunctio* [Gegensatzvereinigung] ist konstelliert", schreibt Pauli an seinen Briefpartner Carl Gustav Jung[4], und weiter:

---

[1] Aus Anlaß seines 65. Geburtstages während der Tagung auf dem Monte Verità. In dankbarer Erinnerung an zwanzig Jahre unverwechselbaren Gespräches, bei dem – auf ihre Weise – Jung und Pauli stets gegenwärtig waren.

[2] Vergleiche dazu den Brief von Jung an Pauli vom 20. Juni 1950 (Brief Nr. 39 in [32], S. 48–49).

[3] Nach René Descartes, 1596–1650, lat. *Cartesius*, der bei seiner Unterscheidung zwischen Subjekt (*res cogitans*) und Objekt (*res extensa*) Denken und Bewußtsein ausschließlich dem erkennenden Subjekt zuschreibt.

[4] Brief vom 23. Oktober 1956 (Brief Nr. 69 in [32], S. 140).

„Die zukünftige Entwicklung muß ... eine solche *Erweiterung der Physik*, vielleicht zusammen mit [der] Biologie, mit sich bringen, daß die Psychologie des Unbewußten in ihr aufgenommen werden kann. Dagegen ist diese aus eigener Kraft, allein aus sich selbst nicht entwicklungsfähig."[5]

„Das Feuer des Heraklit habe ich schon in meinem letzten Brief auch deshalb erwähnt, weil es damals, in der Antike, psycho-physisch einheitlich, sowohl ein physikalisches Energiesymbol, als auch ein psychisches Libidosymbol war (das Feuer soll ja nach Heraklit «vernunftbegabt» sein). Nun scheint das Problem der psycho-physischen Einheit «auf einer höheren Ebene» zurückzukehren."[6]

In immer neuen Wendungen und Bildern berichtet Pauli seinem großen Gegenüber von dem Drängen, den Traumeingebungen seines Unbewußten. Er selbst weist auf die halb rationale, halb phantastische, vorwissenschaftliche Form seiner Eingebungen hin: „Vom heutigen naturwissenschaftlichen Standpunkt ist vielmehr die in Rede stehende Form der Imagination zweifellos als Rückfall auf eine archaische Stufe anzusehen."[7] Tiefe Einsichten und stupendes esoterisches Wissen wechseln ab mit Ratlosigkeit und verlegener Umkreisung von längst Bekanntem. Es ist das alles eine rechte *prima materia*, die der erlösenden Verwandlung noch bedarf.

Dem Versuch einer rationalen Rekonstruktion von Paulis Gedanken in der *Vorlesung an die fremden Leute* sind Grenzen gesetzt. Aus seinen Briefen und aus der publizierten wissenschaftlichen Literatur können Hilfen für eine Annäherung an die *Vorlesung* gewonnen werden. Das erreichbare Maß an Klarheit bleibt indes beschränkt.[8]

2. Komplementarität und Synchronizität

Bei seiner Suche nach Ausgangspunkten für die erstrebte Synthese konzentriert sich Pauli auf zwei Begriffsbildungen: Komplementarität und Synchronizität. Die Idee der *Komplementarität* ist von Niels Bohr im Zusammenhang mit der Quantenmechanik eingeführt, von Klaus Michael Meyer-Abich begrifflich präzisiert und von Hans Primas in vielen Arbeiten in ihrer Bedeutung für die Naturerkenntnis herausgearbeitet worden. Diese quantenmechanische Komplementarität ist eine

---

[5] Brief vom 31. März 1953 (Brief Nr. 60 in [32], S. 100–101).

[6] Brief vom 17. Mai 1952 (Brief Nr. 56 in [32], S. 84).

[7] W. Pauli: *Moderne Beispiele zur Hintergrundsphysik*. Nicht zur Veröffentlichung bestimmtes Manuskript vom Juni 1948, publiziert in [32], S. 177. Bezüglich des besonderen Charakters der aktiven Imaginationen vergleiche B. Hannah: *Begegnungen mit der Seele. Aktive Imagination – der Weg zu Heilung und Ganzheit.* [14]

[8] Von Suzanne Gieser ist darauf hingewiesen worden, daß eine Rekonstruktion von Paulis Vorstellungen weniger bei Träumen und Imaginationen als bei dem von Pauli selbst publizierten Material beginnen sollte.

Denkfigur, die einander ausschließenden Aspekten einer Sache das Ungeteilte ihrer Ganzheit gegenüberstellt:

„Komplementarität heißt die Zusammengehörigkeit verschiedener Möglichkeiten, dasselbe Objekt als verschiedenes zu erkennen. Komplementäre Erkenntnisse gehören zusammen, insofern sie Erkenntnisse desselben Objektes sind, sie schließen einander jedoch insofern aus, als sie nicht zugleich und für denselben Zeitpunkt erfolgen können. Die Struktur des Objekts, die darin zum Ausdruck kommt, daß es komplementär erfahren und beschrieben wird, kann mit Bohr als Individualität oder Ganzheit bezeichnet werden." [33]

Im Sinne seiner Synthesevisionen hat es Pauli vorgeschwebt, Geist und Materie als komplementäre Aspekte einer umfassenderen Einheit aufzufassen:

„Es scheint mir nämlich in der *Komplementarität der Physik* mit ihrer Überwindung des Gegensatzpaares «Welle–Teilchen» eine Art *Modell oder Vorbild für jene andere, umfassendere Coniunctio* vorzuliegen." 9

Die Idee der *Synchronizität* ist von Jung in die analytische Psychologie eingeführt worden als Bezeichnung für koinzidierende Phänomene, deren Koinzidenz keiner kausalen Erklärung gehorcht, aber einen deutlich sinnvollen Zusammenhang aufweist.10 Dazu führt Jung eine Reihe von Beispielen ins Feld: Divination (Orakel), Astrologie, außersinnliche Wahrnehmung (*extra–sensory perception*: ESP), sei es in Form telepathischer Einzelereignisse (Todeswahrnehmung, präkognitive Träume) oder in Form statistischer Reihen, wie sie in den Kartenexperimenten von Joseph Banks Rhine11 beobachtet worden sind. Angesichts der grundsätzlichen Reserviertheit, mit der unter aufgeklärten Personen von diesen Dingen die Rede ist, verweist Jung kühl auf das exploratorische Recht kreativer Wissenschaft:

„Prinzipiell neue Gesichtspunkte entdeckt man in der Regel nicht im schon bekannten Gebiet, sondern an abgelegenen, vermiedenen oder sogar verrufenen Orten." 12

Synchronizitätsphänomene weisen auf einen bewußtseinstranszendenten Einheitsaspekt des Seins hin, den Jung als *unus mundus* bezeichnet.13 Den Terminus Synchronizität wählte Jung, weil ihm die *Gleichzeitigkeit* zweier sinngemäß, jedoch akausal verbundener Ereignisse als wichtiges Kriterium erschien. *Wesentlich*

---

9 Brief vom 27. Februar 1953 (Brief Nr. 69 in [32], S. 58).

10 C. G. Jung, *Synchronizität als ein Prinzip akausaler Zusammenhänge*, Gesammelte Werke, Bd. 8, [17].

11 Vergleiche dazu C. G. Jung, *Synchronizität als ein Prinzip akausaler Zusammenhänge*, Gesammelte Werke, Bd. 8, [17], Ziff. 833–838 sowie Ziff. 965–970.

12 C. G. Jung, *Synchronizität als ein Prinzip akausaler Zusammenhänge*, Gesammelte Werke, Bd. 8, [17], Ziff. 952.

13 C. G. Jung, *Mysterium Coniunctionis,* Gesammelte Werke, Bd. 14/II [16], Ziff. 325-329 und 413–430

für Synchronizität ist aber die *Sinnverbundenheit* von Ereignissen, nicht ihre bloße Gleichzeitigkeit. Pauli schreibt dazu an Jung:

„*Was ist nun die Beziehung zwischen Sinn und Zeit?* Versuchsweise lege ich mir Ihre Auffassung etwa so aus: erstens können sinnverbundene Ereignisse viel leichter wahrgenommen werden, wenn sie gleichzeitig sind. Zweitens ist aber die Gleichzeitigkeit auch die Eigenschaft, welche die Einheit der Bewußtseininhalte ausmacht."[14]

Synchronistische Ereignisse sind Einmaligkeiten, in denen sporadisch die Einheit von Psyche und Materie, der *unus mundus*, aufblitzt.[15] Jung und Pauli sind der Ansicht, daß die Synchronizität Eigenschaften besitzt, die für die Aufklärung der vermuteten *Komplementarität von Geist und Materie* in Betracht kommen könnten. In diesem Geiste nähert sich Pauli in seinen letzten Lebensjahren der Evolutionsbiologie, jener Disziplin, die in naturgeschichtlichen Termen beschreibt, was auch der Physiker Pauli verstehen möchte: Den Durchbruch des Bewußtseins in der Materie. Im letzten Drittel der *Klavierstunde*, einer einzigen großen Imagination zur Komplementarität von Physik und Psychologie, hält der Ich-Erzähler fremden Leuten eine Vorlesung über die evolutionsbiologische Frage eines *Sinnes im Zufall*.

3. Max Delbrück, die Physiker und die Biologie

Die Neigung der Physiker zur Biologie ist alt und keinesfalls harmlos. Seit jeher hat sie etwas mit einem Kolonialisierungsversuch zu tun, ähnelt sie dem Verhältnis zwischen erster und dritter Welt. In der Physik ist mit Newton die Moderne eingekehrt. Für die Biologie kann nicht entfernt dasselbe gesagt werden. Noch für den jungen Darwin war die Bibel das wesentliche Buch der Naturgeschichte, und bis weit ins 19. Jahrhundert hinein war Aristoteles für die Biologie ein wichtiger Autor. Aus diesem Entwicklungsunterschied ergab sich eine Gängelei der Biologie durch die Physiker, ein gelegentlich überhebliches Gehabe, das bis auf den heutigen Tag zu spüren ist. Das Wort Kants vom „Newton des Grashalms" zeigt sehr deutlich, in welcher Richtung man sich die Umerziehung der Biologie vorstellte.

Während manche Physiker von der Biologie einfach nur verächtlich sprachen[16], starteten andere die üblichen Entwicklungshilfeprogramme. Im späten 19. Jahr-

---

[14] Brief vom 28. Juni 1948 (Brief Nr. 37 in [32], S. 42).

[15] M. L. v. Franz: *Psyche und Materie* [11], S. 133.

[16] „Der Naturforscher ist in der Tat ein geübter Beobachter, aber seine Beobachtungen unterscheiden sich von denen eines Wildhüters lediglich in der Quantität, nicht in der Qualität; seine einzigen esoterischen Qualitäten sind seine Vertrautheit mit der systematischen Nomenklatur." (Ernst Mayr, *Die Entwicklung der biologischen Gedankenwelt* [30], S. 12.) Weitere Skurrilitäten in Mayr [30] auf S. 28, darunter Rutherfords törichtes Gerede von der Biologie als eines „Sammelns von Briefmarken".

hundert waren es die Physiologen[17], die so agierten, im 20. Jahrhundert war es ein interdisziplinärer Verbund von exakten Naturwissenschaftlern, die zu diesem Zweck die Molekularbiologie begründeten[18]. Interessanterweise erscheinen die seelischen Verheerungen in der Biologie bei diesem gewaltsamen Übernahmeversuch den Veränderungen ähnlich, die wir bei der überstürzten Modernisierung von Entwicklungsländern beobachten, in denen ihrerseits entwurzelte Technokraten in atemberaubendem Tempo die Wurzeln der überlieferten Kultur ihrer Heimat aus dem Boden reißen.

Als Pauli die *Klavierstunde* [37] schrieb, ahnte noch niemand etwas von dem demiurgischen Ehrgeiz der heutigen Biotechnologie. Gleichwohl: die Anfänge waren da! 1953, im Jahr der *Klavierstunde*, entdeckten Watson und Crick die Doppelhelix. [45] Das war der eigentliche Startschuß. Wie stets in solchen Fällen stellten fühl- und sichtbare Auswirkungen sich erst viel später ein, so daß für die Zeitgenossen von damals die Biologie sich noch viel unbekannter, sanfter und unschuldiger ausnahm als heute. Noch immer war die Biologie das weithin Unbekannte, die Weltkarte mit den weißen Flecken, in die von jeher Utopisten ihre Entwürfe projiziert haben.

4. Vor der Vorlesung

Innerhalb der *Klavierstunde* ist die *Vorlesung an die fremden Leute* eine Rahmenerzählung, die erst vorbereitet und nach ihrem Abschluß noch kommentiert wird. In den Abschnitten (24) und (26) der *Klavierstunde*[19] wird zunächst an die geltenden Prinzipien physikalischer Weltanschauung erinnert: das Kausalitätsprinzip in der klassischen Physik und den (primären) Zufall in der Quantenphysik. In Abschnitt (27) erscheint dann als Neuheit, der „systematisch schwankende Zufall", der Zufall, „der sich ändert, wenn es warm wird", in Anlehnung an das sinnhafte Aufeinandertreffen von Zufällen, welches Jung als Synchronizität und Pauli als Sinnkorrespondenz bezeichnet.

---

[17] Dazu Ernst Mayr: „Für das Entstehen eines rabiaten reduktionistischen Physikalismus in der Physiologie des 19. Jahrhunderts gab es zwei Gründe: Die noch immer weitreichende Macht des Vitalismus und das enorme Ansehen der Physik zu jener Zeit, das die Physiologen auf sich ausdehnen konnten. ... Helmholtz war einer der Exponenten dieser Bemühungen: ‚Endziel der Naturwissenschaften ist, die allen anderen Veränderungen zugrundeliegenden Bewegungen und deren Triebkräfte zu finden, also sie in Mechanik aufzulösen.' " [30]

[18] Daß diese Formulierung kaum übertrieben ist, entnimmt man E. F. Keller: *Physics and the Emergence of Molecular Biology: A History of Cognitive and Political Synergy*. [20]

[19] Zahlen in runden Klammern verweisen auf die entsprechenden Abschnitte der *Klavierstunde* [37]

Der Haupttext der *Vorlesung an die fremden Leute* wird angekündigt durch das Auftauchen Max Delbrücks (28–31), des „jüngsten Bruders vieler Geschwister", der als Physiker aufgebrochen war, um auf Anregung von Niels Bohr nunmehr auch in der Biologie jener Art von Komplementarität nachzuspüren, die wenige Jahre zuvor in der Quantenmechanik entdeckt worden war. Am 15. August 1932 hatte Delbrück in Kopenhagen den berühmten Vortrag *Licht und Leben* [6] gehört, in welchem Bohr die Vermutung äußerte, zwischen Leben und Atomphysik bestehe ein komplementäres Verhältnis ähnlicher Art wie zwischen Wellen- und Teilchenaspekt eines quantenmechanischen Teilchens. Diese Vorstellung hatte Delbrück begeistert, sie bestimmte von da an seinen weiteren wissenschaftlichen Lebensweg.[20] Im selben Jahr verbrachte Delbrück ein Semester in Zürich bei Wolfgang Pauli, der ihn „nicht in seiner sonst gnadenlosen Art [behandelte]. Es entwickelte sich eine enge Freundschaft zwischen den beiden"[21], von der das Wort vom „jüngsten Bruder" Zeugnis gibt. Es macht Sinn, daß Pauli, dem es in der *Klavierstunde* um eine verwandte Komplementarität geht: zwischen den „Worten" und dem „Sinn", den „weißen" und den „schwarzen" Tasten, an dieser Stelle Delbrück ins Spiel bringt.

Geendet hat Delbrücks Suche nach Komplementarität in der Biologie bekanntlich anders: In einem Newtonschen Unterwerfungsfeldzug epochalen Ausmaßes. Delbrück wurde zum eigentlichen Begründer der Molekularbiologie. Wie viele Entdecker hat er anderes gefunden als vorher gesucht, wie viele Reformer anderes bewirkt als anfangs gewollt:

„Max [Delbrück] hoffte, bei der Konstruktion der Molekularbiologie eine Situation anzutreffen, aus der es nur den Ausweg der Komplementarität gab. Er hoffte, an dessen Ende hoch genug zu stehen, um die Lösung des Lebensrätsels sehen zu können. ... Dieser Traum hat sich nicht erfüllt. Darauf hat Max [Delbrück] selbst ... hingewiesen: ‚Wir können in der Tat heute sagen, daß die Entdeckung der Doppelhelix in der Biologie erreicht hat, wonach man sich in der Physik so gesehnt hatte. Nämlich die Auflösung aller Wunder in Form von klassischen Modellen'."[22]

Aber davon hat Pauli zur Zeit der *Klavierstunde* noch nichts gewußt.

Die *Vorlesung an die fremden Leute* beginnt mit der Erinnerung daran, daß durch die Quantenmechanik die Wahrscheinlichkeit, der Zufall als primäres Erkenntnisprinzip eingeführt wurde (32). Im Gefolge dieses Erdbebens ist in den Naturwissenschaften noch manch anderes ins Rutschen gekommen, und Pauli möchte

---

[20] Vergleiche dazu E. P. Fischer: *Das Atom der Biologen. Max Delbrück und der Ursprung der Molekulargenetik* [10], S. 70.

[21] E. P. Fischer: *Das Atom der Biologen. Max Delbrück und der Ursprung der Molekulargenetik* [10], S. 53.

[22] E. P. Fischer: *Das Atom der Biologen. Max Delbrück und der Ursprung der Molekulargenetik* [10], S. 72–73. *Anmerkung des Verfassers:* Die «klassischen Modelle» sind hier aufzufassen als ein anderer Name für Newtonsche Physik.

– ähnlich wie Bohr, aber mit anderen Zielen – die Gunst der Stunde nützen, um, wie er sagt, „die heutigen naturwissenschaftlichen Anschauungen [abermals] zu erweitern" (34).

5. Molekulare Genetik

Pauli beginnt den Exkurs in die Biologie (33–42) bei den Mendelschen Gesetzen der Vererbung (36). Seit der Jahrhundertwende werden diese mit den *Chromosomen* in Verbindung gebracht. Die physikalische Natur der *Gene* – der ursprünglich rein hypothetischen *Einheiten der Vererbung* – war 1953 nicht bekannt. Zwar wußte man seit 1927, daß Gene durch Röntgenstrahlen kontrolliert verändert werden können [34, 35], und seit 1944, daß sie irgendwie in Desoxyribonukleinsäure (DNS) eingebettet sind [1], aber weder die Doppelhelix noch der genetische Code waren bekannt. Nach Meinung der damals tonangebenden Neo-Darwinisten erfolgten die Veränderungen der Gene, die Mutationen, zufällig. Im Sinne der später notwendigen Abgrenzung wird Pauli später (40) präzisierend vom „blinden", zweckfreien Zufall sprechen. Hier jedoch weist er zunächst auf die Möglichkeit hin, zwischen spontanen (blinden?) und induzierten (sinnvollen?) Mutationen zu unterscheiden und erwähnt dabei namentlich „Modelle von M. Delbrück".

Bei dem von Pauli erwähnten Modell handelt es sich mit ziemlicher Sicherheit um den Luria–Delbrückschen Schwankungstest [27] aus dem Jahre 1943. Der Luria–Delbrück-Test spielt bis auf den heutigen Tag eine Rolle. Eine aktuelle Übersicht findet sich in einem Artikel von Lenski und Mittler in der Zeitschrift *Science*. [23] Die Autoren wiederholen noch einmal das zentrale Dogma der Entwicklungsbiologie, daß nämlich Mutationen Zufallsereignisse sind. Damit ist *nicht* gemeint, daß Mutationen von der Umgebung unbeeinflußt sind, und auch nicht, daß alle Teile des Genoms in gleicher Weise von Mutationen betroffen sind. Zufall heißt *in diesem Zusammenhang*, daß das Auftreten einer Mutation unabhängig ist von ihrem besonderen Wert für den Organismus. Anderenfalls sprechen Lenski und Mittler von *gerichteter* Mutation.

Ihre Arbeit enthält eine Übersicht über Mutationsexperimente an Bakterien. Aus technischen Gründen eignen sich Bakterien besser für derartige Versuche als höhere Organismen. Als Merkmal dient die Resistenz gegenüber Bakteriophagen – das sind auf Bakterien spezialisierte Viren – , ein Merkmal von hohem Selektionswert. Unter *beiden* Hypothesen – gerichteter und zufälliger Mutationen – ist zu erwarten, daß die Bakterien Resistenz gegen die letal wirkenden Viren entwickeln. Der kritische Unterschied besteht darin, daß im Falle von Zufallsmutationen die resistenten Exemplare im Stammbaum Cluster bilden, während sie im Fall gerichteter Mutationen gleichmäßiger verteilt sind. Statistisch manifestiert sich das in einer unterschiedlichen Schwankung der Ergebnisse um den Mittelwert. (vgl. Abb. 1)

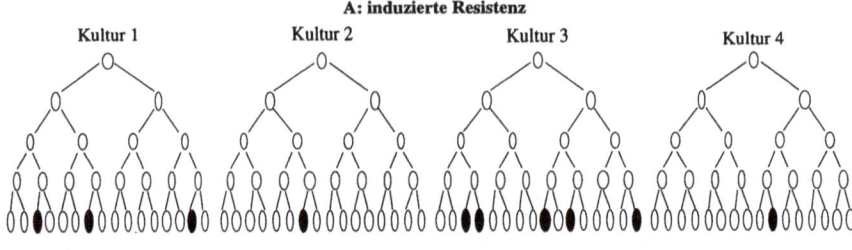

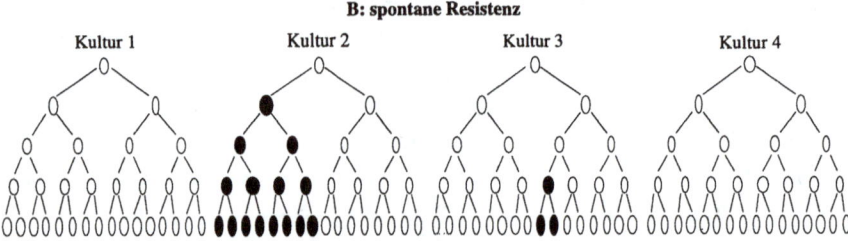

Abb. 1: Das Verhalten von je vier Bakterienkulturen unter der Hypothese (A) gerichteter (von Phagen induzierter) und (B) zufälliger (spontaner) Phagenresistenz. Resistente Bakterien sind schwarz markiert. Nach dem 4. Teilungsschritt werden die Kulturen mit Phagen beschickt. Die Mutationsraten r_{ind} und r_{spon} sind so gewählt, daß in der 5. Generation jeweils 10 von 64 Bakterien – d.h. im Mittel 2,5 pro Kultur – resistent sind. Im Falle induzierter Resistenz treten erstmals in der 5. Generation immune Bakterien auf, mit Mutationsrate $r_{ind} = 10/64 = 0.15$. Im Falle spontan auftretender Resistenz – hier ist die gewählte Mutationsrate $r_{spon} = 2/60 = 0.033$ – gibt es schon in früheren Generationen Immunität. Durch Vererbung bilden sich zusammenhängende immune Clone aus. Unterschiede in der Schwankung spiegeln sich in der Varianz: $Var_{ind} = 1,1$ und $Var_{spon} = 3,1$. (Modifiziert nach G.Stent and R. Calendar: *Molecular Genetics* [43], S.161).

Lenski und Mittler kommen zu dem Schluß, daß die von verschiedenen Autoren behaupteten Anzeichen für gerichtete Evolution bei genauerer Prüfung verschwinden: „In three cases of directed mutations that have been carefully reexamined, the purported increases in mutation rate under selective conditions disappear when additional controls and more precise accounting of population dynamics are performed." ([23], S.193) Auch stellen sie die Aussagekraft des Luria–Delbrück-Tests ernsthaft in Frage: „Several ... other plausible departures from the assumptions of Luria and Delbrück also yield distributions similar to those taken as evidence for directed mutations. ... These analyses indicate that deviations in fluctuation tests cannot provide strong evidence for directed mutations." ([23], S.193) Folgt man ihren Einwänden, so gibt es bisher keine hieb- und stichfesten Indizien für eine gerichtete Evolution – zumindest nicht auf der Ebene der Bakterien. Auf dieser Ebene läßt sich das bisher Bekannte mit dem neo-darwinistischen Zufallsbegriff erklären.

6. Neo–Darwinismus

Der wesentliche Kern des Neo-Darwinismus (37) besteht in der Annahme, daß natürliche Selektion entweder der einzige oder zumindest der dominierende Faktor der Evolution ist. Drei Voraussetzungen sind für die natürliche Evolution wichtig:

1. Die Variabilität zwischen Individuen einer Population hinsichtlich *eines* Merkmals. Beispiel: Die Farbe des Birkenspanners, eines Schmetterlings, der die Rinde von Birken anfliegt.
2. Ein konsistenter, positiver Zusammenhang zwischen diesem Merkmal und dem Fortpflanzungserfolg, die sogenannte Fitness-Differenz. Beispiel: Ist der Birkenspanner weiß, so kann er auf dem Birkenstamm nur schwer entdeckt werden. Anderenfalls ist er eine schnelle Beute der Vögel.
3. Vererbbarkeit des Merkmals.

Wenn Variabilität, Fitness–Differenz und Vererbbarkeit eines Merkmals gegeben sind, sagt der Neo–Darwinismus ein vermehrtes Auftreten dieses Merkmals von einer Generation zur nächsten voraus. Im 19. Jahrhundert wurden in England die Birken schwarz vom Kohlenstaub. Unter diesen Bedingungen änderten die Birkenspanner ihre Farbe und wurden tiefdunkel. Heute hingegen, nach der Stillegung der Kohlezechen, haben sie nach Weiß zurückmutiert[23]. Dieses Beispiel zeigt die Kraft der Zufallsmutationen bei der Feinanpassung von Lebewesen, der Mikroevolution. Nicht umsonst wird ein ganz analoges Verfahren, die stochastische Optimierung, auch in der Technik mit Erfolg angewendet.

In den Abschnitten (37–42) der *Klavierstunde* betrachtet Pauli ein zweites Beispiel, die Stammesgeschichte. Die Diskussion wird hier zwangsläufig etwas vager, weil unsere Kenntnisse hier um Größenordnungen weniger vollständig sind als bei Laboratoriumsmutationen von Kleinstorganismen. Insbesondere ist nicht zu erwarten, daß die Frage *blinder Zufall versus sinnvolle Koinzidenz* sich derart zuspitzen läßt, daß schlüssig etwas ausgesagt werden kann im Sinne einer Entscheidung für eine der beiden Möglichkeiten.

7. Stammesgeschichte

Überblickt man das Reich der Lebewesen, so ist man überwältigt von der Vielfalt von Formen und Funktionen, Anpassungen an die Umwelt, an Weisen, wie Lebewesen sich entwickeln, Nahrung aufnehmen, sich fortpflanzen. Seit langem be-

---

[23] Dieses Beispiel von Kettlewell [21, 22] ist heute nicht mehr unbestritten. Eine konkurrierende Erklärung beruht auf der allgemein verbreiteten Mimikry von Körperoberflächen, die nicht ganz leicht zu unterscheiden ist von genetischen Veränderungen. In jedem Fall ist die Körperoberfläche einer der genetisch variabelsten Teile des Organismus. Sie entsteht ontogenetisch spät und ist *genetisch weitgehend entkoppelt* (siehe später).

schäftigt Philosophen und Naturforscher die Frage: Wie ist diese Vielfalt entstanden?

Die biologische Evolution beginnt mit einem Paukenschlag: Vor 530 Millionen Jahren, zu Beginn des Kambriums, erscheinen plötzlich die Vielzeller, darunter vor allem die ersten Lebewesen mit Hartteilen. Uns Heutigen erzählen die Fossilien eine unerhört dramatische Geschichte, die in vielem von dem abweicht, was traditionell darüber gelehrt worden ist – und was Pauli 1953 davon wissen konnte.

Im Kambrium, wo erstmals Fossilien in nennenswerter Zahl gefunden werden, tritt uns das Leben in hoch komplexer Organisation entgegen. Insbesondere findet man „schon in den Schichten des Kambrium Reste von sämtlichen Stämmen des Tierreiches, die Aussicht auf fossile Erhaltung bieten. Alle Stämme waren also bereits vor 500 Millionen Jahren «fertig»."[24] Da die präkambrischen Schichten weitgehend versteinerungsfrei sind, fehlen uns Abbilder ihrer Vorgeschichte. Die paläobiologischen Tatsachen zeigen, daß die Tierwelt des Kambriums plötzlich in voll ausgebildeten Organisationsformen auftrat. Zahlreiche Tierarten besaßen neuartige Hartskelette aus Kalk, Kieselsäure oder Hornsubstanz[25]. Die Tatsache, daß in präkambrischen Schichten praktisch keine Fossilien vorliegen, wird *nicht* durch das Fehlen von Hartteilen erklärt. Es gibt nämlich durchaus Lagerstätten von Weichtieren aus jener Zeit, etwa den Burgess–Schiefer in Britisch-Kolumbien.[26] Die darunter liegenden Sedimente sind gelegentlich durchaus geeignet für die Erhaltung von Fossilien und gleichwohl leer:

„Many thick (5000 feet) sections of sedimentary rock are now known to lie in unbroken succession below strata containing the earliest Cambrian fossils.

---

[24] A. Kaestner: *Lehrbuch der Speziellen Zoologie* [18], S.16. Nach einer unlängst veröffentlichten Isotopen-Datierung sibirischer Zirkonerze mit Hilfe der Uran–Blei-Zerfallsreihe vollzog sich die explosionsartige Ausdifferenzierung vielzelligen Lebens während einer Zeitspanne von 5–10 Millionen Jahren vor 533–525 Millionen Jahren. [7]

[25] H. Kahle: *Evolution. Irrweg moderner Naturwissenschaft?* [19], S.115.

[26] Der Burgess–Schiefer, eine der wenigen Lagerstätten mit *Fossilien von Weichtieren*, ist 1909 von dem renommierten Paläontologen C. D. Walcott entdeckt worden. Nimmt man allein den Bestand an Tieren mit harten Teilen, so unterscheidet sich der Burgess–Schiefer wenig von der üblichen Fauna des mittleren Kambriums. Daneben aber gibt es etwa 120 Weichtierarten, die Walcott als frühe Vertreter heute noch existierender Stämme einstufte. Die Umkrempelung unserer Auffassungen über die Evolution vielzelligen Lebens verbindet sich auch mit den Arbeiten des Paläontologen H. Wittington und seiner Schüler D. Briggs und S. Conway Morris aus den siebziger Jahren über eine Neubewertung des Burgess–Schiefers. Der revolutionäre Neubeginn lag in der Vermutung Wittingtons und seiner Schüler, daß entgegen der Auffassung Walcotts eine große Zahl dieser Weichtiere in Wahrheit gar keine rezenten Analoga hat, d.h. daß ursprünglich weit mehr Stämme entstanden, später dann aber ausgestorben sind. Vergleiche dazu Stephen Jay Gould, *Wonderful Life. The Burgess–Shale and the Nature of History.* [13] Diese Darstellung ist heute in wesentlichen Zügen akzeptiert. Umstritten ist gelegentlich die Frage, ob bestimmte Fossilien fortbestehenden Stämmen entsprechen oder nicht.

These sediments apparently were suitable for the preservation of fossils because they are often identical with overlying rocks which are fossiliferous, yet no fossils are found in them."[27]

Anstelle des traditionellen Scenarios einer allmählichen Höherentwicklung von etwa 30 Grundbauplänen im Laufe der Stammesgeschichte ist heute ein anderes Bild getreten: Mit dem Beginn des Kambriums ist die heutige Fauna in ihren Grundelementen plötzlich da: schlagartig, hochorganisiert, weltweit. Eine Evolution findet *im wesentlichen* nicht statt.[28] Bei den Veränderungen halten sich Zunahme und Abnahme (!) von Komplexität die Waage, sind *Evolution* wie *Devolution* etwa gleich häufig. So haben sich etwa die Muscheln durch weitgehende Vereinfachung aus den wesentlich komplizierteren Weichtieren entwickelt. Ähnliches gilt für das Stammhirn, das seit etwa 500 Millionen Jahren in beispielloser Konstanz verharrt. Auch bei den Veränderungen des Gehirns läuft die Hälfte auf eine Vereinfachung hinaus (die *Vergrößerung* des Wirbeltiergehirns betrifft im wesentlichen nur das Kleinhirn und das Großhirn, nicht das Stammhirn).

Im Laufe der Stammesgeschichte verfestigen sich die Baupläne zusehends. Durch zunehmende Kopplung der Komponenten aneinander werden ursprünglich noch bestehende Variationsmöglichkeiten immer weiter eingeschränkt. Veränderungen sind schließlich nur noch so möglich, daß etwas Bestehendes aufgegeben wird. Variabel bleiben nur noch Elemente, die *spät* in der Individualentwicklung, der Ontogenese, entstehen. *Die Evolution zieht sich zu.*

Die wichtigsten dieser Kopplungsmechanismen sind:
- *Die genetische Kopplung* durch Pleiotropie – dasselbe Gen ist an der Ausbildung verschiedener Merkmale beteiligt – und durch Polygenie – ein Merkmal wird durch das Zusammenspiel verschiedener Gene bestimmt. Beide Mechanismen sind weitest verbreitet.
- *Die ontogenetische Kopplung:* Gewisse Strukturen sind notwendige Vorbedingungen für die Bildung von anderen Strukturen und Funktionen. Ein wichtiges Beispiel ist das Wirbeltierauge: Zunächst stülpt sich das Zwischenhirn aus. In der neuen Umgebung induziert es die Bildung einer Linse, die ihrerseits wieder die Bildung einer Netzhaut induziert, und so fort. Wegen dieser langen Induktionskette ist das Wirbeltierauge evolutionär extrem konstant.
- *Die funktionelle Kopplung von verschiedenen Strukturen*, etwa von Skelett, Muskulatur, Atmung, Kreislauf und Nervensystem bei der Fortbewegung.
- *Strukturelle Kopplung verschiedener Funktionen*: dieselben Strukturen sind an verschiedenen Funktionen beteiligt, die Schlundmuskulatur etwa an Schlukken, Atmen und Lautbildung.

---

[27] D. I. Axelrod: *Early Cambrian Life* [2], S.7.
[28] Die folgenden Zusammenhänge sind dem Verfasser von Herrn Gerhard Roth (Universität Bremen) mit großer Geduld erklärt worden.

170 Ulrich Müller-Herold

Abb. 2: Erstmaliges Auftreten zahlreicher Tierarten im Kambrium. Nach H. Kahle [19], S. 115. Nach Bowring et al. [7] wird der kritische Zeitpunkt heute 40 Millionen Jahre später bei 530 angesetzt.

Häufig wird die Entwicklung von Neuheiten ermöglicht durch ein mehr oder weniger dramatisches Entkoppeln zuvor stark verkoppelter Untersysteme. In der Regel betrifft dies die am spätesten entstandenen Teilsysteme, die noch weniger stark in die Vernetzung einbezogen sind. Beim Wirbeltiergehirn sind das vor allem das Kleinhirn und das Großhirn. Von deren Variationsmöglichkeit haben besonders die Primaten – und da vor allem der Mensch – Gebrauch gemacht, für dieses eine Mal eindeutig im Sinne anwachsender Komplexität. Der übrige Teil des Gehirns, wie schon gesagt, ist seit Hunderten von Millionen Jahren unverändert. Ein anderes Beispiel sind die Körperoberflächen.

Der vielleicht wichtigste bekannte Mechanismus für stammesgeschichtliche Veränderungen ist die Pädomorphie. Dabei werden jugendliche, nicht voll entwickelte Tiere geschlechtsreif und die darauf üblicherweise folgenden Entwicklungsschritte unterbleiben zunächst. Im Laufe der Zeit wird dann eine andere Richtung eingeschlagen. Das kann aber stets nur die letzten Abschnitte der Entwicklung betreffen, die früheren Abschnitte mit ihren seit langem stark verkoppelten Elementen des Grundbauplanes bleiben unverändert.

Der eigentliche Motor für den Gang der Evolution im Großen, der Mega–Evolution, sind die wenigen historischen Großkatastrophen, die im Laufe der Erdgeschichte einen Großteil der jeweiligen Fauna zum Verschwinden gebracht haben. Danach werden in Windeseile die frei gemachten Nischen neu besetzt – mit neuen Varianten alter Baupläne. Ohne die berühmte Katastrophe vor 65 Millionen Jahren, die erdgeschichtlich das Ende der Kreidezeit und den Anfang des Tertiärs brachte, hätten die Säugetiere niemals eine Chance gegen die zuvor die Welt beherrschenden Sauropsiden gehabt. Noch gewaltiger war der Faunenschnitt vor 225 Millionen Jahren, zwischen Paläozoikum und Mesozoikum, der 96% aller Meeresorganismen zum Verschwinden brachte. Diese Katastrophen verleihen der biologischen Evolution ihren erratischen Gang *im Großen*, ohne den leisesten Beigeschmack von Darwinscher Selektion. Nach einer derartigen Katastrophe und dem darauffolgenden Artenschub zieht alles sich dann wieder zu.

Dies alles widerspricht dem traditionellen Bild von Stammesgeschichte, das die Phylogenese allgemein als *Höher*entwicklung auffaßte. Im Gegensatz zu diesem Bild ist die Evolution zwischen den Großkatastrophen *ein selbstinhibierender Vorgang (!)*. Ebenso deutlich widerspricht es der verbreiteten Auffassung: Kompliziert ist besser. Und schließlich widerspricht es dem *scala-naturae*-Denken: dem Bild vom Menschen als Krone der Schöpfung. Wer kontrafaktisch an diesem Bild festhalten möchte – daß nämlich die biologische Evolution auf der Erde ein im Kleinen vielleicht zufälliger, im Großen jedoch auf das Entstehen des Menschen gerichteter, naturgeschichtlicher Vorgang ist – der hat zu erklären, weshalb vor 65 Millionen Jahren durch ein wahrscheinlich *kosmisches (!)* Ereignis jener Platz freigemacht worden ist, ohne den der Mensch nicht hätte erscheinen können.

Ein großes Rätsel ist die Explosion der Baupläne im Kambrium, die sich eigentlich gar nicht so schlecht mit dem Bild einer Schöpfung verträgt, denn es ist eine Entstehung weitgehend aus dem Nichts. Aus der Zeit davor gibt es erst in allerneuester Zeit – vergleichsweise wenige – Fossilien, und deren Deutung ist außerordentlich schwierig.

Abseits der asphaltierten Straße des wissenschaftlich Erreichten könnte man versuchen, der Frage gerichteter, zweckmäßiger biologischer Veränderungen versuchsweise eine ganz andere, ungewohnte Wendung geben. Statt stets nur fassungslos zu staunen, wie im Reiche des Lebendigen alles so wunderbar sich fügt, könnte man auch einmal fragen, warum gewisse zweckmäßige Veränderungen im Laufe der Evolution *nicht* ausprobiert oder zumindest versucht wurden. Warum etwa ist den Wirbeltieren in den 400 Millionen Jahren ihrer Geschichte nicht die Entwicklung eines dritten Extremitätenpaares geglückt?[29] Das würde bedeuten, daß Vögel außer Beinen und Flügeln noch ein Armpaar besäßen, oder daß wir Menschen noch Flügel hätten, wie die Engel. Ein solches Wesen wäre biologisch unschlagbar, es hätte gewaltige Vorteile gegenüber allen Konkurrenten. Es wäre das *die* naheliegende, entscheidende Verbesserung des Grundbauplanes.

Wir Menschen haben das Problem ein Stück weit gelöst: Durch den aufrechten Gang haben wir die Vorderextremitäten frei bekommen und – anders als die Vögel – auch frei behalten. Das hat die Rückbildung der Kiefer und dies wiederum die Entfaltung unseres Großhirns ermöglicht. Damit aber sind die Möglichkeiten des Wirbeltierbauplanes ausgereizt. Engel können wir nicht werden. Und doch sind wir, biologisch gesehen, jenes Geschöpf, das den Engeln am nächsten kommt, ein Geist–Tier ohne Flügel.

8. Ein dritter Typus von Naturgesetzen?

Was bedeuten die Beispiele der *Vorlesung*, das bakterielle Mutationsexperiment und die Stammesgeschichte, im Rahmen der *Klavierstunde* und allenfalls darüber hinaus? Eine Antwort darauf kann nur behutsam versucht werden. Vielleicht darf man sagen: Gäbe es tatsächlich experimentelle Evidenz für gerichtete Mutationen bei Bakterien und wäre die biologische Evolution im Großen wirklich eine Höherentwicklung – eine *scala naturae* – und nicht ein erratischer, selbstinhibierender Prozeß, so könnte das als Hinweis auf ein *objektivierbares Auftreten sinnvoller Koinzidenzen in der Natur* verstanden werden – mit anderen Worten: auf Paulis dritten Typus von Naturgesetzen. Es wäre dann zu überlegen, wie diesem Hinweis weiter nachgegangen werden könnte. Seit der *Klavierstunde* hat sich die Wissenschaft jedoch anders entwickelt und dadurch den Beispielen der *Vorlesung* – zumindest vorläufig – den Boden entzogen.

Dasselbe ist zu sagen von Paulis Hoffnungen bezüglich der parapsychologischen Arbeiten Joseph Banks Rhines (43). Rhine [41] untersuchte parapsychologische Erscheinungen mit statistischen Methoden. Dabei werden die Phänomene

---

29 Der Verfasser verdankt diese Frage Herrn Gerhard Roth (Universität Bremen).

ihres natürlichen Kontextes entkleidet und in Laborexperimenten auf den «wesentlichen Effekt» hin untersucht. Der *real life*-Situation wird allenfalls ein modulierender Einfluß zugestanden. Gerade weil Rhine sich methodisch an den Naturwissenschaften orientierte, konnten seine Befunde nach etablierten Kriterien geprüft und kritisiert werden. Angesichts der tatsächlich einsetzenden, heftigen Kritik seitens der Psychologen, aber auch durch Statistiker wie William Feller war es eine Sensation, als die angesehenen englischen Mathematiker S. G. Soal und F. Bateman ein Buch veröffentlichten, in dem sie Rhines Experimente wiederholten und zu noch verblüffenderen Ergebnissen kamen [42]. Nach C. A. Meier [31] hat Pauli dieses Werk „äußerst sorgfältig geprüft" und bezeugt, daß „die Methoden [der Autoren] einwandfrei waren". Meier schreibt weiter: „Er [Pauli] wurde so von der Wirklichkeit der angegebenen Phänomene voll überzeugt." Fünfundzwanzig Jahre später entdeckte B. Marwick [28], daß Soal seine Daten manipuliert hatte.[30]

Wissenschaftsgeschichtlich stößt die Vorstellung evolutionärer Synchronizität in ein Vakuum, das durch die Darwinsche Theorie offen gelassen worden war. Dazu bemerkt Pauli[31], der *finale physikalische Prozesse für möglich hielt*.

„Dieses Modell der Evolution ist ein Versuch, entsprechend den Ideen der zweiten Hälfte des 19. Jahrhunderts, an der völligen Elimination aller Finalität theoretisch festzuhalten. Diese muß dann in irgend einer Weise durch Einführung des «Zufalls» (chance) ersetzt werden."

Er schreibt weiter an Delbrück:

„Probably, the solution is a complex one, and beside the holy chance there exist processes with a directed goal and also causal influences of the environment."[32]

---

[30] Zum heutigen Stand der Auseinandersetzung mit dem Werk Rhines und seiner Nachfolger hatte Herr Walter von Lucadou, Freiburg im Breisgau, die Freundlichkeit, dem Verfasser brieflich das folgende mitzuteilen (gekürzt):
1. In den letzten Jahren ist eine Reihe von Meta-Analysen mit neuen experimentellen Daten durchgeführt und in angesehenen wissenschaftlichen Zeitschriften veröffentlicht worden, etwa: E. Girden [12], D. I. Radin und R. D. Nelson [40], D. I. Radin und D. C. Ferrari, [39], J. Utts, [44]. An den letztgenannten Übersichtsartikel schließt sich eine im selben Band veröffentlichte Peer-Debatte an.
2. Die Diskussion um die theoretischen Grundlagen derartiger Experimente ist vergleichsweise neuen Datums und nicht allgemein zugänglich. Vergl. dazu W. von Lucadou [24, 25, 26].
3. Eine allgemeine und leicht zugängliche Darstellung findet man unter dem Stichwort *Parapsychologie* im *Handwörterbuch der Psychologie* von R. Ansanger und G. Wenninger [5].

[31] W. Pauli: *Naturwissenschftliche und erkenntnistheoretische Aspekte der Ideen vom Unbewußten* [38], S.297.

[32] Brief von Pauli an Delbrück vom 4. Februar 1954. Zitiert nach C. P. Enz [9]

Im evolutionsbiologischen Kontext erscheint die Synchronizität als eine *schwächere Form der Finalität*.[33] Finale (teleologische) Betrachtungsweisen mögen in der modernen Biologie vielleicht offiziell verpönt sein, wirklich eliminiert worden sind sie aber niemals: „Die Teleologie ist für den Biologen wie eine Mätresse: Er kann nicht ohne sie leben, aber er will nicht mit ihr in der Öffentlichkeit gesehen werden" ist ein Diktum, das dem Genetiker J. S. B. Haldane zugeschrieben wird[34]. Die zumindest zeitweise große Bedeutung der Soziobiologie[35] deutet aber darauf hin, daß auch eine Theorie mit starken finalen Erklärungselementen sich durchaus behaupten kann, wenn sie nur sonst im *mainstream* liegt. Die zum Teil außerordentlich präzisen, stark differenzierenden Erklärungen der Soziobiologie lassen durchaus Zweifel aufkommen an der Gültigkeit des Baconschen Finalitätsverdikts: „Die Betrachtung natürlicher Prozesse unter dem Aspekt ihrer Zielgerichtetheit ist steril, und wie eine gottgeweihte Jungfrau gebiert sie nichts."[36] Pauli jedenfalls, so möchte man meinen, hätte die Soziobiologie mit Interesse verfolgt und womöglich in seine Überlegungen einbezogen.

Eine besondere Pointe des Pauli–Jungschen Programmes der Synchronizität liegt darin, daß es das Element des *Sinnes* so sehr in den Vordergrund rückt. Nach Marie-Louise von Franz versteht Jung unter Sinn „nicht etwas Partielles, wie z. B. den Sinn eines linguistischen Satzes, sondern den sinnvollen Zusammenhang des *gesamten* Seins." ([11], S.230) Er ist der Überzeugung, daß Sinn ein Begriff ist, den wir nicht definieren können, und schreibt: „Sinn ist eine zugegebenermaßen anthropomorphe Deutung, bildet aber das unerläßliche Kriterium des Synchronizitätsphänomens. Worin jener Faktor, der uns als Sinn erscheint, an sich besteht, entzieht sich der Erkenntnismöglichkeit",[37] und vorher: „Die große Schwierigkeit besteht darin, daß uns alle wissenschaftlichen Mittel fehlen, einen objektiven Sinn,

---

[33] Vergleiche dazu F. J. Ayala: *Teleological Explanations in Evolutionary Biology*. [3]

[34] Zitiert nach E. Mayr, *Evolution und die Vielfalt des Lebens* [29], S.210.

[35] Die Soziobiologie ist eine Theorie, die das Verhalten von einzelnen Tieren erklärt (Vergleiche dazu R. Dawkins: *Das egoistische Gen* [26]). Sie betrachtet diese als eine, von einem kurzlebigen Verband langlebiger Gene gebaute *Überlebensmaschine für Gene*. [26], S.51) Die einzelnen Individuen werden näherungsweise als Subjekt betrachtet, das die Anzahl aller seiner Gene in zukünftigen Generationen zu vergrößern „sucht". (R. Dawkins [8] S.56) Die – mit Hilfe der durch sie determinierten Organismen fortbestehenden – Gene erscheinen als egoistische Manipulatoren, die die Wirtsindividuen veranlassen, sich so zu verhalten, *als hätten sie die Absicht*, das Fortbestehen der von ihnen beherbergten Gene zu sichern. Die Soziobiologie gewinnt mit dieser Konstruktion ein Kriterium, um das Verhalten von Tieren in halbquantitativer Weise als *zweckmäßig* bzw. *sinnvoll* einzustufen.

[36] „Nam causarum finalium inquisitio sterilis est, et, tamquam virgo Deo consecrata, nihil parit", zitiert aus F. Bacon, *De Dignitate et Augmentis Scientiarum* III, 5 (1623) [4].

[37] C. G. Jung, *Synchronizität als ein Prinzip akausaler Zusammenhänge*, Gesammelte Werke Bd. 8 [17] Ziff. 906

der kein bloß psychologisches Produkt ist, festzustellen."[38] An dieser Klippe sind auch andere wissenschaftliche Unternehmungen der Zeit nach Jung und Pauli aufgelaufen, so etwa die Theorie selbstorganisierender Systeme[39] oder Jonas' Versuch einer Ethik für die technische Zivilisation[40].

Vom Standpunkt wissenschaftlicher Forschungsprogramme scheint es deshalb interessant zu sein, daß Jung eine schwächere Form der Synchronizität einführt, die ohne das problematische Element des Sinnes auskommt und die er Gleichartigkeit nennt.

„In Anbetracht der Möglichkeit, daß die Synchronizität nicht nur eine psychophysische Erscheinung ist, sondern sich auch ohne Beteiligung der menschlichen Psyche ereignen könnte, möchte ich erwähnen, daß in diesem Fall nicht mehr von Sinn, sondern von *Gleichartigkeit* oder Konformität gesprochen werden müßte."[41]

Die Pauli–Jungsche Frage nach Komplementarität, Synchronizität und Finalität in der – außermenschlichen – Natur ist auch heute noch ohne Antwort. Nach wie vor besitzen wir keine Theorie der Entstehung des einzelligen oder der Entwicklung des vielzelligen Lebens. Noch immer gibt es keine bescheidensten theoretischen Ansprüchen genügende Beschreibung des *status vivus*. Auch heute ist die Biologie noch weit offen, selbst oder gerade für nicht orthodoxe theoretische Konzepte. Paulis Programm ist heute noch so futuristisch wie vor 40 Jahren – selbst wenn man sich auf die Naturwissenschaft beschränkt.

Danksagung

Der Verfasser dankt Theo Abt für den Hinweis auf *Psyche und Materie* ([11], Hans Primas für die Überlassung einer Arbeit von C. A. Meier [31] und Martin Scheringer für kritische Anmerkungen zum letzten Paragraphen dieser Arbeit.

---

[38] C. G. Jung, *Synchronizität als ein Prinzip akausaler Zusammenhänge*, Gesammelte Werke, Bd.8, [17], Ziff.905.

[39] Organisation ist *sinnvolle* oder *zweckmäßige* Ordnung. Das Verhältnis von Organisation und Ordnung erinnert in manchem an jenes von Synchronizität und Gleichartigkeit (siehe später). Vergl. auch U. Müller-Herold, *Selbstordnungsvorgänge in der späten Präbiotik* [36].

[40] H. Jonas, *Das Prinzip Verantwortung* [15], S.130f.

[41] C. G. Jung, *Synchronizität als ein Prinzip akausaler Zusammenhänge*, Gesammelte Werke, Bd.8, [17], Ziff.932, Fussnote 126.

Literaturhinweise

[1] O. T. Avery, C. M. MacLeod and M. McCarthy: *Studies on the chemical nature of the substance inducing transformation of pneumococcal types. Induction of transformation by a desoxyribonucleic acid fraction isolated from pneumococcus type III.* Journal of Experimental Medicine **79**, 137–157 (1944).

[2] D. I. Axelrod: *Early Cambrian Life.* Science **128**, 7–9 (1958).

[3] F. J. Ayala: *Teleological explanations in evolutionary biology.* Philosophy of Science **37**, 1–15 (1970).

[4] F. Bacon: *De Dignitate et Augmentis Scientiarum.* 1623.

[5] E. Bauer und W. von Lucadou: *Parapsychologie.* In: *Handwörterbuch der Psychologie.* Hg. von R. R. Ansanger und G. Wenninger. 4. Aufl. München. Psychologie Verlags Union. 1988. S. 512–524.

[6] N. Bohr: *Licht und Leben.* Naturwissenschaften **21**, 245–250 (1933).

[7] S. A. Bowring, J. P. Grotzinger, C. E. Isachsen, A. H. Knoll, S. M. Pelechaty and P. Kolosov: *Calibrating rates of early Cambrian evolution.* Science **261**, 1293–1298 (1993).

[8] R. Dawkins: *Das egoistische Gen.* Berlin. Springer. 1978.

[9] C. P. Enz: *Wolfgang Pauli, physicist and philosopher.* In: *Symposium on the Foundations of Modern Physics. 50 Years of the Einstein-Podolsky-Rosen Gedankenexperiment.* Ed. by P. Lahti and P. Mittelstaedt. Singapore. World Scientific. 1985. S. 241–255.

[10] E. P. Fischer: *Das Atom der Biologen. Max Delbrück und der Ursprung der Molekulargenetik.* München. Piper. 1988.

[11] M.-L. von Franz: *Psyche und Materie.* Einsiedeln. Daimon Verlag. 1988.

[12] E. Girden: *A Review of Psychokinesis (PK).* Psychological Bulletin **59**, 353–388 (1962).

[13] S. J. Gould: *Wonderful Life. The Burgess-Shale and the Nature of History.* New York. Norton & Co. 1989.

[14] B. Hannah: *Begegnungen mit der Seele. Aktive Imagination – der Weg zu Heilung und Ganzheit.* München. Kösel. 1985.

[15] H. Jonas: *Das Prinzip Verantwortung.* Frankfurt. Suhrkamp. 1984.

[16] C. G. Jung: *Gesammelte Werke. Vierzehnter Band. Mysterium Coniunctionis. Untersuchungen über die Trennung und Zusammensetzung der seelischen Gegensätze in der Alchemie.* In zwei Halbbänden. Zürich. Rascher Verlag. 1968.

[17] C. G. Jung: *Gesammelte Werke. Achter Band. Die Dynamik des Unbewussten.* Olten. Walter-Verlag. 1971.

[18] A. Kaestner: *Lehrbuch der speziellen Zoologie.* Stuttgart. G. Fischer Verlag. 1965.

[19] H. Kahle: *Evolution. Irrweg moderner Naturwissenschaft?* Bielefeld. Moderner Buch Service. 1980.

[20] E. F. Keller: *Physics and the Emergence of Molecular Biology: A History of Cognitive and Political Synergy.* Journal of the History of Biology **23**, 389–409 (1990).

[21] H. B. D. Kettlewell: *Selection experiments on industrial melanism in the lepidoptera.* Heredity **9**, 322–342 (1955).

[22] H. B. D. Kettlewell: *Further selection experiments on industrial melanism in the lepidoptera.* Heredity **10**, 287–301 (1956).

[23] R. E. Lenski and J. E. Mittler: *The directed mutation controversy and neo-Darwinism.* Science **259**, 188–194 (1993).

[24] W. von Lucadou: *Psyche und Chaos.* Freiburg im Breisgau. Aurum Verlag. 1989.

[25] W. von Lucadou: *Nonlocality in complex systems: A way out of isolation?* In: *The Interrelationship between Mind and Matter.* Ed. by B. Rubik. Philadelphia. The Center for Frontier Sciences at Temple University. 1990. S. 83–110.

[26] W. von Lucadou: *Was man nicht wiederholen kann – zum Problem der Reproduzierbarkeit bei Experimenten mit komplexen Systemen.* Zeitschrift für Parapsychologie und Grenzgebiete der Psychologie **32**, 212–230 (1990).

[27] S. E. Luria and M. Delbrück: *Mutations of bacteria from virus sensitivity to virus resistance.* Genetics **28**, 491–511 (1943).

[28] B. Marwick: *The Soal-Goldney experiments with Basil Shakleton. New evidence of data manipulation.* Proceedings of the Society for Psychical Research **56**, 250–281 (1978). Zitiert nach C. A. Meier, *Wissenschaft und Gewissen* [31].

[29] E. Mayr: *Evolution und die Vielfalt des Lebens.* Berlin. Springer. 1979.

[30] E. Mayr: *Die Entwicklung der biologischen Gedankenwelt.* Berlin. Springer. 1984.

[31] C. A. Meier: *Wissenschaft und Gewissen.* Vierteljahreszeitschrift der Naturforschenden Gesellschaft Zürich **126**, 285–298 (1981).

[32] C. A. Meier (Hg.): *Wolfgang Pauli und C. G. Jung. Ein Briefwechsel 1932–1958.* Berlin. Springer. 1992.

[33] K. M. Meyer–Abich: *Komplementarität.* In: *Historisches Wörterbuch der Philosophie.* Hg. von J. Ritter und K. Gründer. Basel. Schwabe. 1967. S. 933–934.

[34] H. J. Muller: *Artificial transmutations of the gene.* Science **66**, 84–87 (1927).

[35] H. J. Muller: *The production of mutations by X–rays.* Proceedings of the National Academy of Science U.S.A. **14**, 714–726 (1927).

[36] U. Müller-Herold: *Selbstordnungsvorgänge in der späten Präbiotik.* In: *Emergenz: Die Entstehung von Ordnung, Organisation und Bedeutung.* Hg. von W. Krohn und G. G. Küppers. Frankfurt. Suhrkamp. 1992. S. 89–103.

[37] W. Pauli: *Die Klavierstunde. Eine aktive Phantasie über das Unbewusste. Frl. Dr. Marie-Louise v. Franz in Freundschaft gewidmet.* 1953. Ein bisher unpubliziertes Dokument. Erstpublikation in diesem Band. Das Originalmanuskript befindet sich in den *Wissenschaftshistorischen Sammlungen der ETH-Bibliothek, Zürich,* Hs 176.

[38] W. Pauli: *Naturwissenschaftliche und erkenntnistheoretische Aspekte der Ideen vom Unbewussten.* Dialectica **8**, 283–301 (1954).

[39] D. I. Radin and D. C. Ferrari: *Effects of consciousness on the fall of dice: a meta-analysis.* Journal of Scientific Exploration **5**, 61–83 (1991).

[40] D. I. Radin and R. D. Nelson: *Evidence for consciousness–related anomalies in random physical systems.* Foundations of Physics **19**, 1499–1514 (1989).

[41] J. B. Rhine: *Extra-Sensory Perception.* Boston. Bruce Humphries. 1934.

[42] S. G. Soal and F. Bateman: *Modern Experiments in Telepathy.* New Haven. Yale University Press. 1954.

[43] G. Stent and R. Calendar: *Molecular Genetics.* San Francisco. Freeman. 1978.

[44] J. Utts: *Replication and meta-analysis in parapsychology.* Statistical Science **6**, 363–403 (1991).

[45] J. D. Watson and F. H. C. Crick: *A structure for deoxyribose nucleic acid.* Nature **171**, 737–738 (1953).

Schatten und Ganzheit

Wilhelm Just

HIPPASOS VON METAPONTE – ein Pythagoräer aus dem 5. Jahrhundert vor Christus – soll entdeckt haben, daß der Natur auch Zahlen eingeschrieben sind, welche keine ganzen Zahlen und auch keine Verhältnisse ganzer Zahlen sind; zum Beispiel die Länge der Diagonalen eines Quadrates. [26] Man nannte sie damals inkommensurable Zahlen; wir nennen sie heute irrationale Zahlen. Durch diese Entdeckung wurde die Lehre der Pythagoräer von den natürlichen Zahlen als dem «Maß aller Dinge» zutiefst erschüttert. Für die Pythagoräer waren die natürlichen Zahlen bekanntlich göttlicher Natur; in ihnen gründete die Harmonie und Stabilität des Kosmos. Als Strafe für die Überschreitung der für absolut gehaltenen Lehre soll Hippasos, so ist überliefert, von den Pythagoräern ins Meer geworfen worden sein; einer anderen Erzählung nach ist er als göttliche Strafe für seine frevlerische Tat im Meer ertrunken. [33]

Das Irrationale in den Naturwissenschaften enthält alles das, was sich dem Zugriff des vorherrschenden Weltbildes und Denkschemas – psychologisch: der Bewußtseinsdominante – entzieht. Der sogenannte «Pauli-Effekt» – die Tatsache, daß es öfters vorkam, daß Meßapparaturen Störeffekte zeigten, wenn Wolfgang Pauli ein Laboratorium betrat, und Pauli deshalb von einigen Kollegen Laboratoriumsverbot bekommen hatte – gehört für den Naturwissenschaftler sicherlich zum Bereich des Irrationalen. Meist wird das Irrationale als beunruhigend und bedrohlich empfunden. Von der Psychologie her gesehen kommt dem Irrationalen in unserer naturwissenschaftlichen Weltanschauung die Rolle des Schattens zu.

Um zu beschreiben, was in der analytischen Psychologie mit Schatten gemeint ist, sei als Einführung eine Episode, welche Marie-Louise von Franz berichtet, wiedergegeben.

„C. G. Jung konnte es nicht leiden, wenn seine Schüler zu buchstabengläubig eingestellt waren und sich an seine Konzepte klammerten, um ein System daraus zu machen und ihn zu zitieren, ohne genau zu wissen, was gemeint ist. Eines Tages warf er in einer Diskussion über den Schatten dies alles über den Haufen, indem er sagte: ‚Das ist alles Unsinn! Der Schatten ist einfach das gesamte Unbewußte!' Dann machte er uns klar, daß wir vergessen hätten, wie diese Erkenntnisse zuerst entdeckt und wie sie von den Individuen erfahren worden seien, und daß es notwendig sei, immer die Lage eines Patienten im jeweiligen Augenblick zu berücksichtigen." ([4], S.9)

Ich werde kurz die Entdeckung dieses Schattens in der Psychologie skizzieren – ausgehend von Sigmund Freud zu C. G. Jung. Parallel dazu möchte ich anführen, wie unabhängig voneinander sinngemäß aufeinander bezogene Entwicklungen in Physik und Mathematik stattgefunden haben, wie also auch in den exakten Wissenschaften eine Schattenwelt aufgetaucht ist. Dadurch hat sich die Auffassung von der Wirklichkeit gewaltig differenziert und gewandelt. Diese Entwicklungen scheinen synchronistisch als gemeinsamen Sinn auf eine Ganzheit zu verweisen, welche Bewußtheit und Unbewußtes, rational und irrational, «entweder» und «oder» – wie es Jung ausdrückte – , umfaßt.

In der oben erwähnten Geschichte macht Jung auf das eigentliche Prinzip des Bewußtseins aufmerksam, des einseitigen Bewußtseins – nämlich alles ursprüngliche menschliche Erleben zu objektivieren und so von seiner unmittelbaren Lebendigkeit und vielleicht auch von seiner Bedrohlichkeit Abstand zu gewinnen. Bewußtsein schließt immer ein: Abstand nehmen, festhalten, trennen, sich vom Erlebten unterscheiden. Jung spricht oft von der apotropäischen Funktion der Wissenschaften, also ihrem Aspekt des primitiven Abwehrzaubers. Ursprüngliches Erleben ist oft wie die Begegnung mit einem fremden, bedrohlichen Geist oder Dämon (Abb. 1); dagegen soll Wissenschaft schützen.

Abb. 1: Alexander Runciman (1736–1785): Fingal im Kampf mit dem Geist von Loda.
(National Gallery of Scotland, Edinburgh) [27]
Das bewußte Ich als der Held steht den bedrohlichen, verschlingenden Mächten des Unbewußten gegenüber. Das Schwert symbolisiert die trennende Funktion des Bewußtseins.

Dieser Aspekt wird sehr deutlich, wenn wir zum Beispiel an die moderne Medizin und ihre Versuche denken, die Bedrohung durch Krankheit und die Wirklichkeit des Todes zu entkräften und zu verwischen, oder an die Technik und die Naturwissenschaften mit ihren Visionen zukünftiger paradiesischer Zustände, welche die Mühsal der Auseinandersetzung mit dem Leben nicht mehr kennen werden: Glück, Sicherheit, Bequemlichkeit, Mobilität, etc. ohne Grenzen werden in Aussicht gestellt. Im mythischen Bild wird die Funktion des Bewußtseins oft als das trennende Schwert dargestellt, oder entwicklungsgeschichtlich früher als der Speer, der auf ein Objekt zielt und es festmacht (Abb. 1 und 2). Durch das bewußte

Abb. 2: Der Erzengel Michael als Drachentöter
(Initiale «F[actum]» in Cod. 18 der Stiftsbibliothek Admont).
Kolorierte Federzeichnung auf Pergament, 1180
Der Drachenkampf des Helden ist ein immer wiederkehrendes
Mythologem, in welchem die zielgerichtete, festmachende
Funktion des Bewußtseins zum Ausdruck kommt.

Festmachen und Abgrenzen eines Objekts unterscheidet sich der bewußte Mensch vom primitiven Menschen, der in einer magischen Objektbeziehung und archaischen Identität[1] oder – wie L. Lévy-Bruhl [28] es bezeichnete – in «participation mystique» mit seiner Umgebung lebt.

Im primitiven, ursprünglichen Erleben sind Subjekt und Objekt nicht oder nur undeutlich getrennt. Die Fähigkeit und Leistung, sich vom Erlebten zu unterscheiden, ihm gegenüberzutreten und sich mit ihm auseinanderzusetzen, ist die kulturelle Tat schlechthin, aber gleichzeitig auf der anderen Seite auch der Sündenfall, der Verlust des Paradieses, das Eintreten in Leiden und Vergänglichkeit.

Das Dilemma, zu dem die differenzierende Tätigkeit des Bewußtseins in den Naturwissenschaften geführt hat, beschreibt Ludwig Wittgenstein im *Tractatus logico-philosophicus* (1921) so: „Der ganzen modernen Weltanschauung liegt die Täuschung zugrunde, daß die sogenannten Naturgesetze die Erklärungen der Naturerscheinungen seien." ([36], Ziff. 6.371) „So bleiben sie bei den Naturgesetzen als bei etwas Unantastbarem stehen, wie die älteren bei Gott und dem Schicksal. Und sie haben ja beide Recht, und Unrecht. Die Alten sind allerdings insofern klarer, als sie einen klaren Abschluß anerkennen, während es bei dem neuen System scheinen soll, als sei *alles* erklärt." ([36], Ziff. 6.372)

Darum ist es Jung gegangen, wenn er die Konzepte von Archetypen, Schatten, Animus, Anima, Selbst, Lapis ... immer wieder neu umkreiste und in Frage stellte ... eben, um immer wieder dort zu beginnen, wo die Wirklichkeit ihren Ursprung hat, in der Seele des Einzelnen, im unmittelbaren seelischen Erleben. Genau derselben Gefahr der Erstarrung und Verselbständigung unterliegen natürlich alle psychoanalytischen Termini: Narzißmus, Masochismus, Widerstand, Ambivalenz ... Sie haben die Tendenz, zu einem Erklärungsmuster zu werden, einer Etikette, und damit das Eigentliche zu verfehlen. Gerade in Bezug auf Freud's Versuch, den Geist als ein eigenes Prinzip zu leugnen, sagt Jung: „Die «psychologische Formel» ist nur ein Scheinsatz für jenes dämonisch Vitale, das eine Neurose verursacht. In Wirklichkeit besiegt nur der *Geist* die «Geister», nicht der Intellekt, der bestenfalls dem getreuen Famulus Wagner entspricht und darum kaum zum Exorzisten geeignet ist."[2]

Entdeckt wurde das Unbewußte dadurch, daß die empirisch-naturwissenschaftliche Methode konsequent auch auf die Phänomene des Psychischen angewendet wurde. Sigmund Freud fand beim Studium und der Behandlung psychisch leidender Menschen, daß die bizarren, wirren, zufällig erscheinenden Symptome der Neurose auf einem traumatischen Erleben in der frühen Kindheit, einer frühkindlichen Störung, gründeten. Auf Grund der Peinlichkeit und Inkompatibilität des

---

[1] Vergleiche dazu: C. G. Jung, *Allgemeine Gesichtspunkte zur Psychologie des Traumes* (Gesammelte Werke, Bd. 8 [19]), C. G. Jung, *Psychologische Typen* (Gesammelte Werke, Bd. 6 [17]), C. G. Jung, *Briefe II (1946–1955)* [21], M.-L. von Franz, *Spiegelungen der Seele* [3].

[2] C. G. Jung, *Sigmund Freud*, in: C. G. Jung, Gesammelte Werke, Bd. 15 [20], Ziff. 73.

Ereignisses mit dem Über-Ich, also mit den herrschenden und später interiorisierten sittlichen Normen, konnte das Ereignis unmittelbar nicht bewußt und emotional adäquat verarbeitet werden; es wurde verdrängt. Als verdrängter, unbewußter Inhalt kann es die bewußten Abläufe jederzeit durchbrechen und empfindlich stören. Freud ging – zumindest ursprünglich – noch davon aus, daß die neurotischen Symptome vollständig aufgelöst werden können, wenn der verdrängte Inhalt ins Bewußtsein gehoben und das Trauma emotional abreagiert werden kann. Durch Bewußtmachen sollten die Inhalte des Unbewußten aufgelöst werden können. Auch wenn dies nicht uneingeschränkt gelten sollte, so kann diese Entdeckung Freuds, zu der er zusammen mit Josef Breuer ganz aus der medizinischen Praxis her kam, nicht genug gewürdigt werden.[3] Das Bewußtmachen unbewußter Inhalte ist Basis jeder Psychotherapie und Psychoanalyse. Auch der Beichte liegt seit alters her dieselbe Erfahrung zugrunde. Nach Freud wird das Unbewußte erst nach der Geburt erworben; bis dahin ist es eine «tabula rasa». Besonders eindrückliche Einbrüche des Unbewußten geschehen uns allen in den sogenannten Freudschen Fehlleistungen. Freud hat sie in seinem Werk *Psychopathologie des Alltagslebens*[4] ausführlich dargestellt. Es ist ihm gelungen zu zeigen, daß diese oft recht lustigen, aber auch höchst peinlichen Fehlleistungen nicht Produkte des Zufalls sind, sondern im Unbewußten ihre Wurzel haben.

Das wäre ein erster Aspekt des Schattens: das Peinliche, mit dem herrschenden Bewußtsein Inkompatible, also auch das moralisch Verwerfliche, Böse in uns, *das* in uns, was mit dem Anspruch des Über-Ich kollidiert. Auf diesem Niveau sind es die im Laufe des Lebens des Einzelnen erworbenen Inhalte des Unbewußten. Entsprechend den Patienten, mit denen Freud zu tun hatte, also den höheren Bürgern Wiens um die Jahrhundertwende, waren die unbewußten Inhalte durch die starre Sexualmoral der damaligen Zeit geprägt, waren also vor allem mit der Triebsphäre der Sexualität verbunden.

Im Sprachgebrauch der Jungschen Psychologie entspricht diese Stufe des Schattens und des Unbewußten dem *persönlichen Unbewußten*. Seine Inhalte können bei entsprechender Introspektion und Einsicht bewußt gemacht werden. Auch jede Gruppe, jede menschliche Gemeinschaft hat ihren Schatten, einen kollektiven Schatten. Nehmen wir als Beispiel etwa unsere Konsumansprüche und ihre Auswirkung auf Mitmenschen und Natur. Wir setzen nach wie vor unseren höchst aufwendigen Lebensstandard als Norm voraus, ohne seine Schattenseite sehen zu wollen. Auf der kollektiven Ebene der Naturwissenschaften wäre ein solcher Schattenaspekt die Umweltzerstörung – ausgelöst durch eine skrupellose, schrankenlose Technisierung des Lebens. Es wäre die andere Seite des naturwissenschaftlichen Fortschritts, die bis vor wenigen Jahren geflissentlich ignoriert

---

[3] J. Breuer und S. Freud, *Studien über Hysterie*. In: S. Freud, Gesammelte Werke, Bd. 1 [11], S. 75–312.
[4] S. Freud, *Zur Psychopathologie des Alltagslebens*, Gesammelte Werke, Bd. 4 [10]

worden ist oder zum Teil immer noch verharmlost wird. Dort erscheint der Fortschritt der Menschheit auf einmal nicht mehr so phantastisch, so hell und gut. Vielleicht kann uns gerade hier an diesem kollektiven Problem deutlich werden, daß intellektuelles Wissen um den Schatten alleine nichts bringt. Bewußtmachen des Schattens in der Psychotherapie ist immer verbunden mit einem peinlichen Betroffensein – «das bin ich» – und einem Leiden darunter. Zwischen Wissen und Bewußtsein ist ein Unterschied. Es geht ganz wesentlich um den Bezug zum Ich. Solange dieser nicht hergestellt ist, bleibt der Schatten nach außen projiziert: auf den Mitmenschen, andere Nationen, Kulturen, Religionsgemeinschaften, auch auf die Natur.

Noch ganz dem Denken des aufklärerischen Rationalismus des 19. Jahrhunderts verhaftet ging Sigmund Freud davon aus, die unbewußten Inhalte könnten durch Bewußtmachen *restlos* aufgelöst werden. Hier spiegelt sich die aufklärerische Anschauung vom Dunklen, Unbekannten, vom Schattenhaften wider. Etwas Dunkles, Unauflösliches an sich wurde geleugnet. Alles ist wißbar. Das Unbekannte ist nur das, was *noch nicht* bekannt ist. Durch das menschliche Bewußtsein wird es aber aufgelöst und bewußt gemacht werden können. „Wir müssen wissen – wir werden wissen", dieser Anspruch David Hilberts [14] charakterisiert den Geist des aufklärerischen Rationalismus recht treffend.

Ebenfalls ganz von der Empirie ausgehend – einerseits von seiner Erfahrung als Psychiater, aber auch aus der Erfahrung an sich selber – hat C. G. Jung festgestellt, daß das Unbewußte noch tiefere Schichten aufweist als jenen Bereich, den Freud entdeckt hatte. Denn er hatte beobachtet, wie in Menschen der verschiedensten Kulturen, Rassen und Religionen Phantasie- und Traumbilder auftauchen können, die einander gleichen, zum Beispiel typische mythische Motive enthalten, wie sie der Mensch immer wieder seit Urzeiten hervorgebracht hat. Solche typischen Motive können offensichtlich spontan zu jeder Zeit in bestimmten typischen menschlichen Situationen in Erscheinung treten. Es wäre höchst unwahrscheinlich, daß dafür jeweils persönliche verdrängte Inhalte verantwortlich wären. Das war die Entdeckung des kollektiven *Unbewußten* als einer Matrix, die allen Menschen gemeinsam ist und aus der in spontanem schöpferischem Akt Bewußtes und Bewußtsein entsteht. [23] Diese Schicht des Unbewußten ist nicht mehr anschaulich; seine Strukturen sind die Archetypen – selber bewußtseins-transzendent, sind sie doch Voraussetzung des bewußten Erlebens und prägen es. Mit der Veröffentlichung dieser Untersuchung im Jahre 1912 war der Bruch zwischen Freud und Jung vollzogen. Nach Jung ist das Unbewußte nicht bloß ein Anhängsel und Abfallbehälter des Bewußtseins, wie es Freud annahm; jedes Bewußtsein ist vielmehr in der Matrix des kollektiven Unbewußten enthalten. Grenzen des kollektiven Unbewußten sind vom Bewußtsein her nicht mehr auszumachen. Ob wir das Enthaltensein in etwas das Bewußtsein Übersteigendem zugeben und annehmen können, ist natürlich eine andere Frage. Die moderne Psychologie findet damit wieder zu alten Vorstellungen der Religionen zurück, nach denen eben die Wirklichkeit in der Hand eines Gottes enthalten geglaubt wurde, in etwas, was das

Menschliche, das Bewußte unbestimmbar weit übersteigt (Abb. 3). Das Bewußtsein und der persönliche Schatten verlieren sich also in einem unergründlich tiefen Schatten, in welchem wir enthalten sind.

Abb. 3: Salvator mundi im St. Laurentius Schrein
des gotischen Flügelaltars in Kefermarkt (Oberösterreich) [1].

Die nächste Frage, welche Jung beschäftigt hat, ging davon aus, daß so integre Persönlichkeiten wie Sigmund Freud, Alfred Adler und er selber zu dermaßen konträren Auffassungen von der psychischen Dynamik kommen konnten. Das führte ihn dazu, die Struktur des Bewußtseins zu untersuchen. Jung entwarf eine «Typologie», welche von vier psychischen Grundfunktionen – Empfinden, Denken, Fühlen, Intuition – ausgeht. [17] Empfinden und Intuition bzw. Denken und Fühlen stehen zueinander in einem komplementären Bezug. Eine von diesen vier Funktionen des Bewußtseins wird im Laufe der Kindheit besonders ausgebildet und differenziert – entweder in der extravertierten oder introvertierten Einstellung. Wir nennen sie die Hauptfunktion; das wäre jene Funktion, welche wir gewöhnlich einsetzen und spontan gebrauchen, um uns in der Wirklichkeit zurechtzufinden. Die dazu entgegengesetzte – minderwertige – Funktion bleibt unentwickelt, unbewußt, archaisch. Sie stellt gewöhnlich die Verbindung zum Unbewußten dar. Durch sie geschehen uns die Dinge, oder sie überfallen uns, meist ohne daß wir es wollen (Abb. 4).

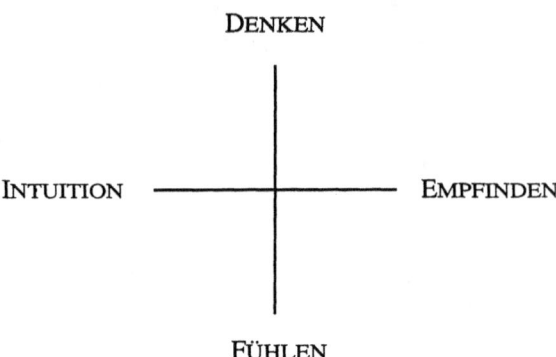

Abb. 4: Die vierfache Struktur der Funktionen des Bewußtseins nach C. G. Jung. [17]

Unser bewußtes Erleben ist also zunächst prinzipiell immer einseitig – hat mit seinem Entstehen schon immer einen Schatten bei sich. Demnach wird der Schatten des Einzelnen immer von seiner Typologie geprägt sein; er ist mit seiner minderwertigen Funktion verbunden. Ein Denktyp wird im Fühlen archaisch sein, und er wird auf diese Weise ins Leben verwickelt werden; umgekehrt wird ein Fühltyp ein archaisches, schlecht entwickeltes Denken haben. Nicht, daß es nicht existiert oder nichts hervorbringen kann. Es heißt nur, daß es nicht einfach zur Verfügung steht und gehandhabt werden kann. [7]

Auf diesem Niveau einer Psychoanalyse wird es unerläßlich sein, das, was dem Ich als Schatten gegenübersteht, zu differenzieren: einerseits die eigene Unzulänglichkeit und die prinzipielle eigene typologische Bedingtheit, andererseits das Objektiv-Psychische des kollektiven Unbewußten. Der Schatten kann hier nicht mehr nur aus dem eigenen Lebensroman abgeleitet werden; er wird auch nicht mehr vollständig auflösbar sein; denn er zeigt sich eben auch als eine objektive

Gegebenheit. Denken wir an einen Forscher, in dessen Antrieb sich die ganz persönliche Vergangenheit und archetypische Motive, die spontan aus dem Unbewußten auftauchen, durchdringen und vermischen. Da kann als persönlicher Hintergrund in einem individuellen Fall eine umklammernd, festhaltend erlebte Mutter der Auslöser sein, daß sich das Kind ihren verschlingenden Emotionen durch Flucht in die abstrakte Gedankenwelt entzieht. [5] Dort tritt ihm dann ein archetypisches Symbol faszinierend entgegen. Auf diese Eigenschaft der Inhalte des kollektiven Unbewußten möchte ich als einen dritten Aspekt des Schattens im letzten Teil meines Beitrags eingehen: auf die Faszination, die von ihm ausgeht, das Absolute, Zwingende, bis hin zum Dämonischen, Possedierenden, Zerstörerischen. Der Schatten ist eben nicht nur eine Ansammlung von unbekannten Inhalten; er wird als belebt erfahren: bedrohlich, fordernd, faszinierend, lockend. Er ist numinos.

Zuerst war der Blick der psychoanalytischen Forschung ganz nach außen gerichtet, auf die Symptome des Patienten. Nun kam auf einmal auch der Betrachter mit seiner eigenen Psychologie und Bedingtheit ins Spiel. Ähnliches geschah ja auch in der Physik durch die Entdeckung der Quantenwelt. Der «Meßprozeß» und das Meßinstrument, vielleicht der «Beobachter» selber, sind Teil des physikalischen Vorgangs geworden und nicht mehr zu eliminieren.

Das Kernstück des Beitrags Jungs zur modernen Psychologie ist die Hypothese des kollektiven Unbewußten. In ihr ist eigentlich schon alles weitere enthalten: das objektiv Psychische, die psychoide Natur der Archetypen, Synchronizität, Projektion, Individuationsprozeß, und damit auch die Verbindung zum Religiösen und Mythologischen. Die Hypothese des kollektiven Unbewußten markiert einen ähnlich revolutionären Wandel des Weltbildes, wie es die Wende vom geozentrischen zum heliozentrischen Weltverständnis war oder der Übergang von der klassischen Physik zur Quantenphysik, oder der Gödelsche Satz in der Mathematik. Um den zeitlichen Rahmen, in dem sich die Wandlung vollzog, in Erinnerung zu rufen:

- Hypothese des kollektiven Unbewußten, 1912 / Typologie, 1920,
- abschließende Formulierung der Quantenmechanik, 1926,
- Gödelscher Satz, 1931.

Mit der Entdeckung der Quantenwelt und dem Versuch, sie kohärent zu beschreiben, ist die gewohnte, vom Alltagsleben geprägte Auffassung von der physikalischen Wirklichkeit radikal in Frage gestellt worden. Herrschte in der klassischen Physik die Vorstellung, daß die physikalische Welt unabhängig von der Beobachtung ist, so erscheint in der Quantenphysik eine unanschauliche Hintergrundswelt, aus der das beobachtete Phänomen erst in der Beobachtung hervortritt. Die Hintergrundswelt repräsentiert das potentiell Mögliche, erst in der physikalischen Messung erfolgt der Übergang von Potentialität zu Aktualität. In der physikalischen Messung tritt also immer nur *ein* Aspekt einer zugrundeliegenden ganzheitlichen Wirklichkeit in Erscheinung. Charles de Montet [29] sagt deshalb, daß es bei der Messung um «Opfer und Wahl» ginge – ein Bild, das offensichtlich Wolfgang Pauli sehr beeindruckt hat. [32] Der Übergang selber von Potentialität zu Aktualität ist kausal nicht weiter aufzulösen; es bleibt ihm ein Element des Zufalls zu eigen, wie es auch Schöpfungsmythen immer wieder umkreisen, oder wie es uns immer dann passiert, wenn uns etwas bewußt wird, wenn uns etwas «aufgeht». Seither lebt die Physik mit diesem grundlegenden «Dualismus»: einerseits die streng determinierte, kontinuierliche Entwicklung der Wellenfunktion eines physikalischen Systems außerhalb der Messung und andererseits der spontane, nicht weiter reduzierbare, irreversible Übergang zum gemessenen Zustand im Augenblick der Messung.

Eine andere Unbestimmtheit hat sich eingeschlichen: bei einem Einzelereignis einer Messung bleibt es prinzipiell offen, ob es sich um ein Störereignis handelt, das durch die Meßapparatur selber oder andere Umwelteinflüsse hervorgerufen worden ist, oder ob es ein «sinnvolles» Ereignis ist. Auch hier vermischen sich Schatten, und es ist in der Praxis recht mühsam und aufwendig, das auf «Fremd»einflüsse Reduzierbare vom Eigentlichen, nicht weiter Reduzierbaren zu unterscheiden. Dieser Zweifel haftet als Schatten jedem Einzelereignis an.

Bewußtwerden ist gleichbedeutend mit Trennung, Loslösung *eines* Inhaltes vom Unbewußten, wie das Heraustreten und Konkretwerden *eines* Zustandes aus der Fülle der möglichen Zustände beim physikalischen Experiment. Von der Trennung von Licht und Dunkel und dem Entstehen der konkreten Welt erzählen uns die «Schöpfungsmythen». Sie stellen sozusagen Protokolle dar, wie der primitive Mensch das Entstehen der Welt, das Bewußtwerden seiner Wirklichkeit erlebt. In zahlreichen Schöpfungsmythen wird die Entstehung der Welt auf einen ersten Mord zurückgeführt. Am Anfang der Welt existierte *ein* Urwesen, *ein* ganzheitliches Wesen. Diese «Ureinheit» wird getötet, geopfert, und aus dem Leichnam wird Welt: das Irreversible der Bewußtwerdung als Weltwerdung, symbolisiert durch Tod, Opfer, Mord. Aus der vorhergehenden ganzheitlichen Unbestimmtheit wird die bekannte konkrete Wirklichkeit.

Nehmen wir als Beispiel das babylonische Schöpfungsepos *Enuma Elish*[5]. Tiamat ist dort das ursprüngliche ganzheitliche Monstrum, die Urmutter, aus der alles entstanden ist. Einer ihrer zahlreichen Abkömmlinge, Marduk, der dann zum Sonnengott wird, tötet Tiamat, und aus ihren Brüsten werden fruchtbare Hügel, aus ihren Augen fließen Euphrat und Tigris, über den Kopf häufte Marduk das Gebirge an, usw. Auch die Details, welche zu dieser Schöpfung geführt haben, sind psychologisch recht aufschlußreich. Da sind ganz am Anfang zunächst die ersten älteren Generationen von Göttern, welche aus Tiamat entstanden sind. Die jüngeren Göttergenerationen werden immer agiler, lauter, bestimmter, frecher und stören mit ihrem Tanzen und Lärmen die älteren, so daß sich die Älteren zusammentun und beschließen, die Jüngeren zu töten. Sie wollen Tiamat dazu überreden,

---

[5] Vergleiche dazu M.-L. von Franz, *Die Schöpfungsmythen* [2], S. 121ff.

die lästigen Störenfriede wieder zu vernichten, und die Urmutter schwankt zunächst, auf welche Seite sie sich stellen soll. Schließlich horcht sie auf die Älteren, und die Auseinandersetzung nimmt den geschilderten Verlauf, in dem Tiamat getötet wird. Dieses Geschehen spielt sich ab, bevor die Welt erschaffen wurde und bevor die Menschen entstanden sind. Psychologisch würde das heißen, daß es sich um vorbewußte Abläufe handelt, eben um jenes Geschehen, das zum Bewußtsein der Wirklichkeit führt. Der unbewußte Zustand wird hier als ein träges Dahindösen geschildert; dagegen wird es immer lauter und aktiver, je mehr man sich dem Bewußtsein nähert. Die Doppeltheit des Unbewußten wird recht deutlich in diesem Mythos, aber auch in anderen mythischen Erzählungen von der Entstehung der Welt: einerseits die Tendenz hin zur Schöpfung, andererseits die Tendenz, sie nicht entstehen zu lassen oder sie wieder zurückzunehmen. Marie-Louise von Franz zeigt in ihrem Buch *Schöpfungsmythen* [6] an vielen Beispielen dieses grundlegende Muster bei der Schöpfung: zwei Demiurgen am Beginn der Welt. Der eine will die Welt, der andere will sie nicht.

Erst in späteren, differenzierteren Schöpfungsmythen werden die beiden moralisch bewertet. Zum Beispiel der starke, helle und gute Sonnengott Marduk, und das Monster, die Tiamat, die alles Erreichte wieder zerstören will. Ursprünglichere, primitivere Schöpfungsmythen machen diese moralische Unterscheidung zwischen Gut und Böse nicht. Dann, weiter in den menschlichen Bereich führend, gibt es eine Fülle von mythischen Beispielen für feindliche Brüder, wo also der eine der Schatten des anderen ist: Seth – Osiris, Enkidu – Gilgamesh, Prometheus – Epimetheus, Kain – Abel, ... Einer ist des anderen Widersacher und sucht sich seiner zu entledigen ... und doch gehören sie zusammen. Die Lösung ihres Konfliktes kann recht unterschiedlich ausfallen. Der Konflikt selber aber zwischen dem Hellen/Guten und seinem Schatten ist grundlegend und gehört zur Bewußtseinsentwicklung.[6]

Vor allem in unserer christlichen Geprägtheit sind wir versucht und gewohnt gewesen, die Seite, welche die Schöpfung bewirkt und das Leben, den Menschen und Bewußtheit erschaffen hat, vorbehaltlos mit dem Hellen/Guten zu identifizieren und damit moralisch zu werten. Wie fragwürdig eine vorbehaltlose, blinde Identifizierung von Bewußtheit mit Hell/Gut ist, zeigt der technische und zivilisatorische Fortschritt, den das moderne detaillierte Wissen von der Natur und vom Menschen mit sich gebracht hat. Er hat in eine ausweglos scheinende Sackgasse, zu einem Abgrund hingeführt. Daß es so weit gekommen ist, hängt sicherlich damit zusammen, daß jene andere Seite, die dunkle Schattenseite des Schöpfergottes, mehr und mehr in den Hintergrund gedrängt wurde, ja verdrängt wurde. Der österliche Jubel darüber, daß Christus vom Tode auferstanden ist und damit – wie es heißt – die Welt erlöst ist, konnte oder kann leicht zu der Einstellung

---

[6] Vergleiche auch Eros und Thanatos, welche Sigmund Freud in seinen späteren Lebensjahren als die zwei Grundtriebe angenommen hat. S. Freud, *Jenseits des Lustprinzips*, Gesammelte Werke, Bd. 13 [9], S. 1–69.

verführen und wird auch oft so interpretiert, daß damit ein Kapitel Menschheitsentwicklung ein für allemal geleistet und abgeschlossen ist. Das immer wieder von uns abgeforderte innere, persönliche Erleben des *ganzen* österlichen Dramas – Tod, Auseinandersetzung mit den zerstörerischen Kräften, Sieg (wenn es gelingt), Auferstehung – degenerierte mit der Zeit zum historischen äußeren Faktum, jene apotropäische Tendenz alles Bewußten, von der eingangs die Rede war. In seinem Nachwort zum *Göttlichen Schelm* [34] spricht Jung davon, daß „zwei gegensätzliche Tendenzen am Werk sind, nämlich einerseits aus dem früheren Zustand herauszukommen und andererseits diesen nicht zu vergessen."[7] Die Erinnerung daran aufrechtzuerhalten, war Teil des lebendigen Mythos. Von der offiziellen Kirche wurden oder werden die Mächte der Dunkelheit je nach Bedarf zitiert oder ein für allemal für besiegt erklärt. Jetzt aber steht die dunkle Seite als greifbare Katastrophe vor uns und um uns herum – real draußen.

Beginnend mit der sokratischen Formel «Wissen ist Tugend» wurde das Dunkle seit der Antike bis ins christliche Mittelalter Stück für Stück entkräftet. Es gipfelte zunächst in der mittelalterlichen Scholastik als die Lehre von der «privatio boni» in der Lehrmeinung, ein Prinzip des Bösen könne es nicht geben, das Böse sei eine Minderung des Guten; das Dunkle an sich habe keine Existenz, es sei einfach ein Mangel an Licht. Das Dunkle wegdefinieren und leugnen heißt aber auch die Welt entseelen, sie ihres eigentlichen lebendigen Geheimnisses berauben, sich der eigentlichen Auseinandersetzung entziehen[8]. Die einseitige Betonung des Bewußtseins und gleichzeitige Entmachtung des Dunkels wirkte sich erst in den Naturwissenschaften und der Technik der Neuzeit voll aus; sie sind sozusagen das profane Kind der vorhergegangenen Entseelung der Welt und Natur durch das Christentum. Erst nachdem die Natur entseelt worden war, konnte sich der Mensch ihrer schrankenlos als Objekt bemächtigen. Das Dunkle, Böse, Dämonische wurde mit Unwissenheit gleichgesetzt und in der säkularisierten Welt dann Wissen und Bewußtsein mit rationalem, formalem Wissen. Erst dadurch konnte sich der Mensch ohne glaubhaftes Gegenüber und nach seinem alleinigen Gutdünken in der Natur einrichten; die Natur wurde berechenbar und manipulierbar. Der christliche Jubel über das Ostergeschehen und der daraus resultierende Optimismus machte einem naiven aufklärerischen Fortschrittsoptimismus Platz.

Die Entwicklung der Mathematik spiegelt die Veränderung der Werte, also dessen, was absolut galt, noch klarer. Es sei etwa an die Gleichsetzung von euklidischer Geometrie und dem geometrischen Aufbau der Natur erinnert. Nach Johannes Kepler „sind die Spuren der Geometrie in der Welt ausgedrückt, wie wenn die Geometrie gleichsam der Archetypus des Kosmos wäre." Oder: „Die geometrischen Figuren sind ewig, die geometrischen Sätze von ewig her wahr im

---

[7] C. G. Jung, *Zur Psychologie der Tricksterfigur*. In: C. G. Jung, Gesammelte Werke, Bd. 9/1, [24], Ziff. 480.

[8] C. G. Jung, *Antwort auf Hiob*. Gesammelte Werke, Bd. 11 [18], Kap. VI.

Geiste Gottes. Also sind sie der Archetypus des Kosmos." Oder: „Die Geometrie ist vor der Erschaffung der Dinge, gleich ewig wie der Geist Gottes; ist Gott selbst (was ist in Gott, was nicht Gott selbst ist?) und hat ihm die Urbilder für die Erschaffung der Welt geliefert, und sie ist mit dem Ebenbild Gottes in den Menschen übergegangen, nicht erst durch die Augen in das Innere aufgenommen worden."[9]

Die Geometrie war für Kepler ebenso selbstverständlich und unmittelbar aus Gott heraus gegeben wie Natur und Kosmos selber. Sie war absolute Wahrheit – eine letzte, nicht mehr hinterfragbare Sicherheit, wie sie psychologisch gesehen aus der archetypischen Erfahrung kommt. Je mehr für den Menschen der Neuzeit das Getragen- und Enthaltensein im christlichen Gott gegenstandslos und fragwürdig wurde, desto wichtiger wurde es, die euklidische Geometrie aus der «Logik» alleine zu begründen, sie also formal abzusichern. Jetzt fand sich jenes Absolute, nicht weiter Hinterfragbare in die Logik projiziert. Das Anliegen scheiterte schließlich am Parallelenpostulat, welches über das Verhalten von zwei Geraden im Unendlichen etwas aussagt – also nicht ebenso nachvollziehbar und unmittelbar einleuchtend ist wie die anderen vier Axiome der euklidischen Geometrie. Gleichbedeutend mit dem Fall der euklidischen Geometrie als ein absolutes formales System ist die Entdeckung der nicht-euklidischen Geometrien[10], also allgemeinerer Geometrien, unter denen die euklidische eine von vielen ist.

Nach dem Fall der euklidischen Geometrie suchte man verbissen nach einer neuen, nun endgültigen formalen Grundlage der Mathematik. In sie wurde eine letzte, abschließende Sicherheit projiziert, so daß man vom gesuchten formalen System forderte, daß es vollständig und widerspruchsfrei sei. «Widerspruchsfrei» heißt, daß es nicht möglich sein darf, daß in dem System zwei Sätze der Art $A = B$ und $A \neq B$ gleichzeitig gelten. Man muß mit Hilfe des Systems eindeutig entscheiden können, welche der beiden Aussagen wahr bzw. falsch ist. «Vollständig» heißt, daß alle als wahr erwiesenen Sätze aus dem formalen System hergeleitet werden können.

Die Versuche, der Mathematik eine absolute Fundierung zu geben, fanden im Jahre 1931 durch den Gödelschen Satz eine an den Erwartungen gemessen vernichtende Lösung. Kurt Gödel zeigte mit Hilfe der exakten Methoden der Logik und Mathematik, daß jedes hinreichend reiche vollständige formale System sogenannte unentscheidbare Sätze enthält. [12] Mit Hilfe des Systems können sie nicht entschieden werden. Um sie zu entscheiden, müßte man in ein mächtigeres System, ein Metasystem, gehen. Dort kann sich das, was vorher als widersprüchlich empfunden wurde, als verschiedene Möglichkeiten, verschiedene Differen-

---

[9] Johannes Kepler, zitiert nach Paulis Keplerarbeit [31], S. 121.

[10] Carl Friedrich Gauss sah bereits 1816 die Möglichkeit von nicht-euklidischen Geometrien, doch veröffentlichte er seine Einsichten nicht. Diese Resultate wurden unabhängig voneinander von Nikolai Ivanovitch Lobachevsky (1826) und von János Bolyai (1832) noch einmal gefunden.

zierungen einer allgemeineren Eigenschaft, auflösen. Der Schritt dahin ist aber mit Hilfe des ursprünglichen Systems nicht möglich; es braucht – wie etwa beim Übergang von der euklidischen Geometrie zu den nicht-euklidischen Geometrien – einen schöpferischen Einfall, einen schöpferischen Akt, einen regelrechten Durchbruch oft. Wie auch im Psychischen jede Bewußtseinserweiterung so erlebt wird. Nehmen wir als Beispiel aus dem psychotherapeutischen Alltag einen muttergebundenen Sohn. Seine Gebundenheit an die Mutter wird die Liebe zu einer Frau als etwas damit Unvereinbares, Widersprüchliches erleben lassen. Erst der schmerzhafte Prozeß der Lösung der Mutterbindung wird einen neuen Erfahrungsbereich entfalten lassen, in dem beide Beziehungen Facetten desselben Eros sind, die einander nicht mehr ausschließen, sondern sogar ergänzen. Jedes vollständige System der Mathematik enthält also einerseits Antinomien, unentscheidbare Aussagen; andererseits ist ein widerspruchsfreies System nicht vollständig. Zum Beispiel ist die Arithmetik einer einfachen mechanischen Registriermaschine zwar widerspruchsfrei, aber nicht vollständig; da sie bekanntlich nur Addition und Subtraktion ermöglicht und alle anderen, auch trivialen Rechenoperationen ausschließt.

Ein vollständiges formales System, das auch nur einigermaßen mächtig ist – wie die Arithmetik und die euklidische Geometrie – , hat notwendigerweise immer ein projektives Element, analog dem Parallelenpostulat der euklidischen Geometrie. Ganz allgemein wird bei jedem schöpferischen Vorgang, bei jeder Weltwerdung, projiziert. Es ist sinnvoll, hier daran zu erinnern, wie Jung «Projektion» definiert. Es ist ebenso subtil wie frustrierend, wie er «Projektion» faßt, weil es uns wieder ganz auf uns selber zurückwirft zu spüren, wann etwas Projektion und wann wirklich ist. Es entzieht sich jedem Versuch einer formalen Unterscheidung.

„Projektion bedeutet die Hinausverlegung eines subjektiven Vorganges in ein Objekt. Die Projektion ist demnach ein Dissimilationsvorgang, in dem ein subjektiver Inhalt dem Subjekt entfremdet und gewissermaßen dem Objekt einverleibt wird. Es sind ebensowohl peinliche, inkompatible Inhalte, deren sich das Subjekt durch Projektion entledigt, wie auch positive Werte, die dem Subjekt aus irgendwelchen Gründen, zum Beispiel infolge Selbstunterschätzung, unzugänglich sind. Die Projektion beruht auf der archaischen Identität von Subjekt und Objekt, ist aber erst dann als Projektion zu bezeichnen, wenn die Notwendigkeit der Auflösung der Identität mit dem Objekt eingetreten ist. Diese Notwendigkeit tritt ein, wenn die Identität störend wird, d.h. wenn durch das Fehlen des projizierten Inhaltes die Anpassung wesentlich beeinträchtigt und deshalb die Zurückbringung des projizierten Inhaltes ins Subjekt wünschenswert wird. Von diesem Moment an erhält die bisherige partielle Identität den Charakter der Projektion. Der Ausdruck Projektion bezeichnet daher einen Identitätszustand, der merkbar und dadurch Gegenstand der Kritik geworden ist, sei es der eigenen Kritik des Subjektes, sei es der Kritik eines anderen."[11]

Damit Welt wird, braucht es Projektion. Damit ist aber auch schon ausgegrenzt, und es gibt Licht *und* Schatten.

In der Mathematik stellte sich nach Gödel die Frage, was dann wahr ist, wenn es keine absolute Basis gibt. Kurt Gödel selber scheint für sich die Frage dahingehend beantwortet zu haben, daß es so etwas wie eine platonische Welt der mathematischen Objekte gebe [35], so wie die Welt der Ideen, die nach Platon ewig wahr und absolut ist. Im schöpferischen Akt hat der Mathematiker Zugang oder Einblick in diese platonische Welt und kann einen neuen Aspekt mit heraus in unsere Alltagswelt bringen. Es erinnert an die Märchen mit ihren Problemen und Lösungen. Eine stagnierende, gefährliche, lebensbedrohende Situation steht meist am Anfang. Die bewußte Einstellung ist – so würde das psychologisch heißen – unhaltbar, unmöglich geworden. Die Lösung liegt im magischen, verwunschenen Bereich, zu dem nur der Held Zugang hat. Dort gelingt es – oder auch nicht –, das Lebensrettende zu erlangen oder das Verwunschene zu erlösen und in den profanen Bereich hinüberzunehmen. Damit kann das Leben im menschlichen Bereich wieder neu fließen ... bis es nach einiger Zeit wieder zu einem anderen Mangel, einer neuen Bedrohung kommt: der Inhalt eines neuen Märchens. Der erfolgreiche Held ist der Träger und das Symbol der neu gewonnenen Ganzheit von Bewußtheit und Unbewußtheit. Er garantiert, daß beide berücksichtigt sind. Solange die erworbene Kostbarkeit wirkt, fließt das Leben; verliert sie ihre Kraft, so beginnen Stagnation und Bedrohung. Die Kraft verlieren ist gleichbedeutend damit, daß das vorher lebendige Symbol mehr und mehr zum formalen Zeichen, zum formalen Konstrukt wird – man denke etwa an die euklidische Geometrie. Wie der alte König im Märchen sich oft sträubt, seine Herrschaft an das neue Prinzip zu übergeben, so kennen wir diesen Kampf, am Alten festzuhalten und es zu bewahren, auch wenn es nicht mehr lebt und überzeugt, von jedem anderen Übergang – auch in den Wissenschaften. Beim primitiven Menschen ist ein solcher Übergang verbunden mit Tod und Wiedergeburt. Er hat das Wissen um die Notwendigkeit von Tod und Wiedergeburt im Ritual der Königserneuerung aufrechterhalten und ihm auch regelmäßig, meist jährlich, Rechnung getragen. [8]

Lassen wir noch einmal einen ganz Großen der Mathematik sprechen, um die Lage und den Anspruch seiner Wissenschaft vor Gödel zu charakterisieren. David Hilbert: „Für den Mathematiker gibt es kein Ignorabimus, und meiner Meinung nach auch für die Naturwissenschaft überhaupt nicht. ... Statt des törichten Ignorabimus heiße im Gegenteil unsere Losung: Wir müssen wissen, wir werden wissen." [14] Zum Auftauchen von Antinomien in der Mengenlehre – „dem Paradies, das uns Cantor geschaffen", wie er es nannte, meinte Hilbert: „Man denke: in der Mathematik, diesem Muster an Sicherheit und Wahrheit, führen die

---

[11] C. G. Jung, *Psychologische Typen*, Gesammelte Werke, Bd. 6 [17], Ziff. 870

Begriffsbildungen und Schlüsse, wie sie jedermann lernt, lehrt und anwendet, zu Ungereimtheiten. Und wo soll sonst Sicherheit und Wahrheit zu finden sein, wenn sogar das mathematische Denken versagt?" ([13], S. 170) Seit Gödel ist es sicher, daß die Mathematik – genauer der Aussagenkalkül 1. Ordnung – mit der Offenheit leben muß. Das, was nicht sein darf, nämlich die Offenheit im unentscheidbaren Satz, ist grundsätzlich nicht zu eliminieren; ja, sie gehört konstituierend zu einem widerspruchsfreien formalen System. Dabei ist es von vornherein nicht auszumachen, ob eine zunächst unsichere Aussage als wahr oder falsch erwiesen werden kann, also vielleicht Irrtum ist und als solcher aufgelöst werden kann, oder eine Antinomie darstellt, also grundsätzlich im gegebenen System offen ist und dort nicht aufgelöst, sondern höchstens überstiegen werden kann. Es bedarf einer großen Vertrautheit mit dem System, um das eine vom anderen unterscheiden zu lernen. Die Schatten – das noch Unbewiesene oder Irrige einerseits und das prinzipiell Offene andererseits – vermischen sich. Eine Antinomie ist ein Hinweis für die Grenzen eines formalen Systems; dadurch stellt sie aber auch den Ansatz dar, durch den hindurch das ursprüngliche System überstiegen werden kann zu einer neuen, weiteren, ganzheitlicheren Wirklichkeit.

Wenn wir von der Psychologie her einmal das formale System als das, was sicher, vertraut, manipulierbar ist und zur Verfügung steht, mit dem Bewußtseinssystem vergleichen, so wäre die Antinomie gleichsam wie der Rand des Bewußtseins, wo es an das Dunkle, Unbewußte grenzt. Wir haben gesehen, daß für uns das Unsichere, Offene, Dunkle, Böse immer auch mit unserem persönlichen Schatten vermischt ist. Und es braucht einige Selbsterkenntnis, um den eigenen Anteil und den objektiven auseinanderzuhalten. Die Grenze des Bewußtseins zum Offenen hin wurde mythologisch immer mit der uroborischen Schlange bezeichnet: jenem paradoxen Wesen, das sich selber in den Schwanz beißt, verschlingt und gebiert; jener Ort, an dem Behauptung und Gegenteil gleichzeitig wahr sind, an dem Kopf und Schwanz, Geburt und Tod, Anfang und Ende, A und Ω zusammenfallen. (Abb. 5)

Gerade im konsequenten Bemühen, Absolutheit und Eindeutigkeit in der Mathematik ein für allemal festzuschreiben, ist diese Paradoxie deutlich geworden und hat sich als nicht mehr weiter auflösbar erwiesen. Neben dem kausalen, logischen Nexus ist wieder das Schöpferische, Zufällige, Nicht-faßbare, Nichthandhabbare, Irrationale aufgetaucht ... und wird wohl bei uns bleiben.

Was zunächst verunsichert und beunruhigt und als Offenheit oder Widerspruch die vertraute Ordnung bedroht, wird schließlich Weg und Quelle des Neuen, Ganzheitlicheren. Ähnlich war es grundlegendes Wissen der Alchemisten, daß das Gold, die erstrebte Kostbarkeit und Ziel des alchemistischen Werkes, im Mist vergraben ist. Der neue höchste Wert liegt im Verachteten, Weggeworfenen verborgen. Für die Psychologie ist es der Schatten, über den der Zugang zum Unbewußten nur möglich ist. Ohne wirkliche Begegnung und Auseinandersetzung mit ihm bleibt es bei einer intellektuellen, erkenntnistheoretischen oder rein ästhetischen Beschäftigung mit den Bildern des Unbewußten. „ [In] dem Maße, in

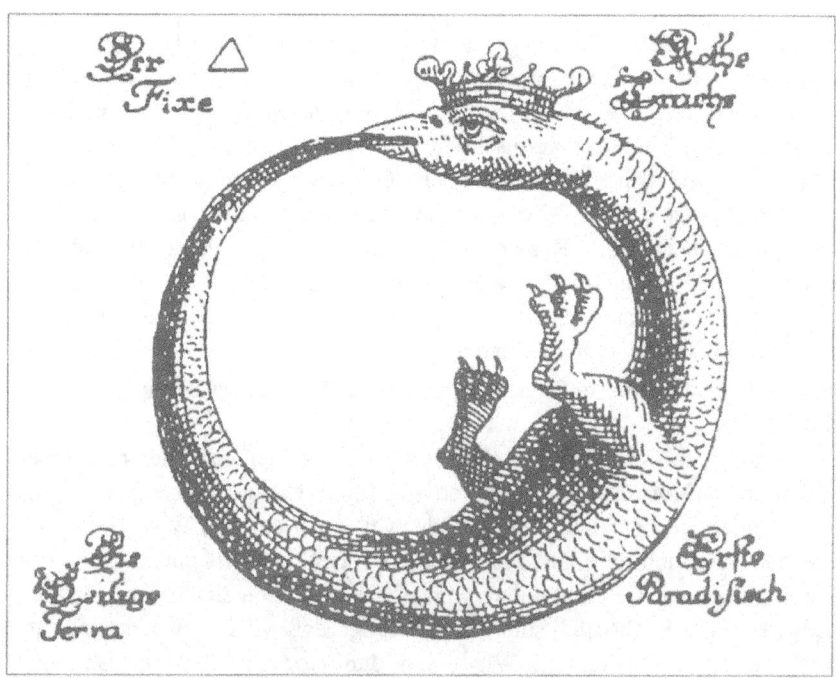

Abb. 5: Der Ouroboros als gekrönter Drache [12]

welchem der Schatten erkannt und integriert wird, [stellt sich dann] das Problem der Beziehung, d.h. der Anima"[13], bzw. für die Frau das Problem des Geistes, d.h. des Animus.

Der Abschied von der Auffassung vom Absoluten als etwas Starrem, Eindeutigen kündigt sich bereits vehement bei Nietzsche an. Ich möchte in unserem Zusammenhang einen Passus aus dem dritten Teil *Vor Sonnenaufgang* aus *Also sprach Zarathustra*, zusammen mit dem Kommentar Jungs im Rahmen seines ETH-Seminars wiedergeben. Nietzsche [30] schreibt:

„Wahrlich, ein Segen ist es und kein Lästern, wenn ich lehre: ‚Über allen Dingen steht der Himmel Zufall, der Himmel Unschuld, der Himmel Ohngefähr, der Himmel Übermut.'

‚Von Ohngefähr' – das ist der älteste Adel der Welt, den gab ich allen Dingen zurück, ich erlöste sie von der Knechtschaft unter dem Zwecke.

Diese Freiheit und Himmels-Heiterkeit stellte ich gleich azurner Glocke über alle Dinge, als ich lehrte, daß über ihnen und durch sie kein ‚ewiger Wille' – will.

Diesen Übermuth und diese Narrheit stellte ich an die Stelle jenes Willens,

---

[12] Aus C. G. Jung, *Psychologie und Alchemie*. Gesammelte Werke, Bd. 12 [22], Abb. 46.

[13] C. G. Jung, *Zur Psychologie der Tricksterfigur*. In: Gesammelte Werke, Bd. 9/1, [24], Ziff. 485, Fussnote 20.

als ich lehrte: ‚Bei Allem ist eins unmöglich – Vernünftigkeit!'
Ein *Wenig* Vernunft zwar, ein Same der Weisheit zerstreut von Stern zu Stern – dieser Sauerteig ist in allen Dingen eingemischt: um der Narrheit willen ist Weisheit allen Dingen eingemischt!
Ein Wenig Weisheit ist schon möglich; aber *diese* selige Sicherheit fand ich an allen Dingen: daß sie lieber noch auf den Füßen des Zufalls – *tanzen*.
O Himmel über mir, du Reiner! Hoher! Das ist mir nun deine Reinheit, daß es keine ewige Vernunft-Spinne und -Spinnennetze giebt: –
– daß du mir ein Tanzboden bist für göttliche Zufälle, daß du mir ein Göttertisch bist für göttliche Würfel und Würfelspieler! –".

Diese Stelle kommentierte C. G. Jung in seinem Zarathustra-Seminar an der ETH Zürich so[14]:

„Nietzsche war sicherlich der einzige Mensch seiner Zeit, der den außerordentlichen Mut hatte, auf der durch und durch irrationalen Natur der Dinge zu bestehen, und auch auf dem Gefühlswert einer solchen Welt. Eine Welt, die ausschließlich rational wäre, wäre jeden Gefühlswerts entleert, und deshalb könnten wir sie nicht teilen, so wie wir das Leben einer Maschine nicht teilen können. Schließlich sind wir überzeugt, daß wir Lebewesen sind, und keine rationale Vorrichtung. Wir fühlen, daß wir eine Art Experiment sind, wir könnten sagen, ein Experiment der Natur, oder – um es bescheidener auszudrücken – ein Experiment des Zufalls. Es war ein Experiment und wird für immer ein Experiment bleiben. Deswegen können wir sagen, es ist der älteste Adel der Welt, daß wir alle von einer Art Zufall stammen, was heißt, daß es da nichts Rationales dabei gibt; es hat gar nichts zu tun mit einer Vorrichtung.

Das ist eine sehr wichtige Einsicht, denn sie bricht mit der traditionellen Auffassung, die fast an eine Sicherheit grenzte, daß wir eine Art nützlicher und beabsichtigter Struktur sind und deshalb für einen bestimmten abgesteckten Zweck da sind. Dann kommen wir natürlich in eine schreckliche Verlegenheit, wenn wir den Zweck nicht erkennen, wenn es fast so aussieht, als gäb's gar keinen. Das kommt einfach von unserem Vorurteil, daß die Dinge im Grunde irgendwie rational sind; aber das ist unmöglich – wahrscheinlich ein kindliches Vorurteil, das noch zu tun hat mit der Idee, daß Gott eine Maschine erdacht hat, welche sich als die Welt entpuppte, und die auf die Art eines Uhrwerks funktioniert. Wir sind mit dieser Ansicht verseucht worden; sie drückt das Vertrauen in einen Vater aus, in einen überlegenen, außerordentlich weisen und gescheiten alten Mann, der in seiner Werkstatt sitzt und die Fäden zieht, nachdem er das Uhrwerk der gesamten Welt berechnet hat. Insofern wir das glauben, sind wir wie Vatersöhnchen, *fils à papa*, dann

---

[14] C. G. Jung, *Nietzsche's Zarathustra. Notes of a Seminar Given in 1934–1939.* [25], Vol. 2, S. 1335–1336. Original englisch, meine Übersetzung.

leben wir provisorisch. Es ist unabdingbar notwendig, wenn wir auch nur irgendwo hingelangen wollen, diese imaginären Fäden durchzuschneiden – denn da gibt's keine Fäden! Und das ist's, was Nietzsche zu tun versuchte: die Idee zu vermitteln, daß es solche Fäden nicht gibt, keine solchen Vorausplanungen, keinen solchen *papa à fils*, der hinter der Bühne sitzt und den Faden manipuliert, der das liebe kleine Kind von der Bühne zum Guten, Besseren und Besten führt. Vielleicht ist das Ganze gar nicht arrangiert, vielleicht ist es wirklich zufällig.

Was wir immer mit äußerster Kraft zu vermeiden suchen, ist, daß wir uns verloren fühlen. Aber nur wenn wir uns verloren fühlen können, so können wir erfahren, daß uns das Wasser trägt. Niemand würde schwimmen lernen, solange er glaubte, er müsse im Wasser selber sein Gewicht tragen. Man muß fähig sein, dem Wasser zu vertrauen, daß das Wasser wirklich den Körper trägt, und dann kann man schwimmen. Das ist es, was wir von der Welt zu lernen haben."

Wir haben die Entwicklungen in Physik und Mathematik gestreift, insoweit die jeweilige Wirklichkeit in der Quantenphysik beziehungsweise durch den Gödelschen Satz eine Tiefen- oder Schattendimension erhalten hat, die ihnen aus der rationalistischen Voreingenommenheit radikal abgesprochen worden war. Für die Psychologie ist mit der Differenzierung, soweit sie bis jetzt dargestellt wurde, der Schatten noch nicht ausreichend beschrieben. Der mythische Mensch hat uns mehr Gespür für seine Realität und Tiefe voraus – dazu kurz der ägyptische Mythos von

Diese Schlange ist ohne Augen,
ohne Nase und ohne Ohren;
sie atmet von ihrem Gebrüll
und lebt von ihrem eigenen Rufen.

Abb. 6: Seth als Drachentöter zur Mitternachtsstunde [15]

---

[15] Aus E. Hornung, *Die Nachtfahrt der Sonne* [15].

Ra und Apophis:[16] Ra zieht seine tägliche Sonnenbahn. Von der Mittagsstunde an, wo er am stärksten ist, nimmt seine Kraft ab; in der Nacht fährt er auf der Sonnenbarke durch die gefährlichen Gewässer der Unterwelt wieder gen Osten zurück (Abb.6). Gerade um Mitternacht, wenn er am schwächsten ist, lauert ihm Apophis auf und will den Lauf der Sonne zum Stillstand bringen. Apophis ist ein Urwesen, die Schlange, die nicht will, daß wieder Tag, wieder Bewußtsein wird. Man könnte Apophis psychologisch das Prinzip des absoluten Bösen nennen. Ra, der Helle, Gute, Klare wäre alleine zu schwach, den Kampf zu bestehen. Er braucht die Hilfe des Seth, des bösen, dunklen Bruders, um Apophis zu überwinden. Seth wäre – psychologisch gesehen – das wandlungsfähige Böse, der Trickster, das mephistophelische Böse, nämlich die «Kraft, die stets das Böse will und stets das Gute schafft». Im Kontext des realen Lebens wird alles davon abhängen, diese beiden Aspekte des Bösen auseinanderzuhalten. Eine solche Unterscheidung oder «Scheidung der Geister» erfordert den ganzheitlichen Menschen.

Apophis ist der Herr der nächtlichen Untergrundswelt. Es tut sich hier ein Bereich des Schattens auf, der alles Persönliche unergründlich weit übersteigt. Man wird sich nicht leichtfertig dorthin begeben. Marie-Louise von Franz sagt dazu: „Es ist ungesund, den Schatten nicht zu sehen, aber ebenso ungesund ist es, zu viel davon auf sich zu nehmen."[17] Auf jeden Fall zeigt uns der ägyptische Mythos, daß das Helle/Gute allein den Kampf nicht bestehen könnte. Das Ich wird sich also immer wieder mit dem Bösen einlassen müssen. [16]

In der «Alchemie» taucht als letzte Stufe der Nigredo, der Schwärzung, die Schwarze Sonne, *sol niger*, auf (Abb. 7). Die Sonne selber, das Prinzip des Göttlichen, hat eine abgrundtiefe, dunkle Seite. Und doch heißt es davon: „Fundamentum artis est sol, et eius umbra" („die Grundlage der Kunst ist die Sonne und deren Schatten"). Schon bei den Schöpfungsmythen haben wir von den beiden Aspekten des Demiurgen gesprochen: der eine, der die Schöpfung will, der andere, der sie zurücknehmen und zerstören will. Es scheint alles darauf anzukommen, um diese dunkle Seite zumindest zu wissen, um nicht von ihr besessen zu werden und blind ihr Instrument zu werden. Das Wissen zumindest um sie scheint mir unbedingt notwendig, damit wir in unserer bedrohten Welt wieder zu einer Einstellung der Furcht – im Sinne von Ehrfurcht – finden, die alleine dem Machbarkeitswahn ein Ende bereiten und vielleicht ein Überleben ermöglichen kann. „Man kann Gott lieben und muß ihn fürchten."[18]

Ich möchte noch einmal kurz den Faden von Physik und Mathematik aufnehmen. Wir haben gesehen, daß erst bei einer Messung ein beobachtbarer Zustand realisiert wird. Zum Konkretwerden braucht es die Beobachtung, ansonsten bleibt es bei den potentiellen Möglichkeiten. Nun kann man sich zumindest als Ge-

---

[16] Siehe zum Beispiel E. Hornung, *Die Nachtfahrt der Sonne* [15].
[17] M.-L. von Franz, *Der Schatten und das Böse im Märchen* [4], S.9.
[18] C. G. Jung, *Antwort auf Hiob*, Gesammelte Werke, Bd.11 [18], Ziff.733.

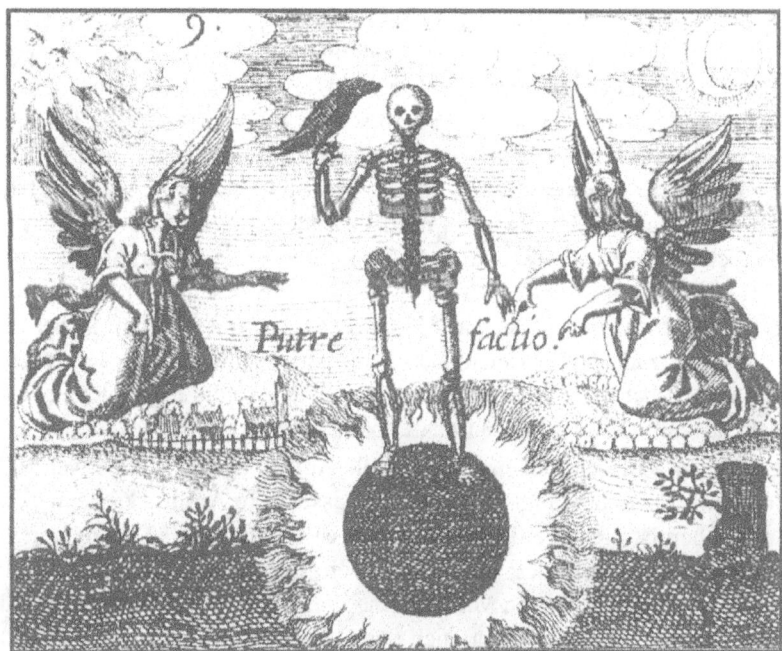

Abb. 7: Der «Schwarze» (nigredo), auf dem «Runden» (sol niger) stehend.
(Mylius, Philosophia reformata, 1622) [19]

dankenaufgabe vorstellen, das gesamte Universum quantenmechanisch zu beschreiben. Dann stellt sich die Frage: Wer oder was würde dann die Beobachtung durchführen und damit die Realisierung, das Konkretwerden der Welt auslösen?

Der Gödelsche Satz seinerseits hat zu tun mit der sogenannten «Selbstbezüglichkeit». Die Vollständigkeit und Widerspruchsfreiheit der Mathematik beweisen zu wollen, hieße nach Gödel, die Mathematik aus sich selber heraus begründen zu wollen. Solche Bemühungen erinnern an Baron von Münchhausen oder an Epimenides, der – selber ein Kreter – behauptet haben soll, alle Kreter seien Lügner. Es scheint hier jeweils problematisch zu werden, wer oder was Subjekt bzw. Objekt ist. Der kartesische Schnitt zwischen Subjekt und Objekt ist auf einmal nicht mehr so selbstverständlich. Ein System scheint sich selber zu beobachten oder über sich selber etwas aussagen zu wollen. Hier berühren die exakten Wissenschaften ebenso unsicheren Boden, wie ihn C. G. Jung für die Psychologie als charakteristisch gefunden hat:

„ ... Die Psychologie befindet sich ... im Vergleich zu den anderen Naturwissenschaften insofern in einer mißlichen Lage, als sie einer außerhalb ihres Objektes befindlichen Basis ermangelt. Sie kann sich nur in sich selber übersetzen oder sich nur in sich selber abbilden. Je mehr sie das Gebiet ihrer

---

[19] Aus C. G. Jung, *Psychologie und Alchemie*, Gesammelte Werke, Bd. 12 [22]. Abb. 34.

Forschungsobjekte erweitert und je komplexer diese werden, desto mehr fehlt ihr ein vom Objekt unterschiedener Standpunkt. Erreicht die Komplexität gar die des empirischen Menschen, so mündet seine Psychologie unvermeidlicherweise in den psychischen Prozeß selber. Sie kann sich von letzterem nicht mehr unterscheiden, sondern wird zu ihm selber. Der Effekt aber ist, daß dadurch der Prozeß Bewußtsein erlangt. Damit verwirklicht die Psychologie den Drang des Unbewußten nach Bewußtheit. Sie ist Bewußtwerdung des psychischen Prozesses, aber in tieferem Sinn keine Erklärung desselben, indem alle Erklärung des Psychischen nichts anderes sein kann als eben der Lebensprozeß der Psyche selber. Sie muß sich als Wissenschaft selber aufheben, und gerade darin erreicht sie ihr wissenschaftliches Ziel. Jede andere Wissenschaft hat ein Außerhalb ihrer selbst; nicht so die Psychologie, deren Objekt das Subjekt aller Wissenschaft überhaupt ist."[20]

In der Bildersprache der Alchemie kommt die Auflösung eines objektiven äußeren Standortes im Laufe des Selbstwerdungsprozesses zum Ausdruck, wenn es heißt, daß der Alchemist gleichzeitig der Laborant ist und das Gefäß, in dem der Umwandlungsprozeß stattfindet; er ist der Ofen, durch den der Prozeß in Gang gehalten wird; er ist die Prima Materia, also die Ausgangssubstanz für das alchemistische Werk, und gleichzeitig auch der Lapis, also das ersehnte Produkt des Werkes. Das Treibende scheint der Drang des Unbewußten nach Bewußtheit zu sein; nicht eine Theorie des Psychischen, sondern das gelebte Leben selber wird die innere, eigentliche Ruhe ahnen lassen oder bringen. Empirisch können wir nur feststellen, daß uns eine Unruhe ergreift, wenn wir zum Beispiel in der Mathematik auf einen Widerspruch stoßen oder eine neue Tatsache aufgetaucht ist, die sich im Alten nicht unterbringen läßt. Der Physiker wird unruhig, wenn sich ein physikalisches Phänomen im herkömmlichen Schema nicht verstehen läßt. Im persönlichen Erleben sind es die Schattenanteile, die sich mit der bewußten Einstellung nicht vereinbaren lassen, oder neue Inhalte, welche im Widerspruch zum Bisherigen erlebt werden; sie beunruhigen und bedrohen die vertraute Sicherheit. Gewöhnlich versuchen wir, solange es geht, es mit dem Gewohnten wieder in Einklang zu bringen, es aus dem Alten zu verstehen. Wenn es nicht gelingen will und das Leiden unter der Ungereimtheit zu groß wird, dann erst machen wir uns auf und lassen uns auf das Dunkle, Bedrohliche, Neue, Unsichere ein. Es ist die Nachtfahrt, in der die Dämonen frei sind. Ein neuer Inhalt will dann mitgelebt werden und Gestalt annehmen. Zunächst erleben wir das Neue meist als einen Gegensatz. Wie tief die Gegensatznatur reichen kann und was sie immer auch mit bedeutet – nämlich die Konfrontation mit der dunklen Seite Gottes –, darauf hat C. G. Jung mit Nachdruck hingewiesen. Die Gegensätze, die wir in einem solchen Übergang auf uns zu nehmen imstande sind, werden ein Abbild dessen sein, was wir in uns selber erlebt und zusammengehalten haben – be-

---

[20] C. G. Jung, *Die Dynamik des Unbewussten*, Gesammelte Werke, Bd. 8 [19], Ziff. 429.

ginnend also bei unserer eigenen dunklen Seite bis hin zur dunklen Seite des Gottes. In einem Brief an Erich Neumann schreibt Jung: „Gott selber ist eine contradictio in adiecto, darum will er den Menschen, um Eines zu werden."[21] (Abb. 8).

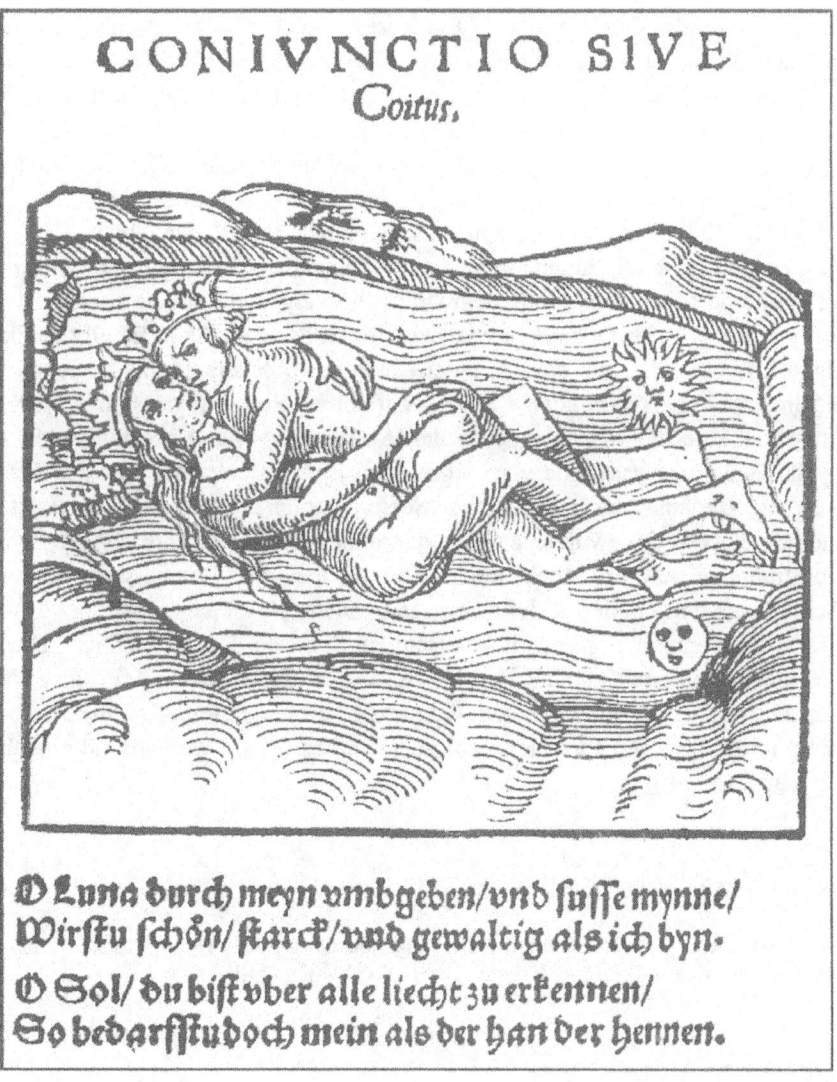

Abb. 8: Allegorie der seelischen Gegensatzvereinigung in der alchemistischen Kunst. (Rosarium philosophorum, 1550) [22]

---

[21] Brief vom 5. Januar 1952, zitiert nach C. G. Jung: *Briefe. Zweiter Band* [21], S. 241.
[22] Aus C. G. Jung, *Psychologie und Alchemie,* Gesammelte Werke, Bd. 12 [22], Abb. 167.

Zusammenfassung

Die Vorstellungen vom Dunklen, Unbekannten in den Naturwissenschaften der Neuzeit sind geprägt von der scholastischen Auffassung vom Dunklen, Bösen. Dort war in der Tradition der platonischen Philosophie das Böse als Mangel und Verminderung des Guten definiert. Ein Böses an sich wurde nicht anerkannt. Im Profanen entspricht der christlichen Auffassung vom Bösen als Mangel an Gutem die rationalistische Doktrin, daß es das Dunkle, Unbekannte in der Natur nicht gibt. Es ist nur als das Noch-nicht-Gewußte zugelassen, das im Prinzip durch das menschliche «Bewußtsein» aufgelöst und ins Bewußtsein abgebildet werden kann. Aus dieser Voraussetzung konnte das Bild des Kosmos als Maschine entstehen und wurde schließlich die Natur zum entseelten, manipulierbaren Objekt.

Zu Beginn dieses Jahrhunderts mußte die rationalistische Voreingenommenheit in Physik und Mathematik unter dem Druck ihrer eigenen Befunde zurückgenommen werden – in der Quantenphysik bzw. im Gödelschen Satz. Es gibt Dunkles (Unauflösbares), das wie ein «Schatten» jede bewußte Erkenntnis begleitet und mit ihr untrennbar verbunden ist. Etwa zur selben Zeit drängte sich – synchronistisch – eine analoge Wende in der Auffassung vom Unbewußten in der Psychologie auf. Ausgehend von seinen empirischen Beobachtungen der Phänomene und Dynamik der menschlichen Seele postulierte C. G. Jung die Existenz eines kollektiven Unbewußten als eine autonome und über die individuelle Psyche unbestimmbar weit hinausgehende Matrix, aus der jedes Bewußtsein wie durch «Schöpfung» entsteht und in der es jederzeit vollständig enthalten ist.

Deswegen entspricht jedem Bewußtsein ein Schatten. Der menschliche Urtrieb nach «Ganzheit» zielt darauf, auch ihn in die bewußte Erfahrung einzubeziehen. Ganzheit wird also immer mit dem Paradoxen verbunden sein, das nur im lebendigen Symbol, nie im formalen, leblosen Zeichen, erfaßt werden und enthalten sein kann.

Danksagung

Ich danke Frau Dr. Marie-Louise von Franz und dem *Pauli-Komitee (CERN)* für die Erlaubnis, aus einem der unpublizierten Briefe von Pauli zu zitieren.

Literaturhinweise

[1] M. Eiersebner: *Kefermarkt. Höhepunkte spätgotischer Schnitzkunst.* Linz. Trauner Verlag. 1970.

[2] M. Eliade, S. Sauneron, J. Yoyotte, M. Lambert, P. Garelli, Leibovici, M. Vieyra, A. Caquot und J. Bottéro: *Die Schöpfungsmythen. Ägypter, Sumerer, Hurriter, Hethiter, Kanaaniter und Israeliten.* Zürich. Benzinger Verlag. 1964.

[3]   M.-L. von Franz: *Spiegelungen der Seele*. Stuttgart. Kreuz Verlag. 1978. 2. Auflage: München, Kösel, 1982.

[4]   M.-L. von Franz: *Der Schatten und das Böse im Märchen*. München. Kösel Verlag. 1985.

[5]   M.-L. von Franz: *Der ewige Jüngling. Der puer aeternus und der kreative Genius im Erwachsenen*. 2. Auflage. München. Kösel Verlag. 1987.

[6]   M.-L. von Franz: *Schöpfungsmythen*. 2. Aufl. München. Kösel Verlag. 1990.

[7]   M.-L. von Franz and J. Hillman: *Lectures on Jung's Typology*. Zürich. Spring Publications. 1971.

[8]   J. G. Frazer: *Der goldene Zweig. Eine Studie über Magie und Religion*. Frankfurt. Ullstein-Verlag. 1977.

[9]   S. Freud: *Gesammelte Werke. Dreizehnter Band*. London. Imago Publishing. 1940.

[10] S. Freud: *Gesammelte Werke. Vierter Band. Zur Psychopathologie des Alltagslebens*. London. Imago Publishing. 1941.

[11] S. Freud: *Gesammelte Werke. Erster Band. Werke aus den Jahren 1892–1899*. London. Imago Publishing. 1952.

[12] K. Gödel: *Über formal unentscheidbare Sätze der Principia Mathematica und verwandter Systeme I*. Monatshefte für Mathematik und Physik **38**, 173–198 (1931).

[13] D. Hilbert: *Über das Unendliche*. Mathematische Annalen **95**, 161–190 (1926).

[14] D. Hilbert: *Naturerkennen und Logik*. Naturwissenschaften **18**, 959–963 (1930).

[15] E. Hornung: *Die Nachtfahrt der Sonne. Eine altägyptische Beschreibung des Jenseits*. Zürich. Artemis Verlag. 1991.

[16] G. Isler: *Von der Notwendigkeit, mit dem Bösen umzugehen*. Jungiana A 3, 91–104 (1991).

[17] C. G. Jung: *Gesammelte Werke. Sechster Band. Psychologische Typen*. Zürich. Rascher Verlag. 1960.

[18] C. G. Jung: *Gesammelte Werke. Elfter Band. Zur Psychologie westlicher und östlicher Religion*. Zürich. Rascher Verlag. 1963.

[19] C. G. Jung: *Gesammelte Werke. Achter Band. Die Dynamik des Unbewussten*. Olten. Walter-Verlag. 1971.

[20] C. G. Jung: *Gesammelte Werke. Fünfzehnter Band. Über das Phänomen des Geistes in Kunst und Wissenschaft*. Olten. Walter-Verlag. 1971.

[21] C. G. Jung: *Briefe. Zweiter Band. 1946–1955*. Olten. Walter-Verlag. 1972.

[22] C. G. Jung: *Gesammelte Werke. Zwölfter Band. Psychologie und Alchemie*. Olten. Walter-Verlag. 1972.

[23] C. G. Jung: *Gesammelte Werke. Fünfter Band. Symbole der Wandlung*. Olten. Walter-Verlag. 1973.

[24] C. G. Jung: *Gesammelte Werke. Neunter Band. Erster Halbband. Die Archetypen und das kollektive Unbewusste*. Olten. Walter-Verlag. 1976.

[25] C. G. Jung: *Nietzsche's Zarathustra. Notes of a Seminar Given in 1934–1939*. Edited by J.L. Jarret. In two volumes. Princeton. Princeton University Press. 1988.

[26] M. Kline: *Mathematics. The Loss of Certainty*. New York. Oxford University Press. 1980.

[27] M. LeBris: *Die Romantik in Wort und Bild*. Genf. SKIRA-Clett-Cota Verlag. 1981.

[28] L. Lévy–Bruhl: *Les fonctions mentales dans les sociétés inférieures*. Paris. Alcan. 1912.

[29] Ch. de Montet: *L'évolution vers l'essentiel*. Lausanne. Rouge. 1950.

[30] F. Nietzsche: *Also sprach Zarathustra.* 1886.

[31] W. Pauli: *Der Einfluss archetypischer Vorstellungen auf die Bildung naturwissenschaftlicher Theorien bei Kepler.* In: *Naturerklärung und Psyche*. Hg. von C.G. Jung und W. Pauli. Zürich. Rascher. 1952. S. 109–194. Reprinted in: *Collected Scientific Papers by Wolfgang Pauli.* Edited by R. Kronig and V. F. Weisskopf. New York. Interscience. 1964, Vol.1, S.1023–1114.

[32] W. Pauli: *Naturwissenschaftliche und erkenntnistheoretische Aspekte der Ideen vom Unbewussten.* Dialectica **8**, 283–301 (1954).

[33] A. Pauly: *Realencyclopädie der classischen Alterthumswissenschaft.* Stuttgart. Metzler. 1913.

[34] P. Radin, K. Kerényi und C. G. Jung: *Der göttliche Schelm. Ein indianischer Mythen-Zyklus.* Zürich. Rhein Verlag. 1954.

[35] H. Wang: *Reflections on Kurt Gödel.* Cambridge, Massachusetts. MIT-Press. 1987.

[36] L. Wittgenstein: *Schriften 1.* Frankfurt. Suhrkamp. 1969.

Über dunkle Aspekte der Naturwissenschaft

Hans Primas

1. Dominante und minderwertige Funktionen

Die dunklen Aspekte der Naturwissenschaft betreffen das, was wir Naturwissenschafter als eine Bedrohung für unser wissenschaftliches Selbstbild fürchten, und worüber wir in Festreden meist nicht sprechen. Trotzdem ist die dunkle Seite der Naturwissenschaft so wirklich wie die helle. Zum Ganzen der Naturwissenschaft gehört auch der Schrecken und „die Atombombe als Symbol unserer Kultur." [16] Aber die dunklen Aspekte haben auch positive Qualitäten, die wir zurückgewinnen können, wenn wir das zunächst Abgelehnte oder Verleugnete in den naturwissenschaftlichen Diskurs mit einbeziehen. Nur wenn wir die Mächte der Dunkelheit auch zur Kenntnis nehmen, kann sich Naturwissenschaft weiter entfalten, ohne sich selbst zum Opfer zu fallen. Das ist eine Problematik, welche die Naturwissenschafter mit ihrer Methodik allein nicht erfolgversprechend angehen können. Dazu brauchen wir Hilfe, unter anderen von der Philosophie und der Psychologie – nicht als akademische Beschäftigung, sondern als modus vivendi.

Es liegt in der Natur der Sache, dass meine Ausführungen skizzenhaft bleiben. Ich möchte mich hier zudem auf zwei Teilaspekte beschränken: die konstitutive Abtrennung der Fühlfunktion aus der Theorie der Materie und die Rolle der Intuition und Faszination in den Naturwissenschaften. Ich benütze dabei die Jungsche Typologie[1] auch für kollektive Phänomene, denn sie ist ein hilfreiches Ordnungsprinzip zur Diskussion kollektiv wirksamer autonomer seelischer Kräfte in der Entwicklung in Wissenschaft, Medizin und Technik. Kreativität, Faszination, Blindheit und Wahn zeigen sich nicht nur im Individuellen, sondern auch in objektiv sichtbaren kollektiven Prozessen.[2]

Jung definiert das Bewusstsein als die Beziehung psychischer Fakten zu einem «Ich» genannten Faktum, welches sich zur Aussenwelt über die vier Funktionen

---

[1] Vergleiche dazu C. G. Jung, *Psychologische Typen*, Gesammelte Werke, Bd. 6 [28], und die *Tavistock Lectures* von 1935: *Über die Grundlagen der analytischen Psychologie*, Gesammelte Werke, Bd.18/1 [37], Kap.1.

[2] Ich spreche also meist von den «Naturwissenschaften» und *nicht* von Naturwissenschaftern als Individuen, so dass «psychologisch» hier nicht im Sinne des Individualpsychologischen zu verstehen ist.

Empfinden, Denken, Fühlen und Intuieren bezieht.[3] In seinem Vortrag *Psychologische Typologie* charakterisierte Jung diese vier psychischen Grundfunktionen wie folgt:

„Der Empfindungsvorgang stellt im Wesentlichen fest, dass etwas ist, das Denken, was es bedeutet, das Gefühl, was es wert ist, und die Intuition ist Vermuten und Ahnen über das Woher und Wohin. Empfinden und Ahnen bezeichne ich als irrationale Funktionen, indem sich beide auf das schlechthin Vorkommende und Gegebene richten. Denken und Fühlen hingegen sind als Urteilsfunktionen rational." ([28], Ziff. 1054)

Die vier Grundfunktionen sind prinzipiell völlig gleichberechtigt, stehen aber untereinander im Verhältnis von je *zwei Gegensatzpaaren*. Im *differenzierten* Zustand sind Denken und Fühlen *rationale*, Empfindung und Intuition *irrationale* Funktionen. Diese zwei Gegensatzpaare Denken/Fühlen und Empfinden/Intuition repräsentieren komplementäre Aspekte, welche nicht gleichzeitig hochdifferenziert sein können. Die vier Grundfunktionen und die zwei Gegensatzpaare werden von Jung gerne mandala-artig kreuzförmig dargestellt. Die der meistdifferenzierten Funktion gegenüberliegende ist relativ undifferenziert, mit dem Unbewussten kontaminiert und wird die *inferiore Funktion* genannt. Ist beispielsweise das Denken superior, dann ist das Fühlen inferior; ist das Empfinden hochdifferenziert, dann ist die Intuition undifferenziert. Die minderwertige Funktion ist immer mit einem archaischen Aspekt assoziiert.

Drei von den vier Grundfunktionen können relativ differenziert sein und dem Bewusstsein zur Verfügung stehen.[4] Jung glaubt aber nicht, dass es menschenmöglich ist, alle vier Funktionen gleichmässig zu differenzieren und bemerkt dazu: „Im übrigen würden wir die vier Funktionen, wenn wir sie gleichmässig differenzieren könnten, nur zu bewusst verwertbaren Funktionen machen. Dann würden wir aber die wertvollste Verbindung mit dem Unbewussten durch die minderwertige Funktion verlieren." ([37], Ziff. 212) Den autonomen Komplex mangel-

---

[3] Die umgangssprachliche Terminologie ist verwirrend. Es ist wichtig, die Begriffe Empfindung, Intuition, Phantasie, Fühlen und Emotion klar zu unterscheiden. Insbesondere ist die umgangssprachliche Doppelbedeutung des Wortes «Fühlen» zu beachten. Jung spricht „von «Fühlen», wenn es sich um Gefühle handelt (im Sinne des französischen Wortes *sentiment*). Aber man verwendet denselben Begriff auch um eine Intuition zu Ausdruck zu bringen: «Ich hatte das Gefühl, dass ...»" ([37], Ziff. 501). Weiter ist für Jung Fühlen eine *Wertungsfunktion*, so dass differenziertes Fühlen einen rationalen und nicht einen emotionalen Charakter aufweist. Beide, Denken und Fühlen, bringen ein *Werturteil* hervor und sind *rationale* Funktionen. Dagegen ist „die Intuition, für die man auch das Wort Fühlen verwendet, eine *irrationale* Funktion." ([37], Ziff. 502) Empfindung ist bewusste, Intuition unbewusste Perzeption.

[4] C. G. Jung, *Versuch einer psychologischen Deutung des Trinitätsdogmas*, Gesammelte Werke, Bd. 11 [29], Ziff. 245.

haft entwickelter Funktionen, also all das, was nicht im Lichte des Bewusstseins steht, bezeichnet Jung als *Schatten*.[5]

Die neuzeitlichen Naturwissenschaften verdanken ihren Erfolg einer raffinierten Kombination des empirischen Vorgehens eines Francis Bacon (1561–1626) mit der Denkweise eines René Descartes (1596–1650). Aus heutiger Sicht ist dabei wesentlich, dass damals versucht wurde, die materielle Ebene konsequent von der psychischen und der religiösen Ebene abzugrenzen. In der empirisch orientierten Baconschen Wissenschaft dominiert die Sinneswahrnehmung von Objekten der Aussenwelt – das konkrete Empfinden. In der Cartesischen Wissenschaft ist die Hauptfunktion das abstrakte Denken, welches versucht, die Tatsachen der Aussenwelt in allgemeinen Begriffen zu erfassen. Seit dieser Zeit sind die in den Naturwissenschaften dominanten und hochentwickelten Funktionen das Denken und das Empfinden. Sie bestimmen die kollektiv gültigen naturwissenschaftlichen Normen, d.h. das äussere Erscheinungsbild – die Maske – der Naturwissenschaft. Zum Wesen der Naturwissenschaft gehört aber nicht nur dieser «Persona»-Aspekt, sondern auch der Schatten, der kompensatorisch in der Hintergrundswelt wirkt.

Diese dunkle Seite der Naturwissenschaft ist mit den sich auf die psychische Innenwelt beziehenden Funktionen des Fühlens und der Intuition verknüpft. Sie sind im Gegensatz zu den dominanten Funktionen Empfinden und Denken in den neuzeitlichen und zeitgenössischen Naturwissenschaften minder differenziert. Trotzdem sind sie von fundamentaler Wichtigkeit, denn nur sie erlauben den Naturwissenschaften einen Zugang zu der Wirklichkeit des «Imaginalen»[6]. Die heutige Wissenschaftstheorie kümmert sich allerdings fast ausschliesslich um die lichten Aspekte, wie etwa die empirischen und theoretischen Begründungskontexte und vernachlässigt den Entstehungskontext und Fragen des Sinnzusammenhangs. Die Heuristik ist zwar ein klassischer Topos der Erkenntnistheorie, aber die «ars inveniendi» – als der Inbegriff von nichtdeduktiven Regeln, die bei Entdeckungen und Erfindungen zu beachten sind – spielt in der Wissenschaftspraxis eine bescheidene Rolle. Die Heuristik mag uns belehren, wie wir mit Analogien, Vermutungen, Ideen und Inspirationen umzugehen haben, aber über die entscheidende Frage, *woher* nun eigentlich «gute Ideen» und «spontane Einfälle» kommen, hat uns die moderne Erkenntnistheorie kaum etwas zu berichten.

---

5 Vergleiche etwa C. G. Jung, *Über die Psychologie des Unbewussten*, Gesammelte Werke, Bd.7 [33], Ziff.103, und C. G. Jung, *Aion*, Gesammelte Werke, Bd.9/2 [36], Ziff.13–19.

6 Das Wort «imaginal» wurde von Henry Corbin [4] eingeführt, um die bildhafte Seinsart der seelischen Wirklichkeit benennen zu können, ohne die oft pejorativ gebrauchten Ausdrücke «imaginär» oder «irrational» dafür verwenden zu müssen.

2. Magna Mater und Umwelt als komplementäre Aspekte

Konstitutiv für jede Wissenschaft ist eine Unterscheidung von Subjekt und Objekt. Diese Unterscheidung ist aber nicht so einfach, wie es auf den ersten Blick scheinen mag. Die neuzeitliche Naturwissenschaft ist rund vierhundert Jahre alt, aber die archaische Verbundenheit von Innenwelt und Umwelt des Menschen wurde bereits viel früher gebrochen. So unterschieden bereits die frühen griechischen Philosophen zwischen Leib und Seele, doch kommt der moderne Begriff des Ich (das sich der Umwelt als dem Nicht-Ich entgegensetzt) auch bei den klassischen Griechen noch nicht vor. Für Aristoteles war denn auch die Wissenschaft von der Seele ein Teil seiner Physik. Erst vor knapp vierhundert Jahren änderte sich diese Sichtweise der Wissenschaft von der Natur.

Diese einschneidende Zäsur kann man als einen Gestaltwandel des Seins verstehen. Grundlegend für die neue Sicht ist eine dualistische Leib–Seele-Theorie. Der Mensch wird nicht mehr als Leib–Seele-Einheit empfunden, seine Innenseite wird von der Aussenseite abgekoppelt. Entsprechend wird in der damals entstandenen «neuzeitlichen Naturwissenschaft» die Natur nicht mehr als *Mutter Natur*, als *Magna Mater* verstanden, sondern als physikalische Wirklichkeit, als *Umwelt des Menschen* gesehen.

«Magna Mater» und «Umwelt» sind zwei gleichberechtigte, aber gegensätzliche Aspekte der Natur.[7] Diese beiden *komplementären Aspekte* sind stets vorhanden. In der neuzeitlichen und der modernen Naturwissenschaft erhielt die von uns technisch gestaltbare Umwelt ausserordentliche Bedeutung, während der mit der Metapher «Magna Mater» umschriebene Naturbegriff, der das unser Dasein Tragende beschreibt, stark in den Hintergrund gedrängt wurde.

Im Verlauf der historischen Entwicklung der Naturwissenschaft wurde die Natur mehr und mehr als «Umweltnatur» verstanden, nämlich als dem Ich entgegengesetzt, als empirisch vorweisbar, als rational erklärbar, als technisch-faktisch, und damit letztlich als das durch Herstellung Mögliche. Die natürlichen Lebewesen wurden mehr und mehr als technisch gemachte Dinge aufgefasst, und alle technischen Dinge wurden zu Fascinosa. Die so entstandene *Umweltwissenschaft* hat eine ausgesprochene Tendenz, ihre Schattenseite zu verdrängen und dem Ideenkomplex «Mutter Natur» jede wissenschaftliche Bedeutung abzusprechen. Moderne Naturwissenschafter sind aufgeklärt, sie denken nicht im Traum daran, dass die «Grosse Mutter Natur» irgendwelche Unterstützung gewähren könnte. Das Rationalistische der technischen Wissenschaften darf uns aber nicht täuschen: die Numinosität der ursprünglichen Natur ist als Schattenseite der modernen Technologie nach wie vor vorhanden. Das von der modernen Naturwissenschaft und Technik geschaffene Vernichtungspotential und unsere heutigen globalen Umweltprobleme können nicht bewältigt werden, wenn wir nicht eine bessere

---

[7] Vergleiche dazu auch Wolfgang Giegerich, *Die Atombombe als seelische Wirklichkeit* [15], S. 17–22.

Einsicht haben, von welchen «mythischen Bildern» unsere Zeit geprägt ist. Ein in diesem Sinne tieferes Verständnis der Naturwissenschaft erfordert unvermeidlicherweise die Anerkennung und den Einbezug des Schattens.

3. Einige Bemerkungen zum Cartesischen Schnitt

Die neuzeitliche Naturwissenschaft wurde durch eine Vorurteilskritik (Kants «Revolution der Denkungsart») eingeleitet, die durch menschliches Handeln bewusst herbeigeführte Erfahrung[8] mit Descartes' Unterscheidung von *res extensa* und *res cogitans* vernüpfte. Mit dem damit verbundenen, nicht hintergehbaren Rückverweis auf das Subjekt war das für die weitere Entwicklung entscheidende Paradigma der *instrumentellen Vernunft* vorgezeichnet.

Descartes' Ausgangspunkt war die These, dass nur das als wahr anerkannt werden solle, was klar und deutlich erkennbar ist. Er kam zum Schluss, dass letztlich nur eine denkende und zweifelnde Seele als existent anzunehmen sei – „eine Substanz, deren Wesen oder Natur nur im Denken besteht"[9]. Descartes schreibt dem Denken einen methodischen Vorrang zu und unterscheidet Subjekt und Objekt durch zwei grundverschiedene Substanzen. Charakteristisch für das Subjekt ist die denkende Substanz – res cogitans, das Bewusstsein des Menschen. «Bewusstsein» meint hier den Akt, in welchem sich das Sein des Ich konstituiert. Für Descartes ist das materielle Objekt immer ausgedehnte Substanz – res extensa. Wohl erstmals wurde damit das Objekt der neuzeitlichen Naturwissenschaft universell als ein durch seine räumliche Ausdehnung mathematisch beschreibbares Objekt definiert.

Obwohl 1663 das Werk Descartes' wegen Häresie in der Eucharistiefrage auf den Index gesetzt wurde, verbreitete sich die Korpuskelphysik seiner *Principia Philosophiae* in ganz Italien und begründete damit die mathematische Physik, die im Laufe der Zeit als Paradigma für objektive naturwissenschaftliche Erkenntnis aufgefasst wurde. Entscheidend für diesen Durchbruch war, dass erst der Cartesische Dualismus eine konkrete Realisierung und damit eine Inangriffnahme des Programms von Francis Bacon erlaubte.[10]

Die drastische Wandlung des Naturverständnisses, die sich zu Descartes' Zeit vorbereitete, hat wenig mit den Eigenheiten der philosophischen Ideen von Francis

---

[8] Bereits ausgesprochen von Roger Bacon (1214–1292), Leonardo da Vinci (1452–1519), Francis Bacon (1561–1626) und Galileo Galilei (1564–1642).

[9] René Descartes, *Meditationes de Prima Philosophia,* Paris (1641); zitiert nach [6], sechste Meditation, §10, Fussnote S. 189.

[10] Natürlich gibt es weitere grundsätzlich wichtige Faktoren, die hier nicht zur Sprache kommen können. So etwa die Mutmassung, dass erst das Christentum den Menschen zum Zugriff auf die Natur ermächtigte, und dass „ohne die Tötung der Natur am Kreuz die spätere radikale cartesianische Trennung von Leib and Seele in *res extensa* und *res cogitans* nicht zu denken [wäre]." [54]

Bacon oder René Descartes zu tun. Baconismus und Cartesianismus sind nicht Verwirklichungen der Vorstellungen von Francis Bacon und René Descartes, aber sie dürfen auch nicht einfach als Vulgarisierungen abgetan werden. Die Bacon–Cartesische Naturwissenschaft hätte sich nicht mit rasanter Schnelligkeit ausgebreitet, wäre die Cartesische Wende nicht historisch vorbereitet und von vielen Vorläufern getragen worden.

Aus heutiger Sicht ist es nicht schwer, das Programm der neuzeitlichen Naturwissenschaft zu kritisieren. Schwieriger, aber auch interessanter wäre es, die bis heute ungebrochene Wirkungsgeschichte des Baconismus, des Cartesianismus, und des damit verknüpften archetypischen Geschehens zu verstehen. Wichtig war, dass sowohl Bacon als auch Descartes die völlige Elimination finaler Betrachtungsweisen anstrebten, und dass Descartes Wissen mit Gewissheit verknüpfte und damit in die Nähe der nach Macht strebenden Wissenschaft eines Francis Bacon rückte. Doch gibt es für uns heute wichtigere Aspekte. Heute geht es um den Fortbestand der Menschheit. Nach Vittorio Hösle[11] ist in der Cartesischen Verwandlung von Natur in res extensa der tiefste Grund für die heutige globale ökologische Krise zu suchen.[12] Diese Gefährdung erfordert, dass wir uns mit den geistigen Wurzeln der heutigen Naturwissenschaft beschäftigen. *Deshalb müssen wir heute besser verstehen, was vor vier Jahrhunderten eigentlich geschehen ist.*[13]

Aus psychologischer Sicht wird häufig betont, die neuzeitlichen Naturwissenschaften seien durch die Rücknahme archaischer Projektionen von innerpsychischen Inhalten aus der Natur entstanden. Diese Charakterisierung ist für unsere Zwecke nicht ausreichend, denn «innen» und «aussen», «Subjekt» und «Objekt» sind nicht Begriffe, die sich auf eine a priori gegebene Wirklichkeit beziehen. Jede Erkenntnis wandelt Objekt und Subjekt. Daher ändern sich auch die konstituierenden Bedingungen für das Bewusstsein im Laufe der Zeit – die Aufklärung des Projektionscharakters von nach aussen gelegten Inhalten des Unbewussten gehört zu dem nie abgeschlossenen Prozess der Selbsterkenntnis. Bewusstwerdung bedeutet demnach nicht Trennung, sondern Erschaffung und Veränderung von Subjekt und Objekt. Die ausgezeichnete Rolle, die Descartes dem Denken zuschrieb, führte ihn zur Forderung, sinnliche Inhalte aus naturwissenschaftlichen Begriffen restlos zu tilgen, und erlaubte ihm so eine mathematische Objektivierung der Aussenwelt. Descartes hat aber nicht eine naturgesetzliche Struktur der Welt *entdeckt*, sondern eine primordiale Symmetriebrechung *eingeführt*. Das heisst, *Descartes hat die res extensa nicht gefunden, sondern gemacht*. Ohne diese radikale Polarisierung des Seins hätte sich die neuzeitliche Naturwissenschaft kaum entwickeln können. Die

---

[11] V. Hösle, *Philosophie der ökologischen Krise* [23].
[12] Über die verschiedenen philosophischen Positionen in der Umweltethikdiskussion kann man sich in einem Büchlein von Bernhard Irrgang [25] orientieren. Für uns Naturwissenschafter wäre es vielleicht auch nützlich, uns einmal mit Nietzsches Wissenschaftsverständnis und Wissenschaftskritik auseinanderzusetzen; vergleiche dazu etwa [51], [56].
[13] Vergleiche dazu auch Kurt Hübner, *Die Wahrheit des Mythos* [24].

Cartesische Ontologie [14] – nicht aber deren Begründung – wurde von den neuzeitlichen und den modernen Naturwissenschaften übernommen, und daher hat die naturwissenschaftliche Sicht scheinbar keine Schwierigkeiten, das «Subjektive» vom «Objektiven» klar zu trennen. Nach Ernst Cassirer ist es „nicht die Geschichte der Metaphysik, sondern die Geschichte der Wissenschaft, die das eigentliche und dauernde Erbe Descartes' bewahrt hat."[15]

Die Entzweiung von bewusstem Geist und entseelter Materie ermöglichte die Verwandlung von Natur in *res extensa* und machte die Natur technisch verfügbar. Descartes wollte „uns auf diese Weise zu Herrn und Eigentümern der Natur machen",[16] wobei er tote wie lebende Materie zu blossem Material degradierte, welches ohne Skrupel manipuliert werden kann[17] – ganz im Sinne von Bacons Leitmotiv „dissecare naturam"[18]. So gehörte etwa das Einspritzen von heissem Wachs und Blei in Arterien lebender Tiere zum Forschungsalltag jener Zeit. Die Dinge der Welt wurden als vollständig analysierbar, beliebig manipulierbar und etwas später – als letzte Zielvorstellung – als vom Menschen konstruierbar angesehen. Damit wurde die neuzeitliche Naturwissenschaft in ihrer Struktur nicht nur durch den Cartesischen Schnitt, sondern überdies noch durch die Idee der *Machbarkeit* bestimmt. Fast noch wichtiger als die faktische war die *methodische* Machbarkeit und die Fiktion der *Machbarkeit als Wahrheitskriterium*. Schon Galilei forderte ja die Messbar-*Machung* des Nicht-Messbaren. Die These, dass wir nur das erkennen können, was wir selbst gemacht haben, wurde zum Beispiel von Leonardo da Vinci, Cusanus, Hobbes, Vico und Kant diskutiert und von der modernen Naturwissenschaft stillschweigend übernommen. In der Formulierung von Giovanni Battista Vico (1668–1744): „Verum et factum convertuntur".[19] *In*

---

[14] Die Cartesische Ontologie beruht „hauptsächlich auf drei Voraussetzungen. Erstens: Die Natur ist vernünftig konstruiert, weil sie der uns gnädige, also auch unserer Erkenntnisfähigkeit zugeneigte Gott geschaffen hat. Zweitens: Die Vernunft, die der Natur zugrunde liegt, ist zunächst und grundlegend diejenige der Mathematik. Drittens: Die Gesamtsumme der Bewegung im All bleibt immer dieselbe, weil Gottes Ratschluss, welcher der Schöpfung vorausging, unveränderlich ist." ([24], S.30)

[15] E. Cassirer, *Descartes* [3], S.67.

[16] Im Kapitel 6 seines *Discours de la méthode pour bien conduire sa raison et chercher la vérité dans les sciences*, vergleiche [5], S.58.

[17] Vergleiche seine Maschinentheorie der Tiere („animalia sunt automata") im fünften Kapitel des *Discours de la méthode pour bien conduire sa raison et chercher la vérité dans les sciences* [5].

[18] *The Works of Francis Bacon* [55], Vol.1, S.140.

[19] „«Wahr-Sein und «Hergestellt-Sein» ist dasselbe", in: De antiquissima Italorum sapientia, 1710. Vergleiche dazu auch Vicos *Prinzipien einer neuen Wissenschaft über die gemeinsame Natur der Völker* [60], Ziff.331. In seiner Einleitung charakterisiert Vittorio Hösle den Grundgedanken des verum-factum-Prinzips mit den Worten: „Sichere Wahrheit ist nur dort zu haben, wo das Subjekt der Erkenntnis sein Objekt selbst gemacht hat." ([60], S.LXIX)

der heutigen Wissenschaftspraxis gilt de facto die Machbarkeit als letztes Richtigkeitskriterium des wissenschaftlichen Denkens. Soweit sich die moderne Naturwissenschaft noch an Vicos verum-factum-Prinzip orientiert, impliziert eine Anerkennung der Grenze der Machbarkeit auch die Anerkennung einer Grenze der naturwissenschaftlichen Erkenntnis.

Über das Wesen der modernen Wissenschaften macht Wolfgang Giegerich die folgende wegweisende Bemerkung:

„Die Wissenschaften haben primär eine *seelische* Funktion für den modernen Menschen. Sie sind Rituale, in denen der Mensch sich und die Welt in ein bestimmtes Sein hineinbringt, sich und der Welt eine bestimmte Seinsverfassung reell verleiht. ... Die ontisch-technische Sicherung gegen die buchstäblichen Gefahren der Natur war nur eine sekundäre Aufgabe der Naturwissenschaft. Ihre eigentliche Aufgabe war, dem Geschehen ontologisch sein bestürzendes, treffendes Wesen zu nehmen, es ontologisch zu neutralisieren oder zu paralysieren, und so den Menschen wesenhaft immun gegen alles zu machen, das ihm nach wie vor zustossen kann. Diese Neutralisierung geschah durch die Erfindung und Herstellung von dem, was wir modern die «Wirklichkeit» nennen."[20]

Die Konstruktion einer Subjekt–Objekt–Trennung durch die Entkleidung der Natur von allem nicht Messbaren war für die Entwicklung der Naturwissenschaften grundsätzlich wichtig, aber keineswegs ungefährlich. Jung schreibt:

„Als ... die Wissenschaft die Beseeltheit der Natur aufhob, da gab sie ihr keine andere Seele, sondern setzte die menschliche ratio über die Natur. ... Die Wissenschaft ... würdigte die Naturseele nicht einmal eines Blickes. Wäre sie sich der welterschütternden Neuheit ihres Vorgehens bewusst gewesen, so hätte sie einen Moment innehalten und sich die Frage vorlegen müssen, ob nicht grösste Vorsicht bei dieser Operation, wo der Urzustand der Menschheit aufgehoben wurde, angezeigt wäre." ([37], Ziff. 1368)

Neu bei Descartes ist nicht die Subjekt-Objekt-Trennung oder die Unterscheidung von Geist und Materie, sondern die Art und Weise, *wie* dieser Schnitt vollzogen wird. Durch eine Abbildung der res extensa auf Zahlen sollte eine vollständige Mathematisierung der materiellen Wirklichkeit erzielt und damit eine wertfreie Methodik entwickelt werden. Der Cartesische Schnitt betrifft die systematische Abspaltung der Fühlfunktion und die damit verknüpfte Einführung von *gefühlswertfreien Begriffen*. Das Fühlen gehört einer dem Denken inkommensurablen Kategorie an. „Diesem Umstand ist es zuzuschreiben, dass keine intellektuelle Definition jemals in der Lage sein wird, das Spezifische des Gefühls in einer nur einigermassen genügenden Weise wiederzugeben."[21] Descartes hat mit der Abspaltung dieser inkommensurablen Kategorie die bis heute effektive philosophi-

---

[20] W. Giegerich, *Die Alchemie der Geschichte* [14], S. 343.
[21] C. G. Jung, *Psychologische Typen*, Gesammelte Werke, Bd. 6 [28], Ziff. 804.

sche Grundlage für die mechanische Naturauffassung geschaffen und damit die Mathematisierung der Wissenschaft von der Materie und den Siegeszug der neuzeitlichen Naturwissenschaft eingeleitet.

Die durch Descartes begründete mathematische Physik charakterisierte zunächst das Wesen der Materie durch die Ausdehnung, wurde dann vor allem durch Newton (1642–1727) durch den Begriff der Masse als Träger der Ausdehnung ergänzt. Newtons Physik war aber nicht das, was wir heute mit «Newtonsche Physik» bezeichnen, denn er besass das Konzept einer Masse ohne räumliche Ausdehnung noch nicht. Der Begriff des Massenpunkts erscheint erst später (etwa bei Euler, 1736, *Mechanica,* Bd. 1, §98) und wurde dann fundamental für die Formulierung der klassischen Punktmechanik. Im Laufe der Zeit wurden die Erhaltungssätze der klassischen Mechanik immer wichtiger und mehr und mehr als die eigentliche Grundlage der Mechanik betrachtet. Aber erst im Jahre 1918 wurde es mit der Habilitationsschrift von Emmy Noether [42] wirklich klar, dass zwischen den Erhaltungssätzen der Physik und den Symmetrien von Raum und Zeit ein tiefliegender enger Zusammenhang besteht. In der Zeitspanne von Descartes bis Noether wurde in der klassischen Physik nur der *quantitative* Aspekt der Zahlen berücksichtigt – der historisch gut belegte *qualitative* Aspekt der Zahlen wurde ausgeklammert. Erst in jüngster Zeit zeichnet sich ein Wandel ab. Durch die zentrale Rolle, welche heute Symmetrien in der Formulierung erster Prinzipien der Physik spielen, ist auch die Frage nach dem qualitativen Aspekt der Zahlen wieder einer naturwissenschaftlichen Betrachtungsweise zugänglicher geworden.

4. Teilung der primordialen Realität

Die Trennung von Innenwelt des Menschen und seiner Umwelt ist nicht nur Grund für das gebrochene Verhältnis von Natur und Kultur, sondern auch für die Illusion der Autonomie des Individuums. Bewusstheit setzt sowohl eine Unterscheidung als auch eine Beziehung zwischen Subjekt und Objekt voraus. Weiter ist die Unterscheidung von erkennendem Subjekt und erkanntem Objekt *konstitutiv* für die Naturwissenschaft, so dass die Forderung nach einem Verzicht auf eine Subjekt-Objekt-Trennung zu naiv ist. Ohne diesen Dualismus gäbe es überhaupt keine Erkenntnis. Die Cartesische Wissenschaft der res extensa und die spätere Weiterentwicklung der klassischen Mechanik ist *per Konstruktion* frei von Gefühlswerten. Diese Setzung entspricht nicht einer Naturwahrheit, kann aber auch nicht einfach als «falsch» abgewertet werden. Doch ist die Problematik dieses Vorgehens heute offensichtlich. Die Elimination der Fühlfunktion aus dem wissenschaftlichen Diskurs war nicht zu vermeiden, sie war grundsätzlich wichtig für eine erfolgreiche Mathematisierung der Naturwissenschaften, hat aber auch ein folgenschweres Vakuum entstehen lassen. Der *Cartesische* Dualismus ist ein Holzweg, aber *wir* kommen nur auf *diesem* Holzweg weiter – freilich nur wenn wir einsehen, dass der Cartesische Schnitt ein *notwendiger erster Schritt* war. Der extreme Cartesianismus führt auf abgründige Schwierigkeiten und das hat seine positiven Seiten, denn ohne diese Not können keine kompensatorischen Gegenkräfte aktiviert werden.

Zunächst ist zu beachten, dass sowohl die Materie als auch das sogenannte Bewusstsein etwas wesenhaft Unbekanntes ist. Aufzugeben ist aber nicht die Unterscheidung von Objekt und Subjekt, aufzugeben ist die Idee, dass diese Zweiheit von Objekt und Subjekt gottgegeben oder naturgesetzlich fixiert sei. Jede Unterscheidung von Subjekt und Objekt erfordert eine Spaltung der *einen* primordialen potentiellen Wirklichkeit. In einem Brief an Pauli schreibt Jung:

> „Wenn der Mensch nun aber die Gegensätze in sich geeint hat, so steht seiner Erkenntnis nichts mehr im Wege, den einen Aspekt der Welt wie den anderen objektiv zu sehen. Die innere psychische Spaltung wird ersetzt durch ein gespaltenes Weltbild und zwar unvermeidlicherweise, denn ohne diese Diskrimination wäre bewusste Erkenntnis unmöglich. Es ist in Wirklichkeit keine gespaltene Welt, denn dem geeinten Menschen steht ein «unus mundus» gegenüber. Er muss diese *eine* Welt spalten, um sie erkennen zu können, ohne dabei zu vergessen, dass das, was er spaltet, immer die *eine* Welt ist, und dass die Spaltung ein Praejudiz des Bewusstseins ist." [22]

Zum Begriff des «unus mundus» sagt Jung in einem Brief:

> „Wir haben ... allen Grund anzunehmen, dass es nur eine Welt [gibt], in der Psyche und Materie ein und dieselbe Sache sind, die wir zum Zweck der Erkenntnis diskriminieren." [23]

Die primordiale Realität ist ungeteilt, *wir* haben sie zu teilen. In einem Brief an Heisenberg betont Pauli diesen Zusammenhang zwischen Symmetriebrechung und Schnitt mit den Worten:

> „Zweiteilung und Symmetrieverminderung, das ist des Pudels Kern. Zweiteilung ist ein sehr altes Attribut des Teufels." [24]

5. Zum Heisenberg-Schnitt der Quantenphysik

Die in der Quantentheorie begrifflich und mathematisch präzis formulierbaren Komplementaritätsverhältnisse der rein materiellen Welt legen es nahe, den historischen Leib-Seele Dualismus in ähnlicher Weise zu überwinden, wie die moderne Physik den historischen Welle-Teilchen Dualismus der alten Quantenphysik überwunden hat.

In der populären Literatur über die Quantenphysik wird oft gesagt, dass der Einbezug des menschlichen Beobachters ein wesentlicher und neuer Zug der Quan-

---

[22] Brief vom Dezember 1956 (Brief Nr. 71 in [40], S. 156).
[23] Brief vom 2. Januar 1957 an eine nicht genannte Adressatin, zitiert aus [35], S. 70.
[24] Zitiert im Nachruf von Werner Heisenberg [22].

tenphysik sei. In dieser Form ausgesprochen ist das irreführend. Genau wie in der klassischen Physik hat der Experimentator die Freiheit, die experimentelle Anordnung zu wählen. *Andere Eigenschaften des Beobachters sind auch in der Quantenphysik irrelevant.* In den klaren Worten von Wolfgang Pauli:

„Innerhalb der Physik braucht allerdings der Begriff des Bewusstseins nicht direkt verwendet zu werden, da als Beobachtungsmittel auch ein automatischer Registrierapparat gedacht werden kann. Von diesem muss nur angenommen werden, dass er in der gewöhnlichen Sprache, eventuell ergänzt durch die Terminologie der klassischen Physik, beschreibbar ist."[25]

Und an anderer Stelle:

„Hat der physikalische Beobacher einmal seine Versuchsanordnung gewählt, so hat er keinen Einfluss mehr auf das Resultat, das objektiv registriert allgemein zugänglich vorliegt. Subjektive Eigenschaften des Beobachters oder sein psychischer Zustand gehen in die Naturgesetze ebensowenig ein wie in der klassischen Physik." [26]

Leider wird – ohne Kenntnis der Originalliteratur über die experimentellen Fakten – in der philosophisch und psychologisch orientierten Literatur oft das Gegenteil behauptet, etwa dass die psychischen Voraussetzungen, unter denen der Physiker ein Experiment angeht, dessen Resultat vorbestimmen. *Es ist daher mit aller Bestimmtheit festzuhalten, dass es bis heute kein einziges naturwissenschaftlich anerkanntes Experiment gibt, das einen über die durch die Willensfreiheit des Experimentators bedingte Wahl der Versuchsbedingungen hinausgehenden Einfluss der Psyche auf Resultate eines quantenphysikalischen Experiments aufzeigt.* Zur Diskussion des Beobachtungsproblems haben die Physiker den sogenannten *Heisenberg-Schnitt* eingeführt. Die Quantenphysik ist immer noch eine Cartesische Wissenschaft und setzt stillschweigend eine strikte Trennung von Geist und Materie voraus. Gegenüber der klassischen Physik ist der entscheidend neue Punkt, dass ein beobachtetes Phänomen von der Aufteilung in beobachtetes System und Beobachtungsmittel abhängt. Heisenberg spricht klar von materiellen Beobachtungsmitteln und nicht von menschlichen Beobachtern:

„Der Schnitt zwischen dem zu beobachtenden System und den Messapparaten ist durch unsere Fragestellung naturgemäss gegeben, bezeichnet aber offenbar keine Diskontinuität des physikalischen Geschehens. Aus diesem Grunde muss die Lage des Schnittes innerhalb gewisser Grenzen frei wählbar sein: auch das Verhalten der Messapparate soll ja den Gesetzen der Quantenmechanik nicht widersprechen." [27]

---

[25] W. Pauli, *Die philosophische Bedeutung der Komplementarität* [47].
[26] W. Pauli, *Naturwissenschaftliche und erkenntnistheoretische Aspekte der Ideen vom Unbewussten* [49], S. 286.
[27] W. Heisenberg, *Prinzipielle Fragen der modernen Physik* [21]. Vergleiche auch W. Pauli, *Phänomen und physikalische Realität* [50], S. 44.

Der wesentliche Punkt ist nicht der menschliche Beobachter, sondern, dass in der Quantenphysik der Heisenberg-Schnitt zwischen dem materiellen Untersuchungsobjekt und dem materiellen Messgerät prinzipiell nicht vermeidbar, aber auch nicht naturgesetzlich festgelegt ist. Diese Situation führt zu der gegenüber der klassischen Physik neuen Möglichkeit von *prinzipiell gleichberechtigten, aber einander ausschliessenden komplementären Naturbeschreibungen*. Eine genauere Analyse zeigt, dass komplementäre Beschreibungen nicht nur möglich, sondern auch notwendig sind: die materielle Welt kann nur durch eine Vielheit von komplementären Beschreibungen vollständig erfasst werden. *Jede ist richtig, keine genügt für sich allein, alle sind notwendig. Falsch wird eine Beschreibung, sobald sie als die einzig wahre behauptet wird. Nur die Gesamtheit aller komplementären Beschreibungen kann die ungeteilte materielle Realität repräsentieren.*

Die Notwendigkeit komplementärer Beschreibungen ist eine Folge der Natur der materiellen Realität selbst, und ist nicht etwa auf Einflüsse der Psyche oder Beschränkungen unserer Messapparaturen zurückzuführen. Die Struktur der Welt, die dadurch zum Ausdruck kommt, dass sie komplementär beschrieben werden muss, reflektiert einen *ganzheitlichen Aspekt der materiellen Natur*. Ganzheitlich heisst hier etwas, das *nicht* aus Teilen besteht, wohl aber durch gewaltsame Eingriffe oder durch Unterdrückung gewisser Aspekte in Teile zerlegt werden kann. Die Komplementarität ist eine Folge der Nichteindeutigkeit solcher erzwungener Aufteilungen.

Die Idee einer ungeteilten Welt steht im Gegensatz zu der polarisierenden Wirklichkeit unseres Bewusstseins, das immer eine Subjekt–Objekt-Trennung fordert. Erst diese erzwungene Zweiteilung schafft sowohl die empirisch isolierbaren Phänomene als auch die Bilder in unserem inneren Vorstellungsraum. Die heutige Quantenphysik arbeitet immer noch mit dem traditionellen Cartesischen Schnitt, diskutiert aber den materiellen Teil aus einer ganzheitlichen Sicht. Das heisst, alle wirklich existierenden Quantenkorrelationen zwischen materiellem Objekt und den materiellen Beobachtungsmitteln werden durch den Heisenberg-Schnitt unterdrückt und ausgeblendet. Im Jargon der Quantenmechanik spricht man von einer «Brechung der holistischen Symmetrie der Materie» oder einer «epistemischen Symmetriebrechung». Die verschiedenen komplementären Aspekte eines Quantensystems können wir entdecken, wenn wir gegenseitig sich ausschliessende Versuchsbedingungen anwenden. Solche komplementären Beschreibungen der materiellen Welt sind durchaus objektiv (im Sinne von intersubjektiv richtig), denn wenn wir uns einmal für eine bestimmte Optik entschieden haben, wird in deren Rahmen eine objektive Realiät konstruiert.

6. Komplementäre Schnitte im Bereich Psyche–Materie

Die Quantenmechanik ist eine Theorie der Materie und macht als solche keinerlei Aussagen zum Problem Geist/Materie. Aber die Tatsache, dass die Quantenmechanik eine holistische Theorie ist, die widerspruchsfrei gegenseitig sich ausschliessende Sichtweisen erfassen kann, legt es nahe, dass die hierbei zum Zuge kommenden Komplementaritätsverhältnisse eine über die Physik reichende Gültigkeit haben könnten. In einem Brief vom 10. August 1954 an Markus Fierz spekulierte Pauli:

„Es könnte doch sein, dass wir die Materie, z.B. im Sinne des Lebens betrachtet, nicht «richtig» behandeln, wenn wir sie so beobachten wie wir es in der Quantenmechanik tun, nämlich vom inneren Zustand des «Beobachters» dabei ganz absehend. ... Die berühmte «Unvollständigkeit» der Quantenmechanik (Einstein) ist doch irgendwie–irgendwo tatsächlich vorhanden, aber natürlich gar nicht behebbar durch Rückkehr zur klassischen Feldphysik (das ist nur ein «neurotisches Missverständnis» Einsteins), sie hat vielmehr zu tun mit ganzheitlichen Beziehungen zwischen «Innen» und «Aussen», welche die heutige Naturwissenschaft nicht enthält (die aber die Alchemie vorausgeahnt hat ...)."[28]

In seiner Keplerarbeit spricht Pauli von einer „unserer Willkür entzogenen Ordnung des Kosmos", bei der „sowohl die Seele des Einzelnen als auch das in der Wahrnehmung Erkannte einer objektiv gedachten Ordnung unterworfen sind" und sagt dann am Ende der Arbeit: „Es wäre am meisten befriedigend, wenn sich Physis und Psyche als komplementäre Aspekte derselben Wirklichkeit auffassen liessen."[29] Diese bewusstseinstranszendente zeitlose Einheit hinter der Welt der Vielheit hat Jung, in Anlehnung an den Begriff der «einen Welt» des Alchemisten Gerhard Dorn (um 1600), als *unus mundus* bezeichnet.[30] Damit wäre der Dualismus von Psyche und Materie aufgehoben in einem umfassenden Dritten.

Ein erster Schritt zu Paulis Vision der Komplementarität von Psyche und Materie ist die Idee, dass der Schnitt zwischen Geist und Materie analog wie der Heisenberg-Schnitt zwischen materiellem Objekt und materiellen Beobachtungsmitteln nicht a priori fixiert ist. Das heisst, eine Zweiteilung des unus mundus in Psyche und Materie ist unvermeidlich, aber von uns in gewissen Grenzen wählbar. Eine entsprechende Bemerkung findet sich in einem Brief von Pauli an Jung:

„... Obwohl ferner die *Lage* des «Schnittes» zwischen Bewusstsein und Unbewusstem (wenigstens bis zu einem gewissen Grade) der freien Wahl des «psychologischen Beobachters» anheimgestellt ist, bleibt die *Existenz* dieses «Schnittes» eine unvermeidliche Notwendigkeit. Das «beobachtete System» würde demnach vom Standpunkt der Psychologie nicht nur aus physika-

---

[28] Zitiert nach Laurikainen [39], S. 144–145.

[29] W. Pauli, *Der Einfluss archetypischer Vorstellungen auf die Bildung naturwissenschaftlicher Theorien bei Kepler* [48], S. 111–112 und S. 164.

[30] Vergleiche dazu C. G. Jung, *Mysterium Coniunctionis*. Gesammelte Werke, Bd. 14/2 [31], Kapitel VI.

lischen Objekten bestehen, sondern das Unbewusste mitumfassen, während dem Bewusstsein die Rolle des «Beobachtungsmittels» zukäme."[31]

Dieser Schnitt ist *nicht* der traditionelle Cartesische Schnitt. Wenn ich richtig sehe, ist bei Descartes der Schnitt zwischen *res cogitans* und *res extensa* gottgegeben. Aus unserer Sicht ist die Brechung der ganzheitlichen Symmetrie des unus mundus zwar notwendig, aber nicht von vorneherein fixiert. Es ist zu erwarten, dass es viele verschiedene prinzipiell gleichberechtigte Schnitte gibt. *Beide* Teile, welche durch eine derartige Symmetriebrechung des unus mundus entstehen, werden sowohl materielle als psychische Aspekte zeigen und dürfen nicht einfach mit Geist und Materie oder res cogitans und res extensa indentifiziert werden. Verschiedene Symmetriebrechungen des unus mundus würden dann zu einander ausschliessenden, aber logisch nicht widersprüchlichen komplementären Weltsichten führen.

Betrachtet man die Quantenmechanik als prinzipiell universell gültig für den gesamten materiellen Bereich, so ist sie zunächst eine ganzheitliche Theorie der Materie, welche a priori keine Unterscheidung zwischen materiellem Objekt und materieller Messapparatur kennt. Die durch den Symbolismus der Quantenmechanik beschriebene ungebrochene Ganzheit der materiellen Welt ist *deterministisch*. Will man diese Theorie mit physikalischen Experimenten in Verbindung bringen, so muss man die ganzheitliche Struktur der Materie durch einen Heisenberg-Schnitt brechen. Dieser Schnitt definiert Objekt und Messapparatur und führt zwangsläufig zu einer nicht reduziblen indeterministischen Beschreibung, welche nur noch Wahrscheinlichkeitsaussagen erlaubt. Genau analog wie dieser Heisenberg-Schnitt den Determinismus der ungebrochenen Quantenwelt eliminiert, so zerstört die Symmetriebrechung des unus mundus die *Sinnkorrespondenz*[32] zwischen den zwei Hälften, die chiffrenhaft als geist-artig und materie-artig bezeichnet werden können.

7. Die Idee der Wirklichkeit des Symbols[33]

Eine ganzheitliche Sicht muss die Existenz des Ausserrationalen als eines gleichberechtigten Gegenübers des Rationalen anerkennen. Pauli vertritt gegenüber dem herkömmlichen Realitätsbegriff der Naturwissenschaften eine *neue Idee der Wirklichkeit*, eine Wirklichkeit, die das Imaginale und urtümliche Bilder mit ein-

---

[31] Aus einem Brief von Pauli an Jung, zitiert in C. G. Jung, *Der Geist der Psychologie* [27], S. 482.

[32] *Sinnkorrespondenz* ist Paulis bevorzugter Ausdruck für die Jungsche Synchronizität. Vergleiche dazu den Brief von Pauli an Jung vom 4. Juni 1950 (Brief Nr. 38 in [40], S. 48), sowie den Brief von Pauli an Fierz vom 6./7. November 1949 (Brief Nr. 1057 in [41], S. 709–710).

[33] Diese Formulierung benützt Pauli in einem Brief vom 12. August 1948 an Markus Fierz (Brief Nr. 971 in [41], S. 559).

schliesst. Die Existenz einer Welt archetypischer Bilder *(mundus imaginalis)* kann rational nicht erklärt werden, sondern ist als ein Urphänomen aufzufassen. Jung und Pauli verwenden daher den Begriff des Irrationalen „nicht im Sinne des *Widervernünftigen*, sonden des *Ausservernünftigen*, nämlich dessen, was mit der Vernunft nicht zu begründen ist."[34] Nach Jung gehören „urtümliche Bilder ... der Menschheit überhaupt und können autochthon in jedem Kopfe wieder entstehen, unbekümmert um Zeit und Ort. Es bedarf nur der günstigen Umstände für deren Wiedererwachen."[35] Pauli sagt von sich selbst, dass er wohl mehr ein Platonist ist als die Psychologen der Jungschen Richtung.[36] Sein Postulat eines ganzheitlichen Denkens ist umfassend, schliesst Bilder und Symbole ein und erfordert eine Berücksichtigung *komplementärer Aspekte*. In einem Brief an Markus Fierz schreibt Pauli:

„Wenn man die vorbewusste Stufe der Begriffe analysiert, findet man immer Vorstellungen, die aus «symbolischen» Bildern mit im allgemeinen starkem emotionalen Gehalt bestehen. Die Vorstufe des Denkens ist ein *malendes Schauen* dieser inneren Bilder, deren Ursprung nicht allgemein und nicht in erster Line auf Sinneswahrnehmungen ... zurückgeführt werden kann ... . Die archaische Einstellung ist aber auch die notwendige Voraussetzung *und die Quelle* der wissenschaftlichen Einstellung. Zu einer vollständigen Erkenntnis gehört auch diejenige der Bilder, aus denen die rationalen Begriffe gewachsen sind. ... *Das Ordnende und Regulierende muss jenseits der Unterscheidung von «physisch» und «psychisch» gestellt werden* – so wie Platos's «Ideen» etwas von Begriffen und auch etwas von «Naturkräften» haben (sie erzeugen von sich aus Wirkungen). Ich bin sehr dafür, dieses «Ordnende und Regulierende» «Archetypen» zu nennen; es wäre aber dann unzulässig, diese als *psychische* Inhalte zu *definieren*. Vielmehr sind die erwähnten inneren Bilder («Dominanten des kollektiven Unbewussten» nach Jung) die *psychische* Manifestation der Archetypen, die aber *auch alles* Naturgesetzliche im Verhalten der Körperwelt hervorbringen, erzeugen, bedingen müssten. Die Naturgesetze der Körperwelt wären dann die *physikalische Manifestation der Archetypen*. ... Es sollte dann *jedes* Naturgesetz eine Entsprechung innen haben und umgekehrt, wenn man auch heute das nicht immer unmittelbar sehen kann."[37]

Paulis Ideen für eine *neue Naturwissenschaft* sprengten das Verständnis seiner Freunde. In einem Brief von 1953 schreibt Pauli an Fierz:

„Ich bin davon überzeugt, dass diese sich mit Variationen über viele Jahre erstreckenden Traummotive nicht nur mit meiner persönlichen Situation etwas

---

[34] C. G. Jung, *Psychologische Typen*, Gesammelte Werke, Bd. 6 [28], Ziff. 774.
[35] C. G. Jung, *Paracelsus*, Gesammelte Werke, Bd. 15 [32], Ziff. 12.
[36] Vergleiche seinen Brief an Fierz vom 7. Januar 1948 (Brief Nr. 929 in [41], S. 496).
[37] Brief vom 7. Januar 1948 an Fierz (Brief Nr. 929 in [41], S. 496–497).

zu tun haben, sondern auch objektiver mit den tieferen Gründen der Stagnation der Physik. Leider bin ich *auch* davon überzeugt, dass die Aufgabe, solche Träume zu verstehen und zu deuten, die Fähigkeiten sämtlicher Psychologen unserer Zeit bei weitem übersteigt. Ich halte es auch nicht für primär so wichtig, *Träume* zu diskutieren; ich halte es im Gegenteil für wichtig, das Problem der *Objektivität der Gegenposition zu den Naturwissenschaften selbst direkt* zu diskutieren."[38]

Die Praxis der Naturwissenschaft ist ohne imaginale Elemente nicht denkbar. Der aktive Forscher weiss nur zu gut, dass zwischen den Lehrbuchidealisierungen und der täglichen naturwissenschaftlichen Arbeit eine fast unüberbrückbare Kluft besteht. Die wissenschaftliche Theorienbildung hat eben auch Traumcharakter, der lehrbuchmässig kaum darzustellen ist. Wolfgang Pauli sagt dazu:

„Ich hoffe, dass niemand mehr der Meinung ist, dass Theorien durch zwingende logische Schlüsse aus Protokollbüchern abgeleitet werden, eine Ansicht, die in meinen Studententagen noch sehr in Mode war. Theorien kommen zustande durch ein vom empirischen Material inspiriertes Verstehen, welches am besten im Anschluss an Plato als zur Deckung kommen von inneren Bildern mit äusseren Objekten und ihrem Verhalten zu deuten ist. Die Möglichkeit des Verstehens zeigt aufs neue das Vorhandensein regulierender typischer Anordnungen, denen sowohl das Innen wie das Aussen des Menschen unterworfen sind." [50]

Solche tiefen Beziehungen zwischen Seele und Materie „müssen wohl existieren, weil die menschliche Seele sonst gar nie im Stande gewesen wäre, Begriffe zu erfinden, die überhaupt auf die Natur passen."[39] In seinem (von ihm selbst nicht zur Veröffentlichung bestimmten) Manuskript vom Juni 1948 *Moderne Beispiele zur «Hintergrundsphysik»* schreibt Pauli weiter:

„Von der Psychologie aus gesehen scheinen die physikalischen Gesetze als «Projektionen» archetypischer Ideenverbindungen, während von Aussen gesehen auch das mikrophysikalische Geschehen als archetypisch aufzufassen wäre, wobei dessen «Spiegelung» im Psychischen eine notwendige Bedingung für die Möglichkeit des Erkennens ist."[40]

Nur indem die Naturwissenschaft das Imaginale «als nicht dazugehörend» deklariert, und aus den öffentlichen Diskussionen *ausschliesst*, kann sie *die Realität rationalisieren*. Die Urteile der Naturwissenschaften klingen rational, weil ihre imaginalen Elemente nicht erwähnt werden. Aber deshalb ist die Naturwissenschaft als menschliche Tätigkeit noch lange nicht ein rationales Unternehmen, denn durch Ignorieren lassen sich Tatsachen nicht aus der Welt schaffen. In der

---

[38] Brief vom 19. Januar 1953. Zitiert nach Laurikainen [39], S. 90.
[39] Pauli in einem Brief an Ralph Kronig vom 10. März 1946 (Brief Nr. 807 in [41], S. 347).
[40] Zitiert nach C. A. Meier [40], S. 187.

reinen Mathematik und in der theoretischen Physik gehört diese Einsicht längst zum Allgemeingut.[41] So sagt der theoretische Physiker Markus Fierz: „Theoretical physics surely appears quite rational, but it rises from irrational depths."[42]

Die Repression des Imaginalen in der Naturwissenschaft ist natürlich nicht vollständig. Genuine wissenschaftliche Arbeit ist primär nie analytisch, sondern hat viel mit Intuition zu tun, die im Bildhaften und Symbolischen verwurzelt ist. Rationale Argumentation ist für die Naturwissenschaften unbestritten von eminenter Wichtigkeit, aber die schöpferische Phantasie ist keine Leistung der Ratio. Jeder Theoretiker erlebt, dass von seinen mathematischen Formulierungen eine mächtige Faszination ausgeht, die er selbst in keiner Weise rational versteht, die ihm aber grösstes geistiges Vergnügen bereitet. Die üblichen Erklärungen und Rationalisierungen erlauben nicht, den Erfolg der mathematischen Naturbeschreibung zu begreifen. Offiziell wird darüber wenig gesprochen. Doch es gibt Ausnahmen, so etwa den Artikel mit dem Titel *The Unreasonable Effectiveness of Mathematics in the Natural Sciences* von Eugene P. Wigner. Er schreibt: „The miracle of the appropriateness of the language of mathematics for the formulation of the laws of physics is a wonderful gift which we neither understand nor deserve." [64] Wie Norbert Wiener bemerkt, wird es einem Nicht-Mathematiker nicht leicht verständlich sein, „dass die Mathematik einen kulturellen und ästhetischen Reiz besitzt, dass sie etwas mit Schönheit oder Kraft oder Gefühl zu tun hat."[43] Neben der logischen Richtigkeit spielen sowohl in der Mathematik als auch in naturwissenschaftlichen Theorien ästhetische Aspekte eine entscheidene Rolle. So sagt etwa der Mathematiker Godfrey Harold Hardy (1877–1947): „The mathematicians's patterns, like the painter's or the poet's, must be *beautiful;* the ideas, like the colours or the words, must fit together in a harmonious way. Beauty is the first test: there is no permanent place in the world for ugly mathematics."[44] Für die theoretische Physik vertritt Paul Adrien Maurice Dirac (1902–1984) – einer der Begründer der Quantenmechanik – einen ähnlichen Standpunkt: „Heute scheint es mir, dass der beste Ausgangspunkt, den man in der Physik haben kann, in der Annahme liegt, dass physikalische Gesetze auf schönen Gleichungen beruhen. Die einzige wirklich bedeutende Anforderung ist, dass die zugrunde liegenden Gleichungen von ausgeprägter mathematischer «Schönheit» sein sollten." [8] Das Schöne ist ein entscheidender, wenn auch rational schwer fassbarer und daher oft unterdrückter Faktor in jeder wissenschaftlichen Arbeit.

---

[41] Vergleich dazu etwa Jacques Hadamard, *An Essay on the Psychology of Invention in the Mathematical Field* [17].

[42] M. Fierz, *Pauli, Wolfgang* [12], S. 424.

[43] N. Wiener, *I am a Mathematician* [62], S. 62. Zitiert nach der deutschen Übersetzung [63], S. 59.

[44] G. H. Hardy, *A Mathematician's Apology* [18], S. 85.

Nicht nur der Schrecken, auch die Schönheit gehört zu den dunklen Aspekten der Naturwissenschaft.

Mathematik und theoretische Naturwissenschaft sind symbolische Konstruktionen, die in mancher Beziehung die Welt erst erzeugen. Für Pauli ist die mathematische Darstellung eine ausschliesslich symbolische Beschreibung. In einem Brief an Hermann Levin Goldschmidt schreibt er:

„Das Symbol ist stets ein abstraktes Zeichen, sei es nun quantitative oder qualitative, sei es mathematisch-gedanklich oder emotional bewertet («gefühlsgeladen»). Nur ein Teil des Symbols ist durch bewusste Ideen ausdrückbar, ein anderer Teil wirkt auf den «unbewussten» oder «vorbewussten» Zustand des Menschen. So geht es auch mit den mathematischen Zeichen, denn nur derjenige ist für Mathematik begabt, für den diese Zeichen (im erläuterten Sinne) Symbolkraft besitzen. Das Symbol ist stets ein Gegensätze vereinigendes tertium, das die Logik allein allerdings nicht «geben» kann."[45]

8. Die imaginäre Einheit in der Mathematik

Ein exquisites Beispiel für ein mathematisches Zeichen mit Symbolkraft ist die imaginäre Einheit i ($i^2 = -1$). Imaginäre Zahlen wurden erstmals, aber nur „unter Überwindung geistiger Qualen", von Girolamo Cardano (1501–1576) unter dem Namen «quantitas sophistica» eingeführt[46]. In der Folge rechnete man, ohne sich über das Wesen von imaginären und komplexen Zahlen grosse Gedanken zu machen, munter darauf los, kam zu brauchbaren Rechenregeln, wunderte sich aber, dass auf diese Weise mathematisch brauchbare Resultate hergeleitet werden konnten. Lange Zeit galten daher die in der Gestalt $\sqrt{-a}$, $a > 0$, ausdrückbaren Zahlen als «unvorstellbare», nur «eingebildete», als «imaginäre» Grössen. Gottfried Wilhelm Leibniz (1646–1716) nennt sie Monster und Amphibien zwischen Sein und Nichtsein.[47] Die Bezeichnung von $\sqrt{-1}$ als imaginäre Einheit i wurde 1777 von Euler eingeführt und wurde später durch Gauss Gemeingut der Mathematiker.

Die geometrische Darstellung der komplexen Zahlen durch die Punkte der Ebene und die geometrische Veranschaulichung der Rechenoperationen knüpft sich an die Namen John Wallis (1616–1703), Caspar Wessel (1745–1818), Jean Robert Argand (1768–1822), Carl Friedrich Gauss (1777–1855) und Augustin-Louis Cauchy (1789–1857). Diese geometrische Deutung beseitigte nach und nach das Misstrauen der Mathematiker gegenüber imaginären Zahlen und verhalf so den

---

[45] W. Pauli, *Brief vom 19. Februar 1949 an Hermann Levin Goldschmidt* [46].
[46] *Artis magnae, sive de regulis algebraicis liber unus*, Nüremberg, 1545.
[47] „ ... illo Analyseos miraculo, idealis mundi monstro, pene inter Ens et non-Ens Amphibio, quod radicem imaginariam appellamus", *Specimen novum analyseos pro scientia infiniti circa summas et quadratures*, 1702.

komplexen Zahlen zum Durchbruch. Die heute im Unterricht bevorzugte algebraische Einführung von komplexen Zahlen $\alpha + i\beta$ durch ein Paar (α, β) reeller Zahlen α und β geht auf William Rowan Hamilton (1805–1865) zurück. Gemäss den einfachen Hamiltonschen Rechenregeln[48] mit Zahlenpaaren spielt $(1,0) = 1$ die Rolle der Eins, und $(0,1) = i$ die Rolle der imaginaren Einheit i, welche wegen $(0,1)^2 = (-1,0)$ der Gleichung $i^2 + 1 = 0$ genügt. Damit ist formal alles kristallklar. Alfred North Whitehead sagt dazu:

„Viele Mathematiker waren sich damals nicht ganz im Klaren über die logische Berechtigung ihres Vorgehens, und es breitete sich die Vorstellung aus, dass auf irgend eine geheimnisvolle Weise durch geeignete Handhabung sinnlose Zeichen die gültigen Beweise für mathematische Sätze abgeben könnten. Kein grösseres Missverständnis als das! Ein Symbol, dessen Sinn nicht genau definiert worden ist, ist überhaupt kein Symbol. Es ist bloss ein Tintenklecks auf dem Papier, der eine leicht wiedererkennbare Gestalt besitzt. Durch eine Reihe von Tintenklecksen kann man aber nichts beweisen, ausgenommen die Existenz einer schlechten Feder oder eines nachlässigen Schreibers."[49]

Das ist natürlich richtig, trifft aber trotzdem den Nagel nicht auf den Kopf. Whitehead versteht unter einem Symbol ein blosses Zeichen. Nach Jung ist aber ein Zeichen „immer weniger gehaltvoll als der Begriff, für den es steht, während ein Symbol mehr enthält, als man auf den ersten Blick erkennen kann"[50]. Wir verstehen heute intellektuell die überragend wichtige Rolle der komplexen Zahlen in der Mathematik gut (Fundamentalsatz der Algebra; Widerspruchsfreiheit, algebraische Abgeschlossenheit, Vollständigkeit und Einzigkeit des Körpers der komplexen Zahlen), was aber keineswegs impliziert, dass die imaginäre Einheit nicht *auch* ein bedeutungsschwangeres Symbol ist, etwa im Sinne von Jung als „Ausdruck einer sonstwie nicht besser zu kennzeichnenden Sache"[51]. Ein Symbol steht nicht für eine Sache, sondern es *ist* sie. Beispielsweise kann heute jeder Naturwissenschafter ohne jede Mühe die erstaunliche Eulersche Vermutung von 1728

$$i \ln i = -\tfrac{1}{2}\pi \quad , \quad i^i = e^{-\pi/2} \quad ,$$

beweisen, was aber der Symbolkraft dieser Ausdrücke keinen Abbruch tut. Der innere Zusammenhang der imaginären Einheit i mit der rellen Zahl $e = 2{,}71828 \cdots$

---

[48] Die Korrespondenz $(\alpha, \beta) \leftrightarrow \begin{pmatrix} \alpha & -\beta \\ \beta & \alpha \end{pmatrix}$ ergibt eine isomorphe Darstellung durch reelle (2×2)-Matrizen.

[49] A. N. Whitehead, *An Introduction to Mathematics*, New York, Holt, 1927. Zitiert nach der deutschen Übersetzung *Eine Einführung in die Mathematik* [61], S. 52.

[50] C. G. Jung, *Der Mensch und seine Symbole* [30], S. 55. Vergleiche auch Gesammelte Werke, Bd. 18 [37], Ziff. 482.

[51] C. G. Jung, *Psychologische Typen*, Gesammelte Werke, Bd. 6 [28], Ziff. 896.

und der rellen Zahl $\pi = 3{,}14159\cdots$ bleibt verblüffend und zeigt, dass in einem gewissen Sinne die rellen Zahlen nur von den imaginären her begriffen werden können. Solche in der Mathematik nicht seltenen Tatbestände legen die Vermutung nahe, dass es sich dabei nicht lediglich um unsere Konstruktionen und Erfindungen handelt, sondern dass unsere mathematischen Entdeckungen auf eine eigentliche Existenz in einer von uns unabhängigen mathematischen Wirklichkeit in einer platonischen Welt der Ideen hinweisen.[52] In der Tat, die Zahl i wurde nicht etwa erfunden, sondern richtiggehend *entdeckt*: sie wurde ja zum Lösen von quadratischen Gleichungen benötigt[53]. In diesem Sinne ist die imaginäre Einheit i nicht nur einfach ein mathematisches Zeichen, dessen Bedeutung durch axiomatisch fixierte Spielregeln geregelt ist, sondern es ist darüber hinaus ein lebendiges Symbol, das alle vier psychischen Funktionen anspricht. Wäre das Symbol vollumfänglich verstanden, wäre es ausser Kraft gesetzt.

Obwohl die algebraische Definition der imaginären Einheit $i = \sqrt{-1}$ intellektuell keinerlei Wünsche offen lässt, haben wir die Implikationen der Verwendung komplexer Zahlen in der mathematischen Forschung keineswegs «im Griff». Auch die besten Mathematiker haben immer nur eine bruchstückhafte, ganz wesentlich unvollständige Übersicht über diese Ideenwelt. Das komplexe Zahlensystem ist unfassbar effizient. So führt etwa die Theorie der komplexen analytischen Funktionen immer wieder zu nie zuvor vermuteten Einsichten und verbindet mathematische Teilgebiete, die anscheinend überhaupt nichts miteinander zu tun haben. Ein berühmtes Beispiel ist etwa die Riemannsche Zetafunktion ζ, eine analytische Funktion $z \mapsto \zeta(z)$ der komplexen Variablen $z = x + iy$, welche durch die in der Halbebene $x > 1$ konvergente Reihe

$$\zeta(x+iy) := \sum_{n=1}^{\infty} \frac{1}{n^{x+iy}} \quad , \quad x > 1 \quad , \quad -\infty < y < \infty \quad ,$$

definiert werden kann. Die Riemannsche Zetafunktion ist von grösster Bedeutung für die Theorie der Primzahlen, denn es gilt auch die Eulersche Produktdarstellung

$$\zeta(x+iy) := \prod_{p} \frac{1}{1 - p^{-x-iy}} \quad , \quad x > 1 \quad , \quad -\infty < y < \infty \quad ,$$

---

[52] Unsere in der Regel etwas schizoide Haltung zu Grundlagenfragen wurde von Jean Dieudonné in treffender Weise wie folgt umschrieben: „On foundations we belive in the reality of mathematics, but of course when philosophers attack us with their paradoxes we rush to hide behind formalism and say: ‚Mathematics is just a combination of meaningless symbols,' and then we bring out Chapters 1 and 2 on set theory [in Nicholas Bourbaki's *Éléments de mathématique*]. Finally we are left in peace to go back to our mathematics and do it as we have always done, with the feeling each mathematician has that he is working with something real." [7]

[53] Diese Formulierung wurde von Jacques Tits (Collège de France, Paris) in seiner Wolfgang-Pauli-Vorlesung 1985 an der ETH Zürich verwendet.

wobei das Produkt sich über alle *Primzahlen p* erstreckt. Damit ergibt sich eine völlig unerwartete Verknüpfung zwischen der Theorie der *natürlichen* Zahlen und der Theorie der *komplexen* analytischen Funktionen. In der Tat beherrscht die Riemannsche Zetafunktion in mysteriöser Weise die Theorie der natürlichen Zahlen, wie etwa die Primzahlverteilung. Beispielsweise ist der Primzahlsatz[54] gleichbedeutend damit, dass $\zeta(1+iy) \neq 0$ ist. Nicht nur der Laie, auch der nachdenkliche Mathematiker wird sich wundern: *warum muss man, wenn man die Primzahlen verstehen will, die imaginäre Einheit* $i = \sqrt{-1}$ *einführen?*

9. Die imaginäre Einheit in der Physik

Die imaginären und komplexen Zahlen haben sich inzwischen in der Mathematik einen absolut unentbehrlichen Platz erobert. In den klassischen Naturwissenschaften und in den Ingenieurwissenschaften spielen die komplexen Zahlen ebenfalls eine wichtige Rolle, aber neben beweistechnischen Gründen mehr aus rechentechnischer Bequemlichkeit. Wenn man will, kann man in der ganzen klassischen Physik mit reellen Zahlen auskommen. Nicht so in der Quantenphysik. Hier ist die imaginäre Einheit ein magischer Schlüssel, der über die Darstellungstheorie der kanonischen Vertauschungsrelationen ohne unser Zutun symbolisch tiefliegende Strukturen der materiellen Welt erschliesst.

Die Quantenmechanik ist die erste physikalische Theorie, welche zwingend die Einführung einer imaginären Einheit in den Formalismus erfordert. Paul Ehrenfest hat schon bald gefragt «warum?», und dazu bemerkt:

„Wohl können diese Fragen, besonders in der vorliegenden Fassung, als «sinnlos» zur Seite geschoben werden, wenn man es sich bequem machen will. Der gute Ton verlangt das sogar. Nun, dann muss eben irgendwer das Odium auf sich nehmen, sie dennoch zu stellen. Im festen Vertrauen darauf, dass es noch immer einzelne Forscher gibt, die die Kunst verstehen, «sinnlose» Fragen sinnvoll zu beantworten, und zwar in klarer, einfacher Weise."[55]

Die Antwort von Wolfgang Pauli[56] war klar und einfach, aber kaum befriedigend. Ein tieferes Verständnis brachten die Arbeiten von Stueckelberg,[57] der zeigte, dass die Existenz komplementärer physikalischer Grössen (wie etwa Ort und Impuls) zwingend die Existenz eines universellen klassischen antisymmetrischen Operators J mit der Eigenschaft $J^2 = -1$ erfordert. Etwas vereinfachend gesagt:

---

[54] Der Primzahlsatz ist das berühmteste Ergebnis der analytischen Zahlentheorie. In seiner einfachsten Gestalt besagt er, dass die Anzahl $\pi(x)$ der Primzahlen $p \leq x$ für grosse Werte von x gegeben ist durch $\pi(x) \sim x/\ln(x)$.
[55] P. Ehrenfest, *Einige die Quantenmechanik betreffende Erkundigungsfragen* [9].
[56] W. Pauli, *Einige die Quantenmechanik betreffende Erkundigungsfragen* [45].
[57] Vergleiche [57, 58, 59].

die ganzheitliche Struktur der Quantenmechanik erfordert in der mathematischen Formulierung die Existenz der imaginären Einheit. In diesem Sinne dürfen wir vielleicht sagen, dass *der «Ring i»* [58] *in der Quantenphysik die ganzheitliche Struktur der Materie repräsentiert.* [59] Es handelt sich dabei nicht um eine *Deutung* dieses Symbols, sondern um eine *Realisierung* des in der Quantenphysik relevanten intellektuellen Aspekts durch die Zahl $i = \sqrt{-1}$.

10. Alchemistisches Gedankengut in der modernen Wissenschaft

Das zentrale Thema des Pauli–Jung-Briefwechsels [60] war die enge, aber geheimnisvolle Wechselwirkung zwischen der unbewussten Seele und der physikalischen Gedankenwelt in der Arbeit des mathematischen Physikers. Jung hat immer wieder betont, dass der alchemistische Mythos wertvolles kollektives Gut enthalte, das zu verstehen für uns Heutige von höchster Aktualität sei. Leider hatte Jung keinen Zugang zu den formalen Strukturen der modernen Naturwissenschaften und keine lebendige Beziehung zu der Symbolik der modernen Mathematik. Wie die Alchemie ist die Naturwissenschaft eine symbolische Konstruktion des Menschen. Da ihre bewussten und unbewussten Aspekte nicht fein säuberlich getrennt werden können, tragen naturwissenschaftliche Theorien einen unvermeidlichen Ganzheitscharakter. Genau wie in der Alchemie erlaubt die naturwissenschaftliche Tätigkeit archetypische Erfahrungen, und daher ist es nicht überraschend, dass wir in der Naturwissenschaft viele Zeugnisse für spontane Symbolbildungen des Unbewussten finden, die umfassend zu verstehen von grosser Wichtigkeit wäre. Pauli war der Meinung, dass die Alchemie gescheitert sei. Er schreibt in einem Brief an Heisenberg:

„Ich vermute nämlich, dass der alchimistische Versuch einer psycho-physischen Einheitssprache nur deshalb gescheitert ist, weil diese auf eine sichtbare konkrete Realität bezogen wurde. Heute haben wir aber in der Physik eine unsichtbare Realität (der atomaren Objekte), in die der Beobachter mit einer gewissen Freiheit eingreift (wobei er vor die Alternative «die Wahl und das Opfer» gestellt ist); wir haben in der Psychologie des Unbewussten Vorgänge, die nicht immer eindeutig einem bestimmten Subjekt zugeschrieben werden können. Der Versuch eines psychophysischen Monismus erscheint mir nun wesentlich aussichtsreicher, wenn die zugehörige (noch nicht be-

---

[58] Im Sinne der aktiven Phantasie *Die Klavierstunde* von Wolfgang Pauli [44].
[59] Die Menge der komplexen Zahlen (in der Sprechweise der Mathematiker: *der Körper der komplexen Zahlen*) entsteht aus dem Körper der reellen Zahlen durch Adjunktion der imaginären Einheit i. Man beachte, dass in der Terminologie der Mathematiker der Körper der komplexen Zahlen ein kommutativer *Ring* ist.
[60] *Wolfgang Pauli und C. G. Jung, Ein Briefwechsel 1932–1958* [40].

kannte, in Hinsicht auf das Gegensatzpaar psychisch-physisch neutrale) Einheitssprache auf eine tiefere unsichtbare Realität bezogen würde."[61]

Allerdings müssen wir auch kritisch fragen, *ob* denn die Alchemie tatsächlich gescheitert ist. Pauli hatte Angst vor der modernen Technik und wohl keine positive Beziehung zu den Ingenieurwissenschaften. Die Frage, ob und in welchem Sinne die modernen technischen Wissenschaften als Nachfolger der Alchemie betrachtet werden dürfen, wurden meines Wissens weder von Jung noch von Pauli diskutiert. Ähnlich wie viele Alchemisten stehen nicht wenige moderne Naturwissenschafter und Ingenieure unter der Faszination unbewusster psychischer Inhalte und projizieren diese auf die Aussenwelt. Bedenkenswert scheint mir die These von Donald Brinkmann [2], dass in der modernen Technik ein leidenschaftliches Streben nach aktiver Selbsterlösung am Werke sei und somit ein innerer Zusammenhang zwischen Alchemie und dem technischen Menschentum der Neuzeit bestehe. In diesem Sinne wäre vor allem Paracelsus (1495–1541) Wegbereiter der modernen Technik.[62]

Jedenfalls gibt es zwischen der Alchemie und der naturwissenschaftlichen Technik mehr Parallelen als gemeinhin angenommen wird. Das alchemistische Opus betrifft die Erlösung des in der Materie gefangenen Geistes der Weltseele und wurde von Jung unter anderem als Projektion psychischer Wandlungsprozesse in chemische Prozesse verstanden. Genau wie in der Alchemie sind in den modernen technischen Wissenschaften die Wurzeln oft in den Projektionserlebnissen der Forscher zu suchen. Die Zielvorstellung der heutigen Naturwissenschaft ist die Aktualisierung des potentiell Möglichen, die konkrete Erzeugung von Wirklichkeit. Die moderne Technik beschäftigt sich zunehmend mit der tatsächlichen Herstellung einer neuen Welt und eines neuen Menschen – eine Manifestation einer ernst zu nehmenden Sehnsucht. Was Jung über gewisse Alchemisten sagte, dürfte auch für viele moderne Naturforscher und Ingenieure zutreffen:

„Da es sich um Projektionen handelte, war es ihm [dem alchemistischen Laboranten] natürlich unbewusst, dass das Erlebnis mit dem Stoff an sich (das heisst wie wir denselben heute kennen) nichts zu tun hatte. Er erlebte seine Projektion als Eigenschaft des Stoffes. Was er in Wirklichkeit erlebte, war sein Unbewusstes."[63]

---

[61] W. Heisenberg, *Wolfgang Paulis philosophische Auffassungen.* Naturwissenschaften [22]. Vergleiche dazu auch den Brief von Pauli an Jung vom 27. Februar 1953 (Brief Nr. 58 in [40]).

[62] Ich möchte betonen, dass in meiner Darstellung die neuzeitliche Naturwissenschaft als Wegbereiterin des Wesens moderner Technik (nach Martin Heidegger als einer «Weise des herausfordernden Entbergens» [20]) und die «technische Wirklichkeit als moderne Trägerin der Numinosität» (vergleiche dazu Wolfgang Giegerich [15]) zu kurz kommen.

[63] C. G. Jung, *Psychologie und Alchemie,* Gesammelte Werke, Bd. 12 [34], Ziff. 346.

11. Faszination in den Naturwissenschaften

Bernhard Riemann (1826–1866) war ein Mathematiker umfassender Genialität und glänzender Intuition. Ein herausragendes ungelöstes Problem der Mathematik ist die sogenannte *Riemannsche Vermutung*, welche sich auf die Nullstellen seiner ζ-Funktion bezieht. Riemann vermutete, dass die nichtreellen Nullstellen der ζ-Funktion alle den Realteil $\frac{1}{2}$ haben. Ein Beweis der Riemannschen Vermutung würde weitreichende analytische und arithmetische Folgen nach sich ziehen, z. B. viel genauere Aussagen über die Verteilung der Primzahlen. Durch numerische Rechnungen wurde im Jahre 1982 verifiziert, dass die ersten 200 000 000 nichtrellen Nullstellen tatsächlich den Realteil $\frac{1}{2}$ haben. Trotz eifrigsten Bemühens der besten Mathematiker ist die Richtigkeit der Riemannschen Vermutung bis heute offen. Was uns aber hier mehr interessiert ist die Frage: *Wie kommt man überhaupt zu solchen Vermutungen?*

Wir bezeichnen besonders erleuchtende Ideen als Ein-fälle, als In-spiration, das heisst, als etwas, das unserem Denken zustösst («es denkt in uns»). Ohne Inspiration gibt es keine relevante Mathematik und Naturwissenschaft. Die Faszination, welche die kreative Forschung auf viele Naturwissenschafter ausübt, hat ihre Ursache wohl in der persönlichen Teilhabe an dem Reichtum der rational nicht zu fassenden kollektiven Quellen. In einem Brief an Bolyai schreibt Gauss: „Wahrlich, es ist nicht das Wissen, sondern das Lernen, nicht das Besitzen, sondern das Erwerben, nicht das Da-seyn, sondern das Hinkommen, was den grössten Genuss gewährt."[64]

Faszination führt zu einer überschäumenden Begeisterung und zwingt den inspirierten Forscher, leidenschaftlich beinahe Tag und Nacht an dem Problem zu arbeiten. Die Naturwissenschaft kann ohne diese Faszination nicht auskommen, aber wir dürfen nicht vergessen, dass Faszination auch besessen, rücksichtslos und blind machen kann. Sie ist wie eine gefährliche Droge, sie vernebelt vielen erfolgreichen Forschern die Sicht auf das Ganze. Jede Faszination hat einen numinosen Aspekt, der nicht so einfach unterdrückt werden kann. Wie bereits der Mathematiker Henri Poincaré[65] betonte, sind Inspirationen und plötzliche Erleuchtungen fast immer von dem Gefühl absoluter Gewissheit begleitet, was aber nicht ausschliesst, dass sie uns gleichwohl täuschen können. Poincaré wusste sehr wohl, dass man sich mit Inspirationen aktiv kritisch auseinandersetzen muss und *keinesfalls das, was das Unbewusste hervorbringt, unbesehen akzeptieren darf.*

Im Gegensatz zu den sogenannten «primitiven Kulturen» hat unsere Gesellschaft kein Ritual für den Umgang mit Fascinosa entwickelt. In früherer Zeit – als es noch wenig Wissenschafter gab, und als man noch von Gott sprach – war dieses Problem weniger dringend. Als Beispiel sei aus einem Brief von Carl Friedrich

---

[64] Brief vom 2. September 1808. Vergleiche [53].
[65] H. Poincaré, *Wissenschaft und Methode* [52].

Gauss (1777–1855) an seinen väterlichen Freund, den Liebhaberastronomen Wilhelm Olbers, zitiert:

„Sie erinnern sich aber vielleicht zu gleicher Zeit meiner Klagen über einen Satz ... , den ich damals schon über 2 Jahr kannte, und der alle meine Bemühungen, einen genügenden Beweis zu finden, vereitelt hatte. ... Dieser Mangel hat mir alles Übrige, was ich fand, verleidet; und seit 4 Jahren wird selten eine Woche hingegangen sein, wo ich nicht einen oder anderen vergeblichen Versuch, diesen Knoten zu lösen, gemacht hätte – besonders lebhaft nun auch wieder in der letzten Zeit. Aber alles Brüten, alles Suchen ist umsonst gewesen, traurig habe ich jedesmal die Feder wieder niederlegen müssen. Endlich vor ein paar Tagen ist's gelungen – aber nicht meinem mühsamen Streben, sondern bloss durch die Gnade Gottes möchte ich sagen. Wie der Blitz einschlägt, hat sich das Räthsel gelöst; ich selbst wäre nicht im Stande, den leitenden Faden zwischen dem, was ich vorher wusste, dem, womit ich die letzten Versuche gemacht habe, – und dem, wodurch es gelang, nachzuweisen." [66]

Als Mathematiker war Gauss in der glücklichen Lage, objektiv zwischen einer *imaginatio vera* und einer *imaginatio phantastica* zu unterscheiden. [67] Dass Gauss von der «Gnade Gottes» spricht, ist nicht eine blosse Redeweise, sondern eine Einstellung, die ihn vor einer Identifikation mit der Quelle seiner Inspiration bewahrte. „Jede echte Inspiration rührt von Gott her", sagte auch Johannes Brahms.[68] Es besteht nämlich die nicht geringe Gefahr, dass sich das Ich etwas aneignet, was ihm nicht zugehört. Jung spricht dann von einer *psychischen Inflation* im Sinne, dass „ ... der in Frage stehende Zustand eine die individuellen Grenzen überschreitende Ausdehnung der Persönlichkeit bedeutet, eine *Aufgeblasenheit* mit einem Wort." [69] Über die Inflation sagt Jung:

„Die Inflation hat mit der *Art* der Erkenntnis nichts zu tun, sondern bloss mit der Tatsache, dass eine neue Erkenntnis dermassen von einem schwachen Kopf Besitz ergreifen kann, dass er nichts anderes mehr sieht und hört. Er

---

[66] Brief von Gauss an Olbers vom 3. September 1805; vergl. [13], S. 24–25. Dieser Brief bezieht sich auf zahlentheoretische Untersuchungen zum Problem der Vorzeichenbestimmung von Gaussschen Summen, welche Gauss zum Beweis des Reziprozitätsgesetzes der quadratischen Reste eingeführt hat. Es sind dies Vorstudien zu seiner Arbeit *Summatio quarundam serierum singularium,* die Gauss 1808 publizierte.

[67] Zur Unterscheidung der «wahren Imagination» und der «phantastischen Imagination» bei den alten Alchemisten vergleiche man C. G. Jung, *Psychologie und Alchemie*, Gesammelte Werke, Bd. 12 [34], Ziff. 360.

[68] In seinen Gesprächen mit Joseph Joachim im Spätherbst 1896, zur Veröffentlichung 50 Jahre nach seinem Tode (1897) freigegeben. Publiziert in [1], S. 65.

[69] C. G. Jung, *Die Beziehungen zwischen dem Ich und dem Unbewussten*, Gesammelte Werke, Bd. 7 [33], Ziff. 227.

wird davon hypnotisiert, und glaubt, soeben die Lösung des Welträtsels entdeckt zu haben."[70]

„Ein aufgeblasenes Bewusstsein ist immer egozentrisch und nur seiner Gegenwart bewusst. Es ist unfähig, aus der Vergangenheit zu lernen, unfähig, das gegenwärtige Geschehen zu begreifen, und unfähig, richtige Schlüsse auf die Zukunft zu ziehen. Es ist von sich selber hypnotisiert und lässt darum auch nicht mit sich reden. Es ist daher auf Katastrophen angewiesen, die es nötigenfalls totschlagen. Inflation ist paradoxerweise ein Unbewusstwerden des Bewusstseins. Dieser Fall tritt ein, wenn letzteres sich an Inhalten des Unbewussten übernimmt, und die Unterscheidungsfähigkeit, diese conditio sine qua non aller Bewusstheit, verliert."[71]

12. Inflation als Hauptgefahr naturwissenschaftlicher Arbeit

Jede genuin schöpferische Arbeit ist eine gefährliche Gratwanderung. Leicht verliert man die Balance und wird aufgeblasen. Sowohl Naturwissenschafter als auch Psychologen sind ständig in Gefahr, einem Fascinosum zu verfallen und blind zu werden. Zudem befinden wir uns heute in einer wesentlich schwierigeren Situation als vor hundert oder zweihundert Jahren. Die Begeisterung für wissenschaftliche Ideen ist ein Massenphänomen geworden und schlägt oft in gedankenloses Phrasendreschen um.[72] Millionen von Wissenschaftern haben die Möglichkeit, am Fascinosum der Wissenschaften teilzunehmen, ohne dass sie die notwendige Kritikfähigkeit erlernt haben, und ohne dass sie auch nur die geringste Ahnung von der Gefährlichkeit der Faszination durch archetypische Inhalte haben. Das trifft aber auch für die wenigen genialen Köpfe der heutigen Naturwissenschaft zu. Ein besonders trauriges Beispiel ist der Bestseller *A Brief History of Time* von Stephen W. Hawkings. Im Vorwort schreibt Carl Sagan:

„«Eine kurze Geschichte der Zeit» ist auch ein Buch über Gott ... oder vielleicht über die Nichtexistenz von Gott. Das Wort Gott ist auf diesen Seiten überall präsent. Hawking stellt sich Einsteins berühmter Frage, ob Gott irgendeine Wahl gehabt habe, das Universum zu erschaffen. Hawking

---

[70] C. G. Jung, *Die Beziehungen zwischen dem Ich und dem Unbewussten*, Gesammelte Werke, Bd. 7 [33], Ziff. 243, Fussnote 1.

[71] C. G. Jung, *Psychologie und Alchemie*, Gesammelte Werke, Bd. 12 [34], Ziff. 563.

[72] Ein aktuelles Beispiel ist die zur Zeit grassierende kritiklose Schwärmerei um die sogenannte «Chaostheorie», an der sich nicht nur Mathematiker und Naturwissenschafter, sondern auch Komponisten, Literaturwissenschafter, Philosophen, Soziologen, Mediziner, Marketingstrategen, Unternehmensberater, Finanzmanager und Theologen beteiligen. Vergleiche dazu den zwar in journalistischer Manier geschriebenen, aber breit recherchierten Bericht von Peter Brügge im Nachrichten-Magazin *Der Spiegel*, **47**, Hefte 39, 40 und 41 (September/Oktober, 1993).

versucht, wie er ausdrücklich feststellt, «Gottes Plan» zu verstehen. Und um so überraschender ist das – zumindest vorläufige – Ergebnis dieses Versuchs: ein Universum, das keine Grenze im Raum hat, weder einen Anfang noch ein Ende in der Zeit und nichts, was einem Schöpfer zu tun bliebe."[73]

Deutlicher kann man wohl eine Inflation durch archetypische Ideen kaum dokumentieren.[74]

Eine für die Entwicklung der Naturwissenschaft unabdingbare Projektion war der Atomismus. Der Atomismus behauptet, die Materie sei aus kleinsten, nicht weiter zerlegbaren Bausteinen aufgebaut, und das Naturgeschehen müsse aus den Eigenschaften und den Bewegungen dieser Atome erklärt werden. Die bemerkenswerte Beharrlichkeit und Unbeirrbarkeit, mit der dieses Ziel ohne jede empirische Stütze über Jahrhunderte verfolgt wurde, weist auf die überwältigende Numinosität der atomistischen Idee hin. Das heisst, die Atomhypothese hat ihre Wurzeln keineswegs in der experimentellen Naturforschung, sondern geht auf uralte archetypische Ideen zurück. Die Entwicklung der Naturwissenschaften war zu einem wichtigen Teil auch eine positive und fruchtbare Auseinandersetzung mit diesen primordialen Ideen. Ein Resultat dieser Entwicklung ist der molekulare Reduktionismus, eine unbestrittenermassen eminent wichtige Methodik, welche in Chemie und Biologie beispiellose Erfolge erzielt hat. Vergisst man aber den Projektionscharakter des Atomismus, d.h. glaubt man, die Projektion stelle eine äussere Realität dar, so ist eine inflatorische Faszination nicht leicht zu vermeiden. In der Tat erleben noch heute viele Naturwissenschafter ihre atomistische Projektion als eine Eigenschaft der Materie. Damit wird der naive Glaube, dass der molekulare Reduktionismus die Lösung der Welträtsel bringen könnte, vielleicht etwas verständlicher.

Beispielsweise war Richard Feynman (Nobelpreis für Physik 1965) von der Atomhypothese so berauscht, dass er sich zu folgenden – naturwissenschaftlich offensichtlich unhaltbaren – Aussagen hinreissen liess:

„*Alles ist aus Atomen aufgebaut.* Das ist die Schlüsselhypothese. Die wichtigste Hypothese der gesamten Biologie ist z.B., dass *alles, was Tiere tun, Atome tun*. Mit anderen Worten: *Es gibt kein Verhalten der Lebewesen, das nicht unter dem Gesichtspunkt erklärt werden könnte, dass sie aus Atomen aufgebaut sind, welche physikalischen Gesetzen gehorchen.*"[75]

---

[73] Zitiert nach der deutschen Übersetzung: *Eine kurze Geschichte der Zeit* [19], S.11–12.

[74] Jung schreibt: „Wir haben das löbliche und nützliche Bestreben, das Chaos des Irrationalen in uns und ausser uns tunlichst auszurotten. Mit diesem Prozess sind wir anscheinend ziemlich weit gediehen. Ein Geisteskranker sagte mir einmal: ‚Herr Doktor, heute nacht habe ich den ganzen Himmel mit Sublimat desinfiziert und dabei keinen Gott entdeckt'. So etwa ist es auch uns ergangen." (C.G. Jung, *Über die Psychologie des Unbewussten*. Gesammelte Werke, Bd.7 [33], Ziff.110.)

[75] *The Feynman Lectures on Physics, Volume 1*. Zitiert nach der deutschen Übersetzung [11], S.1-13.

Allerdings wissen wir heute (und das wusste natürlich auch Richard Feynman), dass bereits das Pauliprinzip (in der modernern Fassung) besagt, *dass Elementarsysteme (wie etwa Elektronen) keine Individualität haben*, und sich somit krass von den ewigen, unveränderlichen und unzerstörbaren Atomen von Demokrit, Gassendi oder Newton unterscheiden. Man nennt zwar heute solche Systeme immer noch *elementar*, aber aus einem ganz anderen Grund, nämlich weil sie fundamentale Raum-Zeit-Symmetrien in unzerlegbarer Weise widerspiegeln. Moleküle, Atome, Elektronen, Quarks oder Strings sind aber *keine Bausteine der Materie*, sie sind nicht Gefundenes, sondern Erfundenes, das heisst Konstruktionen derer, welche die materielle Realität erforschen. Die ursprüngliche Idee, dass die materielle Welt bereits in einem absoluten Sinne strukturiert sei, und somit der Naturforscher einfach diese Strukturen zu entdecken und zu beschreiben habe, steht in schroffem Widerspruch zu den Erkenntnissen der Quantenmechanik.

Der molekulare Reduktionismus wurde in den letzten Jahrzehnten ausserordentlich erfolgreich auf die Biologie und Medizin ausgedehnt. Es scheint unvermeidlich zu sein, dass grossartige Erfolge auch besessen und blind machen, und damit die Gefahr einer Inflation heraufbeschwören. So äussert sich Severo Ochoa (Nobelpreis für Medizin 1959):

„Auf der molekularen Ebene befindet sich das Geheimnis der Vererbung und Evolution, möglicherweise das Geheimnis des Lebens überhaupt, in bestimmten chemischen Verbindungen, den Nucleinsäuren und den Proteinen" [43],

Arthur Kornberg (Nobelpreis für Medizin 1959) drückt sich wesentlich dezidierter aus:

„The language of chemistry ... is a language that explains where we came from, what we are, and where the physical world will allow us to go. ... It is a language that enables us to make the clearest statements about our individual selves, our environment, and even certain aspects of our society." [38]

Die Tatsache, dass jede Faszination unvermeidlicherweise auch eine gewisse Einäugigkeit bedingt, mag erklären, dass eine ausserordentliche Entdeckung (wie etwa Kornbergs Isolation eines DNS-synthetisierenden Enzyms) einen Forscher verleiten kann, zu meinen, er habe soeben den «Stein der Weisen» gefunden.

Viele hervorragende Naturwissenschafter sind heute von einer archetypischen Idee so gepackt, dass sie diese nicht mehr kritisieren können und damit moralisch unzurechnungsfähig werden. Dass naturwissenschaftliche Erkenntnisse auch absolut hervorragende Forscher aufblasen können, ist aus der heutigen Molekularbiologie wohlbekannt. Das Protokoll des berühmt-berüchtigten Symposiums der *Ciba Foundation 1963* ist eine reiche Quelle für Beispiele zur Inflation in den heutigen Naturwissenschaften. So sagte der Nobelpreisträger Joshua Lederberg:

„Now we can define man. Genotypically at least, he is six feet of a particular molecular sequence of carbon, hydrogen, oxygen, nitrogen and phosphorus atoms – the length of DNA tightly coiled in the nucleus of his provenient egg ... . On these premises it would be incredible if we did not soon have the basis of developmental engineering technique to regulate, for example the size of the human brain by prenatal or early postnatal intervention."[76]

Der Biologe J. B. S. Haldane interessierte sich unter anderem für das Leben von Menschen auf anderen Planeten und Asteroiden und sagte in diesem Zusammenhang:

„Men who had lost their legs by accident or mutation would be specially qualified as astronauts. If a drug is discovered with an action like that of thalidomid, but on the leg rudiments only, not the arms, it may be useful to prepare the crew of the first spaceship to the *Alpha Centauri* system, thus reducing not only their weight, but their food and oxygen requirements."[77]

Ich weiss, dass sich heute viele Molekularbiologen von der wahnhaften Selbstüberhebung der Elite der biomedizinischen Forschung am Ciba Symposium von 1963 distanzieren. Aber Aufgeblasenheit ist ebensowenig wie Trunkenheit am Steuer eine Entschuldigung. Wozu wir Wissenschafter redlicherweise verpflichtet sind, ist, das Phänomen der Faszination in seiner Tragweite zu sehen – selbst dann, wenn wir vielleicht nicht recht wissen, wie wir mit den akuten Gefahren des Schattens umgehen sollen. „Unbewusstheit gilt vor dem Richterstuhl der Natur und des Schicksals nie als Entschuldigung."[78]

Wann immer eine Faszination stattfindet, ist zu vermuten, dass ein *archetypisches Bild* sich dem Bewusstsein mit elementarer Gewalt aufdrängt. Die Besessenheit durch solche unbewusste urtümliche Bilder ist eine der Hauptgefahren der modernen Naturwissenschaft. Natürlich gibt es etwas, was wir alle anstreben können: *grössere Bescheidenheit*. Aber bescheiden zu bleiben, wenn der Dämon der naturwissenschaftlichen Imagination uns gepackt hat, ist fast unmöglich, denn „die Konfrontation mit dem Schatten [ist] keine harmlose Sache, die mit «Vernunft» zu erledigen wäre."[79] Faszination ist intellektuell unangreifbar: „Die Faszinierung ist nämlich ein zwangsartiges Phänomen, zu dem die bewusste Motivierung fehlt; d.h. sie ist kein Willensvorgang, sondern eine Erscheinung, die aus dem Unbewussten auftaucht und sich dem Bewusstsein zwangsmässig aufdrängt."[80].

Bescheidenheit bedarf nicht nur einer beträchtlichen positiven Anstrengung, sondern auch eines Wissens um die Hintergründe archetypischer Kräfte und der Integration unbewusster Inhalte in das Bewusstsein – kurz einer Erziehung zur Bewusstheit, denn „unsere moralische Freiheit reicht nur so weit wie unsere Bewusst-

---

[76] J. Lederberg, *Biological future of man*, in: Man and his Future [65], S.263–264 und S.266.

[77] J.B.S. Haldane, *Biological possibilities for the human species in the next ten thousand years*, in: Man and his Future [65], S.354.

[78] C.G. Jung, *Antwort auf Hiob*. Gesammelte Werke, Bd.11 [29], Ziff.745.

[79] C.G. Jung, *Mysterium Coniunctionis*. Gesammelte Werke, Bd.14/1 [31], Ziff.335.

[80] C.G. Jung, *Über die Psychologie des Unbewussten*. Gesammelte Werke, Bd.7 [33], Ziff.136.

heit". [81] Schatten-Projektionen erzeugen folgenschwere Wahrnehmungsverzerrungen, daher müssen wir – wenn wir nicht untergehen wollen – uns der Quellen naturwissenschaftlicher Imagination bewusster werden. Es muss daher zu den unabdingbaren Pflichten eines modernen Naturwissenschafters gehören, sich jenes Wissen anzueignen, das ihn befähigt, mit der Faszination naturwissenschaftlicher Forschung umzugehen. Dazu gibt es verschiedene Möglichkeiten. Eine davon hat uns Pauli gewiesen, indem er sich mit Hilfe der Jungschen Ideen auf das Reich der Träume und der Symbolik des Unbewussten einliess.

Das Opus der modernen Naturwissenschaft ist die zweite materielle Schöpfung. Damit ist jede naturwissenschaftliche Einsicht durchkreuzt von der Faszination der Machbarkeit. Da das durch keinerlei normative Prinzipien geleitete «Machen» das Wesen heutiger Wissenschaft ist, bedingt jeder Verzicht auf Machbarkeit notwendigerweise einen Wissensverzicht. Um der Rasanz des technischen Forschrittes, welche unsere Lebensgrundlagen in Frage stellt, Einhalt zu gebieten, hat Hans Jonas in eindrücklicher Weise das *«Prinzip Verantwortung»* [26] postuliert. Wäre die Idee der technischen Machbarkeit nur in der Vernunft begründet, könnte ihr auch mit Vernunft begegnet werden. Aber das Fascinosum der technokratischen Heilserwartung quillt aus unbekannter Tiefe, und die Faszination durch schöpferische Ursprünglichkeit kann durchaus in Ungewolltes, ja radikal Böses umschlagen. Somit haben wir vermehrt zu fragen, welche Erkenntnisse *sittlich erlaubt* sind, und wir müssen *uns die Freiheit des Verzichts auf die Erforschung eines Erforschbaren vorbehalten*. Da die Würde der belebten Welt und die Sorge um die Zukunft über der Forschungsfreiheit stehen, ist die Legitimation der Wissenschaft keineswegs so selbstverständlich, wie wir Wissenschafter gerne unterstellen. Verantwortliche Wissenschaft erzwingt *nicht* die Liquidierung der Naturforschung, bedarf aber eines Wissens um die geheimnisvolle Wirklichkeit des Unbewussten als Keimstätte der schöpferischen, allerdings auch dämonischen Urkräfte.

13. Positive Aspekte des Schattens

Die dunkle Seite der Naturwissenschaft ist nicht lediglich «Abwesenheit von Licht», sondern gehört zum Wesen der Naturwissenschaft, und hat eine eigenständige ontologische Realität. Würde man den Schatten nur als eine *privatio lucis*[82] verstehen, so würde man den Naturwissenschaften den Zugang zum Unbewussten versperren. Eine ganzheitliche Naturwissenschaft muss die äussere und die innere Erfahrung gleicherweise berücksichtigen. Das Imaginale ist aber verborgen und kann nicht vom Tageslicht des wissenschaftlichen Verstandes vereinnahmt werden, sondern muss als Schatten anerkannt werden.

---

[81] So Jung in einem Brief vom 26. März 1960 ([35], S. 290).
[82] Die Doktrin der «privatio boni» behauptet, das Böse sei «ein Nichts», nur ein Mangel des Guten. So etwa bei St. Augustinus (345–430): „Non est malum nisi privatio boni."

Der Schatten kann nicht eliminiert oder kompensiert werden, sein positives Potential wird aber erst verfügbar, wenn wir uns ihm bewusst stellen und ihn konstruktiv erleiden – eine schwierige und keineswegs ungefährliche Aufgabe. Gleichwohl sind es gerade die Schattenaspekte, welche ein Quell der Erneuerung werden können. Die Auseinandersetzung mit den dunklen Aspekten der heutigen Naturwissenschaft kann brachliegendes Potential zur Entfaltung bringen und uns zu anderen Zugangsweisen der Naturforschung führen. Zum Beispiel zu einer Naturforschung, welche weniger anästhetisiert ist und die das Imaginale, Spielerische, Zweckfreie, Poetische und Schöne nicht als «nicht zur Sache gehörig» verleugnet. Die in der heutigen Naturwissenschaft kultivierte rationale Abwehr gegen die Schönheit hat ihre Ursache wohl in der Tatsache, dass Schönheit naturwissenschaftlich-technisch nicht einfach «machbar» ist, und damit gemäss dem verum-factum-Prinzip als nicht objektivierbar gilt. Trotzdem hat echte Naturforschung mit Staunen und mit Schönheit zu tun, mit menschlichem Erleben mithin. Nach Albert Einstein ist das "Schönste, was wir erleben können, ... das Geheimnisvolle. Es ist das Grundgefühl, das an der Wiege von wahrer Kunst und Wissenschaft steht. Wer es nicht kennt und sich nicht mehr wundern, nicht mehr staunen kann, der ist sozusagen tot und seine Augen erloschen." [10] Schönheit ist ein sinnlicher Zeuge für etwas, das jenseits des menschlichen Verstehens liegt, aber deshalb in der Naturwissenschaft nicht unterdrückt zu werden braucht.

Danksagung

Theodor Abt, Harald Atmanspacher, Roland Brun, Paul Feyerabend, Ernst Peter Fischer, Vittorio Hösle, Bernd Kasemir, Ulrich Müller-Herold und Eva Wertenschlag-Birkhäuser haben einen Entwurf dieser Arbeit gelesen, in konstruktiver Weise ausführlich kommentiert und damit die Schlussversion mitgestaltet.

Literaturhinweise

[1] A. M. Abell: *Gespräche mit berühmten Komponisten*. Kleinjörl bei Flensburg. Schroeder-Verlag. 1977.

[2] D. Brinkmann: *Mensch und Technik. Grundzüge einer Philosophie der Technik*. Bern. Francke. 1946.

[3] E. Cassirer: *Descartes*. Hildesheim. Gerstenberg Verlag. 1978.

[4] H. Corbin: *Mundus Imaginalis oder das Imaginäre und das Imaginale*. Gorgo Heft 2, 1–20 (1979).

[5] R. Descartes: *Discours de la méthode pour bien conduire sa raison et chercher la vérité dans les sciences*. Leiden. De l'Imprimerie de Jan Maire. 1637. Zitiert nach der deutschen Übersetzung: *Abhandlung über die Methode des richtigen Vernunftgebrauchs*. Übersetzt von K. Fischer. Reclam. Stuttgart. 1961.

[6]   R. Descartes: *Meditationes de Prima Philosophia*. Paris. Apud Michaelem Soly. 1641. Zitiert nach: *Meditationes de Prima Philosopia / Meditationen über die Erste Philosophie*. Lateinisch/Deutsch, übersetzt und herausgegeben von G. Schmidt. Reclam. Stuttgart. 1986.

[7]   J. A. Dieudonné: *The work of Nicholas Bourbaki*. American Mathematical Monthly **77**, 134–145 (1970).

[8]   P. A. M. Dirac: *Annahmen und Voreingenommenheit in der Physik*. Naturwissenschaftliche Rundschau **30**, 429–432 (1977).

[9]   P. Ehrenfest: *Einige die Quantenmechanik betreffende Erkundigungsfragen*. Z. Physik **78**, 555–559 (1932).

[10] A. Einstein: *Mein Weltbild*. Amsterdam. 1943. Erweiterte Neuauflage hg. von Carl Seelig, Europa Verlag, Zürich, 1953. Neuauflage als Ullstein-Buch 35024. (24. Aufl.). Frankfurt. Ullstein. 1991. S. 9–10.

[11] R. P. Feynman, R. B. Leighton and M. Sands: *Feynman Vorlesungen über Physik – The Feynman Lectures on Physics. Band I, Teil 1*. München. Bilingua Ausgabe, Oldenbourg und Addison–Wesley. 1974.

[12] M. Fierz: *Pauli, Wolfgang*. In: *Dictionary of Scientific Biography. Volume 10*. Ed. by C. C. Gillispie. New York. Charles Scribner's Sons. 1970. S. 422–425.

[13] C. F. Gauss: *Carl Friedrich Gauss, Werke, Vol. X.1*. Leipzig. Teubner. 1917.

[14] W. Giegerich: *Die Alchemie der Geschichte*. In: *Eranos-Jahrbuch 1985. Band 54*, Hg. von R. Ritsema, Frankfurt Insel Verlag. 1987. 3. 323–395.

[15] W. Giegerich: *Die Atombombe als seelische Wirklichkeit. Ein Versuch über den Geist des christlichen Abendlandes*. Zürich. Schweizer-Spiegel-Verlag, Raben Reihe. 1988.

[16] W. Giegerich: *Drachenkampf oder Initiation ins Nuklearzeitalter*. Zürich. Schweizer-Spiegel-Verlag, Raben Reihe. 1989.

[17] J. Hadamard: *An Essay on the Psychology of Invention in the Mathematical Field*. Princeton. Princeton University Press. 1945.

[18] G. H. Hardy: *A Mathematician's Apology*. Cambridge. Cambridge University Press. 1967.

[19] S. W. Hawking: *Eine kurze Geschichte der Zeit*. Reinbek. Rowohlt. 1988.

[20] M. Heidegger: *Die Technik und die Kehre*. Pfullingen. Neske. 1962.

[21] W. Heisenberg: *Prinzipielle Fragen der modernen Physik*. In: *Neuere Fortschritte in den exakten Wissenschaften. Fünf Wiener Vorträge. Dritter Zyklus*. Leipzig. Franz Deuticke. 1936. S. 91–102. Nachdruck in: *Werner Heisenberg Gesammelte Werke, Abt. C, Band 1*. Hg. von W. Blum, H.-P. Dürr und H. Rechenberg. München. Piper. 1984. S. 108–119.

[22] W. Heisenberg: *Wolfgang Paulis philosophische Auffassungen*. Naturwissenschaften **46**, 661–663 (1959).

[23] V. Hösle: *Philosophie der ökologischen Krise*. München. Beck. 1991.

[24] K. Hübner: *Die Wahrheit des Mythos*. München. Beck. 1985.

[25] B. Irrgang: *Christliche Umweltethik*. München. Uni-Taschenbücher # 1671. Reinhard. 1992.

[26] H. Jonas: *Das Prinzip Verantwortung*. Frankfurt. Suhrkamp. 1984.

[27] C. G. Jung: *Der Geist der Psychologie*. In: *Eranos–Jahrbuch 1946. Band XIV*. Hg. von O. Fröbe–Kapteyen. Zürich. Rhein-Verlag. 1947. S. 385–490. Überarbeitete Version publiziert als: *Theoretische Überlegungen zum Wesen des Psychischen*, in: C. G. Jung, *Von den Wurzeln des Bewusstseins*, Zürich, Rascher Verlag, 1954, Kap.8. Nachdruck: C. G. Jung: *Gesammelte Werke. Achter Band. Die Dynamik des Unbewussten*. Olten, Walter-Verlag, 1971, Kap.8.

[28] C. G. Jung: *Gesammelte Werke. Sechster Band. Psychologische Typen.* Zürich. Rascher Verlag. 1960.

[29] C. G. Jung: *Gesammelte Werke. Elfter Band. Zur Psychologie westlicher und östlicher Religion.* Zürich. Rascher Verlag. 1963.

[30] C. G. Jung: *Man and His Symbols.* Edited by C. G. Jung and after his death by M. L. von Franz. Garden City, N.Y. Doubleday. 1964. Deutsche Übersetzung: *Der Mensch und seine Symbole*, Herausgegeben von C. G. Jung und nach dessen Tod von M. L. von Franz. Olten. Walter. 1968.

[31] C. G. Jung: *Gesammelte Werke. Vierzehnter Band. Mysterium Coniunctionis. Untersuchungen über die Trennung und Zusammensetzung der seelischen Gegensätze in der Alchemie.* In zwei Halbbänden. Zürich. Rascher Verlag. 1968.

[32] C. G. Jung: *Gesammelte Werke. Fünfzehnter Band. Über das Phänomen des Geistes in Kunst und Wissenschaft.* Olten. Walter-Verlag. 1971.

[33] C. G. Jung: *Gesammelte Werke. Siebenter Band. Zwei Schriften über Analytische Psychologie.* Olten. Walter-Verlag. 1971.

[34] C. G. Jung: *Gesammelte Werke. Zwölfter Band. Psychologie und Alchemie.* Olten. Walter-Verlag. 1972.

[35] C. G. Jung: *Briefe. Dritter Band. 1956–1961.* Olten. Walter-Verlag. 1973.

[36] C. G. Jung: *Gesammelte Werke. Neunter Band. Zweiter Halbband. Aion.* Olten. Walter-Verlag. 1976.

[37] C. G. Jung: *Gesammelte Werke. Achtzehnter Band. Das symbolische Leben.* Olten. Walter-Verlag. 1981.

[38] A. Kornberg: *The two cultures: Chemistry and biology.* Biochemistry **26,** 6888–6891 (1987).

[39] K. V. Laurikainen: *Beyond the Atom. The Philosophical Thought of Wolfgang Pauli.* Berlin. Springer. 1988.

[40] C. A. Meier (Hg.): *Wolfgang Pauli und C. G. Jung. Ein Briefwechsel 1932–1958.* Berlin. Springer. 1992.

[41] K. von Meyenn (Hg.): *Wolfgang Pauli. Wissenschaftlicher Briefwechsel, Band III: 1940–1949.* Berlin. Springer. 1993.

[42] E. Noether: *Invariante Variationsprobleme.* Nachrichten der Akademie der Wissenschaften, Göttingen, Mathematisch Physikalische Klasse **1918,** 235–257 (1918).

[43] S. Ochoa: *Die molekularen Grundlagen der Vererbung und Evolution.* Naturwissenschaftliche Rundschau **26,** 1–14 (1973).

[44] W. Pauli: *Die Klavierstunde. Eine aktive Phantasie über das Unbewusste. Frl. Dr. Marie-Louise v. Franz in Freundschaft gewidmet.* 1953. Ein bisher unpubliziertes Dokument. Erstpublikation in diesem Band. Das Originalmanuskript befindet sich in den *Wissenschaftshistorischen Sammlungen der ETH-Bibliothek, Zürich*, Hs 176.

[45] W. Pauli: *Einige die Quantenmechanik betreffende Erkundigungsfragen.* Z. Physik **80,** 573–586 (1933).

[46] W. Pauli: *Brief vom 19. Februar 1949 an Hermann Levin Goldschmidt.* In: *Nochmals Dialogik.* Hg. von H. L. Goldschmidt. Zürich, 1990. H.L. Goldschmidt, Balgriststrasse 9, CH-8008 Zürich. 1949.

[47] W. Pauli: *Die philosophische Bedeutung der Komplementarität.* Experientia **6,** 72–81 (1950).

[48] W. Pauli: *Der Einfluss archetypischer Vorstellungen auf die Bildung naturwissenschaftlicher Theorien bei Kepler*. In: *Naturerklärung und Psyche*. Hg. von C. G. Jung und W. Pauli. Zürich. Rascher. 1952. S. 109–194. Reprinted in: *Collected Scientific Papers by Wolfgang Pauli*. Edited by R. Kronig and V. F. Weisskopf. New York. Interscience. 1964. Vol.1, S.1023–1114.

[49] W. Pauli: *Naturwissenschaftliche und erkenntnistheoretische Aspekte der Ideen vom Unbewussten*. Dialectica **8**, 283–301 (1954).

[50] W. Pauli: *Phänomen und physikalische Realität*. Dialectica **11**, 36–48 (1957).

[51] G. Picht: *Nietzsche*. Stuttgart. Klett-Cotta. 1988.

[52] H. Poincaré: *Wissenschaft und Methode*. Leipzig. Teubner. 1914.

[53] F. Schmidt und P. Stäckel: *Briefwechsel zwischen C. F. Gauss und W. Bolyai*. Leipzig. 1899.

[54] M. Schwerdtfeger: *Das Kreuz oder die Tötung der Natur*. Gorgo Heft **25**, 5–15 (1993).

[55] J. Spedding, R. L. Ellis und D. D. Heath: *The Works of Francis Bacon*. London. 1857-1874.

[56] K. Spiekermann: *Naturwissenschaft als subjektlose Macht? Nietzsches Kritik physikalischer Grundkonzepte*. Berlin. Walter de Gruyter. 1992.

[57] E. C. G. Stueckelberg: *Field quantization and time reversal in real Hilbert space*. Helvetica Physica Acta **32**, 254–256 (1959).

[58] E. C. G. Stueckelberg: *Quantum theory in real Hilbert space*. Helvetica Physica Acta **33**, 727–752 (1960).

[59] E. C. G. Stueckelberg and M. Guenin: *Quantum theory in real Hilbert space II. (Addenda and Errats)*. Helvetica Physica Acta **34**, 621–628 (1960).

[60] G. B. Vico: *Prinzipien einer neuen Wissenschaft über die gemeinsame Natur der Völker. Teilband 1 und 2*. Übersetzt von V. Hösle und C. Jerman. Mit einer Einleitung von V. Hösle. Hamburg. Meiner. 1990.

[61] A. N. Whitehead: *Eine Einführung in die Mathematik*. Bern. Francke Verlag. 1948.

[62] N. Wiener: *I am a Mathematician*. London. Victor Gollancz. 1956.

[63] N. Wiener: *Mathematik mein Leben*. Düsseldorf. Econ-Verlag. 1962.

[64] E. P. Wigner: *The unreasonable effectiveness of mathematics in the natural sciences*. Communications on Pure and Applied Mathematics **13**, 1–14 (1960).

[65] G. Wolstenholme: *Man and his Future. A Ciba Foundation Volume*. London. Churchill. 1963.

Raum, Zeit und psychische Funktionen

Harald Atmanspacher

1. Vorbemerkungen

Der gesamte hier vorliegende Artikel kann als eine Sammlung von Variationen zum Thema Quaternität aufgefaßt werden, einem Schlüsselthema im Dialog zwischen Jung und Pauli. Vier psychische Funktionen, die in unterschiedlichen dichotomen Schemata darstellbar sind, werden in mehrfache und nicht immer eindeutige Zusammenhänge mit vier Begriffen von Raum und Zeit gestellt, die sich ebenfalls durch verschiedene Dichotomien erzeugen lassen. Die gestreiften Themen sind philosophischer, physikalischer und psychologischer Natur. Die Perspektive ist einesteils historisch, anderenteils aber auch im Hinblick auf zeitgenössische Tendenzen der Wissenschaft ausgerichtet.

Der analytische Charakter des Aufsatzes steht in der abendländischen Tradition abstrakter, rationaler und analytischer Reflexion. Damit ergibt sich eine einseitige Anlage, die das Ganze zu Gunsten der Betrachtung seiner einzelnen Bestandteile in den Hintergrund rückt. Schwerpunkte liegen demzufolge auf der Behandlung *unterschiedlicher* Begriffe von Raum und Zeit sowie *unterschiedlicher* psychischer Funktionen. Natürlich liegen die Gegenstände dieser Begriffe in Wirklichkeit nie völlig separiert voneinander vor. Aus ihrer separierten Betrachtung kann aber dennoch Kenntnis entstehen, die notwendig ist, um ein stabiles Fundament für ihre Integration zu erstellen.

Als Besonderheit der hier verfolgten Vorgehensweise mag es gelten, daß der Versuch unternommen wird, explizit auch Bereiche jenseits des Rationalen (etwa das «Irrationale», wie immer es auch zu verstehen ist) rational und abstrakt zu reflektieren, soweit dies möglich ist. Die Tragfähigkeit eines solchen Verfahrens endet dort, wo es um die Konkretisierung geht. Insoweit Quaternität diese jedoch ausdrücklich einschließt, kann sie ohne das konkrete Element nicht in ihrer vollen Bedeutung realisiert werden. Sie ist bestenfalls «begriffen», doch nicht erlebt. Im Rahmen der Konzepte von Raum und Zeit könnte man von Konkretisierung und Ganzheit zugleich im *Hier* und *Jetzt* sprechen – ohne damit natürlich beides geleistet zu haben, solange man *nur* darüber spricht. Was die psychischen Funktionen betrifft, so liegt eine analoge Vorstellung in Jungs Begriff der Individuation, verstanden als Weg zum *Individuum*, zur ungeteilten Psyche, zum ganzen Menschen.

Ich betrachte, wie bereits angedeutet, das Konkrete im Sinne einer derartigen durch Quaternität symbolisierten Ganzheit als ein wesentliches Element, dessen die abstrakte und analytische Grundhaltung, die in den westlichen Zivilisationen seit Jahrhunderten dominiert, zu ihrer Ergänzung dringend bedarf. Mit dem Bewußtsein, daß auf es aus abstrakter Perspektive nur hingewiesen werden kann, daß aber zugleich genau *dieser* Hinweis auch unumgänglich ist, verbindet sich das Bewußtsein, daß der gesamte Aufsatz am Wesentlichen notgedrungen vorbeigeht, oder besser: es zwar abstrakt umkreist, aber nicht erreicht. Das Konkrete läßt sich nicht abstrakt, sondern nur konkret konkretisieren.

2. Bewegung, Raum, Zeit

In der aristotelischen Physik [2] ist die *Bewegung* das primäre Konzept, aus dem Raum und insbesondere Zeit entwickelt werden.[1] Diese Reihenfolge gilt, um genau zu sein, für die genannten Konzepte, soweit ihre Operationalisierbarkeit betroffen ist. Das heißt, sie gilt vor einem empirischen Hintergrund, der von Aristoteles als vorrangig etwa gegenüber der platonisch-ontischen Welt der Ideen angesehen wurde.

Bewegung ist die Änderung des Ortes[2] eines Objektes im Raum ($\Delta q = q_2 - q_1$), und sie geschieht während eines Zeitintervalles ($\Delta t = t_2 - t_1$). Durch diese beiden Differenzen läßt sich eine Geschwindigkeit definieren als: $v = \Delta q / \Delta t$, beziehungsweise in infinitesimaler Schreibweise: $v = dq/dt$. Der Quotient der Differenzen von Geschwindigkeit und Zeit liefert die Beschleunigung a. Im infinitesimalen Grenzfall ist dies die Krümmung der Funktion $t \mapsto q(t)$, gegeben durch $a = d^2q/dt^2$. Geschwindigkeit und Beschleunigung sind die zentralen Begriffe für alle kinematischen Theorien, somit für die Lehre von der Bewegung als solcher. Was geschieht jedoch im Detail, wenn die Größen Δq und Δt etc. operationalisiert, also empirisch bestimmt werden sollen, wenn also ein Zusammenhang zwischen Definition und Messung hergestellt werden soll? Diese Frage ist, wollte man ihr in ihrer ganzen Tiefe nachgehen, äußerst schwierig. Einige Ansätze zu ihrer Beantwortung muß ich jedoch im folgenden skizzieren, um den inhaltlichen Rahmen für den vorliegenden Artikel zu setzen. Diese Skizze ist in der Kürze ihrer Darstellung unvollständig und oberflächlich.

Am klarsten ist die Situation für die Messung eines Raumintervalles Δq im Sinne eines Abstandes zweier Objekte, die sich an verschiedenen Orten befinden. Dieser Abstand ist direkt, z.B. visuell, wahrnehmbar und kann mit einem geeigneten Maßstab festgestellt werden. Hierbei handelt es sich um die Messung des

---

[1] Siehe hierzu im Detail Peter Janich, *Geschwindigkeit und Zeit* [20].

[2] Zur Vereinfachung der formalen Darstellung verwende ich die heute gebräuchliche Schreibweise und berücksichtige zudem den Vektorcharakter der Ortskoordinate nicht explizit. Natürlich ist jeder Punkt im dreidimensionalen Raum erst durch drei Koordinaten (x,y,z) vollständig charakterisiert. In Abschnitt 4.1 wird das, was hier einfach «Ort q»

Abstandes zweier Raumpunkte, die im Sinne der Messung ausgezeichnet sind. Die direkte Wahrnehmung des Abstandes hat, psychologisch gesprochen, Erlebnischarakter. Wenn sie gegeben ist, bezeichne ich die wahrgenommene Größe, hier den räumlichen Abstand, als konkret. *Konkretheit* ist damit ein Kriterium für die Operationalisierbarkeit einer beliebig definierten Größe. Sie ist aber nicht das einzige Kriterium dafür. Ein zweites besteht in der *Externalität* der betreffenden Größe.[3] Konkrete Wahrnehmung von Ortsabständen bezieht sich auf externe Abstände. Das heißt, daß die Messung solcher Abstände (und damit natürlich jede Messung eines Ortes bei gegebenem Referenzort) beide genannten Operationalisierbarkeitskriterien erfüllt. In diesem Sinn ist sie unproblematisch.

Anders verhält es sich mit dem Konzept des «leeren» Raumes als «Behälter» für mögliche Ereignisse, deren Ort dann, wenn sie durch Objekte aktualisiert werden, wie besprochen operationalisierbar ist. Ein solcher Raumbegriff besitzt zunächst nicht einmal eindeutig definierte Abstände, geschweige denn meßbare. Doch selbst, wenn man Abstände auf eindeutige Weise definiert, so bleiben sie abstrakt, solange ihnen nicht externe Objekte zugeordnet werden. Die Vorstellung eines leeren Raumes als Behälter ist zunächst *abstrakt* und *intern*, also nicht operationalisierbar im Sinne der obengenannten Kriterien.

Die Situation wird noch komplizierter, wenn es um den Zeitbegriff geht. Auch Zeit ist bekanntlich *nicht konkret und extern zugleich* wahrnehmbar. Die direkt, konkret wahrnehmbare, erlebte Zeit bezieht sich auf ein internes Zeit«gefühl». Sie ist inhomogen, situationsabhängig, und irreversibel; zeitliche Abstände sind hier nicht universell und eindeutig festlegbar. Gemessen wird Zeit durch Uhren. Was Uhren aber letztlich anzeigen, sind Positionen von Zeigern und deren Änderung, also Raumpunkte und nicht «Zeit»punkte. Es ist das interne irreversible Zeiterleben, das die Interpretation sich bewegender Zeiger als «vergehende Zeit» nahelegt. Zeit wird auf diese Weise zugleich externalisiert und abstrahiert, und man kommt zum Konzept einer homogen ablaufenden, kontextfreien, reversiblen Zeit, die allem Anschein nach operationalisierbar ist.

Doch ist sie das wirklich? Interne Zeit erfüllt das Kriterium der Konkretheit, doch nicht dasjenige der Externalität. Externe Zeit mit ihrem abstrakten Charakter dagegen erfüllt das Kriterium der Externalität, doch nicht das der Konkretheit. Beide sind in gewisser Weise «semi-operationalisierbar», aber eben nicht wirklich operationalisierbar im angesprochenen Sinn. So ist es zu verstehen, daß in den Naturwissenschaften (insbesondere in der Physik) die Zeit sich im Vergleich zum Raum zum weit problematischeren Begriff entwickelt hat, und daß auch heute noch über weite Strecken kein klares Verständnis über verschiedenste Aspekte der Zeit existiert. Wie so oft, hängt ein solches Verständnis an der expliziten Berücksichtigung etlicher impliziter Dichotomien wie eben der von Internalität

---

[3] Ich gehe hierauf nicht näher ein, sondern verweise diesbezüglich auf die Kapitel 6 und 7 meines Buches *Die Vernunft der Metis* [4] sowie auf den Artikel *Objectification as an Endo-Exo Transition* [5].

und Externalität oder von Abstraktion und Konkretheit.[4] Im folgenden werde ich versuchen zu zeigen, wie im Laufe der jüngeren wissenschaftshistorischen Entwicklung eine derartige explizite Berücksichtigung fruchtbar gemacht werden kann.

3. Raum und Zeit in der beginnenden Wissenschaft

In der italienischen Renaissance wurden viele der Probleme, die später in der Anfangsphase der Wissenschaften auftauchten, bereits andiskutiert. Eine der zentralen Fragen in Bezug auf das Konzept des Raumes war die, ob die Punkte des Raumes physikalische Qualitäten besitzen oder nicht. Viele, unter ihnen Giordano Bruno (1548–1600), bejahten diese Frage. Doch andere wie Bernardo Telesio (1508–1588), Francesco Patrizzi (1529–1597) oder Tommaso Campanella (1568–1639) vertraten die Ansicht, ein «absoluter» Raum existiere jenseits der Dinge.[5] In der Terminologie von Kapitel 2 ist ein solcher Raumbegriff abstrakt.

Im Gegensatz zum Problem des Raumes wird der Aspekt der Zeit, der ja früher, etwa bei Aristoteles, Plotin und Augustinus[6] immer explizit behandelt und als sehr problematisch angesehen wurde, in der italienischen Renaissance weitgehend vernachlässigt. Diese Einseitigkeit setzte sich in der Folge zunächst fort, bevor sich im weiteren Verlauf der Entwicklung das Thema Zeit wieder zunehmende Geltung verschaffte. Im Anschluß skizziere ich diese Entwicklung anhand der Beispiele einiger wissenschaftshistorisch interessanter Kontroversen im 17. Jahrhundert (3.1) bis hin zu den Raum- und Zeitbegriffen von Kant (3.2).

3.1 Kepler/Fludd, Descartes/More, Newton/Leibniz

Die erste der im Titel dieses Abschnittes angesprochenen Kontroversen wurde von Pauli in seiner Kepler-Arbeit untersucht, die er in dem zusammen mit Jung herausgegebenen Buch *Naturerklärung und Psyche* [42] veröffentlichte. Diese Arbeit ist in mehrjähriger Dauer entstanden und vermittelt ein sehr originelles und aufschlußreiches Bild von wesentlichen Unterschieden in den Auffassungen von Kepler und Fludd.

---

[4] Whitehead hat beispielsweise in Bezug auf die letztgenannte Dichotomie den Terminus eines wissenschaftshistorischen Irrtums falsch verstandener Konkretheit («fallacy of misplaced concreteness», [53], Kap. 3) geprägt.

[5] Pauli hat sich dazu in seinem Briefwechsel mit Markus Fierz oft geäußert (vergleiche etwa seinen Brief vom 13. Oktober 1951, zitiert in Laurikainen [29], S. 39ff), aber auch in seinem Artikel *Die Wissenschaft und das abendländische Denken* [43]. Vergleiche auch Jammer, *Das Problem des Raumes* [19], S. 92–101, sowie Whitehead, *Science and the Modern World* [53], Kap. 3.

[6] Siehe die Sammlung von Aufsätzen zum Thema Zeit in Aichelburg, *Zeit im Wandel der Zeit* [1].

Bei JOHANNES KEPLER (1571–1630) ist der dreidimensionale Raum deutlich an das geistig-religiöse Prinzip der Trinität geknüpft. In seinem *Mysterium Cosmographicum* (zitiert nach [42], S. 117) schreibt er:

„Das Abbild des dreieinigen Gottes ist in der Kugel(fläche), nämlich des Vaters im Zentrum, des Sohnes in der Oberfläche, und des Heiligen Geistes im Gleichmaß der Bezogenheit zwischen Punkt und Zwischenraum (oder Umkreis)."

Weiter heißt es im *Tertius Interveniens* (zitiert nach [42], S. 130):

„Wie nun der Schöpfer gespielet, also tat er auch die Natur als sein Ebenbild lehren spielen und zwar eben das Spiel, das er ihr vorgespielet ... "

Kepler beschreibt damit den Typ des abstrakten Raumes, der göttlichen Ursprungs ist und von dort in die Natur übertragen wurde. Pauli selbst schließt an das letztere Zitat an ([42], S. 130, 132):

„Aus diesen Worten von einfacher Schönheit geht auch hervor, daß Kepler die Trinität mit der Dreidimensionalität des Raumes in Zusammenhang bringt. ... Vielleicht hängt das Fehlen einer Zeitsymbolik in Keplers sphärischem Bild mit dem Fehlen einer Andeutung der Quaternität zusammen."

ROBERT FLUDD, Alchemist und Hermetiker in Oxford (1574–1637), war im Vergleich zu Kepler ein akzentuierter Vertreter der Quaternität. Er stellt der geistigen Sphäre eine weltliche Sphäre gegenüber, und das lichte Prinzip der Form findet sein Gegenstück im dunklen Prinzip der Materie. Letztlich findet damit auch Keplers Hang zur abstrakten Geistigkeit sein Gegengewicht in Fludds Betrachtung der konkreten Welt. Abbildung 1 stammt aus einem Werk Fludds und zeigt diese Gegenüberstellung in sehr illustrativer Weise.[7] Fludd selbst charakterisiert das obere beziehungsweise untere der beiden Dreiecke folgendermaßen (zitiert nach [42], S. 140):

„Jener allergöttlichste und formvollendetste Gegenstand (Gott) gesehen im unten dargestellten dunklen Spiegel der Welt. ...

Das Schattenbild, Abbild, oder der Reflex des unfaßlichen Dreieckes gesehen im Spiegel der Welt."

Paulis Interpretation dazu lautet ([42], S. 147):

„Die Welt ist das Spiegelbild des unsichtbaren, trinitarischen Gottes, der sich in ihr offenbart. So wie Gott durch ein gleichseitiges Dreieck symbolisch dargestellt wird, gibt es ein zweites, gespiegeltes Dreieck nach unten, das die Welt darstellt."

---

[7] Eine eingehende Diskussion dieser Illustration findet sich in meinem Artikel *Wolfgang Pauli und die Alchemie*, Teil II [3], Kap. 4.3.

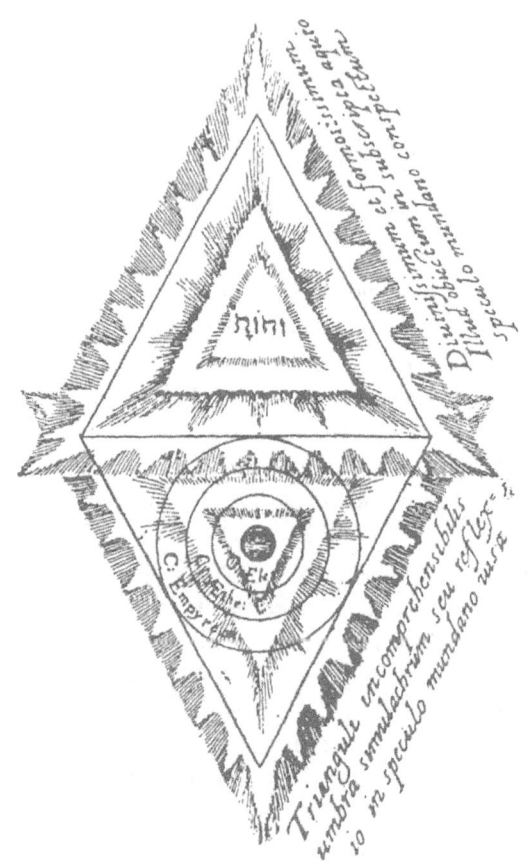

Abb. 1: Fludds Quaternität als verdoppelte Trinität
(aus R. Fludd, *Utriusque cosmi, maioris scilicet et minoris, metaphysica, physica atque technica historia*, Oppenheim 1621, abgebildet in Paulis Kepler-Arbeit [42], S.148)

Im Hinblick auf die Konzepte von Raum und Zeit enthielte die Symbolik der Quaternität einen «Freiheitsgrad» zusätzlich zu der der Trinität. Extrapoliert man die Kopplung der Trinität an das dreidimensionale, abstrakte Raummodell von Kepler, so bestünde in Fludds quaternärem Rahmen die Möglichkeit, dem eine vierte Dimension, die Zeit, zur Seite zu stellen. Zusätzlich könnte man spekulieren, daß je nach Perspektive, also von oben oder von unten betrachtet, die entsprechend symbolisierten Raum- und Zeitkonzepte jeweils abstrakte oder konkrete Bedeutung haben. Diese Spekulationen schließen an Paulis oben wiedergegebene Bemerkung über das Fehlen der Zeitsymbolik bei Kepler an – sie werden später in den Kapiteln 4 und 5 weiter spezifiziert werden.

Was die Wahrnehmung der Zeit und eine entsprechende Diskussion betrifft, setzt sich deren weitgehende Abwesenheit bei RENÉ DESCARTES (1596–1650) fort. Auch bei ihm, der in mancherlei Hinsicht als Begründer oder zumindest

Mitbegründer des modernen Konzeptes von Wissenschaft gelten kann, wird die Zeit im Vergleich mit dem Raum vernachlässigt. Wenn überhaupt, dann wird Zeit im wesentlichen im Zusammenhang mit dem Begriff der Bewegung angesprochen, so wie es in der aristotelischen Tradition üblich gewesen ist.

Bei Descartes taucht der Begriff des Raumes essentiell bei der Definition der *res extensa* (der «ausgedehnten Substanz») auf, die das Gegenstück zur meist (etwas mißverständlich) als «denkende Substanz» übersetzten *res cogitans* darstellt.[8] In seinen *Meditationes* definiert er den materiellen Bereich der *res extensa* in erster Linie durch Eigenschaften räumlicher Art wie Gestalt, Form, Ort, Lage, Ausdehnung, Größe, zum Beispiel ([19], S. 81):

„Unter Körper verstehe ich alles, was durch eine Gestalt begrenzt und durch seinen Ort umschrieben werden kann; was seinen Raum so erfüllt, das es von ihm jeden anderen Körper ausschließt; was durch Gefühl, Gesicht, Gehör, Geschmack, Geruch wahrgenommen und in verschiedener Weise bewegt werden kann, zwar nicht aus eigener Kraft, aber durch irgendein anderes, mit dem es in Berührung kommt."

Dazu treten gelegentlich Begriffe aus der Domäne der Zeit, wie etwa der der Dauer. Dies geschieht jedoch, wie gesagt, nahezu ausschließlich im Zusammenhang mit der Diskussion der Bewegung, wie etwa ([19], S. 161):

„Deutlich stelle ich mir doch wohl die Größe vor, welche die Philosophen gewöhnlich stetig nennen, d.h. die Längen-, Breiten- und Tiefen-Ausdehnung dieser Größe oder vielmehr des Dinges, das eine gewisse Größe hat. Ich unterscheide darin verschiedene Teile; jedem dieser Teile schreibe ich eine Größe, Gestalt, Lage und Ortsbewegung zu und jeder Bewegung eine gewisse Dauer."

Diese Zitate zeigen deutlich, daß Descartes' Konzept von *res extensa* primär auf räumliche, gelegentlich auch auf zeitliche, Eigenschaften eines Systems zielt, also im Sinne von meßbaren Distanzen (und gelegentlich auch Dauern) zu verstehen ist. Es geht Descartes um «operationalisierbare» Raum- und Zeitbegriffe. In der Tat steht er hier in klarer Gegenposition zu Keplers Konzept eines abstrakten Raumes als leerer Behälter, in dem sich die materielle Welt befindet. Für Descartes war der Gedanke eines leeren Raums absurd. Es ist eine interessante historische Parallele zu Kepler und Fludd, daß es in dieser Frage erneut eine Kontroverse zweier bekannter Zeitgenossen gab: zwischen Descartes und dem Hermetiker HENRY MORE (1614–1687) aus Cambridge ([33], S. 125; [58], S. 423–427). Während Descartes die Meinung vertrat, eine Vase, deren Inneres völlig frei von materiellem Inhalt sei, müsse notwendigerweise kollabieren, argumentierte More, daß

---

[8] Descartes verwendet das lateinische *cogitare* – übrigens auch in dem vielzitierten *cogito ergo sum* – eher im allgemeineren Sinne psychischer Aktivität schlechthin. Außer Denken zählen dazu auch Wollen, Vorstellen, Hassen, Lieben, Erkennen und so weiter – vielleicht Bewußtsein schlechthin.

göttliche Ausdehnung in die leere Vase hineinfließe und so deren Wände intakt hielte (Jammer [19], S. 41–49). Wie bei Kepler ist es klar das Konzept eines abstrakten Raumes, das hier greift.

Diese Kontroverse zeigt wie diejenige zwischen Kepler und Fludd einen Protagonisten der modernen Wissenschaft im Diskurs mit einem Vertreter der später immer mehr in den Hintergrund tretenden Strömungen von Alchemie und Hermetismus. Bei Descartes und More treten die Unterschiede jedoch umgekehrt wie bei Kepler und Fludd auf. Descartes vertrat (wie Fludd) ein Raumkonzept, das sich an die Eigenschaften der materiellen Welt anlehnt, während More wie Kepler Raum als allgegenwärtige, ewige, göttliche Sphäre in absoluter Ruhe ansah. Eine eingehendere Untersuchung dieser Parallelen könnte eine lohnende Anstrengung sein, sowohl was wissenschaftshistorische Aspekte im allgemeinen betrifft als auch in Bezug auf Descartes' Position im besonderen.[9]

Die dritte und zugleich auch die wohl allgemein bekannteste der hier zu behandelnden Kontroversen fand zwischen Newton und Leibniz statt. ISAAC NEWTON (1643–1727), wie More (mit dem er gut bekannt war ([19], S. 119) in Cambridge tätig, gilt heute sicher zu Recht als einer der Begründer der klassischen Physik. Ein wesentliches Element der damit verbundenen Leistung war Newtons Konzept eines absoluten Raumes und einer absoluten Zeit ([40], S. 25):

„Der absolute Raum bleibt vermöge seiner Natur und ohne Beziehung auf einen äußeren Gegenstand stets gleich und unbeweglich. ...

Die absolute, wahre und mathematische Zeit verfließt an sich und vermöge ihrer Natur gleichförmig, und ohne Beziehung auf irgend einen äußeren Gegenstand."

Absoluter Raum und absolute Zeit sind beide nicht-faktisch, nicht empirisch zugänglich, sie haben gewissermaßen göttliche Attribute (unendlich, unteilbar), und Newton selbst sprach von einem *sensorium Dei*, einem Empfindungsorgan Gottes, mit dem er die Welt wahrnimmt (Mainzer [32], S. 22). So stehen die absoluten Begriffe von Raum und Zeit nach Newton mit der unempirischen Abstraktion des Keplerschen (beziehungsweise Moreschen) Raumbegriffes in Zusammenhang. Das heißt jedoch nicht, daß es für Newton keine anderen als diese absoluten Konzepte gab. Ebenso wie sie behandelte er auch relativen Raum und relative Zeit, mit denen er in eine gewisse Nähe zu denjenigen Konzepten geriet, die Descartes zur Charakterisierung seiner *res extensa* verwendete ([40], S. 25):

„Der relative Raum ist ein Maß oder ein beweglicher Teil des ersteren [absoluten (der Verfasser)], welcher von unseren Sinnen durch seine Lage gegen andere Körper bezeichnet und gewöhnlich für den unbeweglichen Raum genommen wird: z.B. ein Teil des Raumes innerhalb der Erdatmosphäre; ein

---

[9] Ebenso halte ich es im übrigen für interessant, der bei Descartes des öfteren erwähnten Selbstbewegung (z.B. [9], S. 81) als kinematisches beziehungsweise dynamisches Konzept nachzugehen. Dieser Punkt wird am Ende von Abschnitt 4.1 etwas ausführlicher angesprochen werden.

Teil des Himmels, bestimmt durch seine Lage gegen die Erde. ... Die relative, scheinbare und gewöhnliche Zeit ist ein fühlbares und äußerlich entweder genaues oder ungleiches Maß der Dauer, dessen man sich gewöhnlich statt der wahren Zeit bedient, wie Stunde, Tag, Monat, Jahr."

Newtons Raumauffassung ist, unabhängig von ihren absoluten oder relativen Aspekten, dreidimensional, euklidisch, kontinuierlich und homogen. Im absoluten Raum ist ein absolutes ruhendes Bezugssystem von abstrakt-fiktiver Natur ausgezeichnet. Es wird zur Definition der gleichförmig geradlinigen Bewegung benötigt (Jammer [19], S. 109), die ja ein zentrales Element im Newtonschen Weltbild ist. Die absolute Zeit ist bei Newton ebenfalls kontinuierlich und homogen, und sie ist natürlich eindimensional. Newton spricht davon, daß die absolute Zeit verfließt, und er spricht von Vergangenheit und Zukunft, die von der Gegenwart getrennt sind. Sein Zeitkonzept ist somit intrinsisch gerichtet. Damit entsteht das Problem, daß er seiner absoluten und somit abstrakten Zeit das empirisch-konkret erfahrbare Moment der Irreversibilität zuspricht. Das heißt, seine Unterscheidung ist in diesem Punkt nicht ganz kohärent.[10] Die Gegenwart (eines Ereignisses) ist von verschwindender Dauer, sie ist konzeptuelle Grenze zwischen Vergangenheit und Zukunft. Der Begriff der Gleichzeitigkeit räumlich getrennter Ereignisse wird bei Newton ebensowenig hinterfragt wie der des «Jetzt».

Mathematisch läßt sich die Menge der Ereignisse in der Newtonschen Raumzeit als direktes Produkt $\mathbb{R} \times T$ des euklidischen Raumes $\mathbb{R}$ und der Menge T der Zeitpunkte auffassen. Diese Struktur ist invariant gegenüber Translationen $q'_j = q_j + (\Delta q)_j$ und Rotationen $q'_j = \Sigma_{k=1}^{3} a_{jk} q_k$ im Raum ($j = 1, 2, 3$) sowie gegenüber Translationen $t' = t + \Delta t$ in der Zeit.[11] Gruppentheoretisch gesprochen, ist damit eine fundamentale Symmetriegruppe der Raumzeit definiert, die Newtonsche Gruppe der affinen Transformationen.

Newtons Konzept der absoluten Raumzeit mußte als rein abstrakte Vorstellung die Kritik derjenigen herausfordern, für die die empirische Komponente unabdingbar für wissenschaftliche Beschäftigung war. Die Tradition der Empiristen begann mit Francis Bacon, und der englische Bischof George Berkeley war einer ihrer stärksten Vertreter. Er wandte sich ebenso gegen Newtons absolute Raumzeit wie es später – noch vehementer – Christian Huygens und GOTTFRIED WILHELM LEIBNIZ (1646–1716) taten. Leibniz, dessen antithetische Haltung zu Newton in mehrerlei Hinsicht bestens dokumentiert ist, vertrat einen primär relativen Begriff von Raum und Zeit. Absolute Bezugspunkte sind für ihn zweitrangig, es geht ihm vordringlich um die relative Beziehung zwischen Raum- und Zeitpunkten. In sei-

---

[10] Interessant ist dabei auch, daß Newton der relativen Zeit, nicht der absoluten Zeit, das Kriterium der «Fühlbarkeit» (siehe Abschnitt 5.2) zuordnet, das doch gerade für die empirische, irreversible Zeiterfahrung unabdingbar ist. Siehe zu diesen und verwandten Problemen auch Whitrow, *Time in History* [55], S. 128–131.

[11] Für negatives Δt steht diese Translationsinvarianz im Widerspruch zum Konzept einer rigoros irreversiblen Zeit.

nem Briefwechsel mit Joseph Clarke, einem Verteidiger von Newtons (und Mores) Vorstellungen, hat er dies folgendermaßen formuliert ([30], Ziff. 47):

„Zur Bildung der Raumvorstellung gelangt man etwa in folgender Weise: Man beobachtet, daß verschiedene Dinge gleichzeitig existieren, und findet in ihnen eine bestimmte Ordnung des Beisammenseins, der gemäß ihre Beziehung mehr oder weniger einfach ist. Es ist dies ihre wechselseitige Lage oder Entfernung."

Einige Seiten später ([30], Ziff. 48) polemisiert Leibniz gegen Mores und Newtons absoluten Raum – in gewissem Sinn gar nicht so unähnlich zu Descartes' Einwänden gegen More:

„Ist übrigens der körperliche Raum, den man sich vorstellt, nicht gänzlich leer, womit, frage ich, ist er dann erfüllt? Gibt es etwa ausgedehnte Geister oder immaterielle Substanzen, die imstande sind, sich auszubreiten und wieder zusammenzuziehen, die sich umherbewegen und einander durchdringen, ohne einander zu stören, wie die Schatten zweier Körper auf der Oberfläche einer Wand? Ich sehe schon im Geiste die kurzweiligen Phantasien des Herrn Morus wieder auftauchen – übrigens eines gelehrten Mannes von besten Absichten – und anderer, die der Meinung waren, diese Geister könnten sich, wenn es ihnen gerade gefällt, undurchdringlich machen."

Dennoch konnte Leibniz nicht umhin, angesichts Newtons Beweisführung für die Existenz einer absoluten Bewegung mit Hilfe der Zentrifugalkräfte zu konzedieren ([30], Ziff. 53):

„Ich gebe indessen einen Unterschied zwischen der absoluten wahrhaften Bewegung eines Körpers und seiner einfachen, relativen Lageveränderung mit Bezug auf einen anderen Körper zu. Liegt nämlich die unmittelbare Ursache der Veränderung im Körper selbst, so ist er wahrhaftig in Bewegung, zugleich aber wird sich nunmehr auch die Lage der anderen Körper mit Bezug auf ihn ändern, obwohl die Ursache dieser Veränderung nicht in ihnen selbst liegt."

Auch hier treffen wir wieder auf das Phänomen der Selbstbewegung, das schon Descartes beschäftigt hat ([19], S. 81). Bei Leibniz dient es als empirischer Ansatz für einen Absolutheitsbegriff der Bewegung, der bei Newton noch völlig abstrakt ist. Dieser Teil der Leibnizschen Argumentation wurde jedoch in der Folgezeit wenig beachtet, und er wurde zum Beispiel von Huygens abgelehnt ([19], S. 129–137). Huygens beharrte auf der kompromißlosen Version der relativen Raumzeit, die Leibniz mit dem Hinweis relativierte, „daß es absurd sei, wenn es keine reale, sondern nur relative Bewegung gebe" ([19], S. 131).

Ohne diesen Zusatz (der erst noch auszuführen wäre) impliziert die Leibniz-Huygenssche Version von Raumzeit eine wesentlich schwächere Gruppenstruktur als die von Newton. Es gibt keine bevorzugten Bewegungen, im Rahmen der Leibnizschen Symmetriegruppe benötigt man daher wesentlich mehr Parameter, um Bewegung zu spezifizieren, als in der Newtonschen. Ein Mittelweg zwischen beiden wurde in der klassischen Mechanik gefunden: die sogenannte Galilei-Gruppe. Sie enthält Newtons Ansatz in Form der Beschreibung von Bewegung in einem Inertialsystem, und sie enthält den Ansatz von Leibniz durch die relative Bewegung von Inertialsystemen zueinander (Mainzer [32]). Sowohl gleichförmige als auch gleichförmig beschleunigte Bewegung läßt sich in Galilei-invarianter Weise beschreiben. Erst bei Einstein, zu Beginn des 20. Jahrhunderts, findet sich mit der Lorentz-Gruppe eine Weiterentwicklung, was die Relativität von Bezugssystemen betrifft. Darauf wird in Kapitel 4 eingegangen. Insbesondere wird es interessant sein zu sehen, ob beziehungsweise inwieweit damit auch das Problem der Selbstbewegung näher bezeichnet werden kann, das Leibniz ungelöst hinterließ.

3.2 Immanuel Kant (1724–1804)

In der Raum- und Zeitproblematik spielt der Königsberger Philosoph IMMANUEL KANT (1724–1804) eine herausragende Rolle. Er spielt sie aus mehreren Gründen. Erstens hat Kant im Lauf seiner eigenen Entwicklung mehrere, zum Teil entgegengesetzte Positionen in Bezug auf Absolutheit oder Relativität der Begriffe vertreten. Zweitens hat er nach dem «großen Licht» 1769 (Jaspers [21], S. 410) in seiner Inaugural-Dissertation einen entscheidenden Schritt vom «entweder–oder» zum «sowohl–als auch» von absoluten und relativen Raum- und Zeitkonzepten gemacht. Er hat dies drittens auf der Basis einer Präzisierung der Erkenntnismodi getan, mit denen Raum und Zeit zugänglich beziehungsweise für die sie erforderlich sind. Dadurch betont er erstmals neben mathematisch-physikalischen Argumenten solche der Psychologie und der kognitiven Wissenschaften. Im folgenden werde ich versuchen, einige detailliertere Bemerkungen zu diesen Punkten auszuführen.

Schon in seiner ersten Arbeit *Gedanken von der wahren Schätzung der lebendigen Kräfte* aus dem Jahre 1747 beschäftigte sich der damals 23jährige Kant fortwährend mit den Problemen von Raum, Zeit und Bewegung. 1755 und 1756 versuchte er in den *Principiorum primorum cognitionis metaphysicae nova dilucidatio* und in der *Monadologia physica* eine Aussöhnung von Newton und Leibniz. Ihr Kern besteht darin, daß er – ähnlich wie es auf formalem Wege der klassischen Mechanik mit der Galilei-Gruppe gelang – beiden einen separaten Geltungsbereich zuwies. Jaspers schreibt dazu ([21], S. 411):

„Für Newton war der Raum etwas Absolutes, an sich wirklich, das *sensorium Dei*. Für Leibniz war der Raum Erscheinung der raumlosen Wirklichkeit, der Monaden in ihren Relationen. Weil der Raum nicht an sich ist, leugnet Leibniz die unendliche Teilbarkeit des Raumes, die Realität des leeren Raumes, die Wirkung in die Ferne (alles im Gegensatz zu Newton). Kant lehrte nun (mit Leibniz) die Erscheinungshaftigkeit des Raumes, aber (gegen Leibniz) nicht als unklare Erscheinung, sondern als die Klarheit der sinnlichen Welt. Und Kant lehrte die objektive Realität des Raumes (wiederum gegen Leibniz) als die reine Form der uns eigenen Sinnlichkeit, als Bedingung der Realität der Erscheinungen."

Kants vermittelnder Weg ging jedoch in der Folge erneut durch Phasen, in denen er sich zunächst in größerer Nähe zu Leibniz (*Neuer Lehrbegriff von Bewegung und Ruhe*, 1758) sah (Jammer [19], S. 143):

„Jetzt fange ich an einzusehen, daß mir in dem Ausdrucke der Bewegung und Ruhe etwas fehlt. Ich soll ihn niemals in absolutem Verstande brauchen, sondern immer respective. Ich soll niemals sagen: ein Körper ruhet, ohne dazuzusetzen, in Ansehung welcher Dinge er ruhe, und niemals sprechen, er bewege sich, ohne zugleich die Gegenstände zu nennen, in Ansehung deren er seine Beziehung ändert."

Fünf Jahre später begann sich – unter dem nachgewiesenen Einfluß Eulers – Kants Verständnis der Newtonschen Position zu vertiefen (*Versuch den Begriff der negativen Größe in die Weltweisheit einzuführen*, 1763). Schließlich findet sich in der Schrift *Von dem ersten Grunde des Unterschiedes der Gegenden im Raume* aus dem Jahre 1769 folgende Äußerung [25]:

„Denn die Lagen der Theile des Raums in Beziehung aufeinander setzen die Gegend voraus, nach welcher sie in solchem Verhältnis geordnet sind, und im abgezogensten Verstande besteht die Gegend nicht in der Beziehung eines Dinges im Raume auf das andere, welches eigentlich der Begriff der Lage ist, sondern in dem Verhältnisse des Systems dieser Lagen zu dem absoluten Weltraum."

Auf dieser gewissermaßen überarbeiteten Basis kam es zu einem neuerlichen Syntheseversuch der Raum- und Zeitkonzepte von Newton und Leibniz in der *Kritik der reinen Vernunft* [26] von 1781.[12] Hier geht es zusätzlich um die Synthese der bis dahin konkurrierenden Richtungen des induktiven Empirismus und des deduktiven Rationalismus, als deren geistige Ahnen Francis Bacon und René Descartes gelten können (was allerdings nicht bedeutet, daß beide sich in dem engen Rahmen bewegten, der von ihren Epigonen unter ihren Namen reklamiert wurde). Kant bringt zu diesem Zweck die Richtungen des Rationalismus und Empirismus mit den Erkenntnismodi des (denkenden) Verstandes und der (sinnlichen) Anschauung in Zusammenhang ([26], S. B75):

„Ohne Sinnlichkeit würde uns kein Gegenstand gegeben, und ohne den Verstand keiner gedacht werden. Gedanken ohne Inhalt sind leer, Anschauungen ohne Begriffe sind blind. Daher ist es ebenso notwendig, seine Begriffe sinnlich zu machen, (d.i. ihnen den Gegenstand ihrer Anschauung beizufügen,) als seine Anschauungen sich verständlich zu machen (d.i. sie unter Begriffe zu bringen). Beide Vermögen, oder Fähigkeiten, können auch ihre Funk-

---

[12] Die zweite Auflage erschien in revidierter Fassung 1787. Zitate mit A (B) beziehen sich wie üblich auf die erste (zweite) Auflage. Die angegebenen Seitenzahlen beziehen sich immer auf die Originalausgaben.

tionen nicht vertauschen. Der Verstand vermag nichts anzuschauen, und die Sinne nichts zu denken. Nur daraus, daß sie sich vereinigen, kann Erkenntnis entspringen."

Kant unterscheidet zwischen reiner und empirischer Anschauung. Reine Anschauung enthält die Form, unter der etwas angeschaut wird ([26], S.B74), während empirische Anschauung («Empfindung») immer auf einen äußeren Gegenstand gerichtet ist. Von gleicher Bedeutung ist auch die Unterscheidung von *formaler Anschauung* und *Form der Anschauung* ([26], S.B160), die zum Beispiel von Prauss ([44], S.318ff) wie auch von Weizsäcker ([52], S.263) herausgestellt wird. Doch zusätzlich tritt ein weiteres Begriffspaar in Aktion, wenn Kant sich mit Raum und Zeit beschäftigt: das von Internalität und Externalität ([26], S.B37):

„Vermittels des äußeren Sinnes, (einer Eigenschaft unseres Gemüts,) stellen wir uns Gegenstände als außer uns, und diese insgesamt im Raume vor. Darinnen ist ihre Gestalt, Größe und Verhältnis gegeneinander bestimmt, oder bestimmbar. Der innere Sinn, vermittelst dessen das Gemüt sich selbst, oder seinen inneren Zustand anschaut, gibt zwar keine Anschauung von der Seele selbst, als einem Objekt, allein es ist doch eine bestimmte Form, unter der die Anschauung ihres inneren Zustandes allein möglich ist, so daß alles, was zu den inneren Bestimmungen gehört, in Verhältnissen der Zeit vorgestellt wird. Äußerlich kann die Zeit nicht angeschaut werden, so wenig wie der Raum als etwas in uns. Was sind nun Raum und Zeit?"

In diesem Zusammenhang kommt Kant zu seiner Darstellung von Raum und Zeit als Bedingungen der Möglichkeit der Erscheinungen, in welchem Sinne sie als Konzepte *a priori* bezeichnet werden. Zunächst heißt es, was den Raum betrifft ([26], S.B38):

„Der Raum ist eine notwendige Vorstellung *a priori*, die allen äußeren Anschauungen zum Grunde liegt. Man kann sich niemals eine Vorstellung davon machen, daß kein Raum sei, ob man sich gleich ganz wohl denken kann, daß keine Gegenstände darin angetroffen werden. Er wird also als die Bedingung der Möglichkeit der Erscheinungen, und nicht als eine von ihnen abhängende Bestimmung angesehen ... "

In Bezug auf die Zeit schreibt er ([26], S.B46):

„Die Zeit ist eine notwendige Vorstellung, die allen Anschauungen zum Grunde liegt. Man kann in Ansehung der Erscheinungen überhaupt die Zeit selbst nicht aufheben, ob man zwar ganz wohl die Erscheinungen aus der Zeit wegnehmen kann. Die Zeit ist also *a priori* gegeben. In ihr allein ist alle Wirklichkeit der Erscheinungen möglich. Diese können insgesamt wegfallen, aber sie selbst (als die allgemeine Bedingung ihrer Möglichkeit) kann nicht aufgehoben werden."

In diesen Definitionen spricht Kant von abstrakten (absoluten) Begriffen von Raum und Zeit, und zwar als synthetische Urteile *a priori*. Beide sind im Bereich des Unempirischen angesiedelt. Sie sind Konzepte einer «transzendentalen Idealität» ([26], S. B44, B52), und sie tragen den Charakter der Internalität. Dies heißt jedoch bei weitem nicht, daß deren konkrete Gegenstücke verlorengegangen sind. Erst die empirische Anschauung stellt den Kontakt mit den äußeren Gegenständen der «empirischen Realität» ([26], S. B44, B52) her, der (soweit solcher Kontakt überhaupt möglich ist) für Kants Begriff der Erkenntnis erforderlich ist. Auf diese Weise benötigt Erkenntnis beide Konzepte von Raum und Zeit, sowohl das abstrakte *a priori* als auch das konkrete *a posteriori*. Beide sind, wenn auch in jeweils unterschiedlicher Perspektive, unabdingbar.

In gewissem Sinn realisiert Kant damit Fludds Forderung nach einer weltlich-konkreten zusätzlich zu einer göttlich-abstrakten Raumkonzeption. Außerdem fügt er beiden jedoch noch die entsprechenden Zeitbegriffe hinzu, deren Notwendigkeit bei Fludd und Kepler ebenso wie bei Descartes und More nicht explizit zum Ausdruck kommt. Bei Kant bleibt allerdings die Problematik der Externalisierung der Zeit bestehen. Er scheint (so Prauss [44], S. 332) in ungerechtfertigter Weise so zu tun, als ob empirische Zeit in der Außenwelt existiere.

Zur Unklarheit in Kants Zeitkonzept werden in Kapitel 5 einige weitere Details ausgeführt. Insbesondere als Vorbereitung auf die dort stattfindende Diskussion mag es sinnvoll sein, hier abschließend zu erwähnen, daß die Dichotomie von reiner und empirischer Anschauung in Bezug auf den Begriff des Verstandes, also etwa als «reiner» und «empirischer» Verstand, nicht, jedenfalls nicht in dieser Deutlichkeit, erscheint. Urteilender Verstand ist denkender Verstand im Sinn von Intellekt. Die urteilende Funktion des Gefühls („Elemente unserer Urteile, sofern sie sich auf Lust oder Unlust beziehen" ([26], S. B830)) ist nicht Gegenstand der Kritik der reinen Vernunft. Erst in der Kritik der praktischen Vernunft wird das Verhältnis von Gefühl und Verstand wiederholt angesprochen ([27], S. 40ff, S. 210ff), bevor es in der Kritik der Urteilskraft [28] noch deutlicher thematisiert wird. Es wird sich später zeigen, mit welch genialer Intuition (und mit welcher Art von Voreingenommenheit) Kant moderne Ansätze zur Klassifizierung psychischer Funktionen vorausgeahnt hat. Zudem wird sich zeigen, auf welche Weise eine solche Klassifizierung mit absoluten und relativen Konzepten von Raum und Zeit in Verbindung gebracht werden kann.

4. Der Blickwinkel der modernen Physik

Kant hat bislang für die Theorieentwicklung der Physik keinen merklichen, nachweisbaren Einfluß gehabt. Teilweise wurde er einfach als Vertreter einer absoluten Raumzeit wie bei Newton mißverstanden, im übrigen scheint seine sehr differenzierte Betrachtungsweise nicht weiter honoriert worden zu sein. Einer der Hauptgründe hierfür dürfte sein, daß Kant eine adäquate Behandlung der Begriffe Raum und Zeit ohne explizite Berücksichtigung der mit ihnen assoziierten psychischen Funktionen als ausgeschlossen erachtete. Das Bestreben der Physik ist es dagegen immer gewesen, den Einfluß jeglicher Psychologie von sich fernzuhalten. In

Kapitel 5 wird dieses Thema zentrale Bedeutung erlangen, insbesondere anhand der Wechselwirkung zwischen Pauli und Jung.

Weite Teile der Physik, vor allem die klassische Mechanik, stehen somit bis heute wesentlich unter dem Einfluß der Auffassungen von Newton und Leibniz, die sich in kombinierter Form im Prinzip der Galilei-Invarianz äußerten. Mit ihr ließen sich beachtliche Erfolge erzielen. Im Rahmen der klassischen Mechanik konnte man technisch funktionsfähige Apparaturen und Geräte herstellen, man konnte Prozesse, die in der Natur abliefen, besser verstehen, und man war schließlich sogar in der Lage, in diese Prozesse steuernd einzugreifen. Erst die Elektrodynamik, die sich mit Maxwell und Faraday entwickelte, setzte dem Geltungsbereich der Galilei-Invarianz neue Grenzen. Ohne daß ich hier auf Einzelheiten eingehen kann (siehe dazu Mainzer [32]), springe ich gleich zu der Feststellung, daß ein gemeinsames Invarianzprinzip für klassische Mechanik und Elektrodynamik erst durch die Lorentz-Invarianz (oder Poincaré-Invarianz) in Einsteins spezieller Relativitätstheorie gefunden wurde. Ernst Mach, der Taufpate Paulis, und Henri Poincaré, der geistige Vater der modernen *nichtlinearen Dynamik* (siehe 4.3) können als Wegbereiter für diese Entwicklung angesehen werden.

4.1 Relativitätstheorie

Die spezielle Relativitätstheorie liefert mit Hilfe der Lorentz-Invarianz eine gemeinsame Beschreibung für mechanische und elektrodynamische Systeme, die sich relativ zueinander gleichförmig (mit konstanter Geschwindigkeit $v = dq/dt$) bewegen. Es wird also vorausgesetzt, daß die relative Beschleunigung $a = d^2q/dt^2 = 0$ ist. Wesentlich für die Form der Lorentz-Transformation zwischen den Orts- und Zeitvariablen (und daraus ableitbaren physikalischen Größen) in unterschiedlichen Systemen ist, daß die Lichtgeschwindigkeit c konstant und unabhängig vom Bewegungszustand der Lichtquelle ist.

Raum- und Zeitvariable in der speziellen Relativitätstheorie sind homogen und isotrop (d.h. gleichförmig bezüglich Translationen und Rotationen). Die Beziehungen zwischen ihnen sind also linear, und man kann sie in einem sogenannten Vierervektor (x, y, z, ict) zusammenfassen, der die Position eines Punktes in einem vierdimensionalen euklidischen (abstrakten) Raum angibt. Dabei sind x, y, z die Koordinaten der dreidimensionalen Raumvariablen, $i = \sqrt{-1}$ und ct, das Produkt aus Lichtgeschwindigkeit und Zeit, stellt eine vierte Koordinate dar, die man als «verräumlichte» Zeit auffassen kann. Dies ist formal völlig problemlos möglich und akzeptabel, doch es stellt – wie wir sehen werden – eine konzeptuelle Vorentscheidung für ein Konzept von Zeit dar, das aus einer Ortsveränderung abstrahiert wird. Eine andere Darstellung, die dies nicht tut, wäre (x,y,z,τ).[13] Hier wird die Zeit reell und nicht räumlich aufgefaßt, und ich werde dieses Konzept weiter unten im Sinne einer konkreten Zeit verwenden. Als Konsequenz der Darstellung mit τ ergibt sich, daß die zugehörige Metrik *nicht* mehr eine euklidische Raumzeit beschreibt (Margenau [33], S. 151). Man kann dies durch die Einführung imaginärer Ortskoordinaten beheben. Folglich erhält man zwei formal äquivalente Raumzeiten, die aber eben inhaltlich unterschiedlich zu interpretieren sein könnten: man hätte sowohl imaginäre als auch reelle Zeit *und* sowohl imaginären als auch reellen Raum.

Ein entscheidender Schritt in der speziellen Relativitätstheorie ist die Aufgabe des bisher (nach Newton) implizit verwendeten Begriffes der Gleichzeitigkeit. Jegliche Art von Wechselwirkung kann sich nur mit endlicher Geschwindigkeit ausbreiten, höchstens mit der Lichtgeschwindigkeit c. Diese Tatsache führt zu einem neuen Verständnis von Kausalität, da Ursache-Wirkungs-Zusammenhänge nur innerhalb eines Teilbereiches des gesamten vierdimensionalen Raumzeit-Kontinuums möglich sind: innerhalb des sogenannten Lichtkegels (zeitartige Ereignisse). Für sogenannte raumartige Ereignisse außerhalb des Lichtkegels läßt sich ein zeitliches Nacheinander im gewohnten Sinn nicht definieren. Wie dieser Bereich überhaupt zu verstehen ist, ist eine Frage, die noch keine umfassende Antwort erhalten hat. Hier sind Spekulationen Tür und Tor geöffnet.

Gibt man die Bedingung einer konstanten Relativgeschwindigkeit für gegeneinander bewegte Bezugssysteme auf und erweitert sie zu einer konstanten Relativbeschleunigung, so gelangt man in den Geltungsbereich der allgemeinen Relativitätstheorie. Der gedankliche Zugang zu ihr liegt in der Äquivalenz von schwerer und träger Masse, und genau hier werden eben die zweiten Ableitungen des Ortes nach der Zeit, die Beschleunigungen, relevant. In Bezug auf eine gegebene Masse läßt sich nicht unterscheiden, ob ihre Bewegung durch Gravitation, also Wirkung auf ihre Schwere, oder durch kinematische Beschleunigung, also Wirkung auf ihre Trägheit, verursacht wird. Einstein hat dieses Argument formal ausgeführt und dadurch schließlich die nach ihm benannten Feldgleichungen erhalten, die mathematisch ein System partieller Differentialgleichungen darstellen. Sie beschreiben die Wirkung einer Massenverteilung auf die Geometrie der Raumzeit (die damit natürlich nicht mehr euklidisch ist) und deren Rückwirkung auf die Massenverteilung. Die Geometrie der Raumzeit wird mit der Materieverteilung in Raum und Zeit in selbstkonsistenter Weise in Verbindung gebracht.

---

[13] Hierbei ist *nicht* einfach die Substitution $\tau = ict$ vorausgesetzt, sondern ein Zeitverständnis, das zu dem von t grundsätzlich unterschiedlich ist. Schon Minkowski [37] hat versucht, Unterschiede in der Interpretation verschiedener Zeitkonzepte zu fassen, indem er die Eigenzeit eines substantiellen Punktes von der Zeitkoordinate eines Weltpunktes differenzierte.

Aus vielen möglichen Geometrien wird damit eine bestimmte ausgewählt, und diese entspricht den «Lagebeziehungen» (etc.) der Materie, spiegelt also ein relatives Verständnis von Raum und Zeit im Sinne von Leibniz. Newtons Konzepte von absoluter Zeit und von absolutem Raum werden hier verworfen, ebenso wie in der speziellen Relativitätstheorie mit Hilfe der Lorentzkovarianz neue relative Raum- und Zeitbegriffe begründet werden. Die begrifflichen Konzepte von Raum und Zeit selbst sind aber weiterhin unabhängig von der aktuellen Geometrie, denn zuerst muß immer noch die Vorstellung von vielen potentiellen Geometrien existieren, bevor eine davon spezifiziert werden kann. Das Konzept solcher potentieller Geometrien liegt im Bereich von Kants nicht-empirischer reiner Anschauung (siehe [26], S.B460, wo genau dieses Argument auftaucht). *Seine* absolute Raumzeit, die eben eine ganz andere als die Newtonsche ist, bleibt von der Relativitätstheorie unberührt. Hier liegt ein interessanter Anknüpfungspunkt zu Kants vierfacher Unterscheidung von Raum und Zeit in empirischer Realität beziehungsweise in transzendentaler Idealität, der jedoch ohne die Einbeziehung von Perspektiven, die bisher in der Relativitätstheorie meines Wissens nicht ausgearbeitet sind, nicht ohne weiteres umsetzbar ist.

Einer der damit gemeinten Problempunkte bezieht sich auf die Antinomie von Internalität und Externalität. Sie kommt bei Kant vor, nicht jedoch in den bekannten Standardformulierungen der Relativitätstheorie. Arbeiten von Grünbaum aus den 70er Jahren [14] beschäftigen sich mit der Innen/Außen-Antinomie in relativistischem Kontext. In diesem Ansatz, der im übrigen eher als der eines Außenseiters gilt, verlieren die internen Raumzeiten bestimmte Eigenschaften (Metrik, wohldefinierte Abstände), die in ihrem externen Gegenstück erhalten bleiben. Noch weiter gehen Vorstellungen von Finkelstein [12], welche die Antinomie von Innen- und Außenperspektive nicht nur in der Relativitätstheorie, sondern auch in der Quantentheorie verwenden.

Ein anderer interessanter Punkt wurde bereits wiederholt angesprochen: der Aspekt der Eigenbewegung ([9], S.81, [30], Ziff.53). Wie die spezielle Relativitätstheorie Bezugssysteme behandelt, die bei konstanter Relativgeschwindigkeit nicht voreinander ausgezeichnet sind, so behandelt die allgemeine Relativitätstheorie Bezugssysteme, die bei konstanter Relativbeschleunigung nicht voreinander ausgezeichnet sind. Sie setzt dabei implizit voraus, dass die dritten Ableitungen in der Relativbewegung von Bezugssystemen verschwinden. Da die fundamentalen Gesetze der Physik, wie wir sie heute kennen, keine höheren als zweite Ableitungen enthalten, scheint diese Voraussetzung im allgemeinen erfüllt zu sein. Dies gilt jedoch nur für die passive Bewegung von Materie in Feldern, also *ohne Eigenbewegung*. Sobald eine solche Eigenbewegung[14] ins Spiel kommt, kann von einer Gleichwertigkeit der Bezugssysteme im Rahmen der Relativitätstheorie im

---

[14] Man denke etwa an «Hüpfen». Eigenbewegung im hier angesprochenen Sinn impliziert Bewegungsautonomie des sich bewegenden Systems. Inwieweit diese wiederum mit

allgemeinen nicht mehr ausgegangen werden. Einige Bemerkungen zu diesem Problem finden sich in einem Artikel von Meredith [35]. Rössler [47] hat jüngst auf der Basis einer Arbeit von Boscovich [8] das Problem der Eigenbewegung mit dem der Innen/Außen-Antinomie in Zusammenhang gebracht. Ich denke, daß in dieser Richtung wichtige weitere Schritte möglich sind.

4.2 Quantentheorie

Die Quantentheorie brachte kurz nach der Relativitätstheorie die zweite Revolution der Physik im 20. Jahrhundert. In einigen Punkten entfernte sie sich dabei noch weiter von der klassischen Physik als die Relativitätstheorie. Dies gilt insbesondere für die grundsätzlich deterministische Weltanschauung, die die Relativitätstheorie unangetastet läßt. In ihren jüngeren Entwicklungen hat die Quantentheorie darüber hinaus zu Resultaten geführt, die sie heute als streng holistische Theorie erscheinen lassen.

Die Anfänge der Quantentheorie in ihrer mathematisch ausgearbeiteten Form datieren auf die Mitte der 20er Jahre, als Heisenberg und Schrödinger unabhängig voneinander Matrizen- und Wellenmechanik formulierten, die sich später als gleichwertig herausstellten. Die Pionierzeit der Quantenmechanik dauerte etwa 10 Jahre, und der in ihr erreichte Stand läßt sich mit von Neumanns Werk *Mathematische Grundlagen der Quantenmechanik* [39] zusammenfassen. Die Theorie baute auf der klassischen Mechanik auf, indem sie zunächst galileikovariant formuliert wurde. Auch hier führte die Einbeziehung der Elektrodynamik durch Dirac zu einer lorentzkovarianten Form, der Quantenelektrodynamik. Damit wurde die Zusammenführung von Quantentheorie und spezieller Relativitätstheorie eingeleitet. Eine weitergehende gemeinsame Formulierung von Quantentheorie und allgemeiner Relativitätstheorie steht bis heute aus. Es gibt eine ganze Reihe von Wissenschaftlern, die an der Relevanz eines Programms einer solchen Universaltheorie (Quantengravitation) zweifeln – andere wieder vertreten eine derartige Relevanz ganz vehement.

In der Pionier-Quantentheorie taucht der Raumbegriff in einer für die bisherige Naturwissenschaft völlig neuen mathematischen Form auf. Handelte es sich bisher beim Ort eines Teilchens immer um einen Punkt (beschrieben durch einen dreidimensionalen Vektor) in einer Geometrie, so wurde in der Quantentheorie der Ort eines Teilchens erstmals algebraisch gefaßt: nämlich als Eigenwert eines Ortsoperators, der auf den entsprechenden Eigenvektor (eine sogenannte Wellenfunktion) in einem Hilbert-Raum wirkt.[15] Gleiches gilt für den Impuls und andere physikalische Grössen. Ein wesentlicher Befund der Pionier-Quantentheorie (Heisenberg) war es, daß die Reihenfolge der Anwendung von Operatoren nicht immer vertauschbar ist. Bei ganz bestimmten Variablenpaaren, wie zum Beispiel

---

[15] Hilbert-Räume sind abstrakte Räume, die mit dem dreidimensionalen Anschauungs-

Ort und Impuls, verändert eine veränderte Reihenfolge der Operatoren den resultierenden Eigenwert. Operatoren, bei denen dies geschieht, kommutieren nicht – der Inhalt der entsprechenden mathematischen Formulierung wird oft als Inkommensurabilität bezeichnet.

Wenn Impuls und Ort solche inkommensurable physikalischen Grössen sind, so ist es aus Gründen der relativistischen Viererdarstellung (siehe Abschnitt 4.1) eine naheliegende Folgerung, daß dasselbe für Energie und Zeit zu gelten hat. In der Tat gibt es ebenso wie eine Impuls-Orts-Unschärfe eine Energie-Zeit-Unschärfe, die in zahlreichen Situationen experimentell bestätigt ist. Das erstaunliche Faktum hierbei ist aber, daß demgegenüber bislang *kein* Konsens über einen quantenmechanischen Zeitoperator besteht, der für die dazugehörige Inkommensurabilität von Energie- und Zeitoperator erforderlich ist. Dies ist nach wie vor, auch in den modernen Formulierungen der Quantentheorie (wie etwa der algebraischen Quantenmechanik, siehe Primas [46]) ein fundamentales Problem. Ansätze, ihm zu begegnen, werde ich im folgenden Abschnitt ansprechen.

Halten wir im Blick auf Raum und Zeit in der Quantentheorie im Moment also fest: Es existiert eine algebraische Darstellung des Ortes eines Teilchens (allgemeiner sollte man vielleicht sagen: eines Systems), die empirisch relevant und theoretisch gesichert ist. Ein solches Konzept liegt klarerweise im Bereich des empirischen Raumes, der nicht absolut im Kantschen Sinn ist. Auch hier – wie in der Relativitätstheorie – wird jedoch das Konzept des Raumes als solches vorausgesetzt.[16] Bezüglich der Zeit gilt dies so nicht. Der Formalismus der Quantentheorie erlaubt es nicht, einen Zeitoperator zu definieren, der mit dem Hamilton-Operator als Energieoperator nicht kommutiert. Eine Eigenzeit im Sinne eines Eigenwertes eines Zeitoperators existiert somit nicht. Wie ist das zu verstehen?

Ein wesentlicher Zugang zu diesem Problem wurde 1933 von Pauli ([41], S. 140) geschaffen, der Gründe angab, warum es überhaupt besteht. Die Gründe liegen vor allem in der Beschaffenheit des Hamilton-Operators, mit dem ein geeignet definierter Zeitoperator nicht kommutieren dürfte. Die entsprechenden Eigenschaften des Hamilton-Operators wiederum hängen damit zusammen, daß er in der Quantentheorie nicht nur als Energieoperator fungiert, sondern zusätzlich als Zeitentwicklungsoperator der Wellenfunktion. Damit er diese Aufgabe im Sinne der Quantentheorie erfüllen kann, muß er eine reversible Evolution beschreiben. Diese Bedingung führt dazu, daß der Hamilton-Operator eine Zeit-Translations*gruppe* erzeugen muß, nicht etwa eine sogenannte Halbgruppe, die

---

[16] C. F. von Weizsäcker versucht, dieses Konzept als solches aus den Symmetriegruppen der Quantentheorie abzuleiten und damit von seinem Kantschen *a priori* zu befreien. Technisch gesprochen basiert dieser Versuch auf dem Homomorphismus, der von der SU(2)-Spingruppe mit der Gruppe O(3) der Rotationen im dreidimensionalen Raum gebildet wird. Die Zeit wird in von Weizsäckers Konzept als *a priori* beibehalten

eine irreversible Entwicklung beschreibt.[17] Das stellt bestimmte Anforderungen, die die Definition eines Zeitoperators verbieten. Es ist demnach die Doppelfunktion des Hamilton-Operators, die dem Zeitoperator im Wege steht. Einer der wesentlichen Beiträge modernerer Formulierungen der Quantentheorie sollte es also sein, diesen Mißstand zu beheben.

Wenn gerade von der zeitlichen Entwicklung die Rede war, dann heißt das natürlich, daß es in der Quantentheorie sehr wohl den Begriff der Zeit gibt. Dabei handelt es sich aber um die gewöhnliche Parameterzeit der klassischen Mechanik beziehungsweise der speziellen Relativitätstheorie. Sie ist in der Tat reversibel. Entwicklungen können vorwärts wie rückwärts stattfinden, keine Zeitrichtung ist ausgezeichnet. Sollte es möglich sein, den irreversiblen Zeitbegriff im Sinne einer quantenmechanischen Eigenzeit in der Quantentheorie einzuarbeiten, so wären damit zwei deutlich unterschiedliche Zeitbegriffe entstanden. Auf der anderen Seite bietet sich – relativistisch gesehen – eine solche «Zweideutigkeit» gerade mit den angedeuteten imaginären und reellen Formulierungen von Raum und Zeit an (siehe dazu auch [4], Abschnitt 7.1).

Ein letzter Punkt, den ich hier nicht überspringen möchte, bezieht sich auf die Themenkreise räumlicher und zeitlicher Nichtlokalität in der Quantenmechanik, die ihr das Attribut einer holistischen Theorie eingetragen haben. Die Stichworte, die dem Spezialisten zeigen, was hiermit gemeint ist, sind Einstein–Podolsky–Rosen-Korrelationen [11] und Bellsche Ungleichungen [6] – im einzelnen kann ich in dem eingeschränkten Rahmen dieses Aufsatzes darauf nicht eingehen. Im großen und ganzen handelt es sich darum, daß unter bestimmten Umständen quantenmechanische Systeme in Raum und Zeit nicht-lokalisierbare Eigenschaften besitzen können. Das heißt, daß es unter diesen Umständen in gewisser Weise sinnlos wird, von räumlichen oder zeitlichen Anordnungen zu sprechen. Interessante Zusammenhänge zwischen quantenmechanischen Ansätzen zu dieser Problematik und Ansätzen aus den kognitiven Wissenschaften ergeben sich aus den Arbeiten [31, 48].

Die Behandlung nichtlokaler Phänomene zeigt in beeindruckender Weise, wie erneut die Entdeckung des räumlichen Aspektes dieser Eigenschaft ihrem zeitlichen Gegenstück vorausging. Gleiches gilt für die Quantenlogik, ein Gebiet, das mit dem der Nichtlokalität zusammenhängt. Auch hier ging es zunächst lange um eine rein atemporale Logik ([52], S. 767f), deren fehlende zeitliche Elemente zunächst kaum beachtet worden sind. Erst in der jüngsten Vergangenheit findet der zeitliche Aspekt in beiden Bereichen zunehmende Berücksichtigung.

---

[17] Alle etablierten physikalischen Theorien außer der Thermodynamik sind zeitlich reversibel: klassische Mechanik, Elektrodynamik, statistische Mechanik, Relativitätstheorie, Quantentheorie. Das Element der Irreversibilität tritt jedoch neben der Thermodynamik auch im Bereich der nichtlinearen Dynamik in den Vordergrund, siehe den nächsten Abschnitt.

4.3 Nichtlineare Dynamik

Die Frage nach einem adäquaten Zeitoperator wurde vielfach gestellt, und – wie gesagt – für die Quantentheorie noch nicht in konsensfähiger Weise beantwortet. Dafür gibt es jedoch entsprechende Konzepte in der Theorie nichtlinearer dynamischer Systeme. Es handelt sich hierbei um ein relativ junges Gebiet der Physik, das seinen Status im traditionellen Sinn einer Theorie noch nicht gefunden hat. Klar erkennbar ist bereits jetzt, daß im Zentrum dieses Gebietes eher der Aspekt der *zeitlichen Dynamik* eines Systems steht als dessen *räumliche Struktur*. Letztendlich hängen beide natürlich miteinander zusammen. Es gibt aber die Wahl des Ansatzpunktes, von dem aus man sich diesem Zusammenhang zu nähern versucht. Die Quantentheorie hat den räumlich strukturellen Weg gewählt und das Problem der Zeit zunächst zurückgestellt. Bei der nichtlinearen Dynamik ist es möglicherweise umgekehrt.

Theoretische Arbeiten, die in die nichtlineare Dynamik gehören, wurden bereits gegen Ende des letzten Jahrhunderts von Duhem, Hadamard, und – vor allem – Poincaré publiziert. Im Anschluß daran sind die Namen von Birkhoff, Hopf, Krylov, Liapunov, Kolmogorov, Sinai und anderer Wissenschaftler zu nennen, die das Gebiet wesentlich weiterentwickelten. Die explizite Lösung nichtlinearer Gleichungssysteme erfordert entweder geniale Näherungen oder großen numerischen Aufwand. Daher erreichte die nichtlineare Dynamik ihren Durchbruch zur allgemeinen Kenntnisnahme der wissenschaftlichen Öffentlichkeit erst aufgrund der enorm gewachsenen Rechnerkapazitäten in den 70er Jahren. Genau in diese Zeit fallen auch die ersten Arbeiten, in denen versucht wurde, das Problem eines quantenmechanischen Zeitoperators in klassischen Systemen zu behandeln und so Hinweise auf mögliche Korrespondenzargumente zu bekommen (Tjøstheim [51], Gustafson und Misra [16], Misra [38], Prigogine [45]). Diese Arbeiten führten zu einer Liste von Bedingungen, unter denen ein Zeitoperator in klassischen Systemen existiert. Eine wesentliche solche Bedingung ist die der Irreversibilität. Der Entwicklungsoperator, der dazu erforderlich ist, ist Generator einer Halbgruppe, nicht einer Gruppe. Misra führte in einer Arbeit aus dem Jahre 1978 vor, daß der Liouville-Operator ein solcher Generator ist und in der Tat mit einem geeignet definierten Zeitoperator nicht kommutiert [38].

In klassischen Systemen existiert ein solcher Zeitoperator genau dann, wenn das betreffende System eine positive dynamische Entropie besitzt. Im Falle endlich vieler Freiheitsgrade ist Nichtlinearität dazu eine Voraussetzung, in kontinuierlichen Systemen braucht man des weiteren mindestens drei Freiheitsgrade, und so gibt es noch andere Einschränkungen. Im Bereich offener, dissipativer Systeme werden alle diese Voraussetzungen von Systemen erfüllt, die heutzutage mit dem Schlagwort «deterministisches Chaos» belegt werden. Es zeigt sich, daß man solche Systeme in einer Weise informationstheoretisch interpretieren kann, die es erlaubt, sie als informationsprozessierende Systeme zu bezeichnen. Für sie ist die dynamische Entropie größer als Null, und genau wegen dieser Eigenschaft kommutiert der Zeitoperator nicht mit dem Liouville-Operator. Es zeigt sich jedoch auch – wie vorausgesehen – daß ein solcher Zeitoperator nicht im Hilbertraum-Formalismus der Pionier-Quantenmechanik Platz hat. Eine konsistente Formulierung im Rahmen einer weiterentwickelten Quantentheorie ist möglich, erfordert aber unendlich viele Freiheitsgrade.

Nichtsdestoweniger ist es bemerkenswert, daß die Suche nach einem algebraischen Zeitkonzept offenbar nicht erfolglos geblieben ist[18] – wenn sich der Erfolg auch an ganz anderer Stelle eingestellt hat als zunächst erhofft. Es ist damit ein Doppelkonzept von Zeit entstanden, nämlich einer Parameterzeit t und einer Eigenzeit τ, von denen keine im strengen Sinn auf direktem Wege empirisch zugänglich ist. Wie es bereits Kant andeutete, ist Zeitwahrnehmung nicht in der Weise nach außen gerichtet wie die Wahrnehmung von Strukturen im Raum. Es ist verlockend, den Mangel an empirischer Zugänglichkeit beider Zeitkonzepte dadurch zu deuten, daß τ eine irreversible, empirisch-konkrete, aber interne Zeit (so auch die Terminologie in [45]) ist, während es sich bei t um reversible abstrakte Zeit im Sinne einer nicht-empirischen Zeit handelt. Das Konzept der irreversiblen, konkreten Eigenzeit ist zunächst rein qualitativ, kann aber mit Hilfe der reversiblen, abstrakten Parameterzeit durch Externalisierung quantifiziert werden.

5. Psychische Aspekte von Raum und Zeit

Angesichts der Unterscheidung je zweier Raum- und Zeitkonzepte mit interner und externer beziehungsweise abstrakter und konkreter Relevanz sind also in den modernen Entwicklungen der Physik einige interessante Ansatzpunkte zu erkennen. Obwohl zuzugeben ist, daß nicht alle der in Kapitel 4 angedeuteten Punkte soweit ausgearbeitet sind, daß sie als hinreichend gut verstanden gelten können, ist es doch lohnend, die behandelten Raum- und Zeitbegriffe hier nochmals im kurzen Überblick zu präsentieren. Insbesondere ist es dabei von Bedeutung, wie sich diese verschiedenen Begriffe im Hinblick auf ihre Operationalisierbarkeit verhalten, also auf ihr Verhältnis zur Empirie. Die damit angesprochene Kopplung von Begrifflichkeit und Wahrnehmung wird sich als konstitutiv für den Zusammenhang zwischen Raum und Zeit auf der einen Seite und psychischen Funktionen auf der anderen erweisen.

Die Unterscheidungen von Abstraktion und Konkretion sowie von Internalität und Externalität führen zu vier unterschiedlichen Raum- und Zeitkonzepten, nämlich zu den folgenden (eine ausführliche Begründung hierfür wird in [4], Kap. 6 und 7, sowie in [5] gegeben):

---

[18] Ich verweise an dieser Stelle auf ein Zitat von Hamilton, nach dem so, wie Geometrie die Mathematik des Raumes sei, Algebra die Mathematik der Zeit sei (Hamilton, 1837 [17]). Der amerikanische Mathematiker Steve Smale ist offenbar ähnlicher Meinung, wenn er seine Aufsatzsammlung über dynamische Systeme *The Mathematics of Time* nennt [49].

- konkreter, externer Raum,
- abstrakter, interner Raum,
- konkrete, interne Zeit,
- abstrakte, externe Zeit.

Kriterien für Operationalisierbarkeit sind Externalität *und* Konkretheit zusammen. Das heißt, operationalisierbar in strengem Sinn ist unter diesen vier Konzepten lediglich das erste: das des konkreten, externen Raumes. Es bezieht sich auf die Messung von Positionen q. Demgegenüber ist der abstrakte, interne Raum vollständig nicht-operational im Sinne der genannten Kriterien. Beide Zeitkonzepte schliesslich sind gewissermaßen semi-operational: sie erfüllen jeweils eines der beiden Kriterien, nicht jedoch das andere. So ist die Zeitvariable t zwar extern, aber abstrakt und daher nicht konkret; die Zeitvariable τ ist konkret, aber intern und daher nicht extern.

Nun darf Operationalisierbarkeit, so wie sie sich wissenschaftstheoretisch entwickelt hat, jedoch nicht mit empirischem Zugang als solchem verwechselt werden. Einerseits resultiert aus einer solchen Verwechslung das Problem, das Whitehead als «fallacy of misplaced concreteness» ([53], Kap. 3) bezeichnet hat und das entscheidend zur herrschenden Konfusion um den Zeitbegriff beigetragen hat. Auf der anderen Seite sind auch qualitative Eindrücke, die nicht von klar definierbaren Begriffen begleitet werden, etwa Ahnungen und Gefühle, empirisch, insofern sie erlebt sind. Es ist also notwendig, die Bedeutung von Empirie in bestimmter Weise als weiter gefaßt zu erkennen als die von wissenschaftstheoretischer Operationalisierbarkeit. Da Empirie auf das Konkrete insgesamt zielt, Operationalisierbarkeit jedoch auf das zugleich Konkrete und Externe, ist diese Unterscheidung formal (wenn auch simplifiziert) faßbar.

Carl Gustav Jung hat versucht, den Empirie-Begriff explizit von dem der Externalisierung abzukoppeln, wenn er immer wieder davon sprach, daß auch die inneren Vorgänge der Psyche selbstverständlich empirisch wahr seien, nur eben nicht in dem Maße «kommunikabel» wie externe Abläufe.[19] Mit einem solchen Ansatz verläßt er das Kriterium der Externalität und kommt zur (internen, konkreten) Empirie des Fühlens. Im Rahmen der Diskussion der Raum- und Zeitbegriffe bedeutet dies, daß er sich der Empirie der internen irreversiblen Zeit öffnet, allerdings im Bewußtsein dessen, was er damit aufgibt: Operationalisierbarkeit im strengen Sinn. Er zielt damit auf Kants empirische Zeit im Gegensatz zu dessen nicht-empirischem Zeitkonzept.

---

[19] Meine Terminologie bezüglich Innen und Außen ist nicht mit Jungs Introversion und Extraversion zu verwechseln. Während sich letztere am besten dadurch charakterisieren läßt, daß der Schwerpunkt der Betrachtung entweder *res cogitans* oder *res extensa*-orientiert ist, unterscheide ich Innen- und Außenperspektiven auf beiden Seiten. Dabei ist die Außenperspektive jeweils durch die Existenz von Objekten, nämlich der Beschreibung oder der Beobachtung, ausgezeichnet (siehe [5]).

An dieser Stelle ist exemplarisch ein erster Schritt in Richtung auf einen Brückenschlag gemacht, der Physik und Psychologie auf fundamentale Weise verbindet. Auf der einen Seite befinden sich die Begriffe von Raum und Zeit, die für die Physik grundlegend sind, auf der anderen befinden sich die Funktionen der Psyche, wie sie (zunächst) unter dem Blickwinkel der Jungschen Psychologie erscheinen. Brückenpfeiler sind die Kantsche Erkenntnislehre und eine explizite Kritik wissenschaftstheoretischer Grundprinzipien. Allerdings geben die bisherigen Andeutungen bestenfalls eine vage Vorstellung davon, wie die Brücke letztlich auszusehen hat. Bevor ich damit beginne, dies in größerem Detail zu skizzieren, scheint es mir zunächst wichtig, einige Bemerkungen einzuschalten, die deutlich machen, daß die Suche nach einer solchen Verbindung keineswegs ganz ohne Tradition ist.

5.1 Zur psychologischen Bedeutung des Raum-Zeit-Begriffes

Natürlich ist der Dialog zwischen Jung und Pauli ein wesentliches Element einer derartigen Tradition. Dieser Dialog war nicht zuletzt deswegen so fruchtbar, weil beide, Jung und Pauli, eine Verbindung von Physik und Psychologie aus vielerlei Gründen für außerordentlich bedeutsam hielten. Aus der Sicht des Physikers (oder vielleicht allgemeiner: des Naturwissenschaftlers) ist es etwa eine völlig ungeklärte Frage, wie der Prozeß der Theoriebildung abläuft, welche kognitiven beziehungsweise psychischen Prozesse dabei vor allem wirken, welche vernachlässigt werden, und wie dies alles den Naturwissenschaftler als Menschen im Umgang mit sich selbst und seiner Umwelt prägt.[20] Für die Psychologie ist anzunehmen, daß eine rationale, analytische Hinterfragung etlicher ihrer Elemente auf naturwissenschaftlicher Basis ihrer konstruktiven Weiterentwicklung dienen kann. Insofern dies möglich ist, sollte der vorliegende Artikel sowohl als Kritik am Raum-Zeit-Begriff als auch als Kritik an der Jungschen Klassifizierung psychischer Funktionen nutzbar sein.

Die Beziehung zwischen beiden Formen von Kritik ist als eine exemplarische Studie im Rahmen des größeren Zusammenhanges von Physik und Psychologie zu sehen. Einen ihrer historischen Hintergründe im Pauli–Jung-Dialog, die Alchemie, deutete Pauli in einem Brief an Jung an:

„Das Zusammentreffen Ihrer Forschungen mit der Alchemie ist mir ein ernstes Symptom dafür, daß die Entwicklung auf ein engeres Verschmelzen der Psychologie mit der wissenschaftlichen Erfahrung der Vorgänge in der materiellen Körperwelt tendiert. Wahrscheinlich handelt es sich um einen längeren Weg, von dem wir nur den Anfang erleben und der insbesondere mit einer

---

[20] Bezüglich vieler interessanter Sachverhalte in diesem Zusammenhang verweise ich auf den Artikel von Primas in diesem Band.

fortgesetzten relativierenden Kritik des Raum–Zeit-Begriffes verbunden sein wird."[21]

Einige Zeit später äußerte Jung in einem Brief an den Physiker Pascual Jordan in Hamburg:

„Wir diskutieren hier zusammen mit Pauli die unerwarteten Beziehungen zwischen Psychologie und Physik. Die Psychologie erscheint im physikalischen Gebiet, wie zu erwarten, auf dem Gebiet der Theorie-Bildung. Die im Vordergrund stehende Frage ist eine psychologische Kritik des Raum-Zeit-Begriffes."[22]

Daß eine solche Kritik die Dichotomie von Internalität und Externalität mitenthalten (beziehungsweise letztendlich unter dem Anspruch einer gewissen Ganzheitlichkeit aufheben) sollte, hat Pauli ebenfalls gesehen. An seinen früheren Assistenten Fierz schrieb er:

„Dies alles führte mich dann auf weitere, etwas mehr phantastische Gedankengänge. Es könnte doch sein, daß wir die Materie, z.B. im Sinne des *Lebens* betrachtet, nicht «richtig» behandeln, wenn wir sie so beobachten, wie wir es in der Quantenmechanik tun, *nämlich vom inneren Zustand des «Beobachters» dabei ganz absehend.*

Es kommt mir so vor, wie wenn die nicht beachteten «Nacheffekte» der Beobachtung dann *doch* eintreten würden (als Atombomben, allgemeine Angst, «Fall Oppenheimer» z.B. etc.), aber in einer *unerwünschten Form.* Die berühmte «Unvollständigkeit» der Quantenmechanik (Einstein) ist doch irgendwie–irgendwo tatsächlich vorhanden, aber natürlich gar nicht behebbar durch Rückkehr zur klassischen Feldphysik (das ist nur ein «neurotisches Mißverständnis» Einsteins), sie hat vielmehr zu tun mit *ganzheitlichen Beziehungen zwischen «Innen» und «Außen», welche die heutige Naturwissenschaft nicht enthält.* ...

Dabei bin ich mir darüber im klaren, daß hier die drohende Gefahr eines Rückfalls in primitivsten Aberglauben besteht, daß dies noch viel schlimmer wäre als Einsteins regressives Gebunden–Bleiben an die klassische Feldphysik, und daß alles darauf ankommt, die positiven Resultate und Werte der *ratio* dabei festzuhalten."[23]

Das Konzept von «Ganzheit» wird in der Jungschen Psychologie vom Archetyp der Quaternität, der Vierzahl vertreten. In Bezug auf die Raum-Zeit-Problematik sagt Jung dazu:

„Wenn man die Viereinheit von der Dreidimensionalität des Raumes aus betrachtet, so kann die Zeit als eine vierte Dimension aufgefaßt werden. Betrachten wir die Viereinheit dagegen von den drei Qualitäten der Zeit (Ver-

---

21 Brief vom 23. Dezember 1947 (Brief Nr. 33 in [34], S. 36).
22 Brief vom 1. April 1948. Zitiert nach C. G. Jung, *Briefe*, Bd. 2 [23], S. 116.
23 Brief vom 10. August 1954. Zitiert nach Laurikainen [29], S. 144.

gangenheit, Gegenwart, Zukunft) aus, so tritt der statische Raum, in welchem sich die Zustandsänderungen vollziehen, als Einheit und als Viertes hinzu. In beiden Fällen stellt das Vierte ein inkommensurabel anderes dar, dessen wir aber zur wechselseitigen Bestimmung des einen und des anderen bedürfen. So messen wir den Raum durch die Zeit und die Zeit durch den Raum."[24]

Und Pauli äußert in seinem von ihm selbst nicht zur Veröffentlichung bestimmten Aufsatz *Moderne Beispiele zur Hintergrundsphysik*[25] aus dem Jahre 1948:

„Nach der hier vertretenen Auffassung würde die Quaternität nicht innerhalb der Physik zur Geltung kommen, wohl aber wäre der aus Physik und Psychologie bestehenden Ganzheit eine Quaternität zugeordnet, insofern sich das komplementäre Gegensatzpaar der Physik im Psychischen nochmals gespiegelt wiederfindet. Es wäre wohl denkbar, und es scheint mir sogar plausibel, daß es Phänomene geben könnte, wo die *ganze Vierheit* eine wesentliche Rolle spielt, nicht nur das physikalische und das psychische Gegensatzpaar allein. Bei solchen Phänomenen würden sich begriffliche Unterscheidungen wie «physisch» und «psychisch» nicht mehr sinnvoll definieren lassen."

Worin die signifikanten Unterschiede zwischen den verschiedenen möglichen Raum- und Zeitkonzepten bestehen, ist von Jung und Pauli, soweit ich weiß, nicht genauer untersucht worden. In dieser Hinsicht empfinde ich etliche Ausführungen des Schweizer Philosophen Jean Gebser als inspirierend. Zum Beispiel wird im folgenden Zitat die Problematik, um die es meines Erachtens zentral geht, sehr prägnant (wenn auch auf den Zeitbegriff beschränkt) umrissen ([13], S.475):

„Die mentale Zeitform, nämlich die teilende und messende «Zeit», als vierte Dimension in das geometrisch-physikalische Weltbild einzuführen, ist geglückt; der bisherige dreidimensionale Raum, also die bisher gültige Weltvorstellung der mentalen Struktur, ist überwunden; diese Überwindung stellt sich als Erweiterung der Weltvorstellung dar, da sie durch die Räumlichung der «Zeit» erreicht wird; sie ist damit eine nur scheinbare Überwindung, besser: sie ist vorerst nur ein Ansatz zu einer echten Überwindung, die als solche zwei bisher nicht eingelösten Forderungen entsprechen müßte: daß *erstens* die «Vierdimensionalität» nicht nur auf dem geometrisch-physikalischen Sonderfeld Realcharakter erhält, sondern *konkret* in allen Lebens- und Denkbereichen wirksam würde; daß *zweitens* für ihre ganzheitliche Wirkung das bloße teilende Element «Zeit», selbst wenn es nicht als absolute, sondern als relative «Größe» (oder Dimension) gehandhabt wird, durch ein umfassendes zeitliches Konzept *intensiviert* werden müßte."

EDMUND HUSSERL (1859–1938) [18, 50], HENRI BERGSON (1859–1941) [7] und natürlich ALFRED WHITEHEAD (1861–1947) [53, 54] haben sich sehr deutlich, wenn auch unter verschiedenen Vorzeichen, um ein ähnliches Verständnis

---

[24] C. G. Jung, *Aion*, Gesammelte Werke, Bd. 9/2 [24], Ziff. 397.

[25] Zitiert nach C. A. Meier [34], S. 188.

von Zeit bemüht. Gebsers diesbezügliche Auffassung dürfte jedoch mehr als von diesen Philosophen von Romano Guardini direkt beeinflußt worden sein, bei dem er in den 20er Jahren studierte.[26] In einem Aufsatz aus dem Jahre 1925 schreibt Guardini ([15], S. 130), inhaltlich bemerkenswert parallel zu Gebser, aber zusätzlich auch den Raumbegriff einschließend:

„Der Raum enthielte nicht nur die Funktion des Neben-Einander (mechanischer Raum), sondern die des geordneten In-Einander (lebendiger Raum); und die Zeit nicht nur die Funktion des Nach-Einander (mechanische Zeit), sondern die des geordneten Mit-Einander (lebendige Zeit). Es gäbe außer dem extensiven den intensiven Raum; außer der extensiven die intensive Zeit."

Hier tritt, von zunächst recht überraschender Seite, erneut eine vierfache Gliederung des Raum-Zeit-Konzeptes in Erscheinung – wobei allerdings die Dichotomie «mechanisch-lebendig» nicht mit derjenigen von «abstrakt-konkret» identisch ist. Um die zu Beginn von Kapitel 5 aufgezählten Raum- und Zeitbegriffe in systematischen Kontakt mit den psychischen Funktionen nach Jung zu bringen, komme ich nun zum nächsten Abschnitt.

5.2 Jungs psychische Funktionen und Kantsche Erkenntnismodi

Die psychischen Funktionen, wie sie von Jung eingeführt wurden, sind Denken, Empfinden, Fühlen und Intuition. Eine kurze und bündige Charakterisierung dieser Funktionen hat Edinger gegeben ([10], S. 235):[27]

„Das Empfinden macht uns mit den Tatsachen bekannt. Das Denken bestimmt, in welche allgemeinen Begriffe die Tatsachen sich fassen lassen. Das Fühlen sagt uns, ob uns die Tatsachen gefallen oder nicht. Das Intuieren deutet an, woher die Tatsachen gekommen sind, wohin sie führen, und was für Verbindungen zu anderen Tatsachen sie haben können."

Dabei sind das Denken und das Fühlen Funktionen der Beurteilung, Empfinden und Intuition sind Funktionen der Wahrnehmung. Denken und Empfinden sind analytische, objektgerichtete Funktionen, Fühlen und Intuition arbeiten nicht analytisch, sondern «ganzheitlich», gewissermaßen aus der Teilnehmerperspektive

---

[26] Ab den 40er Jahren stand Gebser in intensivem Kontakt zu Jung und dessen Eranoskreis, was auch Einflüsse von daher wahrscheinlich macht. Siehe etwa Jungs Bemerkungen bezüglich einer doppelten Raum-Zeit-Quaternio in einem Brief an den britischen Psychiater Smythies vom 29. Februar 1952, publiziert in: C. G. Jung, *Briefe. Zweiter Band.* [23], S. 252–256.

[27] Eine Definition von Jung selbst ist in seinem Aufsatz *Psychologische Typologie* (abgedruckt in: [22], Ziff. 1054) zu finden und im Artikel von Hans Primas in diesem Band wiedergegeben. Eine andere Beschreibung hat Toni Wolff gegeben, siehe ihre *Einführung in die Grundlagen der komplexen Psychologie* [56] (abgedruckt in: [57], insbesondere S. 90–91). Mir erscheint die ins Deutsche übersetzte Version von Edinger [10] am klarsten.

statt aus derjenigen des Beobachters. Anders als es nahezu in der gesamten abendländischen philosophischen Tradition der Fall ist, bezeichnet Jung Denken und Fühlen als rationale Funktionen, Empfinden und Intuition als irrational. Auf diese kontroverse Terminologie gehe ich hier nicht näher ein, zumal das damit verbundene Gliederungsschema durch die Dichotomie von Urteil und Wahrnehmung bereits hinreichend charakterisiert ist. Betonen möchte ich aber, daß die reale Psyche keineswegs getrennt nach diesen unterschiedlichen Funktionen arbeitet. (Sollte ein solcher Fall tatsächlich beobachtet werden, so würde es sich dabei wahrscheinlich um ein psychopathologisches Erscheinungsbild handeln.) Sie stellen ein analytisches Schema dar und spiegeln nicht die Situation, wie sie in der Praxis vorkommt.

Jungs Funktionen können sehr folgerichtig und konsistent als ein Schema aufgefaßt werden, das die Kantsche Gliederung von Verstand, reiner Anschauung und empirischer Anschauung ([26], S.B47, B74) spezifiziert beziehungsweise ergänzt. Was zunächst diese drei Konzepte betrifft, so lassen sie sich meines Erachtens in einen deutlichen Zusammenhang zu den Funktionen des Denkens, des Empfindens und der Intuition stellen. Die Kantschen Konzepte der Anschauung charakterisieren das, was bei Jung Wahrnehmung heißt. Empirische Anschauung heißt schon bei Kant auch Empfindung, und sie ist dementsprechend mit der Jungschen Funktion des Empfindens in Beziehung zu setzen. Indem sie empirisch ist, ist sie konkret, und indem sie analytisch und objektgerichtet ist, ist sie extern. Mit der Funktion des Empfindens hängt damit der externe, konkrete Raumbegriff zusammen, in dessen Rahmen Operationalisierbarkeit in strengem Sinn vorliegt.[28] Die Objekte des Empfindens sind somit Gegenstände der materiellen Welt. Auf diese Weise hängt Empfinden mit der aristotelischen *causa materialis* zusammen.

Für reine Anschauung prägt Kant keinen separaten Begriff. Als zur empirischen Anschauung komplementäres Konzept ist sie der zweiten Wahrnehmungsfunktion in Jungs Schema, der Intuition, zuzuordnen. Der damit zusammenhängende Raumbegriff ist der eines abstrakten Raumes, des Kantschen Raumes *a priori*: reine Anschauung ist formale Innenanschauung in der Welt der Ideen (vgl. die aristotelische *causa formalis*) und „enthält lediglich die Form, unter der etwas angeschaut wird" ([26], S.B74). Kants reine Anschauung beziehungsweise Jungs Intuition sind nicht objektgerichtet. Sie tragen somit den Charakter der Internalität im angesprochenen Sinn und stellen die Ergänzung zum konkreten, externen Raum der empirischen Wahrnehmung beziehungsweise des Empfindens dar. Beide Wahrnehmungsfunktionen (Jung) beziehungsweise Anschauungstypen (Kant) beziehen sich auf den Raumbegriff, einmal in dessen vollständig operationalisierbarer Form und zum anderen in dessen vollständig nicht-operationalisierbarer

---

[28] Ich erinnere daran, daß Externalität in diesem Sinn nicht mit Jungs Begriff der Extraversion zu verwechseln ist. Externalität meint Gerichtetheit auf ein Objekt. Das ist sowohl in extravertiertem als auch in introvertiertem Sinn möglich.

Form. Was also den Raumbegriff betrifft, so stellt Kants Schematismus der Anschauung ein klares Gliederungskonzept dar.

Neben reiner und empirischer Anschauung ist bei Kant das dritte wesentliche psychische Element von Erkenntnis der Verstand, der Intellekt, der die Kriterien der Jungschen Funktion des Denkens erfüllt. Der Verstand kategorisiert beziehungsweise beurteilt das, was reine oder empirische Anschauung als wahrgenommenes Material zur Verfügung stellen. Er steht daher in Wechselwirkung mit diesen beiden anderen Funktionen: Erkenntnis entspringt nach Kant aus der konzertierten Aktion aller drei.[29] Bei Denken beziehungsweise Verstand handelt es sich um eine objektgerichtete, externe Funktion, insofern sie sich zunächst auf wahrgenommenes, sodann auch auf gedachtes Material bezieht. Zudem handelt es sich um eine abstrakte Funktion: Denken operiert im Bereich der Möglichkeiten, nicht in dem des aktuellen Erlebens. Es bedient sich dabei der einen oder anderen Form von Logik und trägt durch die damit ins Spiel kommende Figur der Implikation «wenn-dann» Züge der aristotelischen *causa efficiens*. Intellektuelle Reflexion ist ein essentiell zeitlicher Vorgang ([52], S. 240), wobei der Begriff des Reflektierens erneut den Objektcharakter des Reflektierten oder zu Reflektierenden betont. Aufgrund des potentiellen Charakters seiner Objekte ist der zeitliche Ablauf, der beim Denken zurückgelegt wird, reversibel. Es ist aufgrund dieser Eigenschaften naheliegend, mit Kantschem Verstand beziehungsweise Jungschem Denken das Konzept einer abstrakten, externen Zeit von reversiblem Typus zu assoziieren.

Ist Kants Zeit *a priori* in diesem Rahmen angesiedelt? Im Gegensatz zu seiner Diskussion hinsichtlich des Raumbegriffs bleibt Kant im Hinblick auf die Zeit weit unklarer (dieser Meinung ist auch Prauss, [44], S. 339). Es ist mir nicht gelungen, aus der *Kritik der reinen Vernunft* eine Klassifizierung des Zeitbegriffs zu entnehmen, die auch nur annähernd so problemlos wie die des Raumbegriffs wäre. Der tiefere Grund dafür liegt vor allem in zwei Punkten: zum ersten in der Whiteheadschen «fallacy of misplaced concreteness», die zur Vermischung der externen, abstrakten Zeit mit ihrem internen, konkreten Gegenstück führt, und zweitens in der Tatsache, daß sich Kants Repertoire an psychischen Funktionen mit Verstand, reiner und empirischer Anschauung erschöpft – zumindest soweit die *Kritik der reinen Vernunft* betroffen ist. Kant fehlt hier eine differenzierte Behandlung dessen, was bei Jung als Funktion des Fühlens auftaucht, und es fehlt ihm ebenso

---

[29] Huber (siehe seinen Beitrag in diesem Band) unterscheidet in diesem Zusammenhang die platonischen Konzepte des «intuitiven Denkens» und des «diskursiven Denkens», die exakt die beiden möglichen Wechselwirkungsbereiche des Verstandes abdecken. Im ersteren Fall geht es um die Externalisierung, d.h. Objektivierung, von Ideen, wobei deren abstrakter Charakter erhalten bleibt, und im zweiten Fall geht es um die Abstraktion der konkreten Gegenstände, wobei deren Objektcharakter erhalten bleibt.

eine differenzierte Behandlung der beiden dichotomen Konzepte von (in unterschiedlichem Sinn) semi-operationaler Zeit.[30]

ABSTRAKTE EXTERNE ZEIT	KONKRETER EXTERNER RAUM
Jung: *Denken* Kant: *Verstand*	Jung: *Empfinden* Kant: *empirische Anschaung* *Raum a posteriori*
ABSTRAKTER INTERNER RAUM	KONKRETE INTERNE ZEIT
Jung: *Intuition* Kant: *reine Anschaung* *Raum a priori*	Jung: *Fühlen* (Whitehead, Husserl, Bergson, Gebser, ...)

Abb. 2: Schematische Darstellung der vierfachen Gliederung von Raum- und Zeitbegriffen, von Jungs psychischen Funktionen und den entsprechenden Konzepten bei Kant.

Mein Vorschlag ist es aus diesen Gründen, der zum Denken komplementären Urteilsfunktion des Fühlens das verbleibende Konzept einer internen, konkreten Zeit von irreversiblem Typus zuzuordnen und damit die «ganze Vierheit» auszufüllen (siehe Abbildung 2). Damit läßt sich die Konkretheit der Zeit aus ihrer Deplazierung ins Abstrakte befreien, und das Zeitgefühl (Newton), das Zeitbewußtsein (Husserl) sowie die erlebte Zeit (Bergson) erhalten einen adäquaten systematischen Standort. Zugleich wird der komplizierte Zusammenhang zwischen «gedachter Zeit» und «gefühlter Zeit» klarer nachvollziehbar: abstrakte, externe Zeit entsteht aus der Abstraktion und Externalisierung (d.h. Objektivierung) der konkret erlebten, internen Zeit. Aus dieser Sicht wäre das *a priori* an letztere zu vergeben. Insofern sie jedoch als konkrete Zeit empirisch ist, und insofern das *a priori* bei Kant gerade auf die Bedingung der Möglichkeit von Empirie verweist, wäre der abstrakten, externen Zeit das Prädikat des *a priori* zu erteilen. Das wiederum steht in Widerspruch zu deren abgeleiteter Natur. Die Argumentation führt hier auf eine paradoxe Konstruktion, die im Rahmen des Denkens, in dem sie sich bewegt, nicht auflösbar ist (siehe hierzu auch Prauss [44], S. 389f, dort vor allem Fußnote 25). Ebenso wie der neuralgische Punkt der Argumentation der konkrete Aspekt der Zeit ist, scheint mir die Möglichkeit einer Auflösung exakt in der

---

[30] Man kann die *Kritik der praktischen Vernunft* [27] als Kants Behandlung der Fühlfunktion ansehen. Dadurch wird aber weder das Problem ihres Zusammenhanges mit den Funktionen der «reinen Vernunft» noch das Problem der Differenzierung des Zeitbegriffes gelöst. Es wäre des weiteren noch interessant zu studieren, inwieweit der Versuch Kants, mit seiner *Kritik der Urteilskraft* die vierte aristotelische *causa*, nämlich die *causa finalis*, zur Geltung zu bringen (siehe etwa [28], S. XXXVIII–XLII), mit diesem Problembereich zu tun hat.

Problematik der Konkretion verborgen zu liegen, die in diesem Fall die Funktion des Fühlens betrifft.[31] Doch wie hätte Kant dieses Problem lösen sollen?

5.3 Konsequenzen für die Charakterisierung psychologischer Typen

Wenn der Zusammenhang zwischen den Konzepten von Raum und Zeit und den psychischen Funktionen etwa in der Form vorliegt, die ich versucht habe zu skizzieren, dann sollten anhand der thematischen Schwerpunkte von Wissenschaftlern und Philosophen, die sich mit Raum und Zeit beschäftigt haben, entsprechende Zusammenhänge deutlich gemacht werden können. Pauli hat derartige Beziehungen in seiner Kepler-Arbeit bereits angedeutet ([42], S. 161):

„[Fludds Haltung wird uns] verständlicher durch ihre Einordnung in eine allgemeinere, sich durch die Geschichte hindurchziehende Scheidung der Geister, von denen die einen die quantitativen Beziehungen der *Teile*, die anderen dagegen die qualitative Unteilbarkeit des *Ganzen* für wesentlich hielten. ...

Ein analoger Gegensatz findet sich später auch in dem bekannten Streit um die Farbenlehre zwischen Goethe und Newton: Goethe hat eine ähnliche Aversion gegen die «Teile» und betont stets den störenden Einfluß der Apparate auf die «natürlichen» Phänomene. Wir möchten hier den Gesichtspunkt vertreten, daß es sich bei diesen kontroversen Einstellungen um den psychologischen Gegensatz von Fühltypus oder intuitivem Typus und Denktypus handelt. Goethe und Fludd vertreten den Fühltypus und den Intuitiven, Newton und Kepler den Denktypus ... "

Der quaternären Einstellung Fludds kommt im Vergleich zu Keplers trinitarischer Einstellung, so Pauli, die «größere Vollständigkeit des Erlebens» zu, indem sie gefühlsmässige Wertungen und intuitive Wahrnehmung einschließt. Diese Komponenten beziehen sich auf diejenigen psychischen Funktionen, denen Denken und Empfindung, also intellektuelle Wertung und Außenwahrnehmung, gegenüberstehen. Auf der Basis der Argumente, die ich im vorangegangenen Abschnitt ausgeführt habe, würde ich (etwas anders als Pauli) mit Keplers sehr abstraktem, unempirischem Raumbegriff eher einen Schwerpunkt der intuitiven Funktion in Zusammenhang bringen, der sich zusammen mit der Denkfunktion entfaltete. Daß Fludd demgegenüber über eine entwickeltere Fühlfunktion verfügte, scheint mir einleuchtend. Generell empfiehlt es sich jedoch, bei derartigen Beurteilungen sowohl verschiedene Phasen in der Entwicklung der betroffenen Person zu unterscheiden als auch zu berücksichtigen, daß in verschiedenen Lebensbereichen eventuell verschiedene Schwerpunkte zum Ausdruck kommen können.

---

[31] An dieser Stelle könnte es sein, daß der Sinn der kryptischen Schlußbemerkungen in Kapitel 1 etwas deutlicher verständlich wird.

Eine sehr lohnende Fallstudie in dieser Hinsicht ließe sich meines Erachtens am Beispiel Kants durchführen.[32] Jung stuft Kant als introvertierten Denktypus ein,[33] was zur Folge hat, daß die dazu komplementäre Fühlfunktion als unterentwickelt (inferior) zu gelten hat. Dies äußert sich sehr charakteristisch darin, daß bei Kant [26] die «Trinität» der verbleibenden psychischen Funktionen sehr detailliert behandelt wird, das Fühlen jedoch allenfalls nebenbei und fußnotenhaft als «Element der Lust oder Unlust» (ich beziehe mich hier aus den genannten Gründen nur auf die *Kritik der reinen Vernunft.*) Allerdings schließt eine ausgeprägte Gefühlsinferiorität keineswegs aus, daß Intuition und Empfinden als Hilfsfunktionen des Denkens hoch entwickelt sein können, so daß die mit ihnen assoziierten Raumbegriffe für Kant weit klarer durchschaubar und demzufolge auch darstellbar waren als das Konzept der Zeit.[34] Drittens läßt sich auf diese Weise Kants zu höherem Alter hin (nach dem Übergang von seiner kritischen zu seiner doktrinären Schaffenszeit) ständig zunehmende Aversion gegen Psychologie verstehen. Gerold Prauss, der in den letzten Jahren durch neue Ansätze in der Kantinterpretation hervorgetreten ist, kommentiert die zynischen Äußerungen Kants zum Thema der «inneren Seelen-Erfahrung» wie folgt ([44], S. 334):

„Die Einsicht, die er [Kant] sich auf diese Weise buchstäblich verscherzt, ist die, daß gerade das, was er hier ironisierend abtut und am Ende gar für unmöglich erklärt, die Wissenschaft von Subjektivität ist, die er noch zu leisten hätte, aber offensichtlich nicht mehr leisten kann. So ist, was hier geschieht, ein Reflexionszusammenbruch als eine Katastrophe seines Denkens und mithin seiner Philosophie von solchen Ausmaßen und Folgen, daß sie sich kaum übersehen lassen. Was zu einer Sternstunde geradezu, und nicht nur für Philosophie, sondern in ihrem Rahmen auch noch für Psychologie sich fügen könnte, geht hier ungenutzt vorüber und hat sich bis heute auch nicht wieder eingestellt. Und abermals ausschließlich, weil für Kant im Zuge seines Vorgehens die Reflexion auf die Objekte so weit in den Vordergrund tritt, daß dahinter diejenige auf Subjekte als gerade eigenständige und eigenartige zurücktritt, ja durch sie weit in den Hintergrund gedrängt und schließlich ganz verdrängt wird."

Kant hatte das Problem, im Rahmen seiner Diskussion von Raum und Zeit über Hinweise auf die Quaternität von deren empirischer *a posteriori* und reiner *a priori* Bedeutungen zu verfügen, dieser Quaternität jedoch auf Grund der Vernachlässigung des Fühlens im «trinitarischen» Schema seiner psychischen

---

[32] Damit ist beinhaltet, daß die Einstellung zu Kant ebenso aufschlußreich sein kann; zum Beispiel äußerte Einstein, daß er Kants Konzeption von absolutem Raum und absoluter Zeit nie verstehen konnte.

[33] C. G. Jung, *Psychologische Typen*, Gesammelte Werke, Bd. 6 [22], Ziff. 632.

[34] Dies gilt mit noch stärkerem Nachdruck für die italienischen Renaissancephilosophen sowie für Kepler/Fludd und Descartes/More, bei denen der Zeitbegriff weitgehend unterschlagen wird.

Funktionen nicht gerecht werden zu können. (Daran ändert der umfangreiche und aufwendige Versuch, das Fühlen in den späteren Kritiken separat zu behandeln, nichts.) Daß sein Programm in diesem Punkt scheiterte, ist nicht verwunderlich. Kants große Leistung in Bezug auf die Konzepte von Raum und Zeit ist und bleibt die Erkenntnis, daß sie nur zusammen mit einer differenzierten Betrachtung der psychischen Funktionen sinnvoll gefaßt werden können. In ihrer vollen Tragweite ist diese Erkenntnis bis heute nicht umgesetzt, und auf die versäumte Sternstunde ist weiter zu warten. Vielleicht sind heute die Chancen dafür gewachsen, indem die dazu erforderliche Wissensbasis breiter geworden ist.

Wesentlicher Bestandteil dieser verbreiteten Wissensbasis ist ein besseres Verständnis der Konzepte von Raum und Zeit, wie sie in den Naturwissenschaften entwickelt wurden. Insbesondere das Interesse für die Probleme, die im Zusammenhang mit dem Zeitbegriff stehen, nimmt gegenwärtig rapide zu (vgl. Abschnitte 4.2 und 4.3). Einer derjenigen, die dazu Grundlegendes beigetragen haben, war Pauli. In seinem Handbuch-Artikel aus dem Jahre 1933 [41] behandelte er die Frage, woran es liegt, daß im Formalismus der Standard-Quantenmechanik die Definition eines Zeitoperators nicht möglich ist. Heute gibt es eine ganze Reihe deutlicher Indizien dafür, daß ein solcher Operator das Konzept einer konkreten, internen Zeit ausdrückt. Pauli beschäftigte sich also mit der Insuffizienz der Quantenmechanik, an deren Entwicklung er bekanntlich entscheidend beteiligt war, bezüglich dieses Konzeptes.

Etwa zur gleichen Zeit stellte er seine eigene Insuffizienz bezüglich der Fühlfunktion fest. In einem Brief an Kronig[35] schrieb er:

„Ich hatte große Angst vor allem Gefühlsmäßigen und habe daher dieses verdrängt. Dies bewirkte schließlich eine Anhäufung aller gefühlsmäßigen Ansprüche im Unbewußten und eine Revolte des letzteren gegen eine zu einseitig gewordene Einstellung des Bewußtseins, was sich in Verstimmung, in Werteverlust und sonstigen neurotischen Erscheinungen geäußert hat. Nachdem ich so etwa im Winter 1931/32 zu einem ziemlichen Tiefpunkt gekommen war, ging es dann langsam wieder aufwärts. Dabei machte ich auch Bekanntschaft mit psychischen Dingen, die ich früher nicht kannte und die ich unter dem Namen *Eigentätigkeit der Seele* zusammenfassen will. Daß es hier Dinge gibt, die spontane Wachstumsprodukte [sind] und als Symbole bezeichnet werden können, ein Objektiv-Psychisches, das nicht aus materiellen Ursachen erklärt werden kann und soll, steht für mich außer Zweifel."

Dieses Schlaglicht auf die Biographie Paulis mag zeigen, wie verblüffend die Zusammenhänge, die ich in diesem Beitrag anzusprechen versucht habe, erscheinen können – so verblüffend, daß man fast geneigt sein könnte, sie als voreingenommene Interpretation einzustufen. Jeder muß dazu sein eigenes Verhältnis finden. Fest steht lediglich, daß dieses Verhältnis durch eine vollständiger ent-

---

35 Brief vom 2. August 1934 (Brief Nr. 380 in [36], S. 340)

wickelte psychische Einstellung an Substanz gewinnt. Auf sie kann die abstrakte Beschäftigung hinweisen. Zu ihrer tatsächlichen Realisierung jedoch ist eine konkrete Umsetzung unabdingbar.

Danksagung

Dieser Beitrag berücksichtigt etliche Anregungen, Hinweise und Kritik, die nicht Bestandteil des Literaturverzeichnisses sind. Für ihre diesbezügliche Hilfe danke ich Friedrich Hehl, Ellen Gesang, Gerold Prauss, Hans Primas, Herbert Scheingraber, Walter Schwery und Michael Stöltzner.

Literaturhinweise

[1] P. C. Aichelburg (Hrsg.): *Zeit im Wandel der Zeit*. Braunschweig. Vieweg. 1988.

[2] Aristoteles: *Physik*. In: *Die Lehrschriften*, Band IV. Hrsg. P. Gohlke. Paderborn. Schöningh. 1956.

[3] H. Atmanspacher: *Wolfgang Pauli und die Alchemie. Teil II: Das opus alchymicum*. Z. für Parapsychologie und Grenzgebiete der Psychologie **34**, 131–162 (1992).

[4] H. Atmanspacher: *Die Vernunft der Metis*. Stuttgart. Metzler. 1993.

[5] H. Atmanspacher: *Objectification as an endo–exo transition*. In: *Inside Versus Outside*. Ed. by H. Atmanspacher and G. J. Dalenoort. Berlin. Springer. 1994. S. 15–33.

[6] J. Bell: *On the Einstein Podolsky Rosen paradox*. Physics (Long Island City, New York) **1**, 195–200 (1964).

[7] H. Bergson: *L'évolution créatrice*. Paris. F. Alcan. 1907. Englische Übersetzung: *Creative Evolution*. Übersetzt von A. Mitchell. New York 1911. Deutsche Übersetzung: *Schöpferische Entwicklung*. Übersetzt von G. Kantorowicz. Jena. Eugen Diederichs. 1912.

[8] R. J. Boscovich: *De spatio et tempore, ut a nobis cognoscuntur*. 1755. English translation: *On space and time, as they are recognized by us*. In: *A Theory of Natural Philosophy*. Ed. by J. M. Child, Open Court, Chicago, 1922, pp. 404–409.

[9] R. Descartes: *Meditationes de Prima Philosophia*. Paris. 1641. Zitiert nach: *Meditationes de Prima Philosopia / Meditationen über die Erste Philosophie*. Lateinisch/Deutsch, übersetzt und herausgegeben von G. Schmidt. Reclam. Stuttgart. 1986.

[10] E. F. Edinger: *Der Weg der Seele*. München. Kösel. 1990.

[11] A. Einstein, B. Podolsky and N. Rosen: *Can quantum-mechanical description of physical reality be considered complete?* Phys. Rev. **47**, 777–780 (1935).

[12] D. Finkelstein: *Quantum Relativity*. Berlin. Springer. Im Druck.

[13] J. Gebser: *Ursprung und Gegenwart*. München. Deutscher Taschenbuchverlag. 1973[1], 1992[4].

[14] A. Grünbaum: *Philosophical Problems of Space and Time*. Dordrecht. Reidel. 1973.

[15] R. Guardini: *Vom liturgischen Mysterium*. In: *Liturgie und liturgische Bildung*. Mainz. Gruenenwald/Schoeningh. 1992. S. 111–155.

[16] K. Gustafson and B. Misra: *Canonical commutation relations of quantum mechanics and stochastic regularity*. Letters in Mathematical Physics **1**, 275–280 (1976).

[17] W. R. Hamilton: *Theory of conjugate functions, or algebraic couples; with a preliminary and elementary essay on algebra as the science of pure time.* Transactions of the Royal Irish Academy **17**, 293–422 (1837).

[18] E. Husserl: *Texte zur Phänomenologie des inneren Zeitbewusstseins (1893–1917).* Hamburg. Meiner. 1985.

[19] M. Jammer: *Das Problem des Raumes.* Darmstadt. Wissenschaftliche Buchgesellschaft. 1980.

[20] P. Janich: *Geschwindigkeit und Zeit.* In: *Philosophie und Physik der Raum-Zeit.* Hg. von J. Audretsch und K. Mainzer. Mannheim. BI Wissenschaftsverlag. 1988. S. 163–181.

[21] K. Jaspers: *Die grossen Philosophen.* München. Piper. 1988.

[22] C. G. Jung: *Gesammelte Werke. Sechster Band. Psychologische Typen.* Zürich. Rascher Verlag. 1960.

[23] C. G. Jung: *Briefe. Zweiter Band. 1946–1955.* Olten. Walter-Verlag. 1972.

[24] C. G. Jung: *Gesammelte Werke. Neunter Band. Zweiter Halbband. Aion.* Olten. Walter-Verlag. 1976.

[25] I. Kant: *Von dem ersten Grunde des Unterschiedes der Gegenden im Raume.* 1768.

[26] I. Kant: *Critik der reinen Vernunft.* Riga. 1781^1, 1787^2.

[27] I. Kant: *Critik der praktischen Vernunft.* Riga. 1788.

[28] I. Kant: *Critik der Urtheilskraft.* Berlin. 1790^1, 1793^2, 1799^3.

[29] K. V. Laurikainen: *Beyond the Atom. The Philosophical Thought of Wolfgang Pauli.* Berlin. Springer. 1988.

[30] G. W. Leibniz: *Streitschriften zwischen Leibniz und Clarke. Leibniz' fünftes Schreiben vom 18. August 1716.* 1716. Deutsche Übersetzung zitiert nach: *Gottfried Wilhelm Leibniz, Hauptschriften zur Grundlegung der Philosophie.* Übersetzt von A. Buchenau und herausgegeben von E. Cassirer. Band I. Hamburg. Meiner. 1904. S. 165–214.

[31] G. Mahler: *Temporal Bell inequalities. A journey to the limits of «consistent histories».* In: *Inside Versus Outside.* Ed. by H. Atmanspacher and G. J. Dalenoort. Berlin. Springer. 1994. S. 195–206.

[32] K. Mainzer: *Philosophie und Geschichte von Raum und Zeit.* In: *Philosophie und Physik der Raum-Zeit.* Hg. von J. Audretsch und K. Mainzer. Mannheim. BI Wissenschaftsverlag. 1988. S. 11–51.

[33] H. Margenau: *The Nature of Physical Reality.* New York. McGraw-Hill. 1950.

[34] C. A. Meier (Hg.): *Wolfgang Pauli und C. G. Jung. Ein Briefwechsel 1932–1958.* Berlin. Springer. 1992.

[35] P. Meredith: *The psychophysical structure of temporal information.* In: *The Study of Time.* Ed. by J. T. Fraser, F. C. Haber and G. H. Müller. Berlin. Springer. 1972. S. 259–273.

[36] K. von Meyenn (Hg.): *Wolfgang Pauli. Wissenschaftlicher Briefwechsel, Band II: 1930–1939.* Berlin. Springer. 1985.

[37] H. Minkowski: *Raum und Zeit.* Physikalische Zeitschrift **10**, 104–111 (1909). Nachdruck in: *Das Relativitätsprinzip.* Leipzig 1913, Darmstadt 1982^8, S. 54–66.

[38] B. Misra: *Nonequilibrium entropy, Lyapunov variables, and ergodic properties of classical systems.* Proc. Natl. Acad. Sci. USA **75**, 1626–1631 (1978).

[39] J. von Neumann: *Mathematische Grundlagen der Quantenmechanik.* Berlin. Springer. 1932.

[40] I. Newton: *Philosophiae Naturalis Principia Mathematica*. London. 1686[1], 1713[2]. Deutsche Übersetzung: *Mathematische Prinzipien der Naturlehre*. Hrsg. von J. P. Wolfers, Darmstadt 1963.

[41] W. Pauli: *Die allgemeinen Prinzipien der Wellenmechanik*. In: *Handbuch der Physik*. Hg. von H. Geiger und K. Scheel. 2. Aufl. Berlin. Springer. 1933.

[42] W. Pauli: *Der Einfluss archetypischer Vorstellungen auf die Bildung naturwissenschaftlicher Theorien bei Kepler*. In: *Naturerklärung und Psyche*. Hg. von C. G. Jung und W. Pauli. Zürich. Rascher. 1952. S. 109–194. Reprinted in: *Collected Scientific Papers by Wolfgang Pauli*. Ed. by R. Kronig and V. F. Weisskopf. New York. Interscience. 1964, Vol.1, S.1023–1114.

[43] W. Pauli: *Die Wissenschaft und das abendländische Denken*. In: *Europa – Erbe und Aufgabe. Internationaler Gelehrtenkongress, Mainz 1955*. Hg. von M. Göhring. Wiesbaden. Franz Steiner Verlag. 1956. S. 71–79.

[44] G. Prauss: *Die Welt und wir*. Band I/1. Stuttgart. Metzler. 1990.

[45] I. Prigogine: *Vom Sein zum Werden*. München. Piper. 1985.

[46] H. Primas: *Chemistry, Quantum Mechanics and Reductionism*. Berlin. Springer. 1981[1], 1983[2].

[47] O. E. Rössler: *Boscovich covariance*. In: *Beyond Belief: Randomness, Prediction and Explanation in Science*. Ed. by J. L. Casti and A. Karlqvist. Boca Raton, Ann Arbor, Boston. CRC Press. 1991. S. 65–87.

[48] E. Ruhnau: *Time – a hidden window to dynamics*. In: *Inside Versus Outside*. Ed. by H. Atmanspacher and G. J. Dalenoort. Berlin. Springer. 1994. S. 291–308.

[49] S. Smale: *The Mathematics of Time*. Berlin. Springer. 1980.

[50] M. Sommer: *Lebenswelt und Zeitbewusstsein*. Frankfurt. Suhrkamp. 1990.

[51] D. Tjøstheim: *A commutation relation for wide sense stationary processes*. SIAM J. Appl. Math. **30,** 115–122 (1976).

[52] C. F. von Weizsäcker: *Zeit und Wissen*. München. Hanser. 1992.

[53] A. N. Whitehead: *Science and the Modern World*. New York. Free Press. 1967.

[54] A. N. Whitehead: *Process and Reality*. New York. Free Press. 1979.

[55] G. J. Whitrow: *Time in History*. Oxford. Oxford University Press. 1989.

[56] T. Wolff: *Einführung in die Grundlagen der Komplexen Psychologie*. In: *Die kulturelle Bedeutung der komplexen Psychologie*. Berlin. Springer. 1935.

[57] T. Wolff: *Studien zu C. G. Jungs Psychologie*. Zürich. Rhein-Verlag. 1959.

[58] F. A. Yates: *Giordano Bruno and the Hermetic Tradition*. Chicago. University of Chigago Press. 1964.

Einiges zur Symmetrie und Symbolik der Zahl Fünf

K. Alex Müller

Im Bereich der Symbolik ganzer Zahlen ist derjenigen der Drei und der Vier von Carl Gustav Jung und Marie-Louise von Franz ein wesentlicher Teil ihres Werkes gewidmet worden [9]. Im nachfolgenden Beitrag geht es mir darum, auf die Bedeutung der Zahl Fünf hinzuweisen, wie sie historisch, in der modernen Physik und auch auf Fahnen als fünfzackiger Stern erscheint.[1] Betrachtet man das berühmte Shri-Yantra-Mandala aus Nepal[2] (Abb. 1), um dessen zentralen Punkt (Bindu) vier Dreiecke in der einen Richtung, aber fünf in der anderen angeordnet sind, so erscheint ein solcher Versuch der Erweiterung erlaubt.

1960 erschien der Essay *Der Weltstaat* von Ernst Jünger [11]. Diese Schrift hat mich zu den Überlegungen angeregt, über die ich hier zu berichten gedenke. Ernst Jünger versuchte damals eine Deutung der weltgeschichtlichen Lage, im besonderen des West-Ost-Problems. Auf Seite 24 stellt Jünger fest, dass sowohl die Russen als auch die Amerikaner auf ihre Intercontinental Ballistic Missiles (ICBM) einen Stern malten. Dazu ist zu bemerken, dass Jünger Zoologie studierte und in seinen Arbeiten oft auf diesbezügliche, als Artenaspekte zu bezeichnende Optiken hinweist. Er bemerkt zur Symbolik der Sternmarkierungen auf den Raketen folgendes: Wenn beide Supermächte ein ähnliches Symbol auf ihre Waffen malen, müssen sie etwas Gemeinsames besitzen. Er diskutiert in diesem Zusammenhang die Fahnen und Flaggen der europäischen Nationen und Reiche während des Mittelalters, wo oft, aber nicht immer, das Kreuz auf der Flagge prangte. A. Ribi hat 1968 am C. G.-Jung-Institut seine ausgezeichnet dokumentierte Thesisarbeit mit dem Titel *Die Fahne als Symbol* eingereicht [16]. Er geht auf die Bedeutung der Totemtiere bei den Primitiven, den Standarten als Feldzeichen wie auch Flaggen und Fahnen historisch und tiefenpsychologisch ein. So liest man darin folgendes:

„Die Fahne als Zeichen der herrschenden Götter bezeichnet die dominanten Kollektivvorstellungen (S. 3). Sie ist das geistige Band zwischen Bewusstsein und Unbewusstem (S.45). Sie ist das Symbol für das schicksalsmässige Ver-

---

[1] Ich habe im Engadiner Kollegium Ethik und Technik 1988 am Schluss meines damaligen Referats *Äussere und innere Forschungserfahrung und Erwartung* erstmals auf die Bedeutung der Zahl 5 im nachfolgenden Sinne hingewiesen [14].

[2] Vergleiche dazu Martin Brauen, *Das Mandala* [3], S.12.

Abb. 1: Das berühmteste Yantra – ein Shri-Yantra, Nepal. Vier Ecklöwen tragen einen Sockel, auf dem sich ein Gebäude erhebt, angedeutet lediglich durch vier flächig dargestellte T-förmige Tore. Das eigentliche Yantra ruht auf zwei Lotosblüten mit 16 bzw. acht Blättern; es besteht aus dem zentralen Punkt (Bindu) sowie vier nach einer und fünf nach der entgegengesetzten Seite gerichteten Dreiecken. Eine liegende Figur, Tripurasundari, die Herrin des Shri Yantra, bedeckt eigentlich das Yantra. Ihre Erscheinungsformen halten sich in den 27 Ecken und auf den 16 äusseren Lotosblütenblättern auf.[3]

wobensein in der Gemeinschaft (S. 50). Die Fahne ist zu allen Zeiten mit höchster Emotionalität verbunden (S. 66). Die Fahne ist auch eine Art witternder Instinkt, der unserer geistigen Orientierung dient (S. 71)."

Aus Jungs *Psychologischen Typen*[4] fasst er zusammen (S. 72): „Die Fahne ist ein Symbol im eigentlichen Sinne, denn sie steht nicht für etwas Bekanntes und begrifflich eindeutig Fassbares. Sie ist ein lebendiges Symbol."

Mein Augenmerk richtet sich hier auf die neuzeitlichen, gegenwärtigen Symbole und insbesondere auf die «Symmetrie der Zeichen» im Sinne des Werks *Zahl und*

---

[3] Aus: Martin Brauen, *Das Mandala. Der Heilige Kreis im tantrischen Buddhismus* [3], Copyright 1992 bei DuMont Buchverlag Köln.

[4] C. G. Jung, *Psychologische Typen*, Gesammelte Werke, Bd. 6 [8].

Zeit von Marie-Louise von Franz [6]. Ergänzend seien einige Stellen aus dem zweiten Teil der Arbeit A. Ribis über die Schweizerfahne (Abb. 2) hinzugefügt:

Abb. 2: Schweizer Fahne

„Rot ist das Blutbanner von Friedrich II. von 1240 (S. 79). Psychologisch bedeutet daher die rote Fahne der Eidgenossen Blutsbrüderschaft (S. 82). Durch Aufnahme des weissen, christlichen Kreuzes † in das Eckquartier im Banner stellen sich die Schwyzer bei den Unabhängigkeitskämpfen unter den Schutz des Gekreuzigten (S. 83). Mit dem gleichschenkligen Kreuz (in der heutigen Fahne), bei dem der Kreuzungspunkt in die Mitte gerückt ist, ✛, damit oben und unten gleich stark vertreten sind, wird die Einseitigkeit des christlichen Kreuzes † ausgeglichen. Die Ritter auf den Kreuzzügen wurden mit der unteren, erdhaften, realen, dunklen Seite konfrontiert, und sie waren die ersten, welche Kleider und Waffen mit gleichseitigen Kreuzen schmückten" (von S. 86 sinngemäss übertragen).

Ausführlicher beschrieb A. Ribi in einem unveröffentlichten Referat[5] den psychologischen Zustand, der zur erfolgreichen Bildung und dem Fortbestehen der Eidgenossenschaft führte. Dieser fand in der Schweizerfahne, dem freistehenden, weissen Kreuz im roten Feld, sichtbaren symbolischen Ausdruck als zentraler Archetypus unserer Kultur.

Das Kreuz ist noch in weiteren europäischen Fahnen enthalten, etwa in denjenigen der skandinavischen Nationen, Islands und im «Union Jack» Grossbritanniens, auf dem es doppelt vorkommt. Ein Kreuz, das sich eine Nation erst vor einigen Jahrzehnten gegeben hat – das kennen Sie nur zu gut – ist das Hakenkreuz (Abb. 3). Wie der Name sagt, hat das Kreuz einen Haken und zwar, Frau von Franz hat mich darauf aufmerksam gemacht, dreht dieses Kreuz nach links. Die Nationalsozialisten glaubten damals, dieses Kreuz beinhalte die altgermanische Swastika (Abb. 4).

---

[5] A. Ribi, *Zur Symbolik der Kreuzfahne und ihrer Beziehung zur Entstehung der Eidgenossenschaft*, Vortrag im Psychologischen Club Zürich am 18. Januar 1969.

Abb. 3: Hakenkreuz   Abb. 4: Swastika

Jedoch hatte das Hakenkreuz, das nach links dreht, in Tibet die Symbolik von böser, schwarzer Magie. Die Swastika (Abb. 4) dreht nach rechts, und man findet dieses Symbol auch an indischen Tempeln. Aber Rechts- und Linksdrehung sind nicht das gleiche, wie wir etwa aus der Physik wissen – man denke nur an die Paritätsverletzung. Die echte Swastika der alten Germanen war als solche nicht ein Kreuz mit Haken, sondern sie hatte statt der Balken Kreissegmente – sie symbolisierte das Feuerrad, welches beim Sonnenwendfest den Abhang hintergerollt wurde. Die Swastika ist eine versuchte Synthese zwischen Kreuz und Kreis, beides Symbole des Selbst, soweit ich die Schriften von C.G. Jung verstanden habe [10].

Nun zurück zu den Sternen, welche auf den Kernwaffen der zwei Supermächte sichtbar waren und sind. Es interessierte mich als Physiker, was für einen Stern die Sowjetrussen auf ihre Raketen malten: es ist ein fünfzackiger, roter Stern, und die Amerikaner malten einen fünfzackigen, weissen Stern auf die ihren. Aus diesem Grunde begann ich 1960 nach der Lektüre des *Weltstaates* damit, andere Fahnen speziell nach möglichen Gemeinsamkeiten zu betrachten. Wenden wir uns zuerst den «Stars and Stripes» der Amerikaner zu: Hier kommt der fünfzackige Stern 50mal vor (Abb. 5).

Abb. 5: Fahne der USA

In Abb. 6 ist die Fahne der Volksrepublik China abgebildet, auf der ein grosser, fünfzähliger, goldener Stern und nochmals vier kleinere, ebenfalls fünfzählige Sterne in einem roten Feld angeordnet sind. Wenn wir die kleineren wegnehmen, erhalten wir ungefähr die Flagge der Roten Armee der ehemaligen Sowjetunion, die einen goldenen Stern im roten Feld zeigt.

Abb. 6: Fahne der Volksrepublik China

Ich habe mich gefragt, was die Fünf bei den Symmetriesymbolen in Fahnen bedeuten könnte. In Jungs *Psychologie und Alchemie*[6] ist folgende Bemerkung zu finden:

„Gestörte Mandalas kommen gelegentlich [in Träumen von Patienten] vor. Dazu gehören alle Formen, die vom Kreis oder Quadrat oder gleichschenkligen Kreuz abweichen; ebenso diejenigen, deren Grundzahl nicht Vier, sondern Drei oder Fünf ist. Hiervon machen die Sechs- und die Zwölfzahl eine gewisse Ausnahme. Zwölf kann sich auf Vier und auf Drei beziehen. Die zwölf Monate und die zwölf Zodia sind gegebene Kreissymbole, die zur Verfügung stehen. Ebenso ist die Sechs ein bekanntes Kreissymbol. Die Drei weist auf die Vorherrschaft von Idee und Willen (Trinität) und die Fünf auf die des physischen Menschen (Materialismus) hin."

Dies ist die einzige Bemerkung von Jung, welche ich darüber in Erfahrung gebracht habe. Jungs Hinweis könnte aber auf die Symbolik der Flaggen anwendbar sein. Mehrheitlich sind es diejenigen Fahnen, die von sozialistischen Ländern stammen, welche einen Fünferstern zeigen. Dass dort der Materialismus besonders betont ist, dürfte jedem klar sein.

Es gibt viele neuere Fahnen mit Sternen, darunter auch diejenige des ehemaligen Jugoslawien (Abb. 7). Es ist eine dreifarbige, traditionelle Nationalflagge, in der ein Stern mit fünffacher Symmetrie eingefügt ist. Nun ist der Staat Jugoslawien auseinandergebrochen, und seine Fahne existiert nicht mehr. Auch andere Länder des ehemaligen Ostblockes haben enorme Schwierigkeiten. Dies zeigt

---

[6] C. G. Jung, *Psychologie und Alchemie*, Gesammelte Werke, Bd. 12 [10], Ziff. 287, Fussnote 133.

deutlich, wie das innere Aufgeben eines Symbols, sei es auch ein materialistisches, viel Ungemach und Leid bringen kann.

Abb. 7: Fahne des ehemaligen Jugoslawien

Abb. 8: Fahne der Europäischen Gemeinschaft

In der Flagge der Europäischen Gemeinschaft (Abb. 8), die an Gewicht gewinnt, sind fünfzählige Sterne kreisförmig im blauen Felde angeordnet – jeder steht für eine Nation. Mir persönlich gefällt sie sehr gut: das Kreissymbol und die Sterne. Sie vermittelt mir ein optimistisches Bild vom kommenden Europa. Es wird auch für die Zukunft Europas von Interesse sein, wie sich die Fahne und ihre Symbolik ändern, wenn neue Sterne für neue Mitgliedstaaten aufzunehmen sind.

Auf der Fahne der Türkei (Abb. 9) ist wieder ein fünfzähliger Stern enthalten. Der fünfzählige Stern wird von der Mondsichel umfasst. Dies wäre möglicherweise auch eine Diskussion wert. Ein ganz starkes Symbol ist meiner Ansicht nach die aufgehende Sonne der Japaner (Abb. 10). Das Kreissymbol der orange aufgehenden Sonne zeigt eine grosse innere Stärke und Selbstzentrierung der japanischen Nation. Auf Japanisch heisst es Nippon: die Stärke der Sonne.

Einiges zur Symmetrie und Symbolik der Zahl Fünf   281

Abb. 9: Fahne der Türkei   Abb. 10: Fahne Japans

Die Sterne auf den Flaggen sind nicht immer fünfzählig. Betrachten wir die sechszählige Symmetrie, etwa beim Davidstern von Israel (Abb. 11), der ein doppeltes Dreieck darstellt.

Abb. 11: Fahne des Staates Israel

Als Physiker möchte ich dazu bemerken, dass die sechszählige Symmetrie prinzipiell von der fünfzähligen verschieden ist. Aus diesem Grund bin ich der Ansicht, dass zwischen dem israelischen Symbol und dem fünfzähligen Stern in vielen Flaggen ein grundlegender, innerer Unterschied bestehen muss. Zwar ist der Stern als Symbol beide Male vorhanden, aber die Symmetrie der beiden ist ganz verschieden: Die doppelte Drei deutet – entsprechend der einfachen Drei – auf Geistiges hin.[7]

Da die Fünfersymmetrie in modernen Fahnen oft vorkommt, sei deren geometrische Konstruktion kurz in Erinnerung gerufen. Betrachten wir zunächst das regelmässige Zehneck, also das doppelte Fünfeck (Abb. 12), und verbinden bei der Seite S_{10} die Punkte P und Q mit dem Mittelpunkt M. Trägt man nun die Seitenlänge S_{10} von M gegen P ab, so erhält man Punkt R und man zeigt leicht, dass die

---

[7] Sieh Fussnote 6.

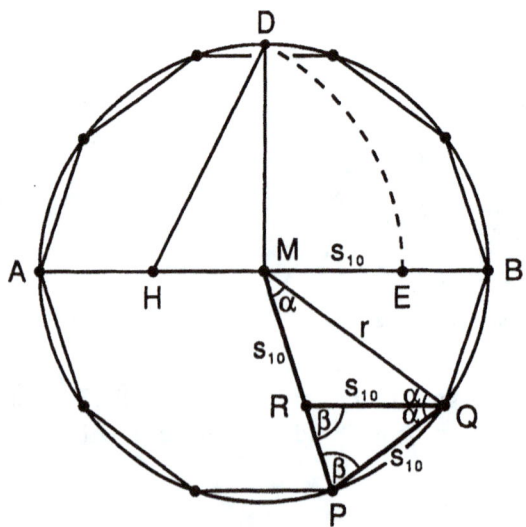

Abb. 12: Geometrische Konstruktion der
Fünfersymmetrie im regelmässigen Zehneck

Winkel ∢(P,Q,R) und ∢(R,Q,M) gleich sind (in Abb. 12 mit α bezeichnet). Ebenso sind die Winkel ∢(P,R,Q) und ∢(R,P,Q) gleich gross (in Abb. 12 mit β bezeichnet). Damit kommen wir zu einer wichtigen Eigenschaft, die schon in der Antike bekannt war: Das Verhältnis der Länge $\overline{MP}$ zur Länge S_{10} ist mit dem Verhältnis der Länge S_{10} zur Länge $\overline{RP}$ identisch. Dies ist der goldene Schnitt. Er ist ein Verhältnis, das immer als sehr harmonisch empfunden worden ist.

Da das Zehneck die Fünfersymmetrie doppelt enthält, besteht ein direkter geometrischer Zusammenhang zwischen dieser Symmetrie und dem goldenen Schnitt, auf den in Abb. 13 näher eingegangen wird. Das Verhältnis der Strecke $\overline{AB}$

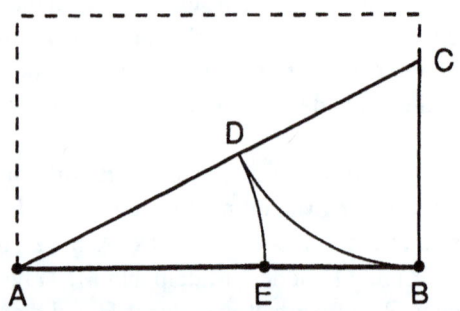

Abb. 13: Der goldene Schnitt

zur Strecke $\overline{AE}$ ist gleich $\overline{AE}$ zu $\overline{EB}$. Das kann man mit einer einfachen quadratischen Gleichung ausdrücken: Wir geben der Strecke $\overline{AB}$ die Länge 1 und $\overline{AE}$ die

Länge x. Somit ist die Länge von $\overline{EB}$ gleich $(1-x)$. So erhält man das Verhältnis $1 : x = x : (1-x)$ und daraus die quadratische Gleichung $x^2 + x - 1 = 0$, welche als Lösung $-\frac{1}{2} \pm \frac{1}{2}\sqrt{5}$ besitzt. Diese algebraische Überlegung zeigt, dass im goldenen Schnitt die Zahl 5 vorkommt.

Nach dieser Vorbereitung gehe ich zur Diskussion von Kristallsymmetrien über, die erst beim Übergang zur Neuzeit erforscht worden sind. Kristalle sind Körper, die aus Atomen bestehen und deren Atomgitter man periodisch fortsetzen kann. Das heisst, gewisse Einheiten von Atomen im Kristall wiederholen sich periodisch bei Translation. In den Kristallen können nur ganz bestimmte Symmetrien vorkommen. Sie können zweizählige Achsen haben, was bedeutet, dass alle Atome bei einer Drehung des Kristalls um 180° wieder zur Deckung kommen. Im Gegensatz zu zweizähligen, vierzähligen (Drehungen um rechte Winkel) und sechszähligen Achsen (Drehungen um 60°) können fünfzählige Achsen in Kristallen nicht vorkommen. Als erster zeigte dies Johannes Kepler, der nicht nur Astronom, sondern auch geometrisch ein genialer Mann war.[8] Die möglichen Symmetriegruppen sind in Abb. 14 zusammengestellt.

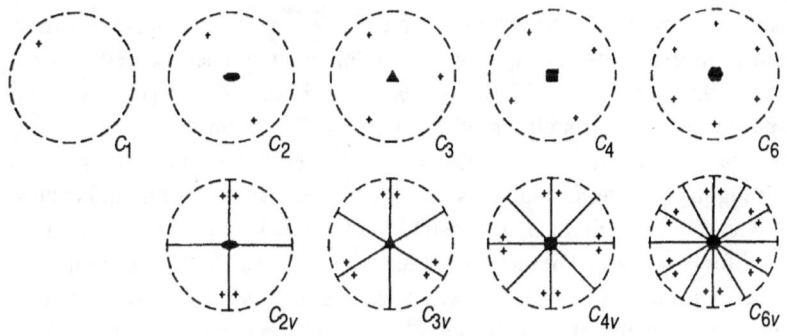

Abb. 14: Die für Kristalle möglichen Symmetriegruppen[9]

Links oben ist die niedrigste Punktsymmetrie gezeichnet, die nur sich selber deckt. Keine deckende Drehung ist möglich. Daneben ist eine zweizählige, dann eine dreizählige, vierzählige und zuletzt diejenige mit sechszähliger Achse wiedergegeben. Darunter finden sich Symmetrien mit Spiegelebenen. Nur diese Symmetriegruppen kommen in Kristallen vor. Man glaubte bis vor relativ kurzer Zeit, dass eine fünfzählige Symmetrie nur bei organischen Körpern, etwa bei Blumen, zu

---

[8] Vergleiche Arthur Koestler, *Die Nachtwandler* [13], Kap. 3 und 4.
[9] Aus: M. Tinkham, *Group Theory and Quantum Mechanics* [18], Abb. 4-2, S. 55. Abdruck mit freundlicher Genehmigung des Verlags. Copyright 1964 by McGraw-Hill, Inc.

beobachten sei.[10] Deshalb war das Erstaunen gross, als Shechtman und seine Mitarbeiter in metallischen Legierungen von 14% Aluminium im Mangan eine fünfzählige Symmetrie beobachteten [17].

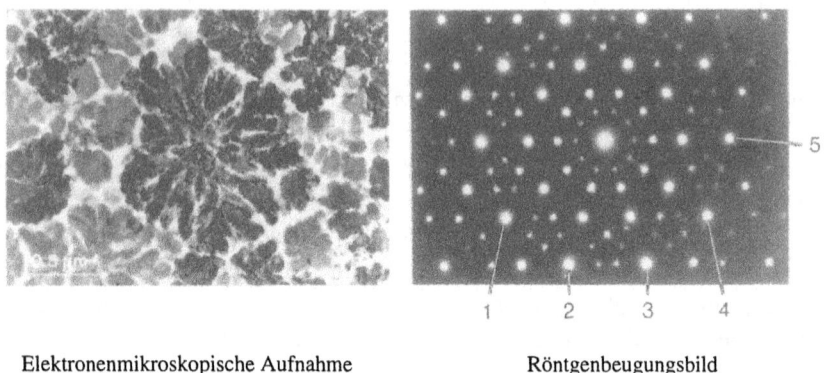

Elektronenmikroskopische Aufnahme   Röntgenbeugungsbild

Abb. 15: Metallische Legierung mit fünfzähliger Symmetrie.[11]

Auf dem linken Bild von Abb. 15 sind elektronenmikroskopische Bilder von einzelnen Aluminium-Mangan-Konglomeraten einer solchen Legierung zu sehen. Auf der rechten Seite zeigt das Röntgenbeugungsbild, dass es sich um eine Fünfersymmetrie handelt. Kristallographisch kommt bei einem solchen Beugungsbild immer noch die Inversionssymmetrie dazu. Man erwartet also fünf mal zwei, d.h. zehn Beugungspunkte. Es sind eins, zwei, drei, vier, fünf ... zehn Punkte zu sehen. Dann wiederholen sich im Beugungsbild die Punkte wieder. Wir haben tatsächlich eine Fünfersymmetrie. Diese Beobachtung, dass in der Physik der kondensierten Materie auch Fünfersymmetrien existieren, war unerwartet, da Kepler bereits zu seiner Zeit geometrisch gezeigt hatte, dass bei einer solchen Symmetrie kein periodisches Kristallgitter existieren kann. Es besteht hier offenbar eine Grenze auf atomarer Ebene. Man spricht daher von Quasikristallen, die unter besonderen Bedingungen entstehen und beobachtet werden können.

In der Zwischenzeit ist man zu einem Verständnis des Aufbaus der Symmetrien von Quasikristallen gekommen. Bereits zehn Jahre vor den obengenannten Experimenten hatte der theoretische Physiker Roger Penrose, der sich hauptsächlich mit Relativitätstheorie und Kosmologie befasste, eine interessante Entdeckung gemacht. Er zeigte, dass beim Zusammensetzen von länglichen und breiten Rhomben nach einem ganz bestimmten Schema Polyeder mit Fünfersymmetrie entstehen [15]. Hier ist aber die Fortsetzung nicht periodisch, obwohl die Polyeder nach einer genau vorgegebenen mathematischen Vorschrift aufgebaut sind.

---

[10] Siehe dazu T. Abt in seinem unveröffentlichten Manuskript *Number Symbolism* aus dem Jahr 1988.

[11] Aus: K. Urban et al., *Quasikristalle* [19], Abb. 3, S. 474.

Einiges zur Symmetrie und Symbolik der Zahl Fünf 285

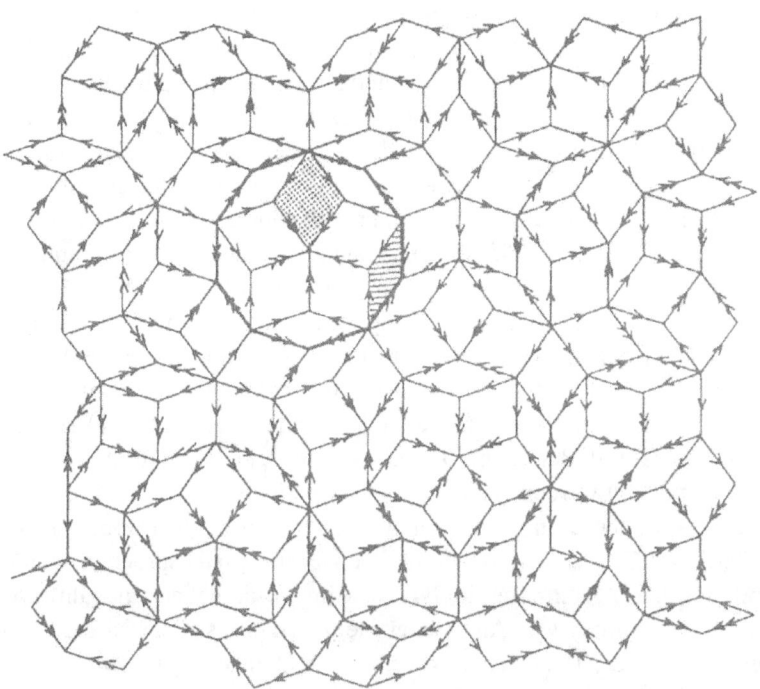

Abb. 16: Das ebene Penrose-Muster und seine Aufbauregel. Als Grundelemente dienen eine breite und eine längliche Raute von gleicher Seitenlänge. Die Elemente müssen so aneinandergefügt werden, dass Seiten, die mit einem Pfeil (Doppelpfeil) markiert sind, nur an solche stossen, die ebenfalls einen Pfeil (Doppelpfeil) tragen.[12]

Bei Quasikristallen, welche durch Abschrecken aus der Schmelze von Aluminium–Mangan-Legierungen entstehen, treten aperiodische Penrose-Muster nicht nur in einer Ebene, sondern im dreidimensionalen Raum auf. Es ist erstaunlich, dass die Röntgenbeugungsbilder eines solchen Musters scharfe Reflexe zeigen, denn solche Reflexe erhält man in der Regel nur, wenn eine periodische Fortsetzung der Atome im Kristall existiert. Wie lässt es sich nun erklären, dass sie trotzdem scharfe Röntgenreflexe zeigen? Darauf wiesen Kalugin, Kitaev und Levitov [12] sowie Bak [2] hin. Geht man über den uns geläufigen dreidimensionalen Raum hinaus in einen sechsdimensionalen, so gelangt man zu einer Antwort auf diese Frage: Ein sechsdimensionaler, regelmässiger Kubus als Einheitszelle der Periodizität eines Gitters kann, wenn er in eine dritte Dimension projiziert wird, ein Penrosemuster ergeben. Das heisst, in einem höher-dimensionalen Raum haben wir eine kubische Symmetrie. Damit kann man verstehen, weshalb man scharfe Röntgenreflexe erhält: Das ganze Gitter ist eben in einem höher-dimensionalen Raum periodisch geordnet. Es ist bemerkenswert, dass diese

---

[12] Nach Abb. 4 in K. Urban et al., *Quasikristalle* [19], S. 375.

Ordnung gerade auf einer sechsdimensionalen, kubischen Einheitszelle beruht. Nach Jung könnte man dies symbolisch mit einem sechsdimensionalen Abbild des Selbst, das ja vom Gottesbild nicht zu unterscheiden ist, in Verbindung bringen.

Jüngste Hochenergieexperimente am grossen Elektronen-Positronen-Beschleuniger (LEP) am CERN in Genf lassen es als wahrscheinlich erscheinen, dass für die Vereinheitlichung der elektromagnetischen mit der schwachen und der starken Kernwechselwirkung eine Eichtheorie mit fünf (durch sogenannte Farbladungen charakterisierten) Quantenfeldern zum Tragen kommt. Diese sogenannte SU(5)-Theorie ist allerdings supersymmetrisch zu erweitern [1, 4], d.h. jedem Teilchen mit halbzahligem Spin (Fermionen) entspricht dann eines mit ganzzahligem Spin (Bosonen). Die Erwähnung dieses minimalen, supersymmetrischen SU(5)-Modells scheint im hier diskutierten Kontext insofern von Bedeutung, indem ebenso wie bei den Quasikristallen auch auf der hochenergie-physikalischen Seite möglicherweise mit der Zahl 5 eine wesentliche Erweiterung der Naturbeschreibung erzielt werden kann.

Die Symbolik der Grundzahlen bis und mit vier ist in meisterhafter Weise im Buch *Zahl und Zeit* von Marie-Louise von Franz [6] besprochen worden. Sie bemerkt, bei dieser Zahl höre die Symbolik im wesentlichen auf. Fünf kommt in ihrem Buch nicht mehr vor. An anderer Stelle schreibt sie, sie sei bei der «Fünf» mit dem Kopf an der Decke angestossen.[13] Die Quincunx wird zwar besprochen, hat aber Vierersymmetrie. Sie sieht aus wie das Zeichen der Fünf, das wir von den Würfeln haben (Abb. 17). Dreht man dieses Zeichen, dann kommen die Punkte jeweils nach einer 90° Drehung wieder zur Deckung. Die Quincunx hat keine Fünfersymmetrie. Hebt man jedoch den mittleren Punkt aus der Ebene hinaus, so entsteht die dreidimensionale Pyramide, welche ein Gebilde zwischen der Vier und der Fünf ist. Mir scheint, dass man beim Übergang von der Symbolik der Vier zur Symbolik der Fünf einer wesentlichen Änderung der Bedeutung begegnet, wie ich es beim Übergang Kristall–Quasikristall aufzuzeigen versuchte.

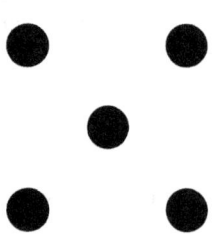

Abb. 17: Quincunx: Vierersymmetrie

Dafür gibt es auch mathematische Beispiele. Eine allgemeine algebraische Gleichung vierten Grades

$$x^4 + a_3 x^3 + a_2 x^2 + a_1 x + a_0 = 0$$

ist analytisch lösbar. Bereits G. Cardano (1501–1576), ein Mathematiker, Arzt und Naturphilosoph, hatte dafür eine Rechenvorschrift publiziert.[14]

---

[13] M.-L. von Franz, *Psyche und Materie* [7], S. 50.

[14] M. Fierz hat ein sehr interessantes Buch über diesen vielseitigen Mann geschrieben: M. Fierz, *Girolamo Cardano* [5].

Erst im Jahre 1826 gelang es Niel Henrik Abel (1802–1829) zu zeigen, dass allgemeine Gleichungen fünften Grades,

$$x^5 + a_4 x^4 + a_3 x^3 + a_2 x^2 + a_1 x + a_0 = 0$$

durch rationale und Wurzeloperationen nicht gelöst werden können. Somit besteht auch aus rein mathematischer Sicht ein qualitativer Sprung beim Übergang von der Vier zur Fünf.

Zum Abschluss möchte ich die Überlegungen von Abt zur Symbolik der ganzen Zahlen erwähnen,[15] speziell denjenigen Teil, der sich auf die Fünf bezieht. Diese hatte im Mittelalter die Bedeutung von Magie, andererseits aber auch die Bedeutung des Menschen: die vier Extremitäten und der Kopf, wie in Abb. 18

Abb. 18: Magisches Pentagramm des Agrippa von Nettesheim (links) im Vergleich zur Darstellung des menschlichen Körpers nach Leonardo da Vinci (rechts).

gezeigt wird. Ausserdem stellte der fünfzählige Stern eine weibliche Gottheit, und zwar die Venus, dar. Interessant ist vielleicht auch die Beziehung des arabischen Raumes zum Fünferstern: wie aus Abb. 9 ersichtlich, umfasst die Mondsichel das Venussymbol.[16]

---

[15] Siehe Fussnote 10.
[16] Briefliche Mitteilung von C.P. Enz vom 20. November 1992, nach Durchsicht einer unveröffentlichten Niederschrift meines Referates vom 14. Dezember 1989 an der Jungschen Gesellschaft über das vorliegende Thema

Danksagung

Ich bin Herrn Professor C. P. Enz zu tiefer Dankbarkeit verpflichtet, dass er mein Interesse für die Tagung weckte und auf mein Erscheinen drang. Dankbar bin ich auch allen anderen Teilnehmern, die sich für das Problem der Fünf interessierten, speziell allen denjenigen, die sich an der anschliessenden Diskussion beteiligten.

Literaturhinweise

[1] U. Amaldi, W. de Boer and H. Fürstenau: *Comparison of grand unified theories with electroweak and strong coupling constants measured at LEP.* Physics Letters **B 260**, 447–455 (1991).

[2] P. Bak: *Phenomenological theory of icosahedral incommensurate ("quasiperiodic") order in Mn-Al alloys.* Physical Review Letters **54**, 1517–1519 (1985).

[3] M. Brauen: *Das Mandala. Der Heilige Kreis im tantrischen Buddhismus.* Köln. DuMont. 1992.

[4] S. Dimopoulos, S. A. Raby and F. Wilczek: *Unification of couplings.* Physics Today **44**, No. 10, 25–33 (1991).

[5] M. Fierz: *Girolamo Cardano (1501–1576).* Basel. Birkhäuser. 1977.

[6] M. L. von Franz: *Zahl und Zeit. Psychologische Überlegungen zu einer Annäherung von Tiefenpsychologie und Physik.* Stuttgart. Ernst Klett Verlag. 1970.

[7] M.-L. von Franz: *Psyche und Materie.* Einsiedeln. Daimon Verlag. 1988.

[8] C. G. Jung: *Gesammelte Werke. Sechster Band. Psychologische Typen.* Zürich. Rascher Verlag. 1960.

[9] C. G. Jung: *Man and His Symbols.* Edited by C. G. Jung and after his death by M. L. von Franz. Garden City, N.Y. Doubleday. 1964. Deutsche Übersetzung: *Der Mensch und seine Symbole*, Herausgegeben von C. G. Jung und nach dessen Tod von M. L. von Franz. Olten. Walter. 1968.

[10] C. G. Jung: *Gesammelte Werke. Zwölfter Band. Psychologie und Alchemie.* Olten. Walter-Verlag. 1972.

[11] E. Jünger: *Der Weltstaat.* Stuttgart. Klett Verlag. 1960.

[12] P. Kalugin, A. Kitaev and A. Levitov: $Al_{0.86}Mn_{0.14}$: *a six-dimensional crystal.* JETP Letters **41**, 145–149 (1985). (Russisches Original: Zurnal eksperimental'noj i teoreticeskoj fiziki. Pisma v redakciju **41**, 119–121 (1985)).

[13] A. Koestler: *Die Nachtwandler. Die Entstehungsgeschichte unserer Welterkenntnis.* Frankfurt. Suhrkamp. 1980.

[14] K. A. Müller: *Äussere und innere Forschungserfahrung und Erwartung.* In: *Ethik und Technik.* Hg. von E. Kull und den Mitgliedern des Vorstandes. Zürich. M&T Edition Glauben Aktuell. 1989. S. 87–101.

[15] R. Penrose: *The rôle of aesthetics in pure and applied mathematical research.* The Institute of Mathematics and its Applications (Southend on Sea) **10**, 266–271 (1974).

[16] A. Ribi: *Die Fahne als Symbol.* Diplomthesis am C. G.-Jung-Institut Zürich. 1968.

[17] D. Shechtman, I. Blech, D. Gratias and J. W. Cahn: *Metallic phase with long-range orientational order and no translational symmetry.* Physical Review Letters **53**, 1951–1953 (1984).

[18] M. Tinkham: *Group Theory and Quantum Mechanics.* New York. McGraw Hill. 1964.
[19] K. Urban, P. Kramer und K. Wilkens: *Quasikristalle.* Physikalische Blätter **42**, 373–378 (1986).

Postscriptum

Nach Teilnahme an der Veranstaltung *Das Irrationale in den Naturwissenschaften – Paulis Begegnung mit dem Geist der Materie* scheint es mir, dass ich meine Betrachtungen auch als aktive Imagination im Sinne Jungs zum Archetypus der Zahl Fünf geleistet habe. Der vorangegangene Beitrag stellt speziell bei den Fahnen mehrheitlich den negativen Aspekt des Fünferarchetypus, den Materialismus, in den Vordergrund. In der anschliessenden regen Diskussion wurde auf viele zusätzliche und positive Aspekte eingegangen, die ich zum Teil nur kurz erwähnt hatte. Die Diskussionsbeiträge werden anschliessend in von Charles Enz überarbeiteter Form und inhaltlich geordneter Reihenfolge wiedergegeben. Zusammen mit meinem Beitrag können sie vielleicht als eine auf dem Monte Verità in Paulis Sinn erarbeitete Erweiterung der Begegnung des Geistes mit der Materie und dem Gefühl angesehen werden, wie sie für unsere Zeit von Bedeutung sein mag und für mich persönlich sicher ist.

Diskussion

Charles P. Enz (Chairman):
Die türkische Fahne (und andere Muslim-Fahnen, wie die Pakistans, aber auch z.B. das Wappen der Schweizer Gemeinde Ormond Dessus) besteht aus einem fünfzackigen Stern am Rande eines Kreises mit Sichel. Der fünfzackige Stern ist das Symbol der Venus, es handelt sich also um eine Konjunktion Mond-Venus. Da Venus ein innerer Planet ist, ist eine solche Konjunktion nur möglich, wenn der Mond nicht zu weit von der Sonne entfernt ist, d.h. wenn die Mondsichel schmal ist, was auf der Fahne der Fall ist. Da die Konjunktion Mond-Venus astrologisch bedeutsam ist, muss die Fahne ein historisch wichtiges Ereignis symbolisieren (welches?).

Die Symmetrie von Blumen (z.B. Sonnenblume) und Früchten (z.B. Ananas) kann oft durch orthogonale sich schneidende Spiralen beschrieben werden. Diese Beschreibung hat sich zu einer eigenen Wissenschaft, der Phyllotaxis, entwickelt, deren Ansätze auf Leonardo da Vinci, Kepler und andere zurückgehen.[17] Der goldene Schnitt $(\sqrt{5}+1)/2$ spielt dabei als Grenzwert $n \to \infty$ des Quotienten

---

[17] Ein Experte der Phyllotaxis ist mein Lausanner Kollege François Rothen, siehe seine Arbeiten in: Journal de Physique (Paris) **50** (1989). S.633 und S.1603.

f_{n+1}/f_n der Fibonacci-Reihe $f_1 = 0$, $f_2 = 1$, $f_{n+1} = f_{n-1} + f_n$ eine ausgezeichnete Rolle.

Bernhard Lötscher:

Der Blattansatz beim Blumenwachstum geschieht im Verhältnis zweier abwechselnd aufeinanderfolgenden Fibonacci-Zahlen. Fibonacci-Reihe: 0, 1, 1, 2, 3, 5, 8, 13, 21, 34, 55, 89, ... Rose: 2/5 von 360°=144°, Sonnenblume: 34/89 von 360°=137°30'. Das Verhältnis zweier benachbarter Fibonacci-Zahlen konvergiert gegen den goldenen Schnitt $(\sqrt{5} + 1)/2$. Das Ikosaeder wird durch das «Abschneiden» der Ecken zur Form des Fulleren C_{60} Kohlenstoffmoleküls verwandelt (12 Fünfecke und 20 Sechsecke). Beim C_{70} ist eine erste Andeutung einer Doppelhelix festzustellen, die in der organischen Chemie eine zentrale Rolle spielt. Dies amplifiziert die Ahnung Jungs, dass die menschliche Physis archetypisch mit der Zahl 5 verbunden ist. Jung hatte «zufällig» mehrere 69°- und 138°-Aspekte in seinem Horoskop.

Pier Luigi Luisi:

Die alten Chinesen hatten eine besondere Neigung zur Zahl «Fünf». Sie hatten fünf Elemente (nicht vier wie die abendländischen Alchemisten) – Holz kam dazu. Und sie hatten fünf Kardinalpunkte: zusätzlich zu Nord, Süd, Ost, West hatten sie ein Zentrum. Zur Zahl Sechs führte ich ein Interview mit Marie-Louise von Franz, als ich mich mit dem Thema «Form der Moleküle» befasste (warum hat ein Molekül die Form, die es hat?). Benzol ist ein Hexagon, eine Struktur, die von Kekulé auf Grund eines Traumes vorgeschlagen wurde (ca. 1865): Als er sehr mit der Frage beschäftigt war, was die noch unbekannte Struktur des Benzols sei, träumte er vom Ouroboros – und kam so auf die Strukturformel von Benzol.

 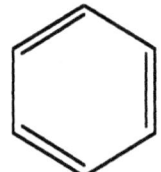

Ouroboros   Benzolring

Über die Bedeutung des Hexagons sagte Frau von Franz, es entstehe aus der Vereinigung von zwei Dreiecken, d.h. aus der Überlagerung eines männlichen (auf der Spitze stehenden) und eines weiblichen (auf der Basis stehenden) Dreiecks.

Christoph Heinemann:

In der Chemie sind die Punktgruppen von Molekülen wesentliche Symmetrie-Klassifikationen. Die maximale Dimension einer irreduziblen Darstellung in einer Punktgruppe beträgt 5 – in der Punktgruppe I_h (Beispiele $(B_{12}H_{12})^{2-}$, C_{60}).

Höhere Dimensionen irreduzibler Darstellungen sind bei keinem Molekül zu finden.

Kurt Dressler:

Herr Müller hat in seinem Vortrag darauf hingewiesen, dass die Fünfzahl auf natürliche Weise erst in Erscheinung tritt, wenn man zu relativ komplexen Systemen geht. Vielleicht ist es in diesem Kontext interessant zu wissen, dass es auch ein denkbar einfaches System gibt, welches auf die Zahl Fünf führt: Wenn zwei identische Teilchen einen möglichst einfachen «Tanz» um ein gemeinsames Kraftzentrum ausführen (wie die zwei Elektronen im Grundzustand des Heliumatoms, d.h. in *1s*-Orbitalen), dann ist ihre gegenseitige Abstossungsenergie, in der dem System angemessenen Energieeinheit, gleich fünf Viertel (multipliziert mit dem Orbital-Exponenten). Diese Fünf kommt in der Berechnung dieses Resultats aus der Differenz 8-2-1, denn direkt bekommt man in einem derart elementaren System keine Fünf.

Nach dieser Kuriosität nun aber noch eine Frage an die vielen Anwesenden mit Kenntnissen über die Herkunft von Zahlensymbolen: Es gibt ein apokryphes Jesuswort, welches lautet: „Ihr habt fünf Bäume im Paradiese, die sich Sommer und Winter nicht rühren und deren Blätter nicht abfallen. Wer sie kennt, wird den Tod nicht kosten."[18] Woher könnte wohl dieses vor rund zwei Jahrtausenden entstandene Bild der fünf Bäume stammen?

Jörg Rasche:

Zur Frage von Kurt Dressler: Die Zahl Fünf hat in Babylonien, eigentlich schon in Sumer, eine besondere Bedeutung gehabt, und zwar als die Zahl der Göttin Ishtar (sumerisch: Inanna). Sie wurde dem Morgenstern/Abendstern gleichgesetzt, der fünfzackige Stern ist das «pentagramma veneris». Man hat ihn auch mit dem «ersten Adam», dem natürlichen Menschen, in Verbindung gebracht – vielleicht steht dieser ja in besonderer Beziehung zur Liebesgöttin. Die Fünf in Hand-Form hatte offenbar schon früh unheilabwehrende Bedeutung, z.B. als magischer Schutz gegen den «bösen Blick». Vielleicht geht von da eine Linie bis zu den Fatima-Amuletten in islamischen Ländern.

Die «fünf Bäume» der Jesus-Erzählung könnten sich auf eine alte Überlieferung vom Garten der Inanna beziehen: sie hatte nämlich einen Garten, und darin einen schönen Baum, den sie bei einer Überschwemmungskatastrophe gerettet hatte. Einen solchen Garten gab es z.B. im Tempelbezirk von Uruk. Auf diese sumerischen Überlieferungen gehen die babylonischen Paradies-Mythen zurück, und auf diese wiederum die Geschichten der Bibel. Die Früchte des Baumes dort versprechen das ewige Leben – solche Mythen gibt es in vielen Kulturen. Vielleicht also hat sich Jesus mit den «fünf Bäumen» auf ein altes aramäisches Märchen

---

18 Logion 19, *Evangelium nach Thomas, Koptischer Text und deutsche Übersetzung.* (Hg. von A. Guillaumont u. a.). Leiden. Brill. 1959.

bezogen, dessen Wurzeln sehr weit zurück reichen. Den Baum finden wir später auch in der Alchemie wieder.

Auf sumerisch-babylonischen Abbildungen hat der Stern der Inanna-Ishtar häufiger acht Strahlen als fünf. Es kommt auch ein zehnzackiger Stern vor (2×5), das ist die Sonne. Die Fünf ist gar nicht so häufig, wie ich gedacht hatte.

Rigmor Robèrt:

Ein Kommentar zum fünfzackigen Stern auf den Interkontinentalraketen der USA und der UdSSR: Professor Müller sagte, dass der fünfzackige Stern ein Symbol des physischen Menschen, der materiellen Realität, des Materialismus und der Mater – des Mutter-Bildes – ist. Professor Abt hat das gleiche für die Symbolik der Zahl Fünf in der Alchemie bestätigt, und Dr. Rasche machte auf die fünf heiligen Bäume im Garten der Ishtar aufmerksam, der orientalischen Muttergöttin, welche auch der Morgenstern war. Unser Begriff von Vaterland repräsentiert jeweils einen Teil der Mutter Erde. In diesem Sinn könnte es zu verstehen sein, dass die Verteidigung des Heimatlandes oft unter dem Zeichen des fünfzackigen Mutter-Sternes geschieht.

Der Achilles der Ilias ist der aggressivste Kämpfer. Er ist der Sohn einer Muttergöttin, Thetis, und hat einen menschlichen Vater, Peleus, über den jedoch wenig bekannt ist. Achilles ist körperlich gross und stark, doch sein schwacher Punkt besteht darin, dass er seine Emotionen nicht beherrschen kann. Er ist ein Einzelkämpfer, ein Solist, der sich zurückzieht, wenn ihm etwas gerade nicht passt. Als sein bester Freund getötet wird, reagiert er wütend und stürzt sich in den Kampf. Wie ein Berserker wird er unmenschlich und grausam, etwa wenn er Hektor zu Tode schleift. Ähnlich stellt Vergil den Aeneas dar, Sohn der Muttergöttin Aphrodite. Auch Aeneas ist unbeherrscht und launisch, unzuverlässig und unbarmherzig in seinem Jähzorn. In den Initiationsriten vieler Volksstämme muss ein junger Krieger beweisen, dass er Ungemach ertragen kann, d.h. seine emotionalen Impulse kontrollieren und loyal zu seiner Gruppe bleiben kann. Wenn der Fünfstern der Muttergöttin als Symbol für solche *unbeherrschte* Aggression steht, dann kann man über die Abrüstung der besternten Interkontinentalraketen nur erleichtert sein.

Reinhard Klesse:

Die Weltmächte der heutigen Welt, die in ihrer Fahne den fünfzackigen Stern tragen, sind in ihrem Geist dem Materialismus zugewandt. Im Materialismus wenden sich diese Weltmächte zwar der Materie, der Erde und damit also dem Weiblichen zu – dies erscheint mir aber mehr in einer regressiven Form zu geschehen. Die Hinwendung zum Weiblichen wird hier mehr zum «zurück zum Mütterlichen» als dem schutzgebenden Bereich, dem sorglosen Zustand, dem Paradies auf Erden. Da dies jedoch die Entwicklung des Individuums behindert, reagiert dieses unbewusst aggressiv gegen dieses Mütterliche, d.h. gegen die materielle Welt und damit gegen die Natur. Jeder Gewaltakt gegen die Natur wird somit zur befreienden Handlung von der einhüllenden, einschläfernden und letztlich verschlingenden Mutter Natur. Eine nicht regressive Hinwendung zum Weiblichen, zur Natur müsste mehr das erotische Moment berücksichtigen. Dies wäre mehr mit Interesse, eventuell Faszination, aber vor allem mit Respekt gekoppelt; inwieweit die mit dem Eros verbundene Liebe die Selbstrücknahme beinhaltet, wage ich nicht aufzugreifen.

Weitere Amplifikationen zur Zahl Fünf sind: das amerikanische Pentagon, Bollwerk mit fünf Ecken; das Wort «Maria» (Gottesmutter) sowie das lateinische Wort «mater» bestehen aus fünf Buchstaben; der Marien-Monat Mai ist der fünfte des Jahres; der Rosenkranz hat eine Fünfer-Struktur.

Christian Züst:
Raketen kann man als Phallussymbole interpretieren, beklebt oder bezeichnet mit dem Fünfstern als Symbol des *Mater*ialismus, also des mütterlichen, weiblichen Prinzips. Es ist ein Durchbruch des Unbewussten, gerade diese raffiniertesten und fürchterlichsten Zerstörungsgeräte mit dieser Symbolik zu versehen. Rache für die Unterdrückung der Anima ist hier offensichtlich.

Leo Zängerle:
Im Vortrag und in der Diskussion scheinen sich mir zwei Hauptrichtungen in den vielfältigen Amplifikationen der Zahl Fünf herauszukristallisieren: Einerseits begegnet uns der fünfzackige Stern als Emblem der modernen, vorwiegend extravertierten, materialistischen Gesellschaften auf vielen Flaggen; andererseits taucht die innenzentrierte Fünf (Quincunx) als schwer erreichbare Quintessenz, als Symbol des Einsseins mit dem Selbst auf. Das Verbindende zwischen beiden Amplifikationsketten könnte der weibliche Charakter der Fünf sein. (Die Fünf ist seit alters her aus astronomischen Gründen der Ishtar und Venus zugeordnet). Insbesondere die Flaggensymbolik könnte auf diesem Hintergrund bedeuten, dass heute weltweit das Weibliche, der Archetypus der grossen Mutter konstelliert ist. In dieser Hinsicht deutet M.-L. von Franz den Materialismus als die geheime Rache des verdrängten Weiblichen.[19] Die positiven Aspekte, die die (innenzentrierte) Fünf symbolisiert, zeigen den Wert der Integration des Weiblich-Materiellen, den verbindenden und heilenden Wert der Differenzierung der Gefühlsfunktion.

Herbert van Erkelens:
In Holland gibt es eine Blume, die nennen wir «*Teunis*bloemen». Ich bin verheiratet mit Inge *Teunis*sen. Eva Wertenschlag hat uns einmal besucht und die «Teunisblume» angeschaut und gesagt: „Das ist die Königin der Nacht". Das hatte

---

[19] Sinngemäss steht dies z.B. im Buch von Sibylle Birkhäuser-Oeri, *Die Mutter im Märchen*. (Redigiert und herausgegeben von M.-L. von Franz). Fellbach-Oeffingen. Verlag A. Bonz. 1976. S. 287ff.

mich gefreut; ich war sozusagen verheiratet mit der Königin der Nacht. Dann schickte uns Eva eine Kopie von Peter Birkhäusers Bild «Königin der Nacht». Und diese Animagestalt hat ein schlitzäugiges Katzengesicht mit einem Licht auf ihrer Stirn, das aus verschiedenen Fünfecken «blumenhaft» gestaltet ist: das Licht der Venus.

«Königin der Nacht» von Peter Birkhäuser.
Dieses Bild hing während des Vortrages
von K. A. Müller hinter ihm.

Fünferstruktur der
geozentrischen Venusbahn [20]

In diesem Zusammenhang ist bemerkenswert, dass der Planet Venus aus einer geozentrischen Perspektive (d.h. mit der Erde ständig im Zentrum des Planetensystems) in acht Jahren eine gleichmässige Fünferstruktur beschreibt.

Charles P. Enz:

Als Nachtrag noch ein Jung-Zitat zur Fünf aus *Das Wandlungssymbol in der Messe* [21] : „Die Hostie wird zunächst in zwei Teile gebrochen. Darauf wird der linke Teil in fünf, der rechte in vier Teile geteilt. ... Die fünf Fragmente beziehen sich ausschliesslich auf die menschliche Laufbahn des Herrn, die vier aber auf dessen überweltliche Existenz. Die Fünf ist nach alter Auffassung die Zahl des natürlichen («hylischen») Menschen, der mit ausgestreckten Armen und Beinen zusammen mit dem Kopf ein Pentagramm bildet. Die Vier dagegen entspricht der ewigen Ganzheit. ... Dieses Symbol scheint darauf hinzuweisen ... , dass die Ausgespanntheit im Raume, eben die Kreuzstellung, einesteils ein Leiden der Gottheit (am Kreuze), andernteils eine Beherrschung des Weltraumes bedeutet."

---

[20] Vergleiche dazu Peter Neubäcker, *Erläuterungen zu den «Zahlenbildern»*, in: Norbert Jürgen Schneider, *Die Kunst des Teilens. Zeit, Rhythmus und Zahl*. München. Piper. 1991. S. 267–279.

[21] In: C. G. Jung, *Zur Psychologie westlicher und östlicher Religion*. In: C. G. Jung, *Gesammelte Werke. Elfter Band. Zur Psychologie westlicher und östlicher Religion*. Zürich. Rascher Verlag. 1963. Ziff. 332.

Der Einfluss archetypischer Vorstellungen auf die Bildung naturwissenschaftlicher Theorien bei Kepler (Autoreferat)

Wolfgang Pauli

Obwohl der Gegenstand der Vorlesung ein historischer ist, handelt es sich nicht um eine blosse Aufzählung wissenschaftshistorischer Tatbestände und auch nicht in erster Linie um die Würdigung eines grossen Naturforschers, sondern um die Illustration bestimmter Gesichtspunkte über das Entstehen und die Entwicklung naturwissenschaftlicher Begriffe und Theorien an Hand eines historischen Beispiels.

Im Gegensatz zur rein empiristischen Auffassung, wonach die Naturgesetze aus dem Erfahrungsmaterial allein praktisch mit Sicherheit entnommen werden können, ist von vielen Physikern neuerdings wieder die Rolle der Richtung der Aufmerksamkeit und der Intuition bei den im allgemeinen über die blosse Erfahrung weit hinausgehenden, zur Aufstellung eines Systems von Naturgesetzen, d.h. einer wissenschaftlichen Theorie nötigen Begriffe und Ideen, betont worden. Vom Standpunkt dieser nicht rein empiristischen Auffassung entsteht nun die Frage, welches denn die Brücke sei, die zwischen den Sinneswahrnehmungen auf der einen Seite und den Begriffen auf der anderen Seite eine Verbindung herstellte. Es scheint am meisten befriedigend, an dieser Stelle das Postulat einer unserer Willkür entzogenen Ordnung des Kosmos einzuführen, die von der Welt der Erscheinungen verschieden ist. Ob man vom «Teilhaben der Naturdinge an den Ideen» oder von einem «Verhalten der metaphysischen, d.h. an sich realen Dinge» spricht, die Beziehung zwischen Sinneswahrnehmung und Idee bleibt eine Folge der Tatsache, dass sowohl die Seele des Erkennenden als auch das in der Wahrnehmung Erkannte einer objektiv gedachten Ordnung unterworfen sind. Jede Teilerkenntnis dieser Ordnung in der Natur führt zu einer Formulierung von Aussagen, welche einerseits die Welt der Phänomene betreffen, andererseits über diese hinausgehen, indem sie allgemeine logische Begriffe «idealisierend» verwenden. Der Vorgang des Verstehens der Natur sowie auch die Beglückung, die der Mensch beim Verstehen, d.h. beim Bewusstwerden einer neuen Erkenntnis empfindet, scheint demnach auf einem zur Deckung Kommen von präexistenten inneren Bildern der menschlichen Psyche mit äusseren Objekten und ihrem Verhalten zu beruhen. Diese Auffassung der Naturerkenntnis geht bekanntlich auf Plato zurück und wird auch von Kepler in sehr klarer Weise vertreten. Dieser spricht in der Tat von Ideen, die im Geist Gottes präexistent sind und die der Seele als dem Ebenbild Gottes mit-ein-erschaffen wurden. Diese Urbilder, welche die

Seele mit Hilfe eines angeborenen Instinktes wahrnehmen könne, nennt Kepler *archetypisch*. Die Übereinstimmung mit den von Prof. Jung in die moderne Psychologie eingeführten, als «Instinkte des Vorstellens» funktionierenden «urtümlichen Bildern» oder Archetypen ist eine sehr weitgehende. Indem die moderne Psychologie den Nachweis erbringt, dass jedes Verstehen ein langwieriger Prozess ist, der lange vor der rationalen Formulierbarkeit des Bewusstseinsinhaltes durch Prozesse im Unbewussten eingeleitet wird, hat sie die Aufmerksamkeit wieder auf die vorbewusste, archaische Stufe der Erkenntnis gelenkt. Auf dieser Stufe sind an Stelle von klaren Begriffen Bilder mit starkem emotionalen Gehalt vorhanden, die nicht gedacht, sondern gleichsam malend geschaut werden. Insofern diese Bilder ein «Ausdruck für einen geahnten, aber noch unbekannten Sachverhalt» sind, können sie gemäss der von Prof. Jung aufgestellten Definition des Symbols auch als symbolisch bezeichnet werden. Als anordnende Operatoren und Bildner in dieser Welt der symbolischen Bilder funktionieren die Archetypen als die gesuchte Brücke zwischen den Sinneswahrnehmungen und den Ideen und sind demnach eine notwendige Voraussetzung für die Entstehung einer naturwissenschaftlichen Theorie. Jedoch muss man sich davor hüten, dieses a priori der Erkenntnis ins Bewusstsein zu verlegen und auf bestimmte rational formulierbare Ideen zu beziehen.

Für den Zweck der Illustration der Beziehung zwischen archetypischen Vorstellungen und naturwissenschaftlichen Theorien ist Johannes Kepler (1571 – 1630) besonders geeignet, da seine Ideen eine Zwischenstufe zwischen der früheren magisch-symbolischen und der modernen quantitativ-mathematischen Naturbeschreibung darstellen. Seine wichtigsten Schriften (im Folgenden mit den beigefügten Nummern zitiert) sind:

1) Mysterium Cosmographicum, 1. Aufl. 1596, 2. Aufl. 1621.
2) Ad Vittelionem Paralipomena, 1604.
3) De Stella nova in pede serpentarii, 1606.
4) De motibus stellae Martis, 1609.
5) Tertius interveniens, 1610.
6) Dioptrice, 1611.
7) Harmonices mundi (5 Bücher), 1619.
8) Epitome astronomiae Copernicanae, 1618 – 1621.

Es wird kurz darauf hingewiesen, dass Keplers berühmte drei Gesetze der Planetenbewegung, auf die Newton bald darauf (1687) seine Theorie der Gravitation basierte, nicht das waren, was Kepler ursprünglich gesucht hat. Er ist ein echter geistiger Nachkomme der Pythagoräer, der von der alten Idee der Sphärenmusik fasziniert war und der überall harmonische Proportionen suchte, in denen für ihn alle Schönheit gelegen war. Zu den höchsten Werten gehört für ihn die Geometrie, deren Sätze „von Ewigkeit her im Geiste Gottes sind". Sein Grundsatz ist „Geometria est archetypus pulchritudinis mundi" (die Geometrie ist das Urbild der Schönheit der Welt).

Nach einer kurzen biographischen Skizze wird die hierarchische Anordnung von Keplers archetypischen Vorstellungen ausführlich besprochen. An höchster Stelle steht die unanschauliche trinitarische christliche Gottheit. Das schönste Bild, welches Gottes eigene Seinsform darstellt, ist für Kepler die dreidimensionale Kugel. Bereits in seinem Jugendwerk (1) sagt er:

„Das Abbild des dreieinigen Gottes ist in der Kugel, nämlich des Vaters im Zentrum, des Sohnes in der Oberfläche und des Heiligen Geistes im Gleichmass der Bezogenheit zwischen Punkt und Zwischenraum (oder Umkreis)."

Hierdurch ist ein Zusammenhang der Trinität mit der Dreidimensionalität des Raumes hergestellt. Die vom Mittelpunkt zur Oberfläche verlaufende Bewegung oder Emanation – ein Bild, das bei ihm im engen Anschluss an die Neuplatoniker (besonders Plotin) immer wiederkehrt – ist ihm das Sinnbild der Schöpfung, während die gekrümmte Oberfläche das ewige Sein Gottes darstellen soll. Es liegt nahe, ersteres mit der Extraversion, letztere mit der Introversion in Verbindung zu bringen. Aus späteren Schriften Keplers wird nachgewiesen, dass Kepler nach den Ideen im göttlichen Geist als das nächst niedrigere Abbild Gottes in der Körperwelt die Himmelskörper mit der Sonne als Mittelpunkt betrachtet, die wiederum das sphärische Bild der Trinität verwirklichen, wenn auch weniger vollkommen als dieses. Die Sonne im Zentrum als Quelle des Lichtes und der Wärme und damit des Lebens ist ihm besonders geeignet, Gottvater darzustellen. Die Idee dieser Entsprechung ist bei Kepler als primär vorhanden anzunehmen. Weil er Sonne und Planeten mit diesem archetypischen Bild im Hintergrund anschaut, glaubt er mit religiöser Leidenschaft an das heliozentrische System. Dieser heliozentrische Glaube veranlasst ihn sodann, nach den wahren Gesetzen der Proportion der Planetenbewegung als dem wahren Ausdruck der Schönheit der Schöpfung zu suchen.

Im Hinblick auf den später erörterten Zusammenstoss Keplers mit Fludd als dem Vertreter der traditionellen Alchemie ist es von Wichtigkeit, dass Keplers Symbol, das mit dem von Prof. Jung als *Mandala* bezeichneten Typus die sphärische Form gemeinsam hat, keinerlei Hinweis auf eine Vierzahl oder Quaternität enthält. Vielleicht hängt dies mit dem Fehlen einer Zeitsymbolik in Keplers sphärischem Bild zusammen. Die geradlinige, vom Zentrum fort gerichtete Bewegung ist die einzige, die in Keplers Symbol enthalten ist; insofern diese von der Kugeloberfläche aufgefangen wird, kann man das Symbol als statisch bezeichnen. Da die Trinität vor Kepler nie in dieser besonderen Weise bildlich dargestellt worden ist und Kepler am Beginn des naturwissenschaftlichen Zeitalters steht, liegt es nahe anzunehmen, dass Keplers Mandala eine Einstellung oder seelische Haltung versinnbildlicht, die an Bedeutung weit über Keplers Person hinausgehend, diejenige Naturwissenschaft hervorbringt, die wir heute die klassische nennen. Von einem inneren Zentrum aus scheint sich die Psyche im Sinne einer Extraversion nach aussen zu bewegen in die Körperwelt, in der nach Voranschauung alles Geschehen ein *automatisches* ist, so dass der Geist diese Körperwelt mit seinen Ideen gleichsam ruhend umspannt.

Die nächste Stufe in Keplers hierarchischer Ordnung des Kosmos sind die *Einzelseelen*. Eine solche Einzelseele schreibt er nicht nur dem Menschen zu, sondern, in Anlehnung an die Lehre vom Archeus des Paracelsus, auch den Planeten. Da die Erde für den Kopernikaner ihre Sonderstellung verloren hat, muss Kepler auch dieser eine Seele, die anima terrae, zuschreiben. Sie soll sich auch als formgestaltendes Vermögen (facultas formatrix) im Erinnern äussern und ist für die meteorischen Erscheinungen verantwortlich gedacht. Für Kepler ist die Einzelseele, als Abbild Gottes, teils ein Punkt, teils ein Kreis: anima est punctum qualitativum. Welche Funktionen der Seele dem zentralen Punkt und welche andere dem peripheren Kreis zugeschrieben werden, wird an Zitaten (7) erläutert. Mit diesem Bild der Seele als Punkt und auch als Kreis hängen Keplers besondere Ansichten über *Astrologie* zusammen (vgl. besonders 5). Die Begründung der Astrologie liegt für Kepler in der Fähigkeit der Einzelseele, mit Hilfe des «instinctus» auf gewisse harmonische Proportionen, die speziellen rationalen Einteilungen des Kreises entsprechen, zu reagieren. Analog zur Empfindung des Wohlklanges in der Musik soll die Seele eine spezifische Reaktionsfähigkeit haben für die Proportionen der Winkel, welche die von den Sternen, insbesondere den Planeten, auf die Erde eintreffenden Lichtstrahlen miteinander bilden. Kepler will also die Astrologie auf optische Resonanzeffekte im Sinne der naturwissenschaftlichen Kausalität zurückführen. Diese Resonanz wiederum beruht nach ihm darauf, dass die Seele um die harmonischen Proportionen weiss, weil sie durch die Kreisform ein Ebenbild Gottes ist. Nicht die Gestirne sind nach Kepler die Ursache der astrologischen Wirkungen, sondern die Einzelseelen mit ihrem auf gewisse Proportionen spezifisch selektiven Reaktionsvermögen. Indem dieses einerseits die Einflüsse der Körperwelt auffängt, andererseits auf einer Abbildung Gottes beruht, werden diese Einzelseelen, die anima terrae und die anima hominis, bei Kepler zu wesentlichen Trägern der Weltharmonie (harmonia mundi).

Keplers Anschauungen über die Weltharmonie haben den Widerspruch des angesehenen Arztes und Rosenkreuzers Robert Fludd in Oxford erregt, der als Vertreter der traditionellen hermetischen (alchemistischen) Philosophie gegen Keplers «Harmonia mundi» eine heftige Polemik publizierte.[1] Die geistige «Gegenwelt», mit der Kepler hier zusammenstiess, ist eine archaisch-magische Naturbeschreibung, gipfelnd in einem Wandlungsmysterium. *Fludd*[2] geht aus von zwei polaren Grundprinzipien, dem von oben kommenden lichten Prinzip der *Form* und dem von unten aufsteigenden dunklen Prinzip der *Materie*. Gemäss der exakten Symmetrie von oben und unten ist die Welt das Spiegelbild des unsicht-

---

[1] Die hier in Betracht kommenden Schriften Fludds *Discursus analyticus* und *replicatio*, die Fludd auf Keplers *Apologia* folgen liess, waren dem Autor leider nicht im Original zugänglich. Doch hat der Herausgeber von Keplers gesammelten Werken dessen *Apologia* mit mehreren Zitaten von Fludd als Anhang ergänzt.

[2] Cosmi Maioris scilicet et Minoris Metaphysica, Physica atque Technica Historia, 1. Ausgabe, Oppenheim 1621.

baren, trinitarischen Gottes, der sich in ihr offenbart. Zwischen diesen polaren Gegensätzen findet ein beständiger Kampf statt: von unten aus der Erde wächst wie ein Baum die materielle Pyramide empor, wobei die Materie nach oben feiner wird; zugleich wächst von oben nach unten mit der Spitze auf der Erde die formale Pyramide genau spiegelbildlich zur materiellen. In der Mitte, der Sphäre der Sonne, wo diese polaren Prinzipien sich gerade die Waage halten, wird im Mysterium der chymischen Hochzeit das infans solaris erzeugt, das zugleich die aus dem Stoff befreite Weltseele darstellt. In Anlehnung an die alten pythagoräischen Ideen ergeben bei Fludd die Proportionen der Teile dieser Pyramiden die Weltmusik, wobei folgende einfache musikalische Intervalle die Hauptrolle spielen:

Disdiapason	=	Doppeloktav,	Proportio	quadrupla	4 : 1
Diapason	=	Oktav,	,,	dupla	2 : 1
Diapente	=	Quint,	,,	sesquialtera	3 : 2
Diatessaron	=	Quart,	,,	sesquitertia	4 : 3

Es wird dies durch mehrere Figuren illustriert.

Offenbar hat Fludd Kepler so heftig angegriffen, weil er fühlte, dass Kepler trotz des gemeinsamen Ausgangspunktes ähnlicher archetypischer Vorstellungen das Kind eines Geistes war, der eine ernste Bedrohung für Fludds archaische Mysterienwelt darstellte. Während für Kepler der objektiven Wissenschaft das angehört, was quantitativ mathematisch bewiesen ist, hat für Fludd nur das eine objektive Bedeutung, was direkt mit den alchemistischen oder rosenkreuzerischen Mysterien zusammenhängt. Deshalb verwirft er die durch Keplers «Diagrammata» dargestellten Quantitäten als «schmutzige Substanz» und anerkennt nur seine hyroglyphischen Figuren («picturae», «aenigmata») als wahren symbolischen Ausdruck der «inneren Natur» der Weltharmonie. Er wirft Kepler auch vor, dieser habe die Weltharmonie zu stark ins Subjekt verlegt, somit aus der Körperwelt herausgenommen, statt sie in der im Stoff schlafenden anima mundi zu belassen. Demgegenüber vertritt Kepler klar den modernen Standpunkt, dass die Seele des erkennenden Menschen in der Natur sei.

Allgemein hat man den Eindruck, dass Fludd stets im Unrecht ist, wo er sich auf eine astronomische oder physikalische Diskussion einlässt. Dennoch scheint die Polemik zwischen Fludd und Kepler auch für den Modernen von Bedeutung zu sein. Einen wichtigen Fingerzeig enthält nämlich Fludds gegen Kepler erhobener Vorwurf „du zwingst mich, die Würde des *Quaternariums* zu verteidigen (cogis me ad defendam dignitatem quaternarii)." Dieses ist für den Modernen ein Symbol für eine *Vollständigkeit des Erlebens*, die innerhalb der naturwissenschaftlichen Betrachtungsweise nicht möglich ist, und die der archaische Standpunkt, der auch die Emotionen und gefühlsmässigen Wertungen der Seele mit seinen symbolischen Bildern auszudrücken versucht, vor dem wissenschaftlichen Standpunkt voraus hat.

Zum Schluss wird versucht, diese im 17. Jahrhundert aufgetretene Problematik mit dem heute allgemein vorhandenen Wunsch nach einer grösseren Einheitlichkeit unseres Weltbildes in Verbindung zu bringen. Zunächst wird vorgeschlagen, der Bedeutung der wissenschaftlichen Stufe der Erkenntnis für das Werden der wissenschaftlichen Ideen dadurch Rechnung zu tragen, dass der Untersuchung der naturwissenschaftlichen Erkenntnisse nach aussen eine Untersuchung dieser Erkenntnisse nach innen an die Seite gestellt wird. Während erstere die Anpassung unserer Kenntnisse an die äusseren Objekte zum Gegenstand hat, sollte letztere die bei der Entstehung unserer wissenschaftlichen Begriffe bewirkten archetypischen Bilder ans Licht bringen. Nur durch beide Untersuchungsrichtungen zusammengenommen dürfte sich eine Vollständigkeit des Verstehens erreichen lassen.

Sodann wird darauf hingewiesen, dass die moderne Mikrophysik dazu geführt hat, dass wir heute zwar Naturwissenschaften, aber kein naturwissenschaftliches Weltbild mehr besitzen. Hierdurch dürfte aber gerade ein Fortschritt in Richtung auf ein einheitliches Gesamtweltbild, in welchem die Naturwissenschaften nur ein Teil sind, erleichtert werden. Die moderne Quantenphysik hat sich nämlich dem quaternären Standpunkt, welcher im 17. Jahrhundert der aufkeimenden Naturwissenschaft polemisch entgegengetreten ist, insofern wieder angenähert, als sie der Rolle des Beobachters innerhalb der Physik in befriedigenderer Weise Rechnung trägt, als die klassische Physik. Im Gegensatz zum «losgelösten Beobachter» der letzteren, postuliert erstere eine unkontrollierbare Wechselwirkung zwischen Beobachter oder Beobachtungsmittel und beobachtetem System bei jeder Messung, wodurch die in der klassischen Physik vorausgesetzte deterministische Auffassung der Phänomene undurchführbar wird. Die auswählende Beobachtung, die das nach vorherbestimmten Regeln ablaufende Spiel unterbricht, kann gemäss dem Standpunkt der modernen Physik als wesentlich nicht automatisches Geschehen mit einer Schöpfung im Mikrokosmos oder auch mit einer Wandlung mit nicht voraussagbarem Resultat verglichen werden.

Die zum religiösen Wandlungserlebnis führende Rückwirkung der Erkenntnis auf den Erkennenden, für welche ausser der Alchemie auch die heliozentrische Idee lehrreiche Beispiele gibt, reicht jedoch über die Naturwissenschaften hinaus und lässt sich nur erfassen durch Symbole, die sowohl die emotionale Gefühlsseite des Erlebens bildhaft ausdrücken, als auch in lebendiger Beziehung zum Gesamtwissen der Zeit und zum tatsächlichen Prozess der Erkenntnis stehen. Eben weil unserer Zeit die Möglichkeit einer solchen Symbolik fremd geworden ist, dürfte es von besonderem Interesse sein, auf eine andere Zeit zurückzugreifen, welcher zwar die Begriffe der von uns nun klassisch genannten wissenschaftlichen Mechanik fremd waren, die es uns aber ermöglicht, den Nachweis zu erbringen für die Existenz von Symbolen mit einer gleichzeitig religiösen und naturwissenschaftlichen Funktion.

Danksagung

Dieses Autoreferat eines Vortrags von Wolfgang Pauli ist im *Jahresbericht 1947/48 des Psychologischen Clubs Zürich* (S.37–44) erschienen, dessen Vorstand die Genehmigung zum Nachdruck erteilte.

Kepler und Fludd.
Überlegungen zu Wolfgang Paulis
Kepler-Aufsatz

Eva Wertenschlag–Birkhäuser

1. Wolfgang Paulis Kepler-Aufsatz

Mit der Entfaltung der modernen Naturwissenschaften gelangen enorme Fortschritte in der Erfassung der empirischen Aussenwelt. Daneben geriet aber etwas Zentrales mehr und mehr in Vergessenheit: die Bedeutsamkeit der psychischen Dimension und die Möglichkeit, mit Hilfe der archetypischen Bilder mit dieser anderen Realität, der «inneren Natur», in lebendiger Verbindung zu sein. In seinem Aufsatz *Der Einfluss archetypischer Vorstellungen auf die Bildung naturwissenschaftlicher Theorien bei Kepler* [13] führt uns Wolfgang Pauli zu einigen geistesgeschichtlichen Wurzeln dieser Entwicklung. Er macht uns mit *Johannes Kepler* (1571-1630) vertraut, in dem er einen der ersten modernen Naturwissenschaftler erkannte, der zwar von der Welt der Urbilder noch inspiriert war, doch gleichzeitig zur Empirie hingezogen war. Und wir stossen auf Keplers Kontrahenten *Robert Fludd* (1574-1637), einen alchemistischen Arzt und Philosophen. Fludd war von der empirischen Aussenwelt noch nicht so stark in Bann geschlagen und lebte viel mehr in der Gegenwart der psychischen Bilder, die er als ebenso real empfand. Der Streit, der zwischen den beiden Gelehrten entflammte, führte schliesslich zu einem Bruch zweier Geisteswelten, einem Bruch, der bis heute noch nicht überwunden ist. Wolfgang Pauli war sich der ganzen Tragweite dieser Entzweiung bewusst, spürte er doch die dringende Notwendigkeit, dass wir heute wieder eine neue Brücke finden müssen. In einem Brief an Markus Fierz finden wir das leidenschaftliche Bekenntnis Paulis:

„Was könnte ich noch deutlicher sagen von dem was in meinem Kepleraufsatz enthalten ist? Ja, ist es denn dort wirklich nur angedeutet? Einiges weiss ich schon lange: 1.) Fludd steht für die Gegenposition zu den Naturwissenschaften. 2.) Ich selbst bin nicht nur der Kepler, sondern auch der Fludd. ... *Gesucht* ist ein Konjunktionsvorgang (Gegensatzvereinigung) ... ."[1]

---

[1] Brief vom 19. Januar 1953, zitiert nach Laurikainen [10], S. 89.

In der Einleitung zum Kepler-Aufsatz formuliert Pauli seine weltanschaulichen Voraussetzungen:

„Der Vorgang des Verstehens der Natur sowie auch die Beglückung, die der Mensch beim Verstehen, d.h. beim Bewusstwerden einer neuen Erkenntnis empfindet, scheint demnach auf einer Entsprechung, einem Zur-Deckung-Kommen von präexistenten inneren Bildern der menschlichen Psyche mit äusseren Objekten und ihrem Verhalten zu beruhen."[2]

„Es scheint mir am meisten befriedigend, an dieser Stelle das Postulat einer unserer Willkür entzogenen Ordnung des Kosmos einzuführen, die von der Welt der Erscheinungen verschieden ist. ... die Beziehung zwischen Sinneswahrnehmung und der Idee bleibt eine Folge der Tatsache, dass sowohl die Seele des Erkennenden als auch das in der Wahrnehmung Erkannte einer objektiv gedachten Ordnung unterworfen sind."

Pauli äussert mit diesen Worten die Auffassung – die er mit Jung teilt –, dass Erkenntnisse über die Natur letztlich auf Archetypen zurückgehen. Archetypische Ur-Intuitionen stehen hinter Forschung und Theoriebildung und bilden die Brücke zu den Sinneswahrnehmungen. Die letztlich unanschaulichen Kerne der Archetypen könnten zudem nach Paulis Feststellung die Anordner von Psyche und Stoff überhaupt sein. Pauli unterscheidet sich mit dieser Grundhaltung von nichtsahnenden Naturwissenschaftlern, für die Erkenntnis allein ein Produkt aus bewusster Anstrengung ist oder welche die mächtige Rolle der unbewussten Voraussetzungen nicht kennen oder als unwichtig vernachlässigen.

Pauli baut auf eigenen Erfahrungen als Wissenschaftler auf, auch wenn er das in seinem Aufsatz nicht erwähnt.[3] Seine persönliche Krise führte ihn dazu, die objektiv-psychische Dimension zu beachten und in sein Weltbild und sein Leben einzubeziehen. Damit befand er sich im Übergang von der «Drei» zur «Vier». Dieser Archetypus bestimmte offenbar Paulis Lebensthema und konstellierte sich spontan vom Unbewussten her. Der Archetypus zeigt sich im Hintergrund seiner wissenschaftlichen Entdeckung, aber ebenso seines persönlichen Lebensweges. Ja, er ist auch der Kern von Paulis Suche nach einer Erweiterung des bisherigen Naturverständnisses, in dem Psyche und Materie zwei ebenbürtige Aspekte des Seins darstellen. Eine ganzheitliche Naturbeschreibung war für Pauli stets mit der Quaternität assoziiert. Der Übergang von der Drei zur Vier umfasst somit einen neuen Mythos, der unser Kulturbewusstsein verändern könnte und an dem Pauli zeit seines Lebens arbeitete.

---

[2] W. Pauli: *Der Einfluss archetypischer Vorstellungen auf die Bildung naturwissenschaftlicher Theorien bei Kepler* [13], S. 112 und 111. Vergleiche das in diesem Band reproduzierte Autoreferat von Pauli [12].

[3] Aufschluss darüber geben seine Briefe, vergleiche dazu auch den Artikel von Charles Enz in diesem Band.

2. Johannes Kepler

Anhand seiner Schriften untersucht Pauli, wie bei Johannes Kepler die wissenschaftliche Theorienbildung durch einen zentralen Archetypus motiviert und geprägt wird. Pauli schreibt dazu:

„Aus diesem Beispiel ist ersichtlich, dass das symbolische Bild bei Kepler der bewussten Formulierung eines Naturgesetzes vorangeht. Die symbolischen Bilder und archetypischen Vorstellungen sind das, was ihn zum Suchen nach den Naturgesetzen veranlasst." [4]

Welcher Art ist das archetypische Bild bei Kepler? In wenigen Sätzen zusammengefasst: Kepler sieht in der Trinität den Ursprung aller Gestaltungen in der Natur und im Menschen. Die Trinität stellt er sich als Kugel vor:

„Das Abbild des dreieinigen Gottes ist in der Kugel, nämlich des Vaters im Zentrum, des Sohnes in der Oberfläche und des Heiligen Geistes im Gleichmass der Bezogenheit zwischen Punkt und Oberfläche." [5]

Nach diesem Urbild ist alles geformt, gemäss der mittelalterlichen Auffassung der signatura rerum. An erster Stelle das Sonnensystem, dann aber alle Dinge der Schöpfung und dabei natürlich auch die Seele. Die Seele, sowohl der Sonne und der Planeten als auch des Menschen, denkt er sich punkt- und kreisförmig. Da die Seele des Menschen als Abbild Gottes diese geometrischen Harmonien eingeprägt hat, kann der Mensch die Gesetze der Natur überhaupt erkennen. So schreibt Kepler:

„Die Geometrie ist vor Erschaffung der Dinge, gleich ewig wie der Geist Gottes: ist Gott selbst ... und hat ihm die Urbilder für die Erschaffung der Welt geliefert, und sie ist mit dem Ebenbild Gottes in den Menschen übergegangen, nicht erst durch die Augen in das Innere aufgenommen worden." [6]

Es wird deutlich, dass Kepler, der wie ein moderner Naturwissenschaftler durch Messung und Beobachtung noch heute gültige astronomische Gesetze formulieren konnte, gleichzeitig von einem mächtigen Archetypus inspiriert war. Ergreifende innere Bilder und empirische Befunde flossen zusammen. Pauli folgert[7]: „Weil er Sonne und Planeten mit diesem archetypischen Bild im Hintergrund anschaut,

---

[4] W. Pauli: *Der Einfluss archetypischer Vorstellungen auf die Bildung naturwissenschaftlicher Theorien bei Kepler* [13], S.129.

[5] J. Kepler, *Mysterium Cosmographicum*, zitiert nach W. Pauli: *Der Einfluss archetypischer Vorstellungen auf die Bildung naturwissenschaftlicher Theorien bei Kepler* [13], S.117. Vergleiche das in diesem Band reproduzierte Autoreferat von Pauli [12].

[6] J. Kepler, *Harmonices mundi*, Buch IV, zitiert nach W. Pauli: *Der Einfluss archetypischer Vorstellungen auf die Bildung naturwissenschaftlicher Theorien bei Kepler* [13], S.123–124.

[7] W. Pauli: *Der Einfluss archetypischer Vorstellungen auf die Bildung naturwissenschaftlicher Theorien bei Kepler* [13], S.129. Vergleiche das in diesem Band reproduzierte Autoreferat von Pauli [12].

glaubt er mit religiöser Leidenschaft an das heliozentrische System." Es ist ein «heliozentrischer Glaube». Pauli vermutet, „dass Keplers Mandala eine Einstellung oder seelische Haltung versinnbildlicht, die, an Bedeutung weit über Keplers Person hinausgehend, diejenige Naturwissenschaft hervorbringt, die wir heute die klassische nennen."[8]

Hier spricht Pauli aus der modernen psychologischen Sichtweise und rückblickend aus dem zeitlichen Abstand. Aus Jungs Erforschung der Wirkungsweise der Archetypen[9] ist bekannt, dass die mythenbildenden Kräfte im kollektiven Unbewussten zutiefst faszinierend und ergreifend wirken, vor allem, solange sie nicht vom Bewusstsein erkannt sind. So werden wissenschaftliche Erkenntnisse, hinter denen religiöse Phantasien stehen, wie Dogmen verteidigt und weitergegeben. Und es sind diese religiösen Urbilder, die, auch wenn sie völlig unerkannt bleiben, das Weltbild einer Zeit gestalten. So scheint mir Paulis Hypothese besonders bedeutsam, dass hinter den Grundüberzeugungen der klassischen Naturwissenschaft, die trotz neuerer Erkenntnisse noch immer unser kollektives Weltbild und Naturverständnis prägen, das trinitarische Urbild steht.

Pauli stellt kritisch fest, dass bei Kepler das zugrundeliegende Gottesbild – die Kugel – ein *statisches* sei.[10] So wie die Kugel beschrieben ist, ist sie ein Bild für einen ewig gleich ablaufenden, gesetzmässigen Zustand. Es liegt nahe, hier den Ursprung für das spätere mechanistische, deterministische Weltbild zu sehen. Zudem ist Keplers Urbild als ein trinitarisches die unbewusste Voraussetzung für die Dreidimensionalität des Raumes und für das Kausalitätsprinzip.

Marie-Louise von Franz, die zur gleichen Zeit, als Pauli über Kepler nachforschte, einen Aufsatz über René Descartes schrieb, kommt zu ähnlichen Schlüssen. Sie schreibt:

„Wir dürfen annehmen, dass [Descartes] die «privatio-boni-Idee» von Augustinus übernommen und gleichsam halb unbewusst mit seinen Aussagen über Gott als «intelligentia pura», die absolut wahrhaftig ist und nicht täuschen kann, verschmolzen hat. In dieser Hinsicht bleibt somit Descartes in einem christlichen Vorurteil befangen – es ist, wie wenn das trinitarische System nun zwar auf die Materie und die kosmische Wirklichkeit angewendet würde, aber wieder ohne dass sich das Problem des Vierten, der Ganzheit, stellte."[11]

---

[8] W. Pauli: *Der Einfluss archetypischer Vorstellungen auf die Bildung naturwissenschaftlicher Theorien bei Kepler* [13], S.132. Vergleiche das in diesem Band reproduzierte Autoreferat von Pauli [12].

[9] C. G. Jung, *Theoretische Überlegungen zum Wesen des Psychischen.* In: Gesammelte Werke, Bd.8 [6].

[10] W. Pauli: *Der Einfluss archetypischer Vorstellungen auf die Bildung naturwissenschaftlicher Theorien bei Kepler* [13], S.132. Vergleiche das in diesem Band reproduzierte Autoreferat von Pauli [12].

[11] M.-L. von Franz, *Der Traum des Descartes,* In: [4], S.211 und 214.

„Die Übernahme der Definition des Bösen als «privatio boni» und der Identifizierung von Gottes Wirken mit dem vernünftigen, kausal erklärbaren Geschehen verunmöglicht es ihm ferner, im Gebiet seines naturwissenschaftlichen Forschens an eine akausale Beschreibung von Ereignissen zu denken."

Somit stossen wir zur Zeit der Anfänge des modernen naturwissenschaftlichen Denkens auf das numinos wirkende Urbild – das lichte trinitarische Gottesbild –, das Grundlage für ein Modell der Wirklichkeitsbeschreibung ist, die das Akausale, Einmalige und Unberechenbare ausklammert. Das fehlende «Vierte» – wir werden ihm im zentralen Bild von Robert Fludd begegnen – steht für die Materie oder die Natur überhaupt. In der damals untergehenden Alchemie war sie eine Göttin, eine Quelle der Weisheit, aus welcher der Naturforscher schöpfte und sein Wissen erlangte.[12] Sie barg den Schatz des «lumen naturae», eines Lichtes, das nicht nur dem Menschen innewohnte, sondern auch den Tieren und allen Dingen der Schöpfung. Dieser Bereich fand in der Geisteshaltung, die sich in der Aufklärung durchsetzte, keinen adäquaten Platz. Wenn wir daran denken, wie das nun zunehmende ungeheuer potente Wissen über die Natur zu einem Instrumentarium wurde, mit dem die Natur heute manipuliert werden kann, bekommt diese Feststellung ihren Sinn. Vereinfacht gesagt: Pauli führt uns mit Keplers Gedanken zu den archetypischen Voraussetzungen, die den noch heute populären Glauben an die Berechenbarkeit der Natur und die Dominanz über die Natur begünstigen.

Wie sehr diese geistigen Voraussetzungen Wegbereiter für ein Verständnis der Natur als eines entseelten Objektes sind, wird aus Äusserungen Keplers deutlich, die nicht im Aufsatz erwähnt werden. Sie erscheinen in seinen späteren Werken. In einem Brief an Herwart von Hohenburg schrieb Kepler über sein Werk *Astronomia nova* (1609):

„Mein Ziel ist, zu zeigen, dass die himmlische Macht keine Art göttliches, lebendes Wesen ist, sondern eine Art Uhrwerk (und wer glaubt, eine Uhr habe eine Seele, schreibt die Ehre des Machers dem Werk zu), insofern alle mannigfachen Bewegungen von einer ganz einfachen, magnetischen und materiellen Kraft bewirkt werden, genau wie alle Bewegungen einer Uhr von einem einfachen Gewicht herbeigeführt werden."[13]

In der zweiten Ausgabe des Werkes *Mysterium Cosmographicum* (1631) machte Kepler die Anmerkung:

„Wenn wir an Stelle des Wortes «Seele» das Wort «Kraft» setzen, erhalten wir genau das Prinzip, das meiner Physik des Himmels in meiner ‚Astronomia nova' zugrunde liegt. ... Denn einmal glaubte ich fest, dass die Antriebskraft eines Planeten eine Seele sei. ... Doch als ich überlegte, dass die Ursache der Bewegung im Verhältnis zur Entfernung abnimmt, genau wie das Sonnen-

---

[12] Vergleiche dazu den Beitrag von Theodor Abt in diesem Band, insbesondere das Zwiegespräch eines Alchemisten mit der Natur.

[13] *Ioannis Kepleri astronmi opera omnia* [5], Bd. II, S. 84.

licht im Verhältnis zur Entfernung von der Sonne abnimmt, kam ich zum Schluss, dass diese Kraft etwas Substantielles sein müsse ... ."[14]

Aus diesen Worten wird deutlich, dass die göttliche, sinnhafte Weltseele verschwindet und dass damit die Möglichkeit des Menschen, erlebnismässig und auch gefühlsmässig daran zu partizipieren, verblasst. Wohl gibt es noch die Parallelität von Mensch, Schöpfung und Gott, aber der Zusammenhang ist mehr ein mechanischer. Das Eine, Verbindende, Lebendige wird nicht mehr erlebt. Pointiert könnte man sagen, das Gravitationsgesetz verdrängt die anima mundi.

In einer Fussnote versteckt, macht Pauli die geistesgeschichtlich wichtige Bemerkung, dass Keplers Urbild ein Mandala sei, welches auf einen psychischen Zentrierungsprozess hinweist, der auf die Erfahrung des Selbst und der Gegensatzvereinigung zielt:

„Die Zentrierungsvorgänge sind stets durch die symbolischen Bilder des Mandala und der Rotationsbewegung gekennzeichnet. Diese wird in chinesischen Texten sehr anschaulich «Zirkulation des Lichtes» genannt.

Bei einem Versuche, diese Ergebnisse der analytischen Psychologie anzuwenden auf den geistesgeschichtlichen Vorgang der Entstehung der klassischen Mechanik im 17. Jahrhundert (die mit der heliozentrischen Idee aufs engste verknüpft ist), ist wesentlich zu beachten, dass bei den Forschern, welche die klassische Mechanik begründen halfen, *der Blick nur nach aussen gerichtet war. Deshalb ist zu erwarten, dass die erwähnten inneren Zentrierungsvorgänge mit den zugehörigen Bildern nach aussen projiziert werden würden.* In der Tat können wir speziell an Keplers Anschauungen feststellen, *dass das Planetensystem mit der Sonne im Zentrum zum Träger des Mandalabildes geworden ist,* wobei die Erde zur Sonne sich verhält wie das Ich zum umfassenderen «Selbst». Es scheint, dass hierdurch die heliozentrische Lehre bei ihren Bekennern Zuschüsse von stark emotionalem Charakter aus dem Unbewussten erhalten hat. Vielleicht hat die Projektion des erwähnten symbolischen Bildes der inneren Rotationsbewegung auf die äussere Rotation der Himmelskörper dazu beigetragen, dieser äusseren Rotation einen über die Erfahrung hinausgehenden absoluten Charakter zuzuschreiben. Hierfür spricht auch, dass bei Newton die Ideen des absoluten Raumes und der absoluten Zeit sogar in seine theologischen Ansichten eingegangen sind."[15] [Hervorhebungen von mir].

Pauli spricht hier ein zentrales Problem an. Durch den aufkommenden extravertierten Standpunkt in den Naturwissenschaften verlor das innere Bild sehr bald seine Bedeutung als eine mit der Aussenwelt ebenbürtige Realität. Dies ist aber nicht nur ein Problem des 17. Jahrhunderts, sondern ein höchst aktuelles. Pauli

---

[14] Zitiert nach der Übersetzung von Max Caspar [9], S. 132.
[15] W. Pauli: *Der Einfluss archetypischer Vorstellungen auf die Bildung naturwissen-*

erwähnt in einem Brief an Jung einen Traum, der genau diese Problematik zum Thema hat und der ein wichtiges Motiv war, die Keplerarbeit zu schreiben. Ich zitiere den Traum hier in ganzer Länge:

„Der «Blonde» steht neben mir. Ich lese in einem alten Buch über die Inquisitionsprozesse gegen die Anhänger der kopernikanischen Lehre (Galilei, Giordano Bruno) sowie auch über Keplers Trinitätsbild.
Da spricht der Blonde. *Die Männer, deren Frauen die Rotation objektiviert haben, sind angeklagt.*' Durch diese Worte werde ich sehr erregt: Der Blonde verschwindet und zu meiner grössten Bestürzung wird das Buch selbst zum Traumbild: Ich befinde mich in einem Gerichtssaal mit den anderen Angeklagten. Ich will meiner Frau eine Nachricht schicken und schreibe auf einen Zettel: ‚Komm schnell hierher, ich bin angeklagt.' Es wird dunkel und ich finde lange niemanden, dem ich den Zettel geben kann. Endlich aber kommt ein *Neger*, der mir freundlich sagt, er würde meiner Frau den Zettel bringen. Bald nachdem der Neger mit dem Zettel fortgegangen war, kommt wirklich meine Frau und sagt zu mir: ‚Du hast vergessen mir gute Nacht zu sagen.'
Nun wird es wieder heller und die Situation ist ähnlich wie am Anfang (mit dem Unterschied jedoch, dass jetzt meine Frau anwesend ist): Der «Blonde» steht wieder neben mir und ich lese auch wieder in dem alten Buch. Da spricht der Blonde traurig zu mir (offenbar auf das Buch Bezug nehmend): ‚Die Richter wissen nicht, was Rotation oder Drehung ist, darum können sie die Männer nicht verstehen.' Mit dem eindringlichen Ton eines Lehrers fährt er fort: *Aber Sie wissen doch, was Rotation ist!*' ‚Natürlich' sage ich sofort ‚der Kreislauf und die Zirkulation des Lichtes das gehört doch zu den Anfangsgründen.' (Das war offenbar eine Berufung auf Psychologie, dieses Wort fällt aber nicht). Da spricht der Blonde: ‚Jetzt verstehen Sie die Männer, deren Frauen ihnen die Rotation objektiviert haben.' Nun küsse ich meine Frau und sage ihr: ‚Gute Nacht! Es ist ganz entsetzlich, was diese armen Menschen leiden, die da angeklagt sind!' Ich werde sehr traurig und weine. Aber der Blonde sagt lächelnd: ‚Nun halten Sie den ersten Schlüssel in der Hand.'
Daraufhin erwache ich sehr erschüttert. Der Traum war ein Erlebnis von *numinosem* Charakter, der meine bewusste Einstellung wesentlich beeinflusst hat. Er hat mich dann veranlasst, die Arbeit an Kepler wieder aufzunehmen. Offenbar war damals (17. Jahrh.) eine Projektion der Mandala- und Rotationssymbolik nach aussen eingetreten. ... Vom höheren Standpunkt der Bewusstwerdung bezieht sich die Anklage darauf, dass die Männer nicht wussten, wo ihre Frau (= Anima) ist und was *ihre* Rolle beim Erkenntnisprozess war. ..."[16]

---

[16] Brief vom 28. Oktober 1946 (Brief Nr. 32 in [11], S. 34–35)

Der Traum scheint Pauli zum Bewusstsein zu bringen, dass auch er oder die heutige Naturwissenschaft noch immer in diesem Problem der unbewussten Projektion des Mandalas nach aussen befangen sind. Und zwar scheint es an der zu wenig bewussten Beziehung der Männer zu ihrer unbewussten Seele (den Frauen) zu liegen. Dann bleibt die Projektion unbewusst. Aber Pauli selber hat offenbar eine Beziehung zur Anima. Sie ist die Brücke zu den inneren Bildern. Und daher kann er die ganze Tragweite der Problematik verstehen.

Aus psychologischer Sicht ist der Projektionsvorgang unwillkürlich – unbewusst Psychisches wird andauernd nach aussen projiziert.[17] Die archetypischen Bilder sind – wie auch Pauli es formuliert – die Brücke zur Wahrnehmung der Aussenwelt. Die Projektion ist aber nur so lange stimmig, als das Objekt den unbewussten Inhalt – im Falle von Kepler das Mandala, das Gotteserlebnis – ausdrückt. Sobald aber das Objekt bekannt ist, kann es nicht mehr mit dem vielschichtigen seelischen Inhalt übereinstimmen. Bei Kepler wurde ja das Planetensystem durch seine neu formulierten Gesetze mehr und mehr zu etwas Bekanntem, Berechenbarem und Messbarem. Für Kepler war es offenbar noch möglich, die Verbindung mit dem inneren Bild aufrecht zu erhalten. Aber bald nach Kepler, seit der Zeit der Aufklärung und der grossen Fortschritte in den Naturwissenschaften und erst recht heute, wo so viel «objektives» Wissen über die Materie vorhanden ist, ist es nicht mehr einfühlbar, Gott im Planetensystem zu finden. Das religiöse Bild, das Symbol, ist Ausdruck für etwas letztlich Unbekanntes und ist daher viel umfangreicher als jede rationale Beschreibung. In der Aufklärung begann aber auch ein Prozess, bei dem die mythischen Bilder – wie etwa die Kugel – ihren Gehalt als eigenständige Realität verloren. Kepler sprach noch im Anschluss an Plato von den Ideen, die im Geiste Gottes präexistent sind und die der Seele als dem Ebenbild Gottes mit-ein-erschaffen wurden. Der Gehalt dieser Ideen wurde nicht mehr verstanden, hat er doch keinen Platz in einem zunehmend extravertierten, rationalen Denken. Es ist nicht verwunderlich, dass in den späteren Ausgaben der Keplerschen Werke, nach Keplers Tod, die Ausführungen über das Kugelbild nicht mehr abgedruckt wurden. Der Zusammenhang wurde bald nicht mehr erfasst.[18]

Wenn sich ein projizierter Inhalt – zum Beispiel das Mandala – nicht mehr aussen festhaken kann, dann sollte aus der Sicht der heutigen Psychologie der Prozess der Projektionsrücknahme einsetzen. Der Inhalt kehrt in die Psyche zurück, indem er als Ausdruck für ein inneres Erlebnis erkannt wird. Genau dieser Übergang konnte damals nicht stattfinden und wird wohl auch heute im allgemeinen noch nicht verstanden. Kepler lebte in der Zeit, als die anima mundi aus

---

[17] Vergleiche dazu das Kapitel 3 *Projektion und naturwissenschaftliche Hypothese* in M.-L. von Franz, *Spiegelungen der Seele* [3].
[18] Vergleiche dazu Markus Fierz, *Naturerklärung und Psyche. Ein Kommentar zu dem Buch von C. G. Jung und W. Pauli* [1]. Wiederabdruck in M. Fierz, *Naturwissenschaft und*

dem Weltbild verschwand. Pauli interpretierte das zu Recht als den Verlust einer Auffassung für das Objektiv–Psychische, für Tiefenschichten der Psyche, die über das Individuelle hinausgehen. „ ... im 17. Jahrhundert wurde die Psyche subjektiv", schrieb Pauli in einem Brief an Marie-Louise von Franz[19]. Das Mandala ist ein archetypischer Inhalt und steht für das Gotteserlebnis, für eine heilende Quelle in der Seele, die nicht mit dem subjektiven Ego zusammenfällt.[20] Dieser Inhalt kann nicht der auf das Subjekt begrenzten Psyche zugeordnet werden. Es entsteht sonst die Gefahr, psychologisierend zu sagen, das sei ja «nichts als» eine Projektion eines banalen persönlichen Inhaltes gewesen. Damit werden die Erfahrungen, die mit den alten bildhaften Vorstellungen verknüpft waren, wegrationalisiert und scheinbar weggezaubert. Der dahinterliegende lebendige Kern, der mächtige psychische Faktor, der damit nicht ausgelöscht ist, wird nicht verstanden. Er verursacht jedoch – wenn die Projektionsrücknahme nicht gelingt und wenn zwischen persönlichem und kollektivem Unbewussten nicht unterschieden wird – eine Bessenheit des Ego mit dem Archetypus. Der Mensch bleibt unbewusst identisch mit einer religiösen Phantasie.[21]

3. Robert Fludd

Im Kommentar zum oben zitierten Traum schrieb Pauli weiter: „Wie Sie wissen, stiess ich dann auf jenen merkwürdigen Gesellen *R. Fludd*, dessen Anima ihm die Rotation nicht objektiviert hat, da diese ja noch ihren Ausdruck in den rosenkreuzerischen Mysterien finden konnte."[22] Robert Fludd, ein Alchemist, Rosenkreuzer und Paracelsianer, praktizierte als Arzt in London ([14], S.539ff). In ihm begegnet uns ein Exponent des mittelalterlich-alchemistischen Welterlebens, das in einen unversöhnlichen Gegensatz zur neu entstehenden modernen naturwissenschaftlichen Denkweise geriet und das in jener Zeit unterging. Charakteristisch für die damalige hermetische Philosophie war, dass sie noch viel mehr in der Realität der ewigen Bilder, der psychischen Voraussetzungen, lebte. Die Messung und Beschreibung der konkreten Aussenwelt wurde wenig exakt genommen und unbekümmert mit den Bildern vermischt.

Wie sieht Fludds Weltbild aus? Pauli führt es uns mit vielen Quellentexten vor Augen. Fludds Urbild besteht aus zwei polaren Grundprinzipien. Es gibt ein

---

[19] Zitiert in: M.-L. von Franz, *Der Traum des Descartes*, in: [4], S.164, Fussnote 96.
[20] C. G. Jung sagt in *Paracelsus als geistige Erscheinung:* „Das Selbst, das mich umfaßt, umfaßt auch viele andere: denn jenes Unbewusste, «conceptum in animo nostro», gehört nicht mir und ist nicht mir eigentümlich, sondern es ist überall. Es ist paradoxerweise Quintessenz des Individuums und doch zugleich ein Kollektivum." In: Gesammelte Werke, Bd. 13 [8], Ziff. 226.
[21] Vergleiche dazu die Beiträge von Hans Primas und Theodor Abt in diesem Band.
[22] Brief von Pauli an Jung vom 28. Oktober 1946 (Brief Nr.32 in [11], S.35).

lichtes Prinzip, ein oberes Dreieck, eigentlich die göttliche Trinität, der Geist und das Formprinzip in der Schöpfung. Und es gibt ein unteres dunkles Prinzip, ein unteres Dreieck, die Welt der Materie, der Vereinzelung, des Vergänglichen. Die

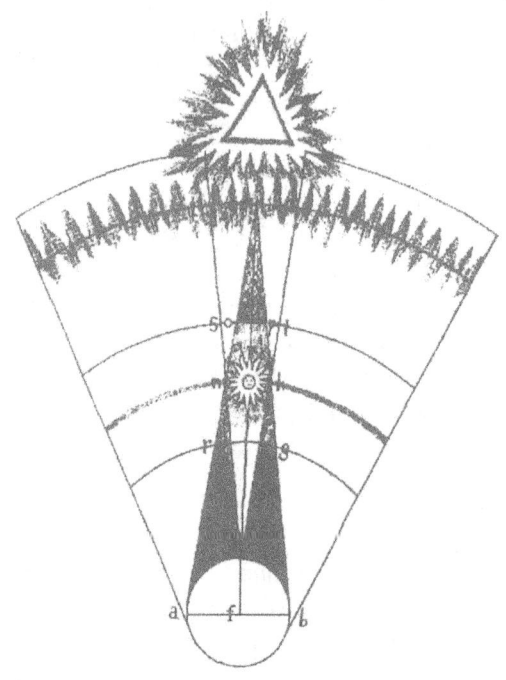

Die Durchdringung der materialen und formalen Pyramide [23]

beiden Prinzipien liegen in einem dauernden Kampf. Doch daraus entsteht in der Mitte die «chymische Hochzeit», aus der das «infans solaris» oder die befreite Weltseele hervorgeht.

Wenn wir die beiden Bilder von Kepler und Fludd vergleichen, dann fällt auf, dass es bei Kepler einzig eine obere Trinität gibt, die Kugel. Sie steht für die lichte Seite Gottes und öffnet den Weg zum Weltbild der neuzeitlichen Naturwissenschaften. Fludds Weltbild ist spannungsgeladen und dynamisch. Die untere Trinität als mächtiges Gegenprinzip ist aus der Alchemie wohlbekannt. Wie Jung erläutert [24], stellt die untere Trinität das fehlende Vierte zur Trinität dar, die chthonische Hälfte der Gottheit, die in der Alchemie mit einer weiblichen, lebendigen Stoffseele oder dem Geist Mercurius ausgedrückt wird. Mercurius aber galt als ein schillernder, unfassbarer schöpferischer Geist der Natur, oder, wie der Paracelsus-

---

[23] Aus: Robertus Fludd, *Utriusque cosmi maioris scilicet et minoris, metaphysica, physica atque technica historia.* 1621, S. 81.

[24] C. G. Jung, *Der Geist des Mercurius.* In: Gesammelte Werke, Bd. 13 [8], Ziff. 270–272.

schüler Penotus sagt, als „nichts anderes als der in der Erde körperlich gemachte Geist der Welt"[25]. Für Fludd entsteht das zentrale Weltgeheimnis, das Sonnenkind, aus einer Vereinigung dieser Gegensätze. Ganz in der Tradition der Alchemie, drückt es ein Zielbild aus, das kompensierend zur christlichen Betonung des Hellen und Geistigen, eine weiterführende, quaternäre Ganzheit darstellt. In diesem Symbol findet die Natur mit der ihr innewohnenden Geistigkeit, dem «lumen naturae», dem Schöpfergeist Mercurius, ihren gleichberechtigten Platz. Die Alchemie ist auf dem Hintergrund der in unserer Kultur weit zurückreichenden Gespaltenheit in Hell und Dunkel, Geist und Natur, zu verstehen, und sie zielt auf eine Heilung dieser Gegensätze.[26]

4. Der unversöhnliche Streit um «Kopf» und «Schwanz»

Pauli schildert nun die heftige Auseinandersetzung zwischen Kepler und Fludd, wie sie in einem brieflichen Wortgefecht überliefert ist. Die Tragik besteht darin, dass die beiden einander überhaupt nicht mehr verstehen. Sie reden aneinander vorbei. Für Fludd ist nicht die Beobachtung der konkreten Natur das Zentrale. Er lehnt alles Messen und Berechnen ab. Das lenke nur vom Wesentlichen ab. Für ihn ist Gott der Zugang zum Weltgeheimnis. Und Gott ist in seinem symbolischen Bild ausgedrückt, dem aus der Gegensatzvereinigung geborenen Sonnenkind. Fludd postuliert, dass dieses Mysterium eine innerseelische Erfahrung sei. Er schreibt:

„Doch wer in sich, zu seinem Zentrum zurückkehrend, das Äussere als einen verblendenden Schatten vernachlässigend in seine inneren Tore eindringt, der freilich wird mit seinen geistigen Augen erfassen, dass weder Teilbarkeit noch Quantität in der Seele sei, und dass man in Gott weder Zahlen noch geometrische Figuren finden kann, (da er über der Quantität steht und die Essenz der Seele mit ihm kontinuierlich zusammenhängt)."[27]

Da für Fludd die menschliche Seele und die alles erfüllende göttliche Weltseele eigentlich eins sind, partizipiert der Mensch durch das Wandlungsmysterium am Weltgeheimnis.

Kepler und Fludd bekämpfen einander mit wahrem Fanatismus. Aus psychologischer Sicht bekämpft man sich nur so, wenn man eigentlich Zweifel hat. Fludd bekämpft den eigenen Schatten, den eigenen Kepler und umgekehrt Kepler den eigenen Fludd. Anstatt sich selber damit auseinander zu setzen, bekämpfen beide

---

[25] Zitiert nach C. G. Jung, *Der Geist des Mercurius.* In: Gesammelte Werke, Bd. 13 [8], Ziff. 261.

[26] C. G. Jung, *Psychologie und Alchemie:* In: Gesammelte Werke, Bd. 12 [7], Ziff. 26.

[27] Zitiert nach W. Pauli: *Der Einfluss archetypischer Vorstellungen auf die Bildung naturwissenschaftlicher Theorien bei Kepler* [13], S. 180.

den Gegner aussen im anderen. Der Streit kumuliert in der heftigen Polemik um «Kopf» und «Schwanz». Kepler schreibt:

„*Ich denke nach über die sichtbaren und durch die Sinne selbst bestimmbaren Bewegungen, du magst die inneren Akte betrachten und dich bemühen, sie in Stufen zu unterscheiden. Ich halte den Schwanz, aber den halte ich in der Hand. Du magst das Haupt umfassen mit deinem Geiste, wenn du nur nicht träumst.*"[28]

Gemeint sind «Kopf» und «Schwanz» des Ouroborus. Der Ouroborus war in der Alchemie ein Bild für die Ganzheit der Natur, für die Gegensatzvereinigung. Der «Schwanz» ist die konkrete Seite der Natur. Kepler ist zunehmend fasziniert von der fassbaren und messbaren Aussenwelt. Darin war er auf dem Weg zu einer Trennung der Wahrnehmung der psychischen Innenwelt – dem «Kopf» – von jener der konkreten Aussenwelt.[29]

Fludd sah sich auf verlorenem Posten. *Modern* verstanden drückt Fludds System wie jenes von Kepler ein Mandala aus – ein gegensatzvereinigendes Symbol und ein ganzheitliches Gottesbild. Darüber hinaus drückt es aber auch den Prozess aus, der zu diesem schwer erreichbaren Ziel führt. Wie Fludd sich ausdrückte, hat nur jener Zugang zu diesem Wandlungsvorgang „der in seine inneren Tore eindringt".[30] Es ist ein archetypisches Bild für den Individuationsprozess, dessen Essenz bildlich gesprochen in einer Rotation durch Hell und Dunkel, bewusst und unbewusst und in einer Gegensatzvereinigung besteht. Jung schreibt in seinem Kommentar zur chinesischen Schrift *Das Geheimnis der goldenen Blüte*, die eine taoistische, alchemistische Meditationsübung beinhaltet und die Pauli wohl kannte:

„Psychologisch wäre dieser Kreislauf ein «im Kreise um sich selber Herumgehen», wobei offenbar alle Seiten der eigenen Persönlichkeit in Mitleidenschaft gezogen werden. ... Die Kreisbewegung hat demnach auch die moralische Bedeutung der Belebung aller hellen und dunklen Kräfte menschlicher

---

[28] Zitiert nach W. Pauli: *Der Einfluss archetypischer Vorstellungen auf die Bildung naturwissenschaftlicher Theorien bei Kepler* [13], S. 155–156.

[29] Ich möchte an dieser Stelle den Traum eines heutigen Naturwissenschaftlers erwähnen, der von diesem Problem in genau den gleichen Bildern spricht. In einer Zeit, als er real in Forschungsfragen über den genetischen Code vertieft war, träumte er, er stehe am Meeresstrand. Da tauchte aus dem Wasser eine riesige Meerschlange auf, eine Art Urtier. Der Träumer wurde auf einmal von dem Drange befallen, mit einem Steinwurf den Schwanz des Tieres abzutrennen und für sich zu bekommen. Im letzten Moment hinderte ihn eine Frau an seinem Tun und bedeutete ihm, dass er damit das ganze Tier töten würde. Dieser Traum bringt das Problem zum Bewusstsein, dass eine einseitige Sichtweise der Naturwissenschaft, die nur die materielle, konkrete Seite sieht, das Ganze der Erscheinungsweise der Natur zerstört. Die Schlange drückt wie der Ouroborus das Ganze der Natur aus, wie sie sich sowohl psychisch als auch materiell manifestiert.

[30] Zitiert nach W. Pauli: *Der Einfluss archetypischer Vorstellungen auf die Bildung naturwissenschaftlicher Theorien bei Kepler* [13], S. 180.

Natur, und damit aller psychologischen Gegensätze, welcher Art sie auch sein mögen. Das bedeutet nichts anderes als Selbsterkenntnis durch Selbstbebrütung ....."[31]

Fludds Bild – übertragen auf das individuelle Erleben – drückt diesen Harmonisierungsprozess aus. Erst wenn die spannungsvollen Gegensätze, zum Beispiel von Geist und Trieb, von bewussten Vorstellungen und unbewussten Tendenzen ausgehalten und verarbeitet werden, verwirklicht sich im Menschen Ganzheit. Wie es das «Sonnenkind» ausdrückt, ist sie das Erlebnis eines leitenden Lichtes, das nicht mehr mit dem Ego gleichgesetzt werden kann. Es wird daher als ein Gottesbild erlebt oder als der «innere Lichtmensch», der in vielen Kulturen mit dem quaternären Mandala symbolisiert wird. Fludd hatte nicht dasselbe Ziel vor Augen wie Kepler mit seiner Naturbetrachtung, obwohl er behauptet, mit seinem Mandalabild auch die Aussenwelt zu erfassen.[32] Seine Bilder drücken einen innerseelischen Heilungsprozess aus und die religiöse Phantasie eines Zielbildes, in dem Gespaltenheit versöhnt ist. Man könnte sagen, die introvertierte und die extravertierte Blickrichtung fielen völlig auseinander.

5. Paulis Position

Als moderner Naturwissenschaftler steht Pauli auf dem Boden von Kepler. Aber persönlich weiss er, dass ihm Fludd ebenso nahe steht. Pauli sieht sich vor die Aufgabe gestellt, die beiden gegensätzlichen Positionen neu zu vereinen. In seiner Keplerarbeit schreibt er:

„Anders als für Kepler und Fludd erscheint uns heute nur ein solcher Standpunkt annehmbar, der *beide* Seiten der Wirklichkeit – das Quantitative und das Qualitative, das Physische und Psychische – als vereinbar anerkennt und einheitlich umfassen kann. ... Während erstere die Anpassung unserer Kenntnisse an die äusseren Objekte zum Gegenstand hat, sollte letztere die bei der Entstehung unserer wisssenschaftlichen Begriffe benützten archetypischen Bilder ans Licht bringen. Nur durch beide Untersuchungsrichtungen zusammengenommen, dürfte sich nämlich eine Vollständigkeit des Verstehens erreichen lassen."[33]

Tatsächlich fühlte sich Pauli durch seine Vision vor viele Fragen und Aufgaben gestellt, von denen er wusste, dass ihre Erfüllung noch bevorstand. Immer wieder

---

[31] C. G. Jung, *Kommentar zu «Das Geheimnis der Goldenen Blüte»*. In: Gesammelte Werke, Bd. 13 [8], Ziff. 38 und 39.

[32] Als Modell für die Aussenwelt gründet Fludds Bild noch auf dem geozentrischen Weltbild. Fludd bekämpft somit in Kepler auch den Kopernikaner.

[33] W. Pauli: *Der Einfluss archetypischer Vorstellungen auf die Bildung naturwissenschaftlicher Theorien bei Kepler* [13], S. 163. Vergleiche das in diesem Band reproduzierte Autoreferat von Pauli [12].

träumte er, er müsse eine *neue* Professur annehmen. In einem Brief an Jung stellte er sich die Frage:

„Ich bin immer noch und immer wieder überrascht über diese Insistenz des Unbewussten auf der neuen Professur mit ihren Vorlesungen in Hörsälen und über meine Berufung, und ich frage mich nun, was ein solcher Professor wohl sagen könnte, der nicht nur ‚den Schwanz hält – aber den hält er in der Hand' (nämlich die theoretische Physik), sondern noch obendrein ‚das Haupt umfasst' ohne aber von diesem verschlungen zu werden und ohne ‚nur zu träumen'."34

Aus psychologischer Sicht bringt uns die Beachtung innerer Bilder – zum Beispiel durch Träume vermittelt – die heute dringend notwendige Orientierungshilfe im Umgang mit den psychischen Gegebenheiten. Verglichen mit dem heute riesigen Wissen über die äussere Natur, sind wir geradezu hilflos im Umgang mit der Psyche. Wie mächtig die Innenwelt sein kann, wissen wir aus Neurosen und Psychosen, aber auch aus kollektiven Ideologien und Besessenheiten. Die Unkenntnis über die persönlichen und archetypischen Hintergründe in der Psyche ist die Ursache vieler Krankheitserscheinungen unserer Zeit. Wir brauchen mehr Wissen über die Gesetzmässigkeiten der Psyche und insbesondere über jene mächtigen Bilder, die unsere Zeit prägen. Das Wissen über die Vorgänge in der Psyche lernen wir paradoxerweise gerade aus der unbewussten Psyche selber, aus der «inneren» Natur. Träume sind eine Quelle der Selbsterkenntnis und erlauben einen Zugang zu den grossen Bildern, zur geistigen Seite der Natur, dem «lumen naturae».

Robert Fludds symbolisches Bild können wir geradezu als ein noch nicht verstandenes Zukunftsbild ansehen. Es ist nicht ein Modell für die Erfassung der Aussenwelt, sondern eine Vision eines geistigen Leitbildes, dessen wir für unsere Kultur bedürfen. Pauli fühlte sich von Fludds Bild ja ganz besonders tief berührt, wie es in seinen Briefen zum Ausdruck kommt. Es scheint etwas auszudrücken, was auch in seinem Unbewussten als Ganzheitsbild wirksam war. Nun haben wir das grosse Glück, dass uns von Pauli lange Traumserien überliefert sind. C. G. Jung bearbeitete etwa vierhundert dieser Träume in seinem Werk *Psychologie und Alchemie* [7]. Dabei beobachtete er das langsame Hervortreten eines neuen Persönlichkeitszentrums und damit eines symbolischen Leitbildes. Und dieses Bild des ganzen Menschen sah Jung in einer ungebrochenen Fortsetzung der alchemistischen Tradition. Wie in der Alchemie zeigen auch die Träume von Pauli das Zielbild als eine Gegensatzvereinigung und als ein quaternäres Mandala in Weiterführung eines trinitarischen Bildes. So sind die im 17. Jahrhundert untergegangenen, kaum mehr verstandenen Bilder in der Psyche heutiger Menschen nach wie vor lebendig. Das Hervorstechende an diesem Ganzheitssymbol liegt darin, dass es die Natur miteinbegreift. Natur im Sinne, wie sie die Alchemisten ver-

---

34 Brief vom 27. Februar 1953 (Brie Nr. 58 in [11], S. 92)

standen, als «lumen naturae», als eine vom bewussten Verstand verschiedene Weisheit.

Fludds Bild kann, wenn wir es im Sinne von Paulis Traum von 1946 nicht nach aussen projizieren, zu einer heilenden Vorstellung für unsere heutige seelische Situation werden. Es zeigt die Erneuerung des kollektiven Bewusstseins – der Sonne – durch einen Kreislauf, der es wieder in Berührung mit den mythenbildenden Kräften der Archetypen bringt. Doch kann dieser Prozess allein vom Individuum geleistet werden. Integration und moralische Unterscheidung der herandrängenden unbewussten Impulse sind nur im Bewusstsein des Einzelnen möglich. Wie im alchemistischen Werk muss der schillernde Geist der Natur, Mercurius, durch lange Bearbeitung verwandelt werden. Dann erst wird er zu Gold, zu einer Erleuchtung aus der Natur. Fludds Zielvorstellung verwirklicht sich somit im anstrengenden Bewusstwerdungs- und Ganzwerdungsprozess des einzelnen Menschen. Durch ihn kann sich das kollektive Bewusstsein schliesslich in dem Sinne verändern, dass es wieder in Einklang mit den ordnenden Kräften der «inneren» Natur kommt.

Literaturhinweise

[1] M. Fierz: *Naturerklärung und Psyche. Ein Kommentar zu dem Buch von C. G. Jung und W. Pauli.* Zeitschrift für analytische Psychologie und ihre Grenzgebiete **10**, 290–299 (1979).

[2] M. Fierz: *Naturwissenschaft und Geschichte. Vorträge und Aufsätze.* Basel. Birkhäuser. 1988.

[3] M.-L. von Franz: *Spiegelungen der Seele.* Stuttgart. Kreuz Verlag. 1978. 2. Auflage: München, Kösel, 1982.

[4] M.-L. von Franz: *Träume.* Zürich. Daimon Verlag. 1985.

[5] C. Frisch: (Hrg.) *Joannis Kepleri astronomi opera omnia.* 8 vols. Frankfurt–Erlangen. 1858–1871.

[6] C. G. Jung: *Gesammelte Werke. Achter Band. Die Dynamik des Unbewussten.* Olten. Walter-Verlag. 1971.

[7] C. G. Jung: *Gesammelte Werke. Zwölfter Band. Psychologie und Alchemie.* Olten. Walter-Verlag. 1972.

[8] C. G. Jung: *Gesammelte Werke. Dreizehnter Band. Studien über alchemistische Vorstellungen.* Olten. Walter-Verlag. 1978.

[9] J. Kepler: *Das Weltengeheimnis (Mysterium Cosmographicum).* Übersetzt und eingeleitet von Max Caspar. München. Oldenbourg. 1936.

[10] K. V. Laurikainen: *Beyond the Atom. The Philosophical Thought of Wolfgang Pauli.* Berlin. Springer. 1988.

[11] C. A. Meier (Hg.): *Wolfgang Pauli und C. G. Jung. Ein Briefwechsel 1932–1958.* Berlin. Springer. 1992.

[12] W. Pauli: *Der Einfluss archetypischer Vorstellungen auf die Bildung naturwissenschaftlicher Theorien bei Kepler.* Jahresbericht 1947/48 des Psychologischen Clubs Zürich 37–44 (1947/48). Wiederabdruck mit Korrekturen aus Paulis Handexemplar: C. P. Enz und K. von Meyenn (Hrsg.), *Wolfgang Pauli. Das Gewissen der Physik.* Braunschweig. Vieweg. 1988. S. 509–514. Erneuter Wiederabdruck in diesem Band.

[13] W. Pauli: *Der Einfluss archetypischer Vorstellungen auf die Bildung naturwissenschaftlicher Theorien bei Kepler.* In: *Naturerklärung und Psyche.* Hg. von C. G. Jung und W. Pauli. Zürich. Rascher. 1952. S. 109–194. Reprinted in: *Collected Scientific Papers by Wolfgang Pauli.* Edited by R. Kronig and V. F. Weisskopf. New York. Interscience. 1964, Vol. 1, S. 1023–1114.

[14] L. Thorndike: *A History of Magic and Experimental Science.* Volume VII. New York. Columbia University Press. 1958.

Die Klavierstunde

Eine aktive Phantasie über das Unbewusste

Frl. Dr. Marie-Louise v. Franz in Freundschaft gewidmet

Wolfgang Pauli[1]

Es war ein nebliger Tag und ich hatte schon längere Zeit einen ernsten Kummer. Da waren nämlich *zwei* Schulen: in der einen älteren verstand man Worte, aber nicht den Sinn, in der anderen neueren verstand man den Sinn, aber nicht meine Worte. Ich konnte sie nicht zusammenbringen die beiden Schulen. 1

Da dachte ich, das einzige, was mir noch übrig bliebe, sei ein Mädchen zu besuchen, das in Küsnacht wohnt. Es war am Hornweg 2, einfach zwei – nicht am goldenen Horn, wo ich früher einmal war. Aber da war so vieles, worüber das Mädchen nicht sprechen konnte, das gefiel mir sehr, denn da konnte ich es mir immer so ausmalen, daß es gar nicht so viel anders sei als mein Kummer und daß sie mich deshalb gewiss verstehen würde. 2

Und da kam ich auch schon zum Hornweg 2 in Küsnacht und ich öffnete die Türe. Nun hörte ich aber von ferne die sichere männliche Stimme, die ich so gut kenne und die immer so tönt wie die eines Schiffskommandanten. Sie sagte „*Zeitumkehr*" und ich sah seine, des *Meisters* Bilder von Papierdüten mit der Spitze nach unten und dem Kegel nach oben, aus einigen übereinander gelegten Blättern bestehend. 3

---

[1] Dieses bisher unpublizierte Manuskript wurde von Pauli im Herbst 1953 geschrieben. Das Originalmanuskript (handschriftlich, 21 Seiten) ist deponiert in: *Wissenschaftshistorische Sammlungen der ETH-Bibliothek Zürich*, Briefwechsel M.-L. von Franz, Hs 176-85. Die Rechtschreibung ist von Paulis Manuskript übernommen. Alle Unterstreichungen wurden *kursiv* gedruckt, einige unwesentliche Interpunktionszeichen und Anführungszeichen wurden hinzugefügt oder geändert. Um die Diskussion zu erleichtern, wurden die Abschnitte numeriert. Wir danken Frau Dr. Marie-Louise von Franz und dem CERN Pauli Committee für die Publikationserlaubnis.

Eine große Sicherheit teilte sich mir mit durch des Meisters Stimme und seine Bilder, ich ging ins Haus, ins Zimmer und – – –
ich war *in Wien*. Ein Schulknabe war ich, der eine Mappe mit Musiknoten in der Hand hielt. Ich wußte genau, wir sind im Jahr 1913, aber es war der Punkt 1913 auf einem anderen Blatt der Papierdüte, nämlich auf *dem* Blatt, wo ich mich auch noch an den Hornweg 2 in Küsnacht erinnern konnte. Wie früher stand ein großes Klavier, ein Flügel, im Zimmer mit den alten Möbeln. Am Flügel lehnte eine *Dame* mit dunklen Haaren, die wie eine vertraute alte Freundin war. Sie war eine sehr vornehme Dame und ich mußte sehr respektvoll mit ihr sprechen. Als ich zu ihr ans Klavier ging, reichte sie mir die Hand und sagte:
„Du hast schon lange nicht Klavier gespielt. Ich will Dir eine Klavierstunde geben."
Darauf ich: „Auf diese Stunde freue ich mich sehr, Töne könnten jetzt wirklich sehr schön sein, denn ich habe einen Kummer.
Ich kannte überdies ein Mädchen, die auch einen Kummer gehabt haben muß. Denn einmal sagte sie zu mir: ‚Meine Mutter hat meine Weiblichkeit zerstört.' Aber da dachte ich, das könnte nicht sein. Denn wie könnte etwas, das zerstört ist, mein Gefühl erregen?"

Die Dame lächelte freundlich und sagte zu mir, wie man eben mit einem Schulkind redet:
„Nein, das kann nicht sein. Wohl aber könnte es so sein, daß das nicht wahr gewesen ist, was vorher ganz selbstverständlich war, gerade als du deinen kleinen Gedanken hattest."
Und ich spielte einen gewöhnlichen C-Dur Dreiklang C E G.
„Ich möchte so gerne wissen, wie es *wirklich* gewesen ist" rief ich als neugieriges Kind, aber das wußte die Dame auch nicht.

Nach einer Pause hörte ich nun wieder ein Kommando aus großer Ferne, der Meister sagte deutlich „*Hauptmann*". Davon verstand ich gar nichts. Die Dame aber sprang vom Stuhl und lief im Zimmer einige Male ganz aufgeregt auf und ab. Dann setzte sie sich wieder neben mich und sagte „Ich werde dir die Hand führen." Sie ließ mich erst die kleine Terz C es spielen, dann AS C ES, dann eine Quart G B und dann sagte sie:
„Also es war einmal ein Hauptmann …"

Als sie meine Hand berührte, konnte ich sprechen mit einfachen Tönen als Begleitung. Und *ich* erzählte:
„Hier in Wien lebt ein Hauptmann, der hat eine kranke Tochter, eine kranke Seele. Nun nähert sich der Meister dem Hause des Hauptmanns, ich sehe es ganz deutlich. Offenbar erwartet er, der Hauptmann würde die Worte sprechen."
„Welche Worte?" fragte die Dame erstaunt.
„*Die* Worte natürlich" und ich sprach sie laut:

„Herr, ich bin nicht würdig, daß Du eintrittst unter mein Dach, sondern sprich nur ein Wort und mein Knecht wird gesund"
und ich spielte dazu F A C F als einfachen Vierklang.
Dann entstand eine Pause, ich wischte mir den Schweiß von der Stirne und die Dame wurde wieder ruhig.

Nach einer Weile begann ich wieder zu sprechen: 8
„Jetzt weiß ich es wieder, das war ein anderer Hauptmann in *Kapernaum*, der die Worte zum ersten Mal gesprochen hat."
„Dann war nicht mehr wahr, was früher als selbstverständlich wahr gewesen ist" bemerkte hier die Dame dazwischen.
Und ich sprach lebhaft weiter: „Kapernaum oder Wien macht an sich keinen Unterschied, aber der Hauptmann in Wien sprach die Worte *nicht*. Und er hätte doch bloß sagen müssen ‚meine Tochter' statt ‚mein Knecht'. Ich habe sogar in der Kinderschule – keine gute Schule übrigens – gelernt, man sage manchmal auch ‚meine Seele' statt ‚mein Knecht'. Aber der Hauptmann von Wien war in einer Schule, wo man die Worte verstand, aber nicht den Sinn, deshalb konnte er *die* Worte nicht finden, als der Meister kommen wollte. Und so kehrte der Meister um und ich sehe, wie er weggeht."

Mit einem Moll-Klang C es G fügte ich hinzu: „Es muß schwer sein für 9
den Meister, sich uns überhaupt bemerkbar zu machen. Und wie schwer erst, sich uns verständlich zu machen.
Wir sind ihm so fremd, wie er uns fremd ist. Er ist für uns so, wie wenn er träumen würde, wie ein Schlafwandler, der absolut sicher ist. Ich glaube, er weiß nicht viel von unserem Wachen, aber er ahnt etwas davon und will mehr davon wissen. Deshalb will er unbedingt, daß seine Welt und unsere Welt einander näher kommen sollen und zu diesem Zweck wird er immer wieder Anordnungen treffen. Ihm macht es nicht viel aus, einmal umzukehren, aber doch so viel, daß der Hauptmann und seine Tochter den Schaden davon hatte."

Nun fiel die Dame ein: „Jetzt versucht er es anders. Er sagte mir, ich solle 10
dich lehren, besser Klavier zu spielen. Dann hörte ich von ihm noch ‚durch die Zensur', aber das verstand ich nicht."
„Oh, das verstehe *ich* ein wenig", fiel ich ihr ins Wort. „Erinnerst du dich noch an *Freud?*"
„Er war mein Anwalt, aber er wußte es nicht", flüsterte die Dame und ich spielte a moll: A C E A dazu.
Dann sprach *ich* weiter: „Er meinte, es gäbe eine Zensur, die stets vorhanden, aber nur im Traum als solche erkennbar ist. Er meinte aber auch, daß sie von einer viktorianischen Moraltante gemacht wird, die man nicht sehen kann außer eben durch diese Zensur.

Nun will ich dir ein großes Geheimnis sagen" wandte ich mich zur Dame: „Es gibt keine solche Moraltante, aber es gibt wirklich eine Traumzensur" und ich flüsterte ihr weiter schnell ins Ohr: „Sie wird von zeitgenössischen Professoren gemacht, besonders von Naturwissenschaftlern. Das ist natürlicher Weise so, da der Hauptmann von Köpenick jetzt Gott sei Dank keine Macht mehr hat – mit einer Einschränkung allerdings." Und ich spielte dazu erst F as C, dann es G B.

Die Dame: „Wen meinst du mit dem Hauptmann von Köpenick?" 11
Ich: „Alle Scharlatane, denen viele auf den Leim gehen. Die meisten haben leider, ach! auch Theologie studiert und es gibt sehr viele im Himmel und auf Erden. In meiner Kinderschule glaubte ich, es gäbe keinen anderen Hauptmann als den von Köpenick. Aber später hörte ich die realistischere Schlußfolgerung eines Iren (G.B. Shaw), daß der Hauptmann von Köpenick doch nur deshalb möglich sein kann, weil es auch wirkliche Hauptleute und wirkliche Meister gibt. Das überzeugte mich gleich und seitdem hört die Sache nicht auf, mich zu interessieren."

„Du sprachst von einer Einschränkung" fragte mich die Dame weiter aus. 12
„Woran denkst du dabei?"
Sogleich antwortete ich: „Im Osten gibt es eine neue Form des Hauptmanns von Köpenick, nämlich eine Sekte mit virulenten Theologen. Es sind die roten Sklaven, über welche die Alchemisten schon geschrieben haben. Sie sind gefährlich, weil sie Gewehre und Kanonen haben, während die alten schwarzen Theologen keine mehr haben und auch auf die Scheiterhaufen verzichten mußten.

Das ist von Bedeutung, um die Traumzensur zu verstehen: Der Meister 13
schickt mir Bilder von wissenschaftlichen Kongressen in Rußland, die unter Polizeidruck stattfinden und bei denen die Polizei die meisten Teilnehmer am Reden verhindert. Natürlich meinte der Meister damit mich und zwar die allgemein anerkannten, aber doch sehr zeitbedingten wissenschaftlich-geistigen Anschauungen («Theorien» wie die Griechen sagten) in meinem Kopf.

Nachdem es schon so weit gekommen war, daß der Hauptmann in Wien die 14
Worte nicht gesprochen hat und der Meister umkehren mußte – ein Fall für hunderte und tausende – will sich der Meister nun unter allen Umständen durchsetzen und scheint *mich* hierfür besonders geeignet zu finden: er will bei mir ans Tageslicht, um jeden Preis!

Ich gestehe, er ist mir oft unheimlich und ich bin ängstlich, vorsichtig ihm gegenüber. Er ist nicht nur gut, sondern kann auch böse und gefährlich sein. Dies ist er aber gerade dann am meisten, wenn man versucht, ihn zu ignorieren, wie es der Hauptmann in Wien getan hat. So bin ich einerseits ängstlich, andererseits fasziniert er mich. Ich kann nicht mehr von ihm lassen, so wie er nicht von mir!"

Dazu spielte ich die Quart F B auf einer weißen und einer schwarzen Taste. Die Dame sagte dazu:
„Meine Haltung ihm gegenüber ist umgekehrt wie die deine. Ich war ihm von vornherein hörig und gehorchte ihm blindlings." Darauf antwortete ich lebhaft mit Kopfschütteln: „Lange Zeit glaubte ich, für dich sei das ganz richtig, aber nun bin ich darüber anderer Meinung. – Wir sind vielleicht ihm gegenüber beide präjudiziert. Ein Hauptmann von Köpenick sagte einmal den Leuten, die schwarzen Tasten des Klaviers seien nur Löcher, bei denen das Weiße fehlt und alle Meister seien entweder ganz weiß oder ganz schwarz. Viele sagen das nach."

Da lachte die Dame laut auf und gab mir den Wink: „Sage ihnen doch, *man kann auch auf den weißen Tasten Moll spielen wie A C E und auf den schwarzen Dur wie fis ais cis*. Es kommt nur darauf an, daß man Klavierspielen kann." Getreulich und gerne spielte ich so wie sie gesagt hat. Als ich sie dabei ansah, bemerkte ich, daß sie jetzt *Schlitzaugen* hatte.

Dann berichtete ich ihr weiter: „Eben weil ich mehr und mehr eingesehen habe, daß es nur auf die Kunst des Klavierspielens ankommt, habe ich in letzter Zeit die Zensur beträchtlich gelockert. Sofort schickte der Meister Bilder, daß die russischen Armeen nach heftigen Kämpfen zurückgeschlagen wurden und später sogar Bilder, daß die Russen sich freiwillig zurückziehen. Der Vorhang ist bei mir nicht mehr eisern, er hat kleinere und größere Lücken, Gucklöcher, durch die ich hindurchsehen kann. Durch ein solches sah ich auch den Hauptmann in Kapernaum und in Wien, nachdem du mir geholfen hast."

„Ich sehe ein weites Land", sagte nun die Dame. „Das Wasser ist eben abgeflossen, noch ist das Land ein wenig feucht, aber es ist feste Erde. Es geht sehr weit nach Norden und fremde Leute wohnen darin."

Darauf ich: „Und ich sehe den Meister, wie er Zeitungen unter den fremden Leuten verteilt. Ich kann sie nicht lesen, aber die Leute lesen sie, wahrscheinlich steht darin wie sie heißen und wer sie sind."

Sie: „Die schwarzen Tasten verlangen dazu Dur, spiele «fis ais cis».

Ich, langsam: „Es kommt mir vor, als ob die weißen Tasten wie die Worte und die schwarzen wie der Sinn sind. Manchmal sind die Worte traurig und der Sinn freudig, manchmal ist es auch gerade umgekehrt. Hier bei dir ist es nicht mehr so wie in den beiden Schulen, die mir Kummer gemacht haben: ich sehe immer, daß es nur *ein* Klavier gibt."

Nun sprach *sie* weiter mit leiser Stimme zu mir: „Ich kann nur Klavier spielen, von *euren* Zahlen verstehe ich nichts. Aber man sagt, daß die Zahlen den Tönen folgen. Nun ahne ich einiges, was du mir von der Zensur erklärt hast. Die Zensoren wollen die Welt ohne das Klavierspielen verstehen. Das ist doch absurd. Je nachdem wie warm es ist, muß man verschieden spielen und je nachdem man spielt, ist es mehr oder weniger warm. Vorhin wurde es zum Beispiel ganz heiß, als er ‚Hauptmann' gesagt hat."

Ich: „Die Zensoren meinen jetzt, daß der *Zufall* die Welt regiert, ich meine die besten unter den Zensoren. Übrigens was treibst du denn für Schabernack mit den Herren in Frankreich und auch noch sonst? Ich weiß es: *du* hast ihnen diese Gaukelbilder vorgeführt von «Mosquito-Parametern», wie ich sie nenne, die niemand fangen kann und die sich vermehren, wenn man sie zu fangen versucht. Das stört die besten und vernünftigsten Leute, denn die Opfer dieser Scherze glauben nun wieder, daß die Welt ein automatisch ablaufendes Uhrwerk sei. Du treibst da ein gefährliches Spiel. Ich weiß, daß du in diesem Fall ohne Ordre des Meisters eigenmächtig gehandelt hast."

Sie (ertappt und ein wenig verlegen): „Ja, das habe ich. Aber ich halte das Spiel nicht für wirklich gefährlich. Ich kenne wohl den Namen der Mistgabel, mit der man versucht hat, mich in den letzten 300 Jahren aus Bergen, Flüssen und Wäldern und besonders aus den Himmelsräumen zu vertreiben. Aber ich halte nun diese Waffe gegen mich für genügend abgestumpft."

Ich (lachend und sie ablenkend): „Der Name ist «*Ursache*», aber schon Kinder fragen immer: ‚warum'?" Und ich spielte dazu den Septimakkord C E G B, der nach Auflösung verlangt.

Sie (beschwichtigt): „Ja, Kinder habe ich immer gerne. Aber eben weil ich Kinder gerne habe, mußte ich dieses Spiel mit den «Gaukelbildern» wagen, wie du sie nennst. Du brauchst freilich diese Bilder nicht und viele andere auch nicht. Aber ich stiftete absichtlich Unruhe, weil man versucht, die Welt ohne das Klavierspielen zu verstehen. Auch die ‚besten unter den Zensoren', wie du sie nanntest, wissen ja nicht, *daß ihr mathematischer Zufall das ist, was übrig bleibt, wenn man nichts von unserem Klavierspielen weiß*. Meinen sie denn, dass der Zufall immer gleich bleibt? *Wenn es warm wird, ändert er sich doch!*"

Darauf ich, nachdenklich: „Der Zufall schwankt immer, aber manchmal schwankt er eben systematisch."

Bei diesen Worten entsteht eine große Veränderung: Durch das Fenster sehe ich Leute über das eben trocken gewordene Land an das Haus herankommen. Sie stellen sich vor dem Fenster auf und rufen meinen Namen. Zunächst sind es fremde Gesichter, noch kann ich keinen von ihnen erkennen. Ich spiele ein wenig Bach, damit alles geordnet bleibt.

Da ertönt wieder die *Meisterstimme* und diesmal sagt sie: „*Jüngerer Bruder!*"

„Ah, «Benjamin»!" rufe ich – das war sein alter Spitzname – und gleich korrigiere ich mich: „Das soll natürlich heißen: Max!" Da steht er auch schon vor dem Fenster und lächelt mir freundlich zu.

Einen Augenblick fühle ich mich in die Höhe gehoben und ich sah Bilder, die vorüberziehen: Max, der jüngste Bruder vieler Geschwister, ist in Zürich, er will weg von der Physik zur Biologie, ich rede ihm dazu sehr zu. – Dann Bilder des Meisters: ein Kirchenfest, der Grottenolm, Orientierung im Dunkeln, Eulen, Fledermäuse – *Dijkgrafs* Experimente mit ihnen, dann wieder 1934: meine alte Zeichnung eines Bootes, dem ich auf des Meisters Befehl den Namen «Darwin» gab. Traumbilder von *biologischen* Abhandlungen *französischer* Gelehrter, die ich nicht lesen kann. Die Zeit läuft: Max, der Deutsche, geht nach Amerika und in die Biologie. Traumbilder, ich *müsse* mit *ihm* reden, nicht nur mit den Physikern – er *ist* ja mein «jüngerer Bruder».

Bilder die vorüberziehen – ich stehe wieder auf dem Boden des Zimmers, diesmal am Fenster. Max winkt, die fremden Leute klatschen und rufen immer wieder meinen Namen. Es bleibt mir nichts übrig, ich *muss* eine Vorlesung halten. Schließlich gebe ich nach und öffne das Fenster. In diesem Moment bin ich nicht mehr in Wien, sondern zur gewohnten Zeit 1953 in Zürich. Ich rede zum Fenster hinaus:

Die Vorlesung an die fremden Leute

Verglichen mit der älteren Art der Naturerklärung, die unter der Voraussetzung eines losgelösten Beobachters einen total determinierten Ablauf des Naturgeschehens annahm, kam die heutige Physik zu einem neuen Typus der Naturerklärung: es ist der «blinde», zweckfreie Zufall, die primäre Wahrscheinlichkeit, die sich nicht auf deterministische Gesetze zurückführen läßt. Die primäre Wahrscheinlichkeit erscheint bei dieser Auffassung wesentlich daran gebunden, daß der Beobachter durch Wahl der Versuchsanordnung in das Geschehen eingreift, da die Messung naturgesetzlich unkontrollierbare Wechselwirkungen mit dem zu Messenden mit sich bringt. Diese Betrachtungsweise betont demnach sehr stark das Element der Freiheit im Naturgeschehen. 32

Als Reaktion auf diese neueren Einsichten wollen einige Physiker wieder zum alten Ideal des losgelösten Beobachters zurückkehren, was mir aber als negativ-regressive Utopie erscheint. Demgegenüber möchte ich den entgegengesetzten Standpunkt vertreten, daß von diesen Einsichten aus nur ein *Vorwärts*gehen möglich ist und daß dieses direkt zu den *Lebenserscheinungen* führt. So verschieden nämlich von der älteren «klassischen» Art der Naturbeschreibung die heutige Physik auch ist, so macht doch auch diese stillschweigende Konzessionen an die traditionelle Form der «Objektivität» der Naturgesetze: Hat der Beobachter einmal seine Versuchsanordnung gewählt, so ist gemäß den Anschauungen der heutigen Physik das Resultat der Beobachtung von seinem psychischen Zustand gänzlich unabhängig; er kann es nur registrieren, beeinflußen kann er es nicht. 33

Ein Versuch, die heutigen naturwissenschaftlichen Anschauungen zu erweitern, scheint mir demnach teils in die Parapsychologie, teils in die Biologie zu führen. Nur dort kann man erwarten, einen neuen, *dritten* Typus von Naturgesetzen zu finden. 34

Insbesondere möchte ich heute Ihre Aufmerksamkeit auf gewisse Aspekte der Biologie lenken, wo gewisse fundamentale Probleme anscheinend schon etwas zu lange liegen geblieben sind. 35

Wo finden wir in der Biologie den *Zufall?* Da fällt es zunächst auf, daß die *Mendel'*schen Vererbungsgesetze typische *statistische* Gesetze sind, ebenso wie die Gesetze der Quantenphysik. In der Tat wurden – zum ersten Mal von M. Delbrück – Modelle für die *Statistik* des Auftretens von Mutationen auf quantenphysikalischer Basis konstruiert und zwar sowohl für die spontanen Mutationen in der Natur als auch für *die*jenigen «induzierten» Mutationen, die unter dem Einfluß äußerer Agentien (Bestrahlung oder chemische Behandlung von Chromosomen) im Laboratorium auftreten. Der 36 heutige Stand der Genetik läßt es als hoffnungsvoll erscheinen, die Vererbung, nachdem einmal eine Genmutation eingetreten ist, auf Grund physikalisch-chemischer Modelle verstehen zu können.

Es scheint mir aber, daß wir in der *Abstammungslehre* vor viel tiefere Probleme gestellt sind. Gerade hier hat man ja seit Darwin die ganze biologische Evolution auf blinden, d.h. zweckfreien *Zufall* zurückführen wollen – eine Auffassung, die heute, kombiniert mit den großen Fortschritten der Erbforschung seit der Zeit Darwins, als «Neo-Darwinismus» wiedererscheint. Gemäß dieser Auffassung sollen für die biologische Evolution ausschließlich kleine Mutationsschritte verantwortlich sein, die nach zweckfreiem Zufall erfolgen und aus denen dann die äußeren, physischen Lebensbedingungen der Arten eine als «natürlich» bezeichnete Selektion treffen. 37

Dem steht die andere Auffassung von *Lamarck* gegenüber, daß die äußeren Umstände erbliche Veränderungen im Sinne einer zweckentsprechenden Anpassung *hervorrufen* sollen. Diese Auffassung ist heute weitgehend verlassen worden, da es niemals gelungen ist, solche erblichen Anpassungen im Laboratoriumsexperiment künstlich hervorzubringen. Dieses scheint immer wieder zu zeigen, dass erworbene Eigenschaften *nicht* vererbt werden. Auf den Einwand der «Vitalisten», daß der Mißerfolg solcher Experimente ausschließlich auf die Kürze der zur Verfügung stehenden *Zeit* zurückzuführen sei, antworten die Darwinisten mit einem gewissen Recht, daß es hierbei ja nicht auf die absolute Zeit ankommen könne, sondern auf die Zahl der Generationen, welche die betreffende Species in der betreffenden Zeit hervorbringe. Durch Experimente mit Lebewesen, die sich hinreichend rasch vermehren, sollte also diese Frage sehr wohl empirisch prüfbar sein. 38

Andererseits sind, wie ich höre, angesehene und erfahrene Forscher der Ansicht, daß auch der darwinistische Erklärungsversuch der Anpassungserscheinungen durch den «blinden Zufall» in wesentlicher Hinsicht *unvollständig* sein müsse. Die Anpassung von Organen an die physikalischen Lebensbedingungen dürfte in der Tat kaum allgemein erklärbar sein durch einen zweckfreien Zufall, der schon *vor* der Realisierung dieser äußeren Umstände unter vielen anderen Mutanten auch die *eine*, erst später angepaßte Mutante vorsorglich hat auftreten lassen. Obwohl ferner, wie die Erfahrung zeigt, erworbene Eigenschaften normaler Weise nicht vererbt werden, gibt es Fälle vererbter Eigenschaften, wie z.B. die Flugrichtung von Zugvögeln, die doch bestimmt auch einmal erworben worden sein müssen. 39

Man hat sonach den Eindruck, daß *die äußeren physikalischen Umstände* *einerseits und ihnen angepaßte erbliche Veränderungen der Gene (Mutationen) andrerseits, zwar nicht kausal-reproduzierbar zusammenhängen, aber doch einmal – die «blinden», zufälligen Schwankungen der auftretenden Mutationen korrigierend – sinnhaft und zweckhaft als unteilbare Ganzheit zusammen mit den äußeren Umständen aufgetreten sind.* 40

Gemäß dieser Hypothese, die sich sowohl von der Darwin'schen als auch von der Lamarck'schen Auffassung unterscheidet, begegnen wir hier eben dem gesuchten *dritten Typus* von Naturgesetzen, der in einer *Korrektur der Schwankungen des Zufalls durch sinnhafte oder zweckmäßige Koinzidenzen nicht kausal verbundener Ereignisse besteht*. Während auf diese Weise das erstmalige Auftreten einer biologischen Anpassung als nicht kausal aufgefasst wird, erscheint es nach dem schon früher Gesagten nicht unmöglich, das erbliche Weiterbestehen einer solchen Genmutation, ist sie erst einmal «gelungen», durch physikalisch-chemische Modelle zu verstehen. 41

In dieser Verbindung möchte ich nun die weitere Hypothese zur Diskussion stellen, daß *dieses ganzheitliche Auftreten sinngemäßer Koinzidenzen in der biologischen Evolution einen psychischen Faktor anzeigt, der mit ihnen Hand in Hand geht und der auf höherer Stufe als Emotionalität bezw. Erregung erscheint.* 42

Ich hoffe auf diesen Gesichtspunkt nach genauerem Studium des Materiales noch zurückzukommen. Der Vorteil dieser Hypothese scheint mir darin zu bestehen, daß sie die diskutierten biologischen Anpassungsphänomene mit anderen Phänomenen in Verbindung zu bringen und so einen allgemeineren Aspekt der Natur einheitlich aufzufassen erlaubt. Dabei habe ich zunächst die bekannten, von *Rhine* besonders untersuchten ESP-Phänomene im Auge, bei denen offenbar das *Beziehungsgefühl* als emotionaler Faktor eine wesentliche Rolle spielt, dessen Abwesenheit sich negativ als «Ermüdungseffekt» äußert. Ferner denke ich hierbei an die nicht absichtlich herbeiführbaren, nur unter besonderen Bedingungen auftretenden sinngemäßen Koinzidenzen, auf die *C. G. Jung* aufmerksam gemacht hat. Indem er diese Koinzidenzen als «synchronistisch» bezeichnet hat, stellte er eine eigenartige Beziehung dieser Phänomene zum *Zeitbegriff* her. Insoferne die Anpassungserscheinungen der biologischen Evolution offensichtlich eine Zeitrichtung auszeichnen, dürfte es auch von diesem Gesichtspunkt aus als natürlich erscheinen, alle hier angeführten, mit einem Sinn oder Zweck verbundenen nicht-kausalen Phänomene als wesensverwandt anzusehen. 43

Trotz lebhafter Rufe des Auditoriums, ich solle noch weiter reden, schloß ich nun wieder das Fenster und war allein mit der Dame. Da sagte sie zu mir: „Ich glaube, du hast mir ein Kind gemacht. Es muß ein *legitimes* Kind werden. Hast du deinen Pass bei dir?"

Ich: „Mein Pass ist zu Hause und ich glaube, jetzt bin ich gar nicht so weit von dort. Wenn man so ein Kind wirklich unter die Leute bringen will, muß man ihnen auch etwas zeigen können, was sie nachprüfen können. Ich kann ihnen nur sagen, auch hier ändert sich manchmal der Zufall systematisch, ich kann ihnen aber noch nicht genügend die psychische Realität erklären, die du mit den Worten ausdrückst ‚es wird warm' und schon gar nicht, wie man sie wissentlich beeinflußen oder herbeiführen könnte. Es wäre das jedenfalls viel ähnlicher dem, was die Primitiven eine *magische* Prozedur nennen, als einem naturwissenschaftlichen Experiment. Zuerst müßte ich ihnen auf andere Weise erklären, was Klavier und Klavierspielen bedeutet, denn sie werden vermutlich andere Bilder sehen und andere Töne hören als wir."

Sie: „Ich kann nur Klavier spielen und es lehren. Ich kann weder eine Theorie des Klaviers lehren noch kann ich Klaviere bauen."

Ich: „Der Mensch ist ja ähnlich diesem Klavier hier: die Töne haben eine Tonhöhe und eine Lautstärke, die *Melodien* sind Gestalten, die sich in verschiedenen Tonarten wiederherstellen und wiedererkennen lassen, weil eine Tonart sich in eine andere transformieren läßt. So wie es tiefe, mittlere und hohe Töne gibt, so gibt es im Menschen Instinktives oder Triebhaftes, Intellektuelles oder Rationales und Spirituelles oder Übersinnliches. Die Lautstärke dagegen ist die Intensität mit der die Töne auf unser Bewußtsein wirken.

Ich weiß, daß eine Schule statt von Melodien oder Gestalten von typischen Urbildern (Archetypen), statt von Tonhöhen von *Farben*, und statt von kleinen und großen Lautstärken von leichten und schweren *Massen* spricht. Ich nehme an, daß damit dasselbe gemeint ist wie von uns, denn auch der Meister spricht mit mir von Atomgewichten und von Spektrallinien.
Was allen diesen Bildern und Melodien gemeinsam ist, das ist die *Zahl*. – Du hast früher gesagt, du verstündest nichts von *unseren* Zahlen. Gibt es *andere* Zahlen, die du kennst?"

Sie (nachdenklich): „Ich weiss es nicht sicher, aber ich vermute es tatsächlich; denn Zahlen und Töne sind für mich eigentlich ein und dasselbe. Wenn nun die Tonhöhe eine Zahl ist und die Lautstärke eine, dann könnte ich sie eigentlich wahrnehmen und die Melodie wäre ein «pattern» von Zahlen, wie die Engländer so treffend sagen. Aber ich kann meine Eindrücke selten wirklich so fein in den Details in Zahlen umsetzen, daß ich sie dir mitteilen kann."

Ich: „Und ich kann nicht so Klavier spielen wie du. Wie du gesehen hast, kann ich ja nur einfache Töne spielen, nicht komplizierte Sonaten; du aber kannst wiederum nicht höhere Mathematik. Könnte ich mehr von dem einen und du mehr von dem anderen, so könntest du mir immer Zahlen – patterns mitteilen und ich könnte mit ihnen rechnen. Diese patterns oder Konfigurationen – andere sagen «Konstellationen», aber ich glaube, die Sterne haben nichts damit zu tun – reichen bis ins Tier- und Pflanzenreich hinunter, vielleicht sogar noch weiter. Sie wären eben das, was angibt, «wie warm es ist» – wie du das ausdrückst – und das Einfühlen in ihr wechselndes Spiel gäbe Entwicklungslinien.

Sicher käme man so *nicht* zurück zur alten Idee, daß die Welt ein Uhrwerk sei, das vollkommen vorherbestimmt abläuft; schon deshalb nicht, weil unser Versuch, diese Konfigurationen und ihre Zahlen wahrzunehmen, ein Eingriff in die Natur ist, der sie stören muß. Sie würden daher immer noch die Wahl zwischen verschiedenen Möglichkeiten der Entwicklung offen lassen und im allgemeinen nur Dispositionen für das Geschehen angeben, keine Sicherheiten. Eine gewisse Freiheit im Geschehen wird daher immer angenommen werden müssen, insbesondere hinsichtlich der Wahl der «Tonart», in der eine «Melodie» verwirklicht wird.

Würden wir aber die Fähigkeit entwickeln, diese Konfigurationen des Augenblickes wahrzunehmen und mit ihnen umzugehen, so könnten wir mehr davon verstehen, wie in der Natur die Zufallsschwankungen so wechseln, daß sie Sinn oder Zweck in Erscheinung treten lassen.

Dann würde der Hauptmann im rechten Moment das rechte Wort sagen und der Meister das seine – "

Sie: „Und das Mädchen, von dem du erzählt hast, könnte heiraten."

Ich: „Dann wüßten wir mehr vom dem weiten Land im Norden, von dem wir jetzt erst die Umrisse sehen und auch von seinen Einwohnern. Aber von ferne habe ich heute die Heimat gesehen.

Gehört die Heimat nicht eigentlich untrennbar zum Meister? So wie der Meister seine Gestalt wechselt in der Zeit, so gibt es eine vergangene, eine gegenwärtige und eine zukünftige Heimat, so wie es auch ein vergangenes, ein gegenwärtiges und ein zukünftiges Gesicht der Frau gibt."

Nach einer Pause fügte ich hinzu:

„Ich bin traurig. Denn wie so viele, sehe ich wohl von ferne die Heimat, aber hineinziehen werde ich nicht." Und ich spielte dazu einen Mollakkord mit vielen schwarzen Tasten.

Doch die *Dame* sagte dazu: „Das ist aber auch wieder gut so." – und in diesem Moment sah ich wieder deutlich ihre Schlitzaugen – „Du vergißt das Vierte, das Zeitlose, sowohl bei der Heimat wie bei der Frau. Dieses allein ist die Einheit im Konflikt zwischen den dreien, der das Leben selbst ist."

Diese Belehrung durch die Dame machte einen sehr großen Eindruck auf mich. Bescheiden geworden sagte ich zu ihr: 54
„Die Stunde ist schon sehr lange gewesen, nun muß ich fort in meine Männerwelt unter die Leute. Aber ich werde wiederkommen."

Sie: „Was willst du unter den Leuten?"   55

Ich: „Mit allen Mitteln versuchen, den Meister zu versöhnen."   56

Nun antwortete gleichsam darauf die *Stimme des Meisters*, freundlicher als früher: 57
„Schon lange habe ich darauf gewartet."

Ich (zur Dame): „Wenn er versöhnt ist, kann ich dir nämlich *deine Würde als Frau zurückgeben*."   58

Sie (erstaunt): „Wie meinst du das? – Ah, ich sehe, du spielst darauf an, daß ich früher sagte, ich sei dem Meister hörig."   59

Ich: Allerdings.   60

Sie lächelt nur.   61

Ich: „Nun leb wohl für heute. Wie immer ich mich in der Männerwelt auseinandersetzen werde – der Dame habe ich nur zu danken."   62
Hierzu machte ich eine tiefe Verbeugung und sprach zu mir selber: „Mein Bewußtsein kann nicht bestehen ohne ein Gegensatzpaar. Für mich als Mann wird deshalb die Einheit jenseits meines Bewußtseins immer bei meiner Dame sein."

Nun schien es mir an der Zeit zu gehen, da hörte ich noch einmal die *Stimme des Meisters*:   63
„Warte. Transformation des Evolutionszentrums."
„Früher sagte man, Blei verwandelt sich in Gold", dachte ich.

In diesem Augenblick zog die Dame einen Ring vom Finger, den ich bisher nicht gesehen hatte. Sie ließ ihn schwebend in der Luft und belehrte mich: 64
„Du kennst den Ring wohl aus deiner Schule der Mathematik. Es ist der «Ring i»."
Ich nickte, während ich die Worte sprach:
„Das *i* macht die Leere und die Eins zum Paar. Zugleich ist es die Operation der Drehung um ein Viertel des ganzen Ringes."

Sie: „Es macht das Instinktive oder Triebhafte, das Intellektuelle oder Rationale, das Spirituelle oder Übersinnliche, von dem du sprachst, zum Ganzheitlichen oder Monadischen, was die Zahlen ohne das *i* nicht darstellen können."   65

Ich: „Der Ring mit dem *i* ist die Einheit jenseits von Teilchen und Welle und zugleich die Operation, die eines von beiden hervorbringt."   66

Sie: „Er ist das Atom, das Unteilbare auf Lateinisch …"   67

Bei diesen Worten sieht sie mich vielsagend an, doch schien es mir nicht nötig, Ciceros Wort für das Atom laut auszusprechen.

Ich: „Er macht die Zeit zum statischen Bild." 68

Sie: „Er ist die Ehe und er ist zugleich das Reich der Mitte, in das man nie 69
allein, sondern nur zu zweit gelangen kann."

Eine Pause entstand, wir warteten auf etwas. 70
Jetzt: *Die Stimme des Meisters* spricht, verwandelt, aus dem Zentrum des Ringes zur Dame:

„Bleibe gnädig."

Nun wußte ich, daß ich gehen kann, fort aus dem Zimmer, hinein in die 71
gewohnte Zeit und den gewohnten Raum des Alltags.

Als ich im Freien war, bemerkte ich, daß ich Mantel und Hut an hatte. Von 72
ferne hörte ich noch einen großen C-Dur Vierklang C E G C, den offenbar die Dame selbst gespielt hat, als sie schon allein war.

Reflexionen zum «Ring i»

Marie-Louise von Franz

Wolfgang Pauli überreichte mir seine *Klavierstunde,* bevor er für längere Zeit verreiste. Als ich sie las, hatte ich ein beklommenes Gefühl, dessen Ursachen mir aber nicht klar waren. Es handelt sich um eine Phantasie, jedoch nicht um eine «aktive Imagination». Zuerst notiert der Autor eine Serie bewusstseinsnaher Vorstellungen, erst mit dem «Ring i» als Motiv entsteht eine eigentliche Imagination. Pauli bleibt aber auch dann passiver Zuschauer. Er tritt nicht aktiv in die Phantasie ein und stellt keine Fragen. Dabei drängt sich die Frage auf, warum sein gefürchteter und verehrter Meister, der Fremde oder der Perser, gefangen ist, warum er, der Naturgeist, verjüngt, als christlicher Mönch erscheint, warum er die Himmelskönigin um Gnade bittet, was er, Pauli, tun sollte oder nicht tun sollte. All diese Fragen stellt er nicht. So müssen *wir* sie stellen: ist der Ring i eine Falle, um den Meister zu fangen oder ist der Ring i ein Gefäss des Verstehens? Er stellt in der Quantentheorie eine Formel dar, welche das Irrationale in einem Ganzheitssymbol einbegreift, ein holistisches Kosmogramm. Die Formel hat aber einen Haken. Wenn man $i = \sqrt{-1}$ ins Quadrat erhebt, erhält man eine zwar negative, aber rational verstehbare Zahl (−1). So kann man das Irrationale durch einen «tour de passe-passe» zum Verschwinden bringen. Die Formel entspricht in diesem Punkt nicht der Wirklichkeit, denn das Irrationale, das, was wir das kollektive Unbewusste oder die objektive Psyche nennen, kann nie rational werden. Es bleibt immer kreativ spontan, nicht voraussagbar und nicht manipulierbar. Jede holistische Formel ist in diesem Sinn auch eine Falle, weil sie die Illusion erweckt, man habe das Ganze verstanden.

Das Bild des gefangenen Meisters erinnert an das keltische Mythologem des Zauberers Merlin, der von der Fee Morgane mit seiner eigenen Magie gefangen gesetzt wurde. Wie erwähnt, stellt Pauli innerhalb der Phantasie keine lebenswichtigen Fragen an die Anima mit ihrem Ring, sondern «nimmt seinen Hut» und geht weg, und die von ihm verlassene Anima spielt einen Schlussakkord.

Als ich Pauli nach seiner Reise wieder sah, wollte ich mit ihm darüber reden, aber er wollte nicht, „er habe Neues zu besprechen". Ich fragte nach seinen Assoziationen zu dem Ring i, aber er sagte, er wolle mir nicht gratis Physikunterricht geben. Er ist also tatsächlich «in Hut und Mantel weggegangen» und hat auch kurz darauf seinen Kontakt mit mir abgebrochen. So stehen wir heute vor den von ihm nicht gestellten Fragen und müssen uns damit konfrontieren. Das zeigt, wie gefährlich es ist, sich mit dem Unbewussten einzulassen ohne letzten Einsatz. Darum sagten die Alchemisten: *nonnulli perierunt in opere nostro.* Ich zitiere diesen alten Spruch beileibe nicht, um Pauli zu kritisieren – im Gegenteil: er hatte den Mut, sich auf ein gefährliches Neuland einzulassen – aber um zu betonen, dass aktive Imagination Gefahren enthält, um die man wissen muss.

Meiner persönlichen Ansicht nach liegt die Schwierigkeit darin, dass die von Carl Gustav Jung vorgeschlagene Sicht der Existenz eine *totale* Umstellung des Bewusstseins und unserer ganzen Weltsicht impliziert und dass man darum Jungs neues Paradigma nicht nur so nebenbei in dem bisherigen Wissenschaftsbetrieb auch noch mitlaufen lassen kann. Das sollte meines Erachtens offen diskutiert werden.

Kommentare zur «Klavierstunde»

Herbert van Erkelens

1. Kommentar zum Traum «Der Perser»

Als Wolfgang Pauli nach dem Zweiten Weltkrieg von Amerika in die Schweiz zurückkehrt und die Tätigkeit an seinem Lehrstuhl für theoretische Physik in Zürich wieder aufnimmt, wird er innerlich durch eine dunkle Gestalt bedrängt, die in seinen Träumen Zulass zur Eidgenössischen Technischen Hochschule verlangt und dort einigen Tumult verursacht. Pauli nennt diese Gestalt den «Perser». In einem Traum vom Dezember 1947 hat er ein faszinierendes Gespräch mit ihm. In den Tagen, die dem Traum vorausgehen, fühlt er sich depressiv. Der Traum lautet folgendermaßen:

„Ich komme zu meiner früheren Wohnung. Da sehe ich einen dunkelhäutigen, jüngeren Mann, in dem ich den *Perser* wiedererkenne, Gegenstände zum Fenster in das Haus hineinlegen, und zwar eine kreisrunde *Holzscheibe* und verschiedene Briefe. Nun kommt er freundlich auf mich zu, und ich beginne ein Gespräch mit ihm:

Ich: ‚Sie werden nicht zum Studium zugelassen?'
Er: ‚Nein, deshalb studiere ich heimlich.'
Ich: ‚Was studieren Sie?'
Er: ‚Sie selbst!'
Ich: ‚Sie sprechen in sehr scharfem Tone mit mir!'
Er: ‚Ich spreche wie jemand, dem ohnehin alles verboten ist.'
Ich: ‚Sind Sie mein Schatten?'
Er: ‚Ich bin zwischen Ihnen und dem Licht, also sind Sie mein Schatten, nicht umgekehrt.'
Ich: ‚Studieren Sie auch Physik?'
Er: ‚Da ist mir Ihre Sprache zu schwierig, aber in *meiner* Sprache verstehen Sie die Physik nicht!'
Ich: ‚Was machen Sie hier?'
Er: ‚Ihnen helfen. Sie müssen einige Illusionen aufgeben. Zum Beispiel glauben Sie, dass Sie mehrere Frauen haben, in Wirklichkeit haben Sie aber nur eine. - Soeben habe ich durch das Fenster gesehen, daß Sie keinen Stuhl in Ihrem Arbeitszimmer haben. Sie hätten mir das sagen sollen, dann hätte ich Ihnen heute einen Stuhl in Ihr Zimmer geschmuggelt! So aber muss ich erst einen beschaffen. Ich werde mich beeilen.'

Er verschwindet, und ich gehe in die Wohnung.

Bemerkungen: Die Holzscheibe steht für die *prima materia*, die alchemistische «Anfangsmaterie», die noch zum heilenden Stein der Weisen transformiert werden muss. Das Motiv der *einen* Frau, d.h. der *einen Anima,* kehrt später wieder zurück, als Pauli seine aktive Phantasie *«Die Klavierstunde»* vollendet hat.

2. Vorgeschichte zur «Klavierstunde»

Pauli träumt nach 1945 immer wieder davon, dass er einen «Ruf» habe als «Professor» an eine Hochschule und diesen Ruf noch nicht angenommen habe. Gemeint ist, dass er an der Hochschule eine neue ganzheitliche Anschauung der Materie zu vertreten habe, die nicht nur den äusserlichen, konkreten Aspekt der Materie, «den Schwanz», sondern auch den innerlichen, symbolischen Aspekt, «das Haupt», derselben sieht.[1] In einem Brief an Jung vom Februar 1953 äussert sich Pauli über diese Problematik wie folgt: „Ich bin immer noch und immer wieder überrascht über diese Insistenz des Unbewussten auf der neuen Professur mit ihren Vorlesungen in Hörsälen und über meine Berufung, und ich frage mich nun, was ein solcher Professor wohl sagen könnte, der nicht nur «den Schwanz hält – aber den hält er in der Hand» (nämlich die theoretische Physik), sondern noch obendrein «das Haupt umfasst», ohne aber von diesem verschlungen zu werden und ohne «nur zu träumen»."[2]

Pauli meint im selben Brief, dass die neue Quantenphysik ein Hilfsmittel sein könnte, um auch die andere Seite der Materie, die er eben nicht in der Hand hält, zu umfassen: „Das feste in der Hand halten des «Schwanzes», das heisst der Physik, gibt mir unverhofft Hilfsmittel, die sich vielleicht auch bei dem grösseren Unternehmen, das «Haupt umfassen», verwerten lassen. Es scheint mir nämlich in der *Komplementarität der Physik* mit ihrer Überwindung des Gegensatzpaares «Welle-Teilchen» eine Art *Modell, oder Vorbild für jene andere, umfassendere Coniunctio* vorzuliegen. Die kleinere «Coniunctio» im Rahmen der Physik, die von Physikern konstruierte Quanten- oder Wellenmechanik, weist nämlich, ganz ohne die Absicht der Erfinder, gewisse Merkmale auf, die auch für die Überwindung des anderen ... Gegensatzpaares verwertbar sein dürften."[3]

Bei seinem Unternehmen, einen Schritt vorwärts zu machen von der kleineren Coniunctio der Quantenphysik zur grösseren Coniunctio von «Haupt und Schwanz» stösst Pauli auf das Problem, dass die Sprache der Quantenmechanik für Jung nicht verständlich ist. Zudem ist der Psychologe im Mai 1953 der Meinung, dass Pauli erst versuchen müsse, den archetypischen Hintergrund, der sich in

---

[1] Die Terminologie von Haupt und Schwanz stammt aus der Kepler–Fludd-Polemik. Siehe: C.G. Jung und W. Pauli, *Naturerklärung und Psyche* [4], S. 152 und S. 155–156.

[2] Pauli in einem Brief an Jung vom 27. Februar 1953 (Brief Nr. 58 in [5], S. 92).

[3] Pauli in einem Brief an Jung vom 27. Februar 1953 (Brief Nr. 58 in [5], S. 92–93).

seinen Träumen mit Hilfe der Sprache der Mathematik und der modernen Physik äussert, *psychologisch* zu verstehen: „[Es besteht] die Gefahr, dass man sich in der reinen Anschauung verliert. Damit aber verschwindet die schöpferische Spannung, die nur dadurch entsteht, dass die Anerkennung des Nichtpsychischen mit dem Anschauenden in Beziehung gesetzt wird. Ich meine damit z.B., dass das Produkt nicht nur hinsichtlich seiner objektiven, sondern auch seiner subjektiven Beziehungen kritisch betrachtet wird. ... Sie haben mit der Erkenntnis der archetypischen Voraussetzungen in Kepler's Astronomie und der Gegenüberstellung der Fludd'schen Philosophie zwei Schritte getan und jetzt scheinen Sie am dritten zu sein, nämlich an der Frage, *was Pauli dazu sagt.*"[4]

Offenbar irritiert es Pauli, dass Jung nicht sehr an der Sprache der Quantenphysik interessiert ist und wissen will, was sie für Pauli persönlich bedeutet. Im selben Monat schreibt er an Jungs Mitarbeiterin Marie-Louise von Franz: „Im allgemeinen bin ich nun etwas müde von der mathematisch-naturwissenschaftlichen Unbildung des ganzen Kreises um Jung. Ich hoffe immer noch auf das Wunder, einmal jemanden zu finden, der sowohl mathematisch-naturwissenschaftlich genügend gebildet ist (etwa so weit wie ein Student in einem höheren Semester), andrerseits aber auch die nötige menschliche Reife hat, um die psychologische Seite meiner Träume zu verstehen."[5]

Auf Grund eines Angsttraumes kommt Pauli im August aber zum Schluss, dass bei ihm selber ein Missverstehen seiner inneren Erlebnisse vorliege. Er wendet sich dann an von Franz um therapeutische Hilfe. Offenbar regt sie ihn dazu an, das Problem, mit dem er ringt, nicht länger nach aussen zu projizieren, sonder innen zu verarbeiten. So entschliesst er sich, in einen direkten Dialog mit dem Unbewussten zu treten. Das ist im allgemeinen ein schwieriger Schritt, weil in dieser von Jung als «aktive Imagination» bezeichneten Technik sich die mächtigen Inhalte des Unbewussten direkt äussern können. Auch Pauli muss Mut fassen, seine inneren Widerstände zu überwinden. Am 14. Oktober schreibt er an Frau von Franz: „Ihre Ermutigung ist mir sehr wertvoll. Es wird wahrscheinlich schwierig werden."[6] Innerhalb zweier Wochen vollendet er darauf eine aktive Imagination, die von seinem gefühlsmässigen «Kummer» ausgeht, dass er bis jetzt noch keine Vereinigung zwischen moderner Physik und Tiefenpsychologie hatte zustande bringen können. Am Anfang dieser sogenannten *«Klavierstunde»* wendet er sich in seiner Phantasie an Marie-Louise von Franz, begegnet aber sogleich dem Meister und der Anima, die in seinen Träumen schon lange angedeutet hatten, dass sie mehr von der von ihm ersehnten grösseren Coniunctio wissen.

---

4 Jung in einem Brief an Pauli vom 4. Mai 1953 (Brief Nr. 61 in [5], S. 115).
5 Brief von Pauli an von Franz vom 15. Mai 1953, *Wissenschaftshistorische Sammlungen der ETH-Bibliothek Zürich*, Hs 176:61 [6].
6 Brief von Pauli an von Franz vom 14. Oktober 1953, *Wissenschaftshistorische Sammlungen der ETH-Bibliothek Zürich*, Hs 176:67 [6].

3. Kommentar zum Traum «Der Tanz im Quadrat»

Was hat Pauli von seiner aktiven Phantasie selber gelernt? In jedem Fall hat er erfahren, dass es nur eine Anima gibt, die für ihn sowohl hinter der Physik als auch hinter der Tiefenpsychologie steht. Um dieser neuen Einsicht zu huldigen, entwirft er nach Vollendung der «*Klavierstunde*» zwei Davidsterne. Diese geben einen Einblick in seine psychische Entwicklung seit seiner Jugend. In beiden Davidsternen ist das Weibliche noch gespalten und durch drei verschiedene Gestalten ausgedrückt. So unterscheidet Pauli für die Phase nach dem Zweiten Weltkrieg drei Aspekte der Anima: seine Frau Franca, eine *lichte* Anima und eine *dunkle* Anima. Die lichte Anima ist die *femme inspiratrice* der mathematischen Physik. Und die dunkle Anima ist die Trägerin psychophysischer Geheimnisse von der Sexualität bis zur Synchronizität.

Pauli schreibt dazu an Marie-Louise von Franz: „Nun ist bei mir eine grössere Transformation im Gange, wie Sie schon richtig gesehen haben: Die Zeichnung mit dem Sechs-Stern entspricht gar nicht mehr der Wirklichkeit. Denn der lichte (geistige) und der dunkle (chthonische) Aspekt der Figuren haben sich nun so weit genähert, dass mir ganz deutlich ist, dass es nur *eine* Anima gibt, die sowohl die Lichte wie die Dunkle wie noch obendrein die wirkliche Frau ist: Das Chthonische und seine Beziehung zum Geistigen scheint – wie Sie gesagt haben – bei mir nun reif zu sein für die Bewusstwerdung."[7]

Aber dann kommt das Merkwürdige. Anstatt dieses neue Gefühl der Einheit weiter zu entwickeln, beginnt Pauli nach einer Synthese der beiden Sechs-Sterne zu suchen. Nun ist es sehr interessant zu sehen, wie das Unbewusste ihn darauf korrigiert. Zuerst entdeckt Pauli, dass die 12 Elemente seiner zwei Sechs-Sterne nicht hinreichend sind, um das Selbst auszudrücken. Jung benützt in *Aion* vier Quadrate, d.h. 16 Elemente, um die innere Dynamik des Selbst zu charakterisieren. Am 9. November schreibt Pauli über die Aufgabe, eins mit sich selber zu werden:

„Nun erst sah ich die ganze Schwierigkeit und die abgründigen Tiefen des Problems. Ich zerbrach mir sehr den Kopf – vergeblich – und wurde dann müde. Dann hatte ich (in der darauf folgenden Nacht) diesen *Traum:* Die «Chinesin» (nun zum Range einer «Sophia» erhoben) ist anwesend, ferner zwei Männer; einer davon der «Meister», der andere als zeitgenössischer Physiker sein «Schatten». Der Vierte war ich selbst. Sie spricht zu mir: ‚Du musst uns in allen möglichen *Kombinationen* möglichst viel *Schach* spielen lassen!' Damit erwache ich. Die Stimmung war verändert, ich war noch nicht ganz wach; dann war es, wie wenn eine fremde (vielleicht eine weibliche?) Stimme in mir rasch und deutlich folgende Sätze gesprochen hätte. (Die werde ich nie wieder vergessen.) Das Erlebnis hatte einen ausgesprochen

---

[7] Brief von Pauli an von Franz vom 6. November 1953, *Wissenschaftshistorische Sammlungen der ETH-Bibliothek Zürich*, Hs 176:69 [6], zitiert in H. van Erkelens, *Wolfgang Paulis Begegnung mit dem Geist der Materie* [1].

numinosen Charakter (offenbar archetypischer Natur). Also hören Sie die Sätze und ihren *Richtspruch:* ‚An diesen Zeichnungen [die Davidsterne, d.V.] ist etwas ganz richtig und etwas vorübergehend und falsch. Das Richtige ist, dass dort die Zahl der *Striche* 6 ist, das Falsche aber, dass die Zahl der *Punkte* 6 ist. Schau hierher, und ich sah ein Quadrat mit deutlich ausgezogenen Diagonalen.

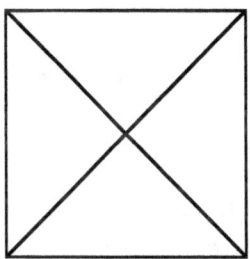

Siehst du nun endlich die 4 und die 6, nämlich 4 Punkte und 6 Striche – oder 6 *Paare* aus 4 Punkten. – Es sind *dieselben* 6 Striche, die im I Ging stehen. Dort ist die 6 richtig, die als Faktor latent auch die 3 enthält. Nun schau weiter das Quadrat an: 4 von den Strichen sind gleich lang, die zwei anderen sind länger – im «irrationalen Verhältnis», wie du aus der Mathematik weisst. Es gibt *keine* Figur aus 4 Punkten und 6 *gleich* langen Strichen. *Deshalb kann die Symmetrie nicht statisch hergestellt werden, und ein Tanz entsteht.* Koniunctio heisst das Platzwechseln bei diesem Tanz, man kann auch von einem Spiel reden oder von Rhythmen mit Drehungen. Deshalb muss die 3 *dynamisch* ausgedrückt werden, was im *Quadrat latent schon enthalten ist.* Deshalb ist die Formel von Jung aus 4 Quadraten in ihrer Art vollkommen, weil ja die Dynamik dort ausdrücklich besprochen ist."[8]

Bemerkungen von Marie-Louise von Franz:
„Dieser Traum und die ihm folgende Phantasie spielt offensichtlich auf einen … numerischen Grundrhythmus des Lebens an …"[9] Und: „Wichtig ist zunächst besonders die Betonung der Drei bzw. Sechs als *Ablauf*-Figuren, welche ermöglichen, dass sich das Ganzheitssymbol in einem *raum-zeitlichen Nacheinander* in all seinen latenten Möglichkeiten manifestieren kann und dadurch nicht in einer statischen Symmetrie und Harmonie erstarrt."[10]

---

[8] Brief von Pauli an von Franz vom 12. November 1953, *Wissenschaftshistorische Sammlungen der ETH-Bibliothek Zürich*, Hs 176:70 [6], zitiert in H. van Erkelens, *Wolfgang Paulis Begegnung mit dem Geist der Materie* [1].
[9] M. L. von Franz, *Symbole des Unus Mundus*, in: *Psyche und Materie* [3], S.75.
[10] M. L. von Franz, *Zahl und Zeit* [2], S.106.

Danksagung

Ich danke Frau Dr. Marie-Louise von Franz und dem Pauli-Komitee für die freundliche Erlaubnis, aus den unpublizierten Briefen von Pauli zu zitieren, sowie auch die *«Klavierstunde»* in meiner Arbeit zu verwenden.

Literaturhinweise

[1] H. van Erkelens: *Wolfgang Paulis Begegnung mit dem Geist der Materie.* Jungiana **A 4,** 29–54 (1992).

[2] M.-L. von Franz: *Zahl und Zeit. Psychologische Überlegungen zu einer Annäherung von Tiefenpsychologie und Physik.* Stuttgart. Ernst Klett Verlag. 1970.

[3] M.-L. von Franz: *Psyche und Materie.* Einsiedeln. Daimon Verlag. 1988.

[4] C. G. Jung und W. Pauli: *Naturerklärung und Psyche.* Zürich. Rascher Verlag. 1952.

[5] C. A. Meier (Hg.): *Wolfgang Pauli und C. G. Jung. Ein Briefwechsel 1932–1958.* Berlin. Springer. 1992.

[6] W. Pauli: *Briefwechsel mit Marie-Louise von Franz.* Die Originalmanuskripte befinden sich in den *Wissenschaftshistorischen Sammlungen der ETH-Bibliothek, Zürich,* Hs 176.

Erläuterungen zur «Klavierstunde»

Abschnitt 2: Das Mädchen, das in Küsnacht wohnt
Marie-Louise von Franz.

Abschnitt 3: Der Meister
Eine zentrale Figur in Paulis Träumen erscheint anfangs als «der Fremde», dann als «der Perser», hier als der «Meister».
Wie Pauli in einem Brief an Emma Jung bemerkt, ist der Meister einerseits eine geistige Lichtgestalt von superiorem Wissen, andererseits ein chthonischer Naturgeist. Er „ist in gewissem Sinne ein «Antiscientist», wobei unter «science» hier speziell die naturwissenschaftliche Betrachtungsweise zu verstehen ist, besonders diejenige, die heute in Hochschulen und Universitäten gelehrt wird."[1]

Abschnitt 3: Die Papierdüten
In der Relativitätstheorie stellt der Minkowskische Lichtkegel einen besonderen Ausschnitt aus der Raumzeit dar. Man könnte daran denken, die «Papierdüten» als Hinweis auf diesen Lichtkegel zu verstehen.

Abschnitt 4: 1913
Pauli geht zurück zum Zeitpunkt 1913. Damals war er ein Schulknabe in Wien.

Abschnitt 4: Der Kummer des Mädchens
Die Mutter von Marie-Louise von Franz war eine Rheinländerin, die offenbar einen negativen Einfluß auf ihre Tochter ausgeübt hatte.

Abschnitt 6: Eine Quart GB
GB ist eine kleine Terz, keine Quart.

Abschnitt 7: Der Hauptmann
Die Geschichte des Hauptmanns von Kapernaum steht im Matthäus-Evangelium 8:5–13. Der Hauptmann von Wien ist eine rätselhafte Figur, die den geistigen Einfluß von Wien auf Pauli oder von Franz bedeuten kann. Psychologisch verstanden vertritt er eine Bewußtseinseinstellung, die unfähig ist, das unerwartete Göttliche

---

[1] Pauli in einem Brief an Emma Jung vom 16. November 1950 (Brief Nr. 44 in [5], S. 54).

zuzulassen. Nur wenn der Hauptmann sich vor dem Meister verbeugte, könnte seine Tochter, die Seele, vielleicht aufblühen.

Abschnitt 7: Der Vierklang FACF

Ein Vierklang ist bei Pauli wohl ein Quaternitätssymbol. Der vierte Klang würde dann auf die Rückkehr zum Anfangsklang hinweisen. Man vergleiche dazu die alchemistische Formel der Maria Prophetissa: „Aus Eins wird Zwei, aus Zwei wird Drei, und das Eine des Dritten ist das Vierte."

Abschnitt 12: Die roten Sklaven

Die Kommunisten personifizieren in Paulis Träumen seine eigene Unterdrückung einer persönlichen Meinung. Er schließt sich lieber einer Kollektivmeinung an. Der Hauptmann von Köpenick ist hier deutlich Paulis eigener Schatten.

Abschnitt 16: Die schwarzen Tasten als Löcher

Damit wird die *privatio boni* angesprochen, eine Doktrin der Kirchenlehre, die behauptet, das Böse sei nur ein Mangel des Guten.

Abschnitt 17: Schlitzaugen

Hier ist die dunkle Anima, wie in verschiedenen Träumen Paulis, die Chinesin. Sie personifiziert die chinesische Lehre vom lichten *Yang* und dunklen *Yin*. Im chinesischen Denken wird das Dunkle nicht als ein Mangel an Licht aufgefasst. Yin und Yang bringen die rhythmische Verbindung zweier gegensätzlicher Aspekte des Seins zum Ausdruck.

Abschnitt 19: Die fremden Leute

Jung deutet dieses Motiv in einem Brief an Pauli als „noch nicht assimilierte Gedanken".[2] Marie-Louise von Franz hat in einem Privatgespräch auf die Deutung hingewiesen, daß Pauli sich nicht an seine Kollegen wenden sollte, sondern an fremde Leute, die ihm noch unbekannt seien und die er mit Vorlesungen über Synchronizität kennenlernen würde.

Abschnitt 24: Die Herren in Frankreich

Pauli hat 1953 einen Beitrag über die sogenannten verborgenen Parameter zur Festschrift zum 50. Geburtstag von Louis de Broglie geliefert [6]. Der Physiker de Broglie könnte einer der Herren in Frankreich sein, die die neue Quantentheorie mit einer deterministischen Auffassung der physikalischen Wirklichkeit zu vereinen versuchten.

---

[2] Jung in einem Brief an Pauli vom 20. Juni 1950 (Brief Nr. 39 in [5], S. 48).

Abschnitt 25: Die Mistgabel

Horaz: „Naturam expellas furca tamen usque recurret."[3] („Magst du auch die Natur mit der Mistgabel austreiben, sie wird doch immer wieder zurückkommen.") Die Dame entpuppt sich hier als die *anima mundi*, die Weltseele, die durch den Glauben an die Allmacht der Kausalität aus dem naturwissenschaftlichen Weltbild vertrieben worden ist.

Abschnitt 29: Max

Max Delbrück (1906-1981) war ein Physiker, der 1937 von Berlin nach Amerika abreiste, um in der Biologie das von seinem Lehrmeister Niels Bohr postulierte «elementare Faktum des Lebens» zu entdecken, das nicht auf die Gesetze der Atomphysik zurückzuführen wäre. Pauli war immer emotional mit seinem Freund Delbrück verbunden.[4] Auch er fühlte nach 1945 einen innerlichen Drang «weg von der Physik».

Abschnitt 30: Orientierung im Dunkeln

Die Traumbilder des Meisters deuten das *lumen naturae*, die Lichtfunken in der Finsternis des Unbewußten an. Auch Paulis Träume enthalten Hinweise auf dieses Licht aus dem Dunkel. Selber bemerkt er dazu in seinem Aufsatz *Moderne Beispiele zur «Hintergrunds-Physik»*: „[Die] «Anima» erscheint dann als Chinesin. Ferner ist in Träumen von «Eulen» die Rede, als in der Nacht sehenden heiligen Vögeln, oder ein «Grottenolm» trat auf."[5] Auch die Chinesin wird in diesem Fragment mit dem Licht der Natur in Verbindung gesetzt. Als Botin des Selbst überbringt sie Pauli das innere Gestirn, das sein neuer Kompaß in Leben und Werk werden kann.

Abschnitt 42: Psychischer Faktor

Der *psychische* Faktor, den Pauli in den sinnhaften Koinzidenzen der biologischen Evolution wirksam sieht, steht in engem Zusammenhang mit dem «warm werden» der Dame. Er verbindet diesen Faktor mit Emotionalität beziehungsweise Erregung. Jung hat in *Erinnerungen, Träume, Gedanken* ähnliche Ideen geäußert.[6]

---

[3] Zitiert von Jung in *Psychologie und Religion*, Gesammelte Werke, Bd. 11 [4], Ziff. 96.

[4] Vergleiche auch P. Fischer, *Licht und Leben. Ein Bericht über Max Delbrück, den Wegbereiter der Molekularbiologie* [1].

[5] W. Pauli: *Moderne Beispiele zur Hintergrundsphysik*. Nicht zur Veröffentlichung bestimmtes Manuskript vom Juni 1948, publiziert in [5], S. 184.

[6] *Erinnerungen, Träume, Gedanken von C. G. Jung* [3], S. 341–342.

Abschnitt 48: Die Zahl

Auch Jung ist der Meinung, daß eine mögliche Verbindung zwischen moderner Physik und Tiefenpsychologie im Geheimnis der Zahl zu finden sein könnte: „Es scheint mir, daß der der Physik und der Psychologie gemeinsame Boden nicht im Parallelismus der Begriffsbildung liege, sondern vielmehr in ‚jener alten seelischen «Dynamis»' der Zahl ... ."[7] Marie-Louise von Franz hat diese Ideen in ihrem Buch *Zahl und Zeit* [2] weiter entwickelt.

Abschnitt 64: Der Ring i

Das Zeichen i steht in der Mathematik für die imaginäre Einheit, d.h. für die Quadratwurzel aus minus Eins.[8] Faßt man die komplexen Zahlen $z = x + iy$ (wobei x und y relle Zahlen sind) als Punkte einer Ebene mit den rechtwinkligen Koordinaten (x,y) auf, so bildet die Gesamtheit dieser Punkte eine Ebene, die sogenannte Gaußsche Zahlenebene. Dabei erhält man den der Zahl i entsprechenden Punkt aus dem der Zahl 1 entsprechenden Punkt durch eine Drehung um 90°. Neben diesen in der Mathematik realisierten Aspekten von i weist die Dame in der «Klavierstunde» auf einen psychologischen Aspekt. Das Zeichen i, das in der Mathematik durch den komplexen Einheitskreis veranschaulicht wird, ist als viergeteilter Kreis ein Mandala, ein Symbol des Selbst.

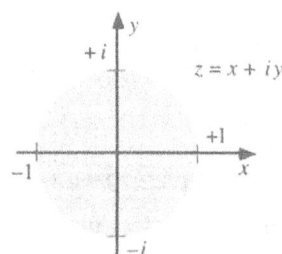

Die Gaußsche komplexe Zahlenebene

Abschnitt 66: Die Einheit jenseits von Teilchen und Welle

Im mathematischen Formalismus der Quantenmechanik ist die imaginäre Einheit i direkt mit der Existenz komplementärer physikalischer Eigenschaften verknüpft. Die Teilchen- und die Wellenaspekte der Materie sind das berühmteste Beispiel für komplementäre Eigenschaften, welche nicht gleichzeitig realisiert werden können, aber durch die Quantenmechanik trotzdem in ganzheitlicher Weise umfassend beschrieben werden. Ohne i kann man diese Komplementarität in der Quantenmechanik nicht formulieren.

---

[7] Jung in einem Brief an Pauli vom 10. Oktober 1955 (Brief Nr.67 in [5], S.131).

[8] Vergleiche dazu auch Kap.8 des Beitrages von Hans Primas in diesem Band.

Abschnitt 69: Die Ehe und das Reich der Mitte.

Ein Mensch findet seine Heimat nur im Reich der Mitte zwischen den Gegensätzen. In der Mitte gibt es keine Gespaltenheit, keine Halbheit mehr. Und dorthin kann man nur zu zweit kommen, d.h. mit seinem inneren Seelenpartner. Daher ist der Ring i, aufgefaßt als Mandala, die Ehe, in der Bewußtes und Unbewußtes verheiratet werden. Da die Anima oder der Animus sich immer auch in einem Gegenüber manifestieren, kann sich diese Ehe nicht ohne menschliche Bezogenheit realisieren. Auch in diesem Sinne kann man nur zu zweit in die Heimat gelangen.

Abschnitt 70: Bleibe gnädig

Im Ringe i vollzieht sich die Wandlung des Meisters. Man vergleiche dazu das Marienlob des *Doctor Marianus*, des «Sohnes der Mutter», aus Goethes Faust. (Goethe, Faust, Zweiter Teil, Schluß des 5. Akts):

> „Blicket auf zum Retterblick,
> Alle reuig Zarten,
> Euch zu seligem Geschick
> Dankend umzuarten.
> Werde jeder beßre Sinn
> Dir zum Dienst erbötig;
> Jungfrau, Mutter, Königin,
> Göttin, bleibe gnädig!"

Abschnitt 72: Mantel und Hut

Die *Klavierstunde* endet ziemlich abrupt. Pauli hat wieder Mantel und Hut an. Er ist wieder Professor der ETH und möglicherweise an dieser Stelle identisch mit seiner Persona. Er beibt nicht mit der Dame verbunden. Die spielt zwar einen schönen Vierklang, aber sie ist *allein*. Die Vision des Ringes i muß noch realisiert werden.

Danksagung

Für die Monte-Verità-Tagung hatte Herbert van Erkelens Erläuterungen zu Paulis «Klavierstunde» vorbereitet. Dieses Manuskript haben die Herausgeber gestrafft und ergänzt.

Literaturhinweise

[1] P. Fischer: *Licht und Leben. Ein Bericht über Max Delbrück, den Wegbereiter der Molekularbiologie.* Konstanz. Universitätsverlag Konstanz. 1985.

[2] M.-L. von Franz: *Zahl und Zeit. Psychologische Überlegungen zu einer Annäherung von Tiefenpsychologie und Physik.* Stuttgart. Ernst Klett Verlag. 1970.

[3] C. G. Jung: *Erinnerungen, Träume, Gedanken von C. G. Jung.* Aufgezeichnet und herausgegeben von Aniela Jaffé. Zürich. Rascher Verlag. 1962.

[4] C. G. Jung: *Gesammelte Werke. Elfter Band. Zur Psychologie westlicher und östlicher Religion.* Zürich. Rascher Verlag. 1963.

[5] C. A. Meier (Hg.): *Wolfgang Pauli und C. G. Jung. Ein Briefwechsel 1932–1958.* Berlin. Springer. 1992.

[6] W. Pauli: *Remarques sur le problème des paramètres cachés dans la mécanique quantique et sur la théorie de l'onde pilote.* In: *Louis de Broglie, Physicien et Penseur.* Paris. Albin Michel. 1953. S. 33–42.

Liste der Autoren

Theodor Abt
Münsterhof 16
CH-8001 Zürich

Harald Atmanspacher
Max-Planck-Institut
für extraterrestrische Physik
D-85740 Garching

Charles P. Enz
Département de Physique Théorique
Université de Genève
CH-1211 Genève

Herbert van Erkelens
Suzette Noiretstraat 36
NL-2033 AV Haarlem

Marie-Louise von Franz
Lindenbergstr. 15
CH-8700 Küsnacht

Gerhard Huber
Berghaldenstr. 36c
CH-8053 Zürich

Wilhelm Just
Donaulände 12
A-4100 Ottensheim

K. Alex Müller
IBM Forschungslabor
CH-8803 Rüschlikon

Ulrich Müller-Herold
Abt. Umweltnaturwissenschaften
ETH Zentrum
CH-8092 Zürich

Herbert Pietschmann
Institut für Theoretische Physik
Universität Wien
Boltzmanngasse 5
A-1090 Wien

Hans Primas
Laboratorium für physikalische
Chemie, ETH Zentrum
CH-8092 Zürich

Jörg Rasche
Roscherstr. 12
D-10629 Berlin

Rigmor Robèrt
Gränsstigen 7
S-13141 Nacka

Eva Wertenschlag-Birkhäuser
Halen 30
CH-3037 Herrenschwanden

Stichwortverzeichnis

Abel, Niel Henrik 287
Abstraktion 1, 14ff, 239ff, 260f, 267, 272
Abt, Theodor 4, 109f, 124ff, 175, 235, 284, 287, 292, 305, 310
Adam 76, 291
Adler, Alfred 186
Ästhetik 49, 56, 65, 221, 235
Affekt (s.a. Gefühl, Fühlen) 71, 98, 139f
– Affektabstimmung 51, 59ff, 64
Aktualität 6, 187f, 227
Alchemie 1f, 49f, 58, 72ff, 86, 90f, 98, 102ff, 111ff, 118ff, 131ff, 144ff, 148f, 194, 198, 200f, 217, 226ff, 243, 246, 262, 292, 297ff, 305, 309ff, 320, 331, 334
Algebra 11, 224, 256f, 260
Anima 23, 68f, 74, 77ff, 106, 145, 155, 182, 195, 293f, 307ff, 331, 334ff, 340ff
Animus 74, 145, 183, 195, 343
Anschauung 10ff, 58, 79, 250f, 266f
Antichrist 71ff
Antinomie 192ff
Apophis 114, 198
Archetyp 2, 5, 12, 28, 58f, 74, 89ff, 95ff, 106, 109ff, 115ff, 123, 128, 159, 183f, 187, 190f, 210, 219f, 233, 263, 289, 293, 295ff, 300ff, 308f, 314f, 327, 334
Aristoteles 162, 208, 240, 242, 266ff
Arithmetik 192
Astrologie 161, 298
Atmanspacher, Harald 1, 5, 235, 239
Atom 38, 85, 329f
– Atombombe 68f, 89, 159, 205, 263
– Atomismus 29, 231
– Atomphysik 77, 86, 164, 341
– Atomreaktor 156
Atropin 143
Auge 142ff
Augustinus 241, 304
Ausschließungsprinzip 23, 30, 38f

Außenwelt 109ff, 205ff, 297, 301, 306ff, 312f

Baade, Walter 23, 34, 41
Bach, Johann Sebastian 50, 53ff
Bacon, Francis 174, 207ff, 247, 250
Belladonna 143, 148
Bellsche Ungleichungen 258
Benzol 290
Beobachter 3, 27, 187, 214f, 266, 300
– losgelöster Beobachter 26ff, 300, 324
– objektiver Beobachter 138
– Psyche des Beobachters 28, 37, 215ff, 263
Beobachtung 11, 16, 26f, 187, 303, 324
– Beobachtungsmittel 215ff, 300
Berath, Charlotte 116
Bergson, Henri 264, 268
Berthelot, M. 118f
Bertram, Franca 25
Besessenheit 92, 97, 115, 228, 233, 309, 314
Bewegung 240, 245, 248f
– Selbstbewegung 246ff, 255
Bewußtsein 10, 92ff, 110, 123, 140f, 180ff, 189, 202, 209f, 214ff, 230, 233, 245, 271, 296, 304, 315, 327ff, 332
Bewußtwerdung Gottes 67, 73f, 77
Bezogenheit 59, 326, 343
Billard 35
Biologie 4, 16f, 153, 156, 159, 162ff, 175, 231f, 323f, 341
– Biotechnologie (s.a. Gentechnologie) 163
– Entwicklungsbiologie 4, 162, 165, 174
– Molekularbiologie 163f, 232f
– Soziobiologie 174
Birkhäuser, Peter VI, 294
Birkhäuser-Oeri, Sybille 79, 293
«Blonder» 307

Stichwortverzeichnis

Bohr, Niels 2, 23, 25ff, 39f, 78, 151, 160f, 164f, 341
Boltzmann, Ludwig 44
Bolyai, János (Johann) 191
Bolyai, Farkas (Wolfgang) 228
Born, Max 33
Boscovich, R.J. 256
Brahms, Johannes 229
Breuer, Josef 183
Brief
– «an die radioaktiven ... » 25, 39
– «Taufbecher-Brief» 21, 29, 44
Broglie, Louis de 340
Brun, Roland 235
Bruno, Giordano 241, 307
Brutsche, Paul V
Burgess-Schiefer 168

Cardano, Girolamo 222, 286
Carus, Agnes 62
Carus, Carl Gustav 62
Cassirer, Ernst 211
CERN, Genf VI, 21, 30, 43, 65, 87, 107, 157, 202, 286, 317
C. G. Jung-Institut, Zürich Vf, 72, 275
Chaos 113f, 230, 259
Chaucer, Geoffrey 50
Chemie 16, 38, 149, 231
Chinesin 24, 80ff, 154ff, 336, 340f
Christentum 70, 72
Christus 67, 74, 84, 120, 189
Chromosom 165, 324
Clarke, Joseph 248
Coniunctio (s.a. Vereinigung der Gegensätze) 23, 26, 58, 74, 89, 101f, 133, 159ff, 301, 334ff
Corbin, Henri 207
Crick, Francis H.C. 163

Darwin, Charles 162, 173, 323ff
Dauer 245
Dawkins, R. 174
Delbrück, Max 25, 162ff, 173, 324, 341
Denken (s.a. Intellekt) 9ff, 18, 50, 77, 89, 119, 141, 151, 186, 206ff, 212, 219, 222, 250, 265ff, 308
Deppner, Käthe 24
Depression 76, 98, 333

Descartes, René 11, 56, 74, 138f, 147, 159, 207, 209ff, 244ff, 270, 304
Desoxyribonukleinsäure (DNS) 165, 232
Determinismus 188, 218, 256, 300, 304, 324, 340
Dialektik 10, 36, 45f
Diesis 53
Dillner von Dillnersdorf, Bertha 22
Dionysos 145
Dirac, Paul Adrien Maurice 221, 256
Diskursivität 10ff
Doppelhelix 163ff, 290
Drehimpuls 35f
Drei (s.a. Trinität) 23, 275, 279, 302, 328, 337
Dualismus 36, 188
– Geist/Materie 1f, 67, 71f, 82, 100, 159, 162, 212, 215ff, 289, 302
– Innen/Außen 50ff, 79, 109ff, 208ff, 217, 234, 255f, 261ff, 306
– Leib/Seele 208, 214
– Subjekt/Objekt 208ff
– Welle/Teilchen 36, 86, 161, 164, 214, 329, 334, 342
Dunkel 4, 78ff, 85, 110, 151, 184, 188ff, 194, 200ff, 234f, 243, 298, 310, 323f
Dynamik 16, 259, 310, 336f, 341

Eastwood, Clint 143
Edinger, Edward F. 265
Ego (s.a. Ich) 96, 309, 313
Ehe 24, 85f, 330, 343
Ehrenfest, Paul 225
Eibl-Eibesfeldt, Irenäus 112
Eichtheorie 286
Eidos 10ff, 58
Einstein, Albert 2, 25, 33ff, 217, 235, 249, 263, 270
Einstein–Podolsky–Rosen-Korrelationen 258
Einzelereignis 188
Elektrodynamik 25, 253, 256, 258
Elektron 23, 29, 35ff, 232, 291
Elementarteilchen 26
Eliade, Mircea 96, 114, 133
Empfinden 186, 206f, 251, 265f, 268ff
Empirie 1, 11, 184, 207f, 240, 250, 260f, 295, 301

Energie 86
Energieerhaltung 25, 35, 40
Entscheidbarkeit 191f
Enz, Charles P. 4, 21, 77, 287ff, 302
Epimenides 199
Erde 89
Erinnerung 298
Erkelens, Herbert van 4ff, 68ff, 85, 333, 343
Erkenntnis 9ff, 126, 164, 210, 213f, 220, 229, 249ff, 262, 265, 271, 295f, 300, 307
– Erkenntnistheorie 1, 207
Erlebnis 4ff, 16, 28, 142, 184, 200, 241, 267ff, 299f, 306, 309, 313, 335f
Eros 68, 74, 105f, 132, 149, 154, 189, 192, 293
Esslingen 78ff, 151f, 156
ETH Zürich Vf, 4, 24, 70, 79ff, 117, 124, 135, 196, 343
Ethik 6, 175, 210, 234
Ethnologie 109f
Euler, Leonhard 213, 222ff, 250
Euripides 145
Evolution 4, 165ff, 325, 330, 341
– gerichtete Evolution 4, 165f
– «Mega»-Evolution 168ff
– Mikroevolution 167
Externalität 241f, 251f, 260f, 266
Extra-Sensory Perception (ESP) 78f, 161, 326

Faszination 16, 114, 187, 205, 228, 230ff, 293, 304
Faust 87, 343
Feinstrukturkonstante ($\alpha \cong 1/137$) 29f, 44
Feldtheorie 29
Feller, William 173
Fermi, Enrico 40
Feyerabend, Paul 235
Feynman, Richard 231f
Fibonacci-Reihe 290
Fierz, Markus VI, 2, 5, 23, 72, 217ff, 242, 263, 286, 301, 308
Finalität 28, 96, 133, 172ff, 210
Finkelstein, David 255
Fisch 118ff, 123, 145
Fischer, Ernst Peter 164, 235

Fitness 167
Flagge 5, 275, 277ff
Fludd, Robert 23, 28, 56, 74, 93, 98, 146f, 151, 242ff, 252, 269f, 297ff, 305, 309ff, 335
Fock, V.I. 27
Fordham, Michael 59
Form 243, 266, 298, 310
Franz, Marie Louise von VI, 5f, 30, 65, 69, 74ff, 87, 97ff, 103, 129, 135, 147, 157, 162, 174, 179, 188f, 198, 202, 275ff, 286, 290, 293, 304, 308f, 317, 331, 335ff
«Fremder» 70ff, 75ff, 98, 107, 331, 339
Frequenz 86
Freud, Sigmund 58, 110, 179, 182ff, 189, 319
Fühlen (s.a. Affekt, Gefühl) 50, 58, 142, 151, 186, 205ff, 212, 265ff
Fünf 5, 275, 279ff
Fulleren 290

Galilei, Galileo 147ff, 209ff, 249, 253, 307
– Galilei-Gruppe 249, 253
Ganzheit 28, 37, 46, 50ff, 59, 68f, 78, 83, 87ff, 106, 114ff, 129, 132, 135, 145ff, 152, 161, 179f, 188, 194, 202, 216ff, 226, 239, 256ff, 263f, 269, 294, 304, 311ff, 326, 329ff, 334, 337
Gauss, Carl Friedrich 191, 222, 228f, 342
Gebser, Jean 264f, 268
Gefühl (s.a. Affekt, Fühlen) 6, 12, 56ff, 63, 72, 78, 84, 119, 128ff, 135, 141ff, 154f, 196, 213, 222, 245ff, 252, 261, 292f, 299f, 306, 318, 326ff, 341
Gehirn 137ff, 150
– Neomammal-Hirn 139ff
– Paläomammal-Hirn 139
– Reptilien-Hirn 139f
Geist (s.a. Nous) Vf, 1f, 70, 74, 121, 157, 182, 297, 310f
Gen 165, 325f
– Gentechnologie 101, 117ff
Geometrie 11, 190, 222, 254ff, 260, 296, 303
– euklidische 191f, 247
– nicht-euklidische 192, 254

Gesang, Ellen 272
Gespaltenheit 15, 68, 71, 91ff, 99, 212, 342
Gestalt 10f, 96, 327
«Gewissen der Physik» 34
Giegerich, Wolfgang 208, 212, 227
Glaus, Beat VI
Gleichartigkeit 175
Gleichzeitigkeit 161f, 254
Gödel, Kurt 191ff
Gödelsches Theorem 5, 187, 191, 197ff, 202
Goethe, Johann Wolfgang von 77, 87, 269, 343
Goldberg-Variationen 50
Goldener Schnitt 282, 289f
Goldfinger, Paul 24
Goldschmidt, Hermann Levin 2, 222
Gottesbild 67f, 72ff
Gottheit 75, 77
Gregorianik 52
Grünbaum, A. 255
Guardini, Romano 264
Gustafson, Karl 259

Hadamard, Jacques 221
Haldane, J.B.S. 233
Hamilton, William Rowan 223, 260
- Hamilton-Operator 257f
Handeln 89
Hannah, Barbara 160
Hardy, Godfrey Harold 221
Harmonie 12f, 39, 85, 221, 296ff, 303, 313, 337
«Hauptmann» 318ff, 328, 339f
Havelock, E.A. 142
Hawking, Stephen W. 230
Hecke, Erich 23
Hehl, Friedrich 272
Heidegger, Martin 227
Heisenberg, Werner 2, 26, 40ff, 51, 214f, 226f, 256
- Heisenberg-Schnitt 214ff
Held 180f, 193
Helena 154
Hemisphären (des Großhirns) 141
Hera 143

Heraklit 160
Hermaphrodit 58, 76
Hermes 111, 125
Hermetismus 246, 298, 309
Hierosgamos 74
Hilbert, David 184, 193
- Hilbert-Raum 256, 259
«Hintergrundsphysik» 5, 28, 86, 160, 220, 264, 341
Hiob 59, 67ff
Hippasos von Metaponte 179
Hiroshima 68f, 159
Hösle, Vittorio 6, 210, 235
Homunculus 118ff
Hornung, E. 109, 114, 133, 197f
Hoyle, Fred 34, 41
Huber, Gerhard 4, 9, 267
Hübner, Kurt 210
Husserl, Edmund 264, 268
Huygens, Christian 247f

Ich (s.a. Ego) 68, 94, 98, 139, 150ff, 156, 180, 184ff, 198, 209, 306
Idee 10ff, 193, 219, 266, 295ff, 302, 308
I Ging 110, 132, 337
Imaginäre Einheit 85, 154, 222ff, 331, 342
Imagination 229, 233f
- aktive 83f, 111, 120, 162, 289, 331ff
Impulserhaltung 35
Individuation 49, 98ff, 106, 187, 239, 312
Inflation 229ff
Inkommensurabilität 212, 257, 264
Innenwelt 109ff, 207, 312, 314
Instinkt 96, 99
Intellekt (s.a. Denken) 6, 12ff, 72, 89, 99, 130, 133, 139, 226, 252, 266f, 327ff
Intentionalität 255
Internalität 241f, 251f, 260f, 266
Intersubjektivität 59
Intuition 11ff, 37, 151f, 186, 205ff, 221, 228, 265ff, 295, 302
Irrationalität V, 3, 9, 12ff, 21, 25ff, 50f, 56f, 61, 65, 139, 155, 179f, 194ff, 206, 219, 239, 266, 331
Irreversibilität 241, 247, 258ff

Jaffé, Aniela 72f, 87
Jahwe 67, 73
Jammer, Max 242, 246f, 250
Jaspers, Karl 249
Johannes-Offenbarung 67f
Jonas, Hans 6, 175, 234
Jordan, Pascual 263
Jünger, Ernst 275
Jung, Carl Gustav V, 1ff, 17, 21ff, 49f,
  56ff, 62, 67f, 71ff, 78f, 82f, 89ff, 110ff,
  123ff, 129, 132, 137f, 144ff, 151ff,
  159ff, 174f, 179ff, 190ff, 195ff, 205ff,
  212ff, 217ff, 227ff, 239, 261ff, 275ff,
  289f, 294ff, 304, 312ff, 326, 332ff
Jung, Emma 70ff, 98, 339
Just, Wilhelm 4, 179

Kabbala 30, 44
Kafka, Franz 21
Kalifornien 155f
Kambrium 168ff
Kant, Immanuel 18, 162, 209ff, 249ff,
  255, 261f, 265ff
Kartesianismus 92f, 159, 207ff
Kartesischer Schnitt 56, 199, 209, 212f,
  216
Kasemir, Bernd 235
Katholizismus 21f, 80, 151
Kausalität 27, 96, 146, 161ff, 173, 254,
  298, 304, 326, 341
Kekulé, A. 290
Kepler, Johannes 23, 30, 39, 56, 74, 110,
  146f, 151, 190f, 242ff, 252, 269f, 283f,
  289, 295ff, 335
«Kepler-Arbeit» 5, 23, 26ff, 74, 217, 242,
  269, 301f, 307, 313
Kettlewell, H.B.D. 167
Khunrath, Heinrich 90
Kind 49, 61f, 99, 121, 151f, 299, 310ff
«Kinderszenen» 49ff, 59ff
«Klavierstunde» 5f, 22, 26ff, 49f, 57,
  67ff, 82ff, 128, 152ff, 162ff, 172, 226,
  317f, 331ff, 339, 342f
Klein, Felix 30
Klein, Oskar 24, 34, 40
Körper (s.a. Leib) 137, 245, 297ff
Koestler, Arthur 148, 283
Kommunikation 60, 130, 142

Komplementarität 18, 27ff, 46, 135, 146,
  160ff, 175, 186, 206ff, 214ff, 225, 264,
  268, 334, 342
Komplexe Zahlen 222ff, 342
Komplexität 124, 127ff, 169ff, 200
Konkretheit 1, 16, 198f, 207, 239ff, 252,
  260f, 264, 269, 311, 334
Kopenhagener Interpretation 27
Kornberg, Arthur 232
Korrespondenzprinzip 39
Kreis 278ff, 342
Kreuz 277, 294
– Hakenkreuz 277f
Krise 22ff, 58, 96ff, 112, 302
Kristall 283ff
Kronig, Ralph 3, 220, 271
Kulturerneuerung 98f
Kunst 57, 138, 141, 235

Ladungserhaltung 25
Lamarck, Jean Baptiste de 325f
Lao-tse 154
Lateralisation 140f, 151
Laurikainen, Kalervo 2, 27, 242
Leib 12
Leben 6, 10, 28, 90, 164, 175, 196, 200,
  232, 263f, 297, 324, 328
Lederberg, Joshua 232
Leibniz, Gottfried Wilhelm 222, 246ff,
  255
Lenski, Richard E. 165f
Lévy-Bruhl, L. 109, 182
Lichtgeschwindigkeit 44, 253f
Liebe 68, 149, 154, 192, 293
Liouville-Operator 259
Lobachevsky, Nikolai Ivanovitch 191
Logik 6, 191, 222, 258, 267
Logos 9ff, 18, 74
Lorentz, H.A. 249, 253
– Lorentz-Gruppe 249, 253ff
– Lorentz-Transformation 253
Lucadou, Walter von 173
Luisi, Pier Luigi V
Luria–Delbrück-Test 165f

Machbarkeit 211f, 234f
Mach, Ernst 21, 29, 44, 253
Macht 89, 99, 103, 132, 210

MacLean, P.D. 139
Märchen 193
Magie 71, 146, 193, 278, 287, 296ff, 327, 331
Mainzer, Klaus 246
Mandala 98, 146f, 153, 206, 275f, 279, 297, 304ff, 312ff, 342f
«Manhattan-Projekt» 69
Maria 22, 80, 293, 340
Marianus 87, 343
Mathematik 12ff, 72, 83ff, 180, 191ff, 200, 221ff, 225, 328f, 335f
Materialismus 279f, 289, 292f
Materie Vf, 1f, 78f, 86, 101, 109ff, 116f, 127, 153, 157, 205, 209ff, 214, 220, 226, 232, 243, 254, 263, 266, 292, 298f, 304f, 310, 334
Maus 130ff
Maxwell, James Clerk 25, 253
Mayr, Ernst 162f, 174
Mechanik 213, 253, 256ff
Medizin 138, 232f
Mehung, Johannes A. 120
Meier, C.A. 5, 24, 173
«Meister» 84ff, 98, 317ff, 328ff, 335f, 339f, 343
Meitner, Lise 25, 39f
Melodie 12, 61, 132, 327f
Mendelsche Gesetze 165, 324
Mensch 13, 16ff, 58, 89, 92, 116, 279, 287, 291, 303, 306
Meredith, P. 256
Merkur 102, 125f, 131, 153, 310f, 315
Merlin 70, 72, 331
Messung 188
Metaphysik 6, 22, 44, 49, 56, 65, 72, 211, 295
Meyer-Abich, Michael 160
Mikroskop 143f
Miller, Arthur 155
Minkowski, Hermann 254ff, 339
Misra, Baydyanath 259
Mittler, John E. 165f
Mond 280, 287ff
Monotheismus 73
Monroe, Marilyn 155
Montet, Charles de 187
More, Henry 245ff, 252, 270

Müller, K. Alex 5, 57, 153, 275, 294
Müller-Herold, Ulrich 4, 159, 235
Münchhausen, Baron von 199
Musik 12, 49, 57ff, 64, 83ff, 132ff, 142, 154, 298
musikalische Temperatur 50ff
Mutation 165ff, 324ff
Mutter 22, 187, 192, 208, 292f
Mutter–Kind-Beziehung 51, 59ff
Mythos 98, 114f, 181, 226, 291
– Schöpfungsmythos 188f, 198

Nag Hammadi 119
Nationalsozialismus 69, 277
Natur 70, 89ff, 110, 119ff, 125, 128f, 132f, 159, 184, 202, 208, 211f, 293, 305
Neo-Darwinismus 165ff, 325
Neumann, Erich 59, 201
Neumann, John von 256
Neurose 23, 100, 110, 182f, 314
Neutrino 25f, 39ff
Neutron 40
Newton, Isaac 113, 147ff, 162, 213, 246ff, 255, 269, 296, 306
Nichtlineare Dynamik 253, 258f
Nichtlokalität 258
Nietzsche, Friedrich 195ff, 210
Noether, Emmy 213
Nous (s.a. Geist) 12

Oannes 120
Objekt 29, 138, 161, 192, 199, 207ff, 216, 241, 261, 266ff, 295, 300, 308
– Objektivität 17, 27f, 36, 58, 110, 138, 142, 146ff, 210, 220, 235, 324
Ochoa, Severo 232
Odin (Wotan) 144
Offenheit 194
Oktave 51ff
Olbers, Wilhelm 229
Ontogenese 167ff
Operationalisierbarkeit 240f, 245, 260f, 266
– Kriterien für ... 241, 261
– Semi-Operationalisierbarkeit 241, 261
Operator 225, 256f
Oppenheimer, Julius Robert 69
Orakel 161

Ort 240
– Ortsoperator 256
Orthmann, Wilhelm 40
Ostanes 131
Osterwalder, Konrad VI
Ouroboros 98f, 106, 134, 195, 290, 312

Paracelsus 127, 227, 298, 310
Paradox 194, 202
Parapsychologie 46, 156, 172f, 324
Paritätserhaltung 26, 42, 278
Parmenides 10
Pascal, Blaise 138
Pascheles, Jacob W. 21
Pascheles, Wolfgang 21
Pauli, Hertha Ernestine 22
Pauli, Wolfgang V, 1ff, 17, 21ff, 33ff, 49ff, 56ff, 67ff, 100, 103, 111ff, 123, 128, 132f, 146f, 150ff, 159ff, 172ff, 179, 188, 214ff, 239, 242ff, 257, 262ff, 269ff, 295, 301ff, 331ff
Pauli-Effekt 23f, 43f, 71f, 179
Pauli-Prinzip 33, 232
Penrose, Roger 284f
Periodensystem 124ff
«Perser» 144, 152f, 156, 331ff, 339
«Persona» 207
«Peter Strom» 73ff, 84
Philosophie 6, 13ff, 138, 205, 270
– abendländische 10
– chinesische 132
– griechische 9, 208
– mittelalterliche 11, 52, 86
Phyllotaxis 289
Physik Vf, 4f, 15f, 33, 38, 70ff, 85, 137, 146, 153, 156, 159, 162, 180, 208f, 216, 220, 252, 262ff, 299, 305, 323, 335f, 342
Physis 28, 50f
Pietschmann, Herbert 4, 33
Pistis Sophia 119
Platon 10ff, 18, 46, 142, 193, 202, 219f, 240, 267, 295, 308
Plotin 241, 297
Poincaré, Henri 228, 253, 259
Polarität 137, 145, 298, 309
Population 167

Positivismus 29, 138
Potentialität 187f, 227, 267
Prauss, Gerold 251f, 267ff
Prigogine, Ilya 259
Primas, Hans V, 1, 4, 85, 92, 115, 139, 159f, 175, 205, 257, 262, 265, 272, 309, 342
Primzahlen 30, 72, 224f
Princeton 25, 69f
Projektion 187, 192f, 210, 220, 227, 231, 234, 306ff
Protestantismus 80, 151f
Psyche 4, 12, 22, 28, 50f, 57f, 79, 92ff, 101, 109, 116f, 127, 139, 150, 295ff, 302, 309, 314, 327, 341
– objektive Psyche 94f, 186f, 271, 302, 309, 331
– psychische Funktionen 5, 18, 186, 206, 252, 260ff, 265ff
– Psychoanalyse 49f, 57f, 182f, 186f
– Psychologie Vf, 2ff, 12, 16f, 27, 50, 58f, 92, 137f, 162, 184, 194, 199, 205, 230, 249, 252, 262ff, 270, 296, 306f, 334
– psychophysische Wechselwirkung Vf, 2ff, 60, 78, 160, 175, 226f, 336
– Psychose 89, 110, 159, 314
– psychosomatische Wechselwirkung 4
– Psychotherapie 138, 183f
Pupille 142f
Pythagoras 51
– Pythagoreer 12f, 179, 296, 299
– pythagoreisches Komma 51ff, 65
– pythagoreisches Tonsystem 51f, 56

Quantenfeldtheorie 27
Quantengravitation 256
Quantenmechanik 3, 27, 36f, 45f, 164, 216ff, 342
Quantenlogik 258
Quantenphysik 163, 187, 197, 202, 214f, 225f, 300, 334f
Quantentheorie 255ff, 331, 340
Quarte 57, 299
Quasikristall 284ff
Quaternität (s.a. Vier) 5, 23, 70f, 239, 243f, 263ff, 269f, 297ff, 311ff, 340

Quecksilber 125
Quincunx 286, 293
Quinte 51ff, 299
Quintessenz 121, 293, 309

Radioaktivität 25, 40, 71f, 98
– α-Zerfall 40
– β-Zerfall 25, 40ff
– γ-Strahlung 40
– radioaktiver Kern 153
– radioaktives Isotop 151f
Rakete 275, 278, 292f
Rapid Eye Movements (REM) 150
Rasche, Jörg 3, 49, 292
Rationalität 2ff, 9ff, 25ff, 50f, 89, 96, 115, 139, 180, 184, 196, 202, 206ff, 212, 218ff, 235, 239, 250, 263, 266, 296, 308, 327ff
Raum 5, 239ff, 297, 304ff, 337
Realität (s.a. Wirklichkeit) 60, 213, 216, 220, 232ff, 252, 255, 327
Reduktionismus 45, 231f
Reger, Max 50
Relativitätstheorie 25, 33f, 253ff, 339
Religion 6, 87, 123, 138, 184, 187, 304, 308f, 313
Reproduzierbarkeit 45
Res cogitans 159, 209, 218, 245, 261
Res extensa 159, 209ff, 218, 245f, 261
Resonanz 298
Reversibilität 257f, 260
Rezeptoren 143
Rhine, Joseph Banks 161, 172f, 326
Ribi, Alfred VI, 275ff
Riemann, Bernhard 30, 224, 228
Ring i 50, 59ff, 84ff, 154, 329ff, 342f
Robèrt, Rigmor 4, 112, 137
Rössler, Otto E. 256
Rothen, François 289
Romantik 18, 57, 61
Rosenbaum, Erna 24, 57f
Rotation 306ff, 312
Roth, Gerhard 169, 172
Rottler, Maria 23
Rutherford, Ernest 40
Rydberg-Gesetz 30

Sagan, Carl 230
Sauerstoff 125ff
Schatten 4, 22, 56, 96, 103, 141, 152, 179ff, 193ff, 207f, 233ff, 311, 336, 340
Scheidung 24f
Scheingraber, Herbert 272
Scheringer, Martin 175
Schiessl Błyszczuk, Monika VI
Schlange 98, 114, 119, 140, 194, 197f
Schlick, Moritz 29
Schönberg, Arnold 49f, 56
Scholastik 190
Scholem, Gershom 44
Schopenhauer, Arthur 29, 72ff, 77
Schrödinger, Erwin 256
Schütz, Bertha Camilla 21
Schütz, Friedrich 22
Schumann, Robert 50f, 59ff
Schweden 151f, 156
Schwefel 125ff
Schwery, Walter 272
Sechs 281, 336f
Seele 3, 10, 13, 68, 77, 89, 92ff, 124, 137ff, 145f, 157ff, 182, 209, 212, 220, 270f, 295ff, 302ff, 308ff, 315, 319, 340
Selbst 67f, 75ff, 81, 84f, 91, 97f, 106, 152, 182, 278, 293, 306, 309, 336, 342
Selbstbezüglichkeit 199
Selbstorganisation 175
Sein 10ff, 18, 85, 97, 174, 212
Seth 189, 197f
Sexualität 78, 111, 141, 336
Simon Magus 154
Sinn 69, 75, 79, 82ff, 93ff, 100, 115, 123ff, 156, 159ff, 167, 172ff, 180, 188, 218, 317ff, 322, 326ff, 341
Sinnesempfindung 12
Sinnesorgan 137
Smale, Steve 260
Sokrates 138
Sommerfeld, Arnold 29f, 34, 39ff
Sonne 105, 152, 198, 280, 297ff, 303, 306, 315
Sophia (s.a. Weisheit) 73, 155, 336
Spin 35ff, 42, 72
Spin-Matrizen 35f

Spinor 42f
Sprache 9, 18f, 49f, 64, 133, 141f
Stammesgeschichte 167ff, 325
Statistik 39
Stern 275, 278ff, 287ff, 336
Stern, Otto 23f
Stöltzner, Michael 272
Streich, Hildemarie 53ff
Stueckelberg, E.C.G. 225
Subjekt 10
- Subjektivität 17, 270
Swastika 277f
Symbol 5, 96, 146, 187, 202, 205, 218ff, 234, 271, 275ff, 285ff, 296ff, 303, 307f, 311ff, 334, 342
Symmetrie 213, 232, 275f, 279ff, 289f, 298, 337
- Drehsymmetrie 26
- Kristallsymmetrie 283
- Supersymmetrie 286
- Symmetriebrechung 26, 51, 210, 214ff
- Symmetriegruppe 247ff, 257, 283
Synchronizität 2, 5, 24, 71, 95ff, 106, 111, 160ff, 173ff, 180, 187, 218, 326, 336, 340

Tao 81f, 312
Telegdi, Valentin 43
Technik 9ff, 92, 183, 208, 227
Teleologie 174
Teleskop 143f
Terz 52
Teufel 22, 67, 84, 127, 214
Thanatos 189
«Theologia teutsch» 74ff
Theoriebildung 220, 262f, 295f, 300ff
Tiamat 188f
Tiefenpsychologie 1, 85, 94, 138, 156, 159, 335f, 342
Tits, Jacques 224
Tjøstheim, Dag 259
Tod 22, 25, 190, 193, 291
Tonleiter 12
Traum 3, 24, 36, 45, 58, 90f, 95f, 111f, 116f, 134f, 139, 150, 219f, 234, 314, 319f, 335, 341
Trieb 12, 96, 99ff, 132, 329

Trinität (s.a. Drei) 5, 23, 70, 147, 243f, 269f, 279, 297ff, 303ff, 310, 314
Typologie 186f, 205f, 265, 276

Übergangsraum 51, 59ff
Über-Ich 183
Übertragung 58, 74, 154
Uhr 241, 305, 322, 328
Umwelt 208, 262
Unbewußtes 4, 12, 28, 57, 61, 83, 91, 94ff, 110, 114, 137ff, 160, 180, 183, 195, 206, 217, 226, 233f, 293, 296, 315ff, 331, 334ff, 341
- kollektives Unbewußtes 2ff, 94ff, 114f, 140, 184ff, 202, 304, 309, 331
- persönliches Unbewußtes 4, 94, 183, 309
Unendlichkeit 13
Unschärferelation 257
Urteil 206, 252, 265ff
Urtier 130ff

Variabilität 167
Variation 50
Vater 22, 196f
Venus 287ff, 294
Vereinigung der Gegensätze (s.a. Coniunctio) 68, 76, 82, 86, 98f, 106, 111, 114, 118, 201, 214, 306, 311ff
Vico, Giovanni Battista 211f
Vier (s.a. Quaternität) 5, 23, 147, 263, 268, 275, 286f, 294, 297, 302ff, 310, 328, 336f
Vinci, Leonardo da 209ff, 287ff
Vishnu 120
Vollständigkeit 191f, 199, 217, 223, 263, 299
«Vorlesung an die fremden Leute» 26f, 159f, 163f, 172, 324
Vorsokratiker 138

Wahrnehmung 57, 206f, 219, 234, 245, 260, 265f, 269, 295f, 302, 308, 312
- akustische 142
- außersinnliche 161
- visuelle 141f
Wahrscheinlichkeit 164, 218, 324

Wandlung 22, 58, 76, 113, 227, 298ff, 311f, 343
Watson, J.D. 163
Watzlawick, Paul 50
Weisheit (s.a. Sophia) 67f, 89, 305
– chthonische Weisheit 89ff, 101
– göttliche Weisheit 67
Weiss, Branco VI
Weisskopf, Victor 26, 29, 36, 39
Weizsäcker, Carl Friedrich von 251, 257
Wellenfunktion 38, 188
Weltformel 26
Weltseele 92ff, 110ff, 122, 147, 306ff, 341
Werckmeister, Andreas 53ff
Wertenschlag-Birkhäuser, Eva V, 1ff, 89, 110, 235, 294, 301
Weyl, Hermann 29
Whitehead, Alfred North 223, 242, 261, 264, 267f
Whitrow, G.J. 247
Widerspruch 191ff, 199f, 217, 223
Wieck, Clara 62
Wieck, Friedrich 62
Wiedergeburt 22, 193
Wiener, Norbert 221
Wigner, Eugene P. 221
Wilhelm, Richard 77, 81f, 153
Winnicott, Donald 51, 59

Wirklichkeit (s.a. Realität) 10, 13ff, 45, 49, 56, 135, 188f, 207, 210ff, 218, 227, 304f, 313
Wirkungsquantum 44
Wissenschaft 9ff, 14ff, 71, 89, 92, 114, 124, 130, 137ff, 149, 159, 208, 212, 226, 235, 245, 299ff, 332
– Umweltnaturwissenschaft 124f
– Wissenschaftsgeschichte 295
– Wissenschaftstheorie 207
Wittgenstein, Ludwig 182
«Wohltemperiertes Klavier» 53, 56
Wolff, Toni 265

Yin/Yang 81f, 110, 132, 340

Zahl 5, 12f, 49, 127, 213, 291, 322, 327f, 342
Zarathustra 195
Zeit 5, 75, 85f, 162, 230, 239ff, 297, 306, 326, 330, 337
– Eigenzeit 254, 257ff
– Zeitoperator 257ff, 271
Zensur 319ff
Zeta-Funktion 30, 224f, 228
«Zirkulation des Lichts» 81ff, 86, 154, 306f
Zosimos 111
Zufall 44, 84, 159, 162ff, 173, 183, 188, 194ff, 322ff

Wolfgang Pauli und seine Werke

W. Pauli
Die allgemeinen Prinzipien der Wellenmechanik
Neu herausgegeben und mit historischen Anmerkungen versehen von N. Straumann

1990. VII, 242 S. 4 Abb. Brosch.
ISBN 3-540-51949-1

W. Pauli
General Principles of Quantum Mechanics
Translated by **P. Achuthan, K. Venkatesan**

1980. XII, 212 pp. Softcover
ISBN 3-540-09842-9

W. Pauli
Writings on Physics and Philosophy
Editors: **C.P. Enz, K.v. Meyenn**

Translated from the German by **R. Schlapp**

1994. VI, 289 pp. 29 figs. Hardcover
ISBN 3-540-56859-X

W. Pauli, C.G. Jung
Ein Briefwechsel 1932 - 1958
Herausgeber: **C.A. Meier**

Unter Mitarbeit von **C.P. Enz, M. Fierz**

1992. VI, 275 S. Geb. ISBN 3-540-54663-4

W. Pauli
Wissenschaftlicher Briefwechsel mit Bohr, Einstein, Heisenberg u.a.

Band 1: 1919-1929

Herausgeber: **A. Hermann, K.v. Meyenn, V.F. Weisskopf**

1979. XLVII, 577 S. 1 Faksimile, 34 Abb., 6 Tab. (Briefe in Deutsch, Dänisch und Englisch) Geb. ISBN 3-540-08962-4

Band 2: 1930-1939

Herausgeber: **K.v. Meyenn**

Unter Mitarbeit von **A. Hermann, V.F. Weisskopff**

1985. XXXIX, 783 S. Geb. ISBN 3-540-13609-6

Band 3: 1940-1949

Herausgeber: **K.von Meyenn**

1993. LXIV, 1070 S. 1 Abb. Geb.
ISBN 3-540-54911-0

Band 4/1

Herausgeber: **K.v. Meyenn**

1995. Geb. In Vorbereitung.

Springer-Verlag und Umwelt

Als internationaler wissenschaftlicher Verlag sind wir uns unserer besonderen Verpflichtung der Umwelt gegenüber bewußt und beziehen umweltorientierte Grundsätze in Unternehmensentscheidungen mit ein.

Von unseren Geschäftspartnern (Druckereien, Papierfabriken, Verpackungsherstellern usw.) verlangen wir, daß sie sowohl beim Herstellungsprozeß selbst als auch beim Einsatz der zur Verwendung kommenden Materialien ökologische Gesichtspunkte berücksichtigen.

Das für dieses Buch verwendete Papier ist aus chlorfrei bzw. chlorarm hergestelltem Zellstoff gefertigt und im pH-Wert neutral.

GPSR Compliance

The European Union's (EU) General Product Safety Regulation (GPSR) is a set of rules that requires consumer products to be safe and our obligations to ensure this.

If you have any concerns about our products, you can contact us on

ProductSafety@springernature.com

In case Publisher is established outside the EU, the EU authorized representative is:

Springer Nature Customer Service Center GmbH
Europaplatz 3
69115 Heidelberg, Germany